装备科技译著出版基金

无人飞行器系统的感知与规避——研究与应用

Sense and Avoid in UAS: Research and Applications

[英] Plamen Angelov 著

齐晓慧 田庆民 甄红涛 译

国防工业出版社

National Defense Industry Press

著作权合同登记　图字: 军 –2012 –143 号

图书在版编目（CIP）数据

无人飞行器系统的感知与规避：研究与应用/（英）安格洛夫（Angelov, P.）著；
齐晓慧，田庆民，甄红涛译. —北京：国防工业出版社，2014.11
（国防科技著作精品译丛. 无人机系列）
书名原文: Sense and avoid in UAS: research and applications
ISBN 978-7-118-09849-5

Ⅰ.①无… Ⅱ.①安… ②齐… ③田… ④甄… Ⅲ.①无人驾驶飞行器—研究
Ⅳ.①V47

中国版本图书馆 CIP 数据核字（2014）第 266655 号

无人飞行器系统的感知与规避——研究与应用

[英]　**Plamen Angelov**　　　　著
　　齐晓慧　　田庆民　甄红涛　译

出版发行　国防工业出版社
地址邮编　北京市海淀区紫竹院南路 23 号　　100048
经　　售　新华书店
印　　刷　北京嘉恒彩色印刷有限责任公司
开　　本　700×1000　1/16
印　　张　25
字　　数　377 千字
版 印 次　2014 年 11 月第 1 版第 1 次印刷
印　　数　1— 2500 册
定　　价　125.00 元

(本书如有印装错误，我社负责调换)

国防书店: (010) 88540777　发行邮购: (010) 88540776
发行传真: (010) 88540755　发行业务: (010) 88540717

译者序

　　感知与规避作为无人飞行器系统中的基本问题，直接关系到无人飞行平台的交通安全和智能化水平，也是无人飞行器系统更为广泛应用的主要挑战之一。随着空中飞行器的数量和种类越来越多、无人机应用领域越来越广，感知与规避是进一步提高无人机自主化水平必须要面对的问题。目前国内对于感知与规避问题的研究大多集中于地面无人车辆，专门介绍无人机感知与规避问题的出版物较少。

　　无人飞行器系统感知与规避功能是使无人机在飞行过程中自主探测并规避所遇到的障碍物，以保证无人机的飞行安全。无人飞行器系统的感知与规避是一个综合性的问题，涵盖了系统工程、自动控制、空气动力学、计算机技术、图像和视频处理、控制与决策、管理问题以及人机交互等相关技术。本书系统阐述了无人飞行器系统的感知与规避问题，针对性强，内容丰富，除介绍英国、美国和欧洲著名学者的最新理论研究成果外，还介绍了波音公司、麻省理工大学等权威机构研究人员的最新应用成果。本书既可作为相关专业领域理论研究人员的参考书，也可作为从事相关行业工程师的参考手册，对我国无人飞行器系统感知与规避问题的理论研究和实际应用具有重要的指导意义。

　　由于本书汇集了各国专家的研究成果，各章的语音表述习惯和专业术语不尽相同，为了保证译著的一致性和可读性，译者结合多年的从事该领域理论研究和工作实践的经验，在翻译过程中进行了梳理和统一。本书由齐晓慧教授、田庆民副教授和甄红涛博士共同翻译，王雅平参与了本书的录入工作。由于译者学识有限，关于本书所涉及的大量的专业术语，难免存有差错和不当之处，恳请读者批评指正。

译者
2014 年 10 月

前言

　　本书在几个方面具有独到之处。一方面，它是此类内容的第一本书籍，读者可在其中找到来自英国、美国、澳大利亚和其他欧洲国家各大学主要学术研究的最新研究成果，也能看到来自像波音公司这样的大型企业、MITRE 这样的权威机构的重要制造业研究员所从事工作的研究报告。另一方面，本书将诸如人为因素和规则问题，与诸如传感器、算法、方法和结果的技术方面结合在一起。本书收录了来自仿真、真实实验和具体实现的最新成果，这也是绝无仅有的。此外，鉴于大多数发达国家规划了无人飞行器系统 (UAS) 领域在未来几十年中将呈指数形式增长。由于其性质的原因 (与国防发展密切相关，因而鲜为公开)，相关出版物 (尤其是书籍、指南、说明书和评述) 很难获得。甚至预计在未来的十年中，UAS 市场总值逐年增长，由现在的 59 亿美元到 113 亿美元，在此期间内总计达 940 亿美元[1]。而且，可以想像 F-35 "闪电" II (联合攻击战斗机) 和俄罗斯同等水平的 T-50 (PAK-FA) 第五代战斗机，将是最后一代有人驾驶战斗机，此后发展重心将转移至 UAS 领域。在英国已开展了大量的 (投资数百万) 研发项目，如 "正义女神"、"雷电之神"、SUAV【E】、"螳螂" 等。在美国也有类似情况 (由美国国防部高级研究计划局主导的两个大规模竞赛；"黄蜂III"、"大鸦"、"扫描鹰"、MQ-9、MQ-18、RQ-4 Blk，以及近期的 X47-B 和最近在伊朗上空被击落的 RQ-170 "哨兵")。欧洲主要国家 (法国、瑞典、德国、捷克) 和以色列，在刚刚过去的十年间也大抵如此。UAS 对于情报、侦察、压制敌防空火力、近距离空中支援、环境感知和导弹防御等领域中的未来军事能力来说，是极其重要的。UAS 在阿富汗和利比亚战争中的作用也是不可低估的。在 2009 年, 美国空军开始培训更多的操作无人系统的飞行员, 而不是战斗机和轰炸机的飞行员[2]。美国国会已经批准, 到 2015 年, 地面作战车辆的 1/3 将实现无人化[2]。

在各种不同的重要社会领域中, UAS 民用市场还是一个新生事物, 但其增长非常迅速, 这些领域有警察部队、消防部门、救护机构、海岸警卫队、空中海上救援、渔业巡逻、山地救援、能源公司、公路交通机构、环境保护、农业、核工业、火山研究、邮政服务和通信等。目前全球拥有约 300 套 UAS, 美国就有 100 多套 (不足为奇), 法国和俄罗斯紧随其后, (多少有点奇怪) 英国仅拥有 5 套而列第 13 位, 排名在瑞士、挪威、捷克、日本和以色列等国之后[3]。

然而, 如果说有的话, 关于这一具有显著利益的特定主题的出版物数量却是微不足道的, 特别是以书籍、指南和会议论文集形式出版的。本书的目的就是填补这一空白。

在读者陷入详细的技术性资料之前, 有必要对主要的议题、问题和专用术语进行概括。首先, 澄清 "自治" 和 "自主" 这两个专用术语的内涵是非常重要的。广义地讲, 自主系统是在任何环境条件下无需人工干预都可使用的系统 (包括制定决策、计划行动、达成目标)。在此意义上, 自主系统比 (简单的) 自动系统具有更高程度的自动化水平、更高程度的复杂性和智能化, 半个世纪前自主系统理论 (和工业应用) 就已经非常成熟了。从更狭义的意义上讲, 这些理论将自治区分为不同等级, 其中最高等级即第六级是如前所述的 "全自治"。在其之下还有多达五个等级, 这些等级从最低等级, 即 "人工操作" 系统的第一级开始, 该等级常常采取遥控交通工具 (ROV) 的形式。在这个等级上, 系统的所有活动都是由人工操作员直接控制的, 并且系统不能对环境进行控制。更高一级的第二级, 被称为 "人工辅助系统", 可执行人工所要求的和所授权的操作。它也被称为 "仅当有请求时的建议" 型的自治系统。人工要求机器提供行动建议, 然后由人来选择实际的行动。更高的第三等级, 可称之为 "人工委派" 系统, 机器向人建议可选择的操作。这与之前等级的区别是, 即使没有被请求, 机器也要提供建议或意见。这种 UAS 可执行有限的基于委派的控制活动, 例如自动飞行控制、发动机控制。然而, 所有这些活动都是由人工操作员来激活和解除激活的。第四级的 UAS, 可被称作 "人工监督" 或 "建议和当有授权时的行动" 系统, 可建议选择甚至提议某一选择。但是, 在被开始执行/被激活之前, 这必须得到人工操作员的认可。倒数第二的第五等级, 可被称为 "人工支持的机器" 或 "除非被撤销的行动" 系统, 包含可选择行动并执行行动的 UAS, 这些行动除非是被人工操作员否决的行动。事实上, 这是具有实际利益的最高等级的自主, 因为最高等级的 "完全自主" 或多或少是存有争议的 (例如, 参见艾萨克·阿济莫夫的机器人技术原理[4])。

综上所述, 自治存在几个等级, 除了最后的即最高等级外的所有等级都具有实际利益。自主系统与为人所熟知并且使用已超过半个世纪的自动系统明显不同。以航空系统为例, 自动系统包括通过航程点导航、按照预定航路飞行的飞行器, 该飞行器通过地面站控制进行着陆, 在飞行计划中的预定点上开启或关断有效载荷, 并且具有跟踪目标的能力。引人注目的 UAS (它是本书的主题, 为军用和民用领域提供了巨大的潜力) 包括基于任务飞行的飞行器, 飞行器具有对威胁自主和自适应地作出反应的能力以及形成环境感知的能力, 可自适应于飞行任务, 飞行器上的有效载荷可探测与管理目标并优化性能, 能够被激活和解除激活, 地面和飞行器之间的交互是基于任务 (任务和信息) 的, 而不是基于控制的。

感知与规避 (SAA) 主题·与在有人飞行器中使用的 "发现与规避" 密切相关, 是极其重要的, 也是在非隔离空域广泛应用 UAS 的主要障碍之一。非隔离空域关系到交通安全, 也与被制造出用于军事/国防和民用领域的飞行器的智能程度有关。它包括有几个方面:

(1) 规程 (交通安全、空中规则或相遇规则、人工干预和自治性水平等)。

(2) 技术 (传感器、数据处理、环境感知和制定决策、空气动力学的限制等)。

它与一系列科学和工程学科有着内在的紧密联系, 如:

① 系统工程;

② 自动控制;

③ 空气动力学;

④ 图像和视频处理;

⑤ 机器学习和实时数据处理;

⑥ 决策制定;

⑦ 人机交互等。

本书较详细地考虑了所有这些问题, 包括实现和实验工作, 这些工作对说明和解决这些问题的方法进行了论证。

本书由四部分组成, 每部分都具有特定的重点, 即第一部分: 引言 (第1 — 第 3 章); 第二部分: 管理问题和人为因素 (第 4 — 第 5 章); 第三部分: 感知与规避方法学 (第 6 — 第 8 章); 第四部分: 感知与规避应用 (第

9 — 第 11 章)。所有撰稿人都是其领域内的专家, 在本书开始的撰稿人介绍中, 提供了每名撰稿人的详细传记。

　　本书的重要目标, 是为在这一快速发展的和高度涵盖各种学科的领域中的工程师与研究人员提供一站式服务, 它涉及到方法论、各种设备和复杂人造 (但非常智能) 系统的众多 (虽然不是全部) 方面。这些设备都是全新的、令人兴奋的, 甚至还是具有挑战性的。在未来的十年及以后的时间内, 这些系统的数量和复杂性一定会有显著的增长。本书的目标是将基于缜密数学基础的坚实的理论方法结合在一起, 提出许多各种不同的实际应用, 更为重要的是, 为将来的研究与发展提供具有令人满意指导意义的说明。

参考文献

[1] Teal Report, 2011. http://tealgroup.com/index.php? option=com_content& view = article&id = 74: teal-group-predicts-worldwide-uav-market-will-total-just-over-94-billion-&catid=3&Itemid=16. Accessed on 18 July 2011.

[2] L. G. Weiss. Autonomous robots in the fog of war. IEEE Spectrum, 8, 26-31, 2011.

[3] UVS International. 2009/2010 UAS Yearbook, UAS: The Global Perspective, 7th edn, June 2009.

[4] I. Azimov. The machine that won the war (originally published in 1961), reprinted in I. Asimov, Robot Dreams. Victor Gollancz, London, pp. 191-197, 1989.

编著者情况

Plamen Angelov

　　Plamen Angelov 是《计算智能》的审稿人，也是英国兰开斯特大学 21 信息实验室智能系统研究的协调人。他是电工与电子学会 (IEEE) 资深会员和两个技术委员会 (TC) 的主席：标准、计算智能学会主席和进化智能系统、系统论、人与控制论学会主席。他还是英国自主系统国家技术委员会成员、英国西北科学委员会自主系统研究小组成员和英国航空航天公司协会自主系统网络成员。他是极为活跃的专业学者和研究人员，在重要期刊上发表或合作发表同领域评论性刊物 150 多部，同领域评论性会议论文集、专利和研究专著五十多项，编写了大量的书籍，在计算智能和自主系统建模、识别与机器学习领域中担当重要的研究职务。他的开创性研究成果得到国际认可，研究成果包括计算机在线、进化方法论、基于模糊规则人工智能系统的知识提取算法和自主机器学习。Angelov 还是受资助重要项目的极为活跃的研究者，资助单位有 EPSRC、ASHRAE-USA、EC FP6 和 EC FP7、皇家协会、Nuffield 基金会、DTI/DBIS、国防部和其他工业机构 (BAE 系统、4S 信息系统、Sagem/SAFRAN、联合航空公司和军用飞机制造公司、NLR 等。)

　　他的多项课题研究成果对于工业、国防竞争和生活质量具有极大的贡献, 研究课题如预算 3200 万英镑 (第 I 阶段和预算 3000 万英镑第 II 阶段) 的 ASTRAEA 项目, 在此项目中, Angelov 领导了碰撞规避项目 (预算 15 万英镑, 2006 年至 2008 年) 和自适应路径项目 (预算 7.5 万英镑, 2006 年至 2008 年)。该项目工作获得了 2008 年两类工程师创新和科技奖: 航空航天与防务奖和特别奖。直接影响英国工业和生活质量的其他研究实例是感知与规避方面的 BAE 系统资助项目 (主要研究方, 预算 6.6 万英镑, 2006 年至 2007 年); 关于 UAS 被动感知、探测与规避算法研究的 BAE 资助项目 (顾问工作, 预算 2.4 万英镑, ASTRAEA-II 的部分内容, 2009 年); 关于 UAV 安全保障的 BAE 系统资助项目 (合作研究方, 预算 4.4 万英镑, 2008 年); 关于通过自动化飞行数据分析提高安全性 (和维修性) 的 EC 资助项目 (预算 1 亿 3 千万欧元, 合作研究方); 国防部资助项目 ("多元智能: STAKE —— 通过进化聚类的实时时空暂态分析和知识获取", 3 万英镑, 主要研究方, 2011 年; "辅助车辆: 地面平台的智能领导人 – 追随者算法", 4.2 万英镑, 2009 年, 该项目形成了基于地面的无人交通工具原型, 此原型 2009 年至 2011 年进一步被英国波音公司的 "演示者" 计划所采用; 900 万英镑项目 GAMMA: 初期自主系统任务管理, 2011 年至 2014 年, 其中 PI 工作预算 48 万英镑); 英国政府区域增长基金资助的 300 万英镑项目 CAST (热带地区空中协调研究), 该项目是英国西北发展局与自主交通工具国际有限公司, 对于 "全球鹰" 与美国国家航空和航天局所谓 "创新改革者" 的使用构想 (预算 1 万英镑, 2010 年, 主要研究方), 法国与英国国防部资助项目的 MBDA 领导项目, 该项目是关于源自空中图像的自动特征提取算法和物体分类 (预算 5.6 万英镑, 2010 年)。Angelov 还是《Springer》期刊进化系统的创刊总编, 并且担任其他几种国际性期刊的联合编辑。他主持由 IEEE 组织的每年一度的年会, 作为访问教授 (2005 年, 巴西; 2007 年, 德国; 2010 年, 西班牙), 定期地接受邀请, 在主要公司 (福特、美国 Dow Chemical、QinetiQ、BAE 系统、Thals 等) 和主要大学 (美国密歇根大学、荷兰代夫特大学、比利时勒芬大学、奥地利林茨大学、巴西坎皮纳斯大学、德国沃尔芬比特等) 的全体列席会议上发表演讲。

要了解更多的信息, 可链接网址 www.lancs.ac.uk/staff/angelov。

撰稿人情况

Chris Baber

Chris Baber 是伯明翰大学普适计算专业教授。他的研究兴趣集中在众多的方法和手段上。凭借这些方法和手段，计算机计算和通信技术正日益变得与我们周边的环境和我们日常所使用的产品息息相关。不仅我们口袋里的移动电话具有强大的计算能力，其他家用产品和个人产品也具有类似的能力。Chris 对此类技术将如何发展，人们将如何共享他们收集到的信息，以及这些发展将如何影响人类的行为，表现出极大的兴趣。

Crifitina Barrado

1965 年 Cristina Barrado 出生于巴塞罗那，是加泰罗尼亚技术大学 (Universitat Politecnica de Catalunya, UPC) 巴塞罗那信息学学院的计算机学科工程师。她也获得了该大学计算机结构博士学位。自 1989 年 Barrado 博士一直在 UPC 工作，目前是卡斯特尔德费尔斯电信和航空航天工程学院 (Escolad, Enginyeria de Telecommunicacio i Aeroespacial de Castelldefels, EETAC) 的副教授。她当前的研究方向是 UAS 民用任务领域，包括有效载荷处理、航空电子设备 CNS 能力和非隔离空域融合。

Richard Baumeister

Richard Baumeister 来自波音公司, 在承担复杂导弹和空间计划的系统工程与管理方面有着超过 30 年的工作经历。他自 1979 年到 1982 年担任 F-15 反卫星武器项目的主要任务规划者和轨道/软件分析师。在 1982 年到 1986 年期间, Richard 帮助监督将原型任务操作中心纳入北美防空联合司令部夏安山综合设施的集成与操作。

自 1987 年到 1995 年, Richard 是秘密复杂国家空间系统的系统工程管理者。在此期间 Richard 监督系统异常探测和解决新发明技术的成功发展。

自 1996 年到 2004 年 Richard 是波音资助合资企业 RESOURCE21 LLC 的产品开发主任。Richard 领导基于空中与空间遥感算法和与农业生产、商品、农作物保险、森林贸易相关的信息产品的技术研究与开发。他指导和参加了大量专利研究论文/报告的撰写, 这些论文/报告的内容涉及利用多光谱图像检测各种各样的农作物指数。Richard 成功地管理了大气修正过程和支持商务收集活动的决策支持工具的开发。

从 2005 年起至今, Richard 始终支持自动空中交通管制概念和算法研究, 是波音公司最近完成的智能天空工程的首席工程师。

1977 年 Richard 获得亚利桑那大学数学/物理博士学位, 在加入波音公司之前是亚利桑那州立大学的数学副教授。

Marie Cahillane

Marie 于 2003 年自巴斯泉大学获得她的第一个学士学位, 主修心理学, 于 2005 年在布里斯托尔大学获得心理学研究方法理学硕士学位。Marie 于 2008 年被西英格兰大学授予认知心理学博士学位。就读博士期间她在巴斯泉大学讲授心理学课程。Marie 的研究兴趣和专长是认知和感知领域, 她的教学专业包括心理学研究方法、特殊量化方法和实验设计。2008 年 Marie 作为研究员加入克兰菲尔德大学防务与安全学院, 现在是认知心理学应用的讲师。在克兰菲尔德大学防务与安全学院, Marie 负责几个军事领域中人为因素的研究项目。研究包括操作系统所需的技能获取和保留以及复杂系统的人工干预。

Luis Delgado

Luis Delgado 是法国图卢兹国家民用航空学院 (École Nationale de I' Aviation Civile or ENAC) 的航空学工程师。他也获得了加泰罗尼亚技术大学 (Universitat Politecnica de Catalunya, UPC) 巴塞罗那信息学学院计算机科学工程学士学位。2007 年获得双学士学位。他的研究领域包括提高空中交通管制 (ATM) 系统的性能与效率以及用于民用空域的灵活、可靠和效费比高的无人飞行器系统 (UAS)。

自 2007 年以来他一直在 UPC 工作, 目前是 EETAC 的副教授。他也是 UPC 博士学位计划航空航天科学与技术的博士研究生, 于 2012 年毕业。

Jason J. Ford

Jason J. Ford 于 1971 年出生于澳大利亚堪培拉。他 1995 年获得理学学士和工学学士学位,1998 年获得堪培拉澳大利亚国家大学博士学位。1998 年他被任命为澳大利亚防务科学与技术组织的研究科学家, 随后在 2000 年被提拔为资深研究科学家。2004 年他成为新南威尔士大学研究员、澳大利亚国防学院研究员,2005 年成为昆士兰州科技大学研究员。自 2007 年在昆士兰州科技大学被委任学术职务。2000 年他是香港中文大学信息工程系的访问学者, 2002 年到 2004 年是新南威尔士大学、澳大利亚国防学院的访问学者。他被授予 2011 年 Spitfire 纪念防务研究员职位。他的研究方向包括信号处理和航空航天控制。

Štěpán Kopřiva

Štěpán Kopřiva 是捷克技术大学控制系格斯特纳实验室多智能体技术中心的研究员和博士研究生。2009 年 Štěpán 毕业于伦敦帝国理工学院, 获得高等计算理学硕士学位。在就任现职务之前, 他是最主要的 POS 系统制造商的程序员和 ATG 的研究员。

Štěpán 目前致力于 AgentFly 工程, 也就是空中交通管制领域的大规模仿真与控制。他的主要研究兴趣是多智能体系统逻辑与形式方法、典型规划和大规模仿真。

John Lai

　　John Lai 1984 年出生于中国台北。2005 年他获得航空航天航空电子设备工学 (一级大学荣誉学位) 学士学位,2010 年获得博士学位, 两个学位都是来自澳大利亚布里斯班昆士兰州科技大学。自获得博士学位后, 他成为航空航天自动化技术澳大利亚研究中心 (ARCAA) 的研究员, 该中心是联邦科学与工业研究组织 (CSIRO) 和 QUT 之间的联合研究合作体。

Juan Manuel Lema

　　Juan Manuel Lema 1985 年出生于乌拉圭蒙得维的亚, 是 EETAC 的技术电信工程师。他也是电信工程与管理科学的研究生。Lema 于 2007 年 1 月开始与 ICARUS 团体合作, 是一名资历较浅的研究人员。目前他是关于 UAS 任务管理的计算机结构博士计划的博士研究生。

George Limnaios

　　George Limnaios 是希腊空军少校 (工程技术专业)。自 1996 年毕业于希腊空军学院成为一名航空电子设备和电信工程师以来, 他一直从事 A-7 和 F-l6 型飞机的维修与保障工作, 后来担任技术顾问和质量保证部部长。他在克里特岛技术大学 (电子与计算机工程系) 脱产学习, 谋求获得研究生学位。他的研究领域包括再生能源系统、故障容错控制、故障检测与隔离和无人系统。

Luis Mejias

Luis Mejias 1999 年获得 UNEXPO (委内瑞拉) 电子工程学士学位, 获得马德里技术大学电信工程高等学院网络与电信系统理学硕士学位, 获得马德里技术大学高等信息工程学院博士学位。他具有大量的 UAV 研究经验, 研究控制与导航计算机视觉技术。目前他是昆士兰州科技大学航空航天航空电子设备讲师和 ARCAA 研究员。

Caroline Morin

Caroline 获得拉瓦尔大学 (加拿大) 认知心理学硕士学位和博士学位。她转到英国在沃里克大学任研究员, 一直研究时间与记忆之间的相互关系。2008 年, Caroline 作为研究员加入克兰菲尔德大学, 负责多个关于军事人员人为因素的项目。Caroline 的专长是人类记忆、分类、时间感知、决策制定和人为因素。

Peter O'Shea

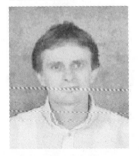

Peter O'Shea 是澳大利亚昆士兰科技大学 (QUT) 电子工程教授。他获得昆士兰州大学工学士、教育学和博士学位, 然后作为工程师在海外电信委员会工作了 3 年。他在墨尔本理工大学 (RMIT) 电子与计算机系统工程学院任教 7 年, 在 QUT 工程系统学院任教 10 年。他获得 RMIT 和 QUT 大学校长教学奖, 还获得澳大利亚工程师和澳大利亚教学委员会颁发的国家教学奖。他是 2005 年 IEEE TENCON 会议最佳技术论文奖的合作获奖成员。他的研究领域是: (1) 通信、航空航天和动力系统信号处理; (2) 可重构交换; (3) 工程师教育。

Enric Pastor

Enric Pastor 1968 年出生于巴塞罗那, 是加泰罗尼亚技术大学 (UPC) 巴塞罗那信息学学院的计算机学科工程师。他也获得同一所大学的计算机结构博士学位。Pastor 博士自 1992 年一直在 UPC 工作, 目前是 EETAC 的副教授。他的研究方向包括新型 UAS 结构和 UAS 民事应用中的任务处理自动化。

Michal Pěchouček

Michal Pěchouček 是布拉格捷克技术大学 (CTU) 控制系人工智能专业的教授。他毕业于 CTU 电机工程系技术控制论专业, 获得信息技术理学硕士学位: 爱丁堡大学知识基系统专业; 在 CTU 完成其人工智能与生物控制论博士学位。他是控制系智能科技中心主任。

他致力于研究与多智能体系统有关的问题, 特别是与社会知识、高阶推理、难以达成的通信行为、同盟体形成、智能表示和多智能体规划有关的主题。Michal 是诸多国际会议论文集和期刊论文所引用书刊的作者或合作作者。另外, 他是有关会议和专题讨论会规划委员会成员。

Xavier Prats

Xavier Prats 是来自 ENAC 的航空学工程师。他也获得巴塞罗那 (西班牙) 加泰罗尼亚技术大学 (Universitat Politecnica de Catalunya, UPC) 巴塞罗那电信学院 (Escola Tecnica Superiord' Enginyeria de Telecomunicacio de Barcelona, ET-SETB) 的电信工程学位。2001 年他获得双学位。此外,2010 年他获得 UPC 航空航天科学与科技博士学位。他的研究方向包括提高空中交通管制 (ATM) 系统的性能与效率, 以及用于民用空域的灵活、可靠和效费比高的无人飞行器系统 (UAS)。

自 2001 年他一直在 UPC 工作, 目前是 EETAC 的副教授。联合创办了 ICARUS 研究小组, 现负责该小组的空中运输研究活动。

Jorge Ramirez

Jorge Ramirez 是 ENAC 的航空学工程师。他也获得加泰罗尼亚技术大学 (Universitat Politecnica de Catalunya, UPC) 巴塞罗那信息学学院 (Facultat d'Informatica de Barcelona, FIB) 的计算科学工程学位。2000 年他获得双学位。他的研究方向包括在民用空域使用的灵活、可靠和效费比高的无人飞行器系统 (UAS) 及 UAS 通信导航与监视 (CNS) 技术的使用与优化。

自 2007 年他一直在 UPC 工作, 目前是卡斯特尔德费尔斯科技学院 (Escola Politecnica Superior de Castelldefels, EPSC) 的讲师。他也是 UPC 航空航天科学与科技博士计划的博士研究生, 于 2012 年毕业。在加入 UPC 之前,2000 年至 2002 年期间 Jorge 是 GMV 的软件工程师, 致力于欧洲 EGNOS(the European Geostationary Navigation Overlay Service) 的操作实现。2002 年至 2007 年期间, 他在 EADS-CASA 任系统工程师, 致力于在诸如欧洲空客 A400M、英国油轮 FSTA 和澳大利亚 MRTT 等不同项目中的战术数据链系统协同工作能力的评估。

Pablo Royo

Pablo Royo 是 EETAC 的电信工程师。2004 年他获得学位。此外,2010 年他获得同一所大学的计算机结构博士学位。他的研究方向包括提高空中交通管制 (ATM) 系统的性能与效率, 以及在民用空域操作的灵活、可靠和效费比高的无人飞行器系统 (UAS)。

自 2002 年他一直在 UPC 工作, 目前是 EETAC 的讲师。

Eduard Santamaria

Eduard Santamaria 1974 年出生于 Sant Pere Pescador, 是加泰罗尼亚技术大学 (UPC) 巴塞罗那信息学学院的信息学工程师。他也获得同一所大学的计算机结构博士学位。自 2000 年 Santamaria 博士一直在 UPC 工作, 目前是卡斯特尔德费尔斯电信与航空航天工程学院的讲师。他致力于 UAS 任务说明与执行的机械装置的研究。

Hyo-Sang Shin

Hyo-Sang Shin 是克兰菲尔德管理与科技防务大学自动化系统小组制导、控制和导航系统中心的讲师。他获得韩国科学技术院 (KAIST) 航空航天工程飞行动力学、制导与控制的硕士学位和克兰菲尔德大学合作导弹制导博士学位。他的研究专长包括 UAV 的制导、导航与控制, 复杂武器系统和航天器。他已发表超过 35 篇的期刊和会议论文, 多次受邀到大学和工业部门讲学, 主要是路径规划、协调控制、碰撞规避、轨迹成形制导等。他目前的研究方向包括多重交通工具的协作制导与控制、最优与自适应非线性制导、复合制导与控制算法、协调健康监视与管理、UAV 空中交通管制和感知与规避。

David Sišlák

David Sišlák 是布拉格捷克技术大学控制系智能科技中心的资深研究科学家。他是 AgentFly 和 Aglobe 系统的系统结构负责人。他参加了很多与这些系统有关的研究项目, 这些系统受到了捷克以及国外研究赞助商的资助。他的研究方向是技术控制论和多智能体系统, 致力于空中交通区域中分布式碰撞规避算法、有效通信、不可达多智能体环境的知识维护、大范围多智能体仿真和智能结构。

David 获得布拉格捷克技术大学的技术控制论硕士学位和人工智能与生物控制论博士学位。David 是很多国际会议论文集和期刊论文所引用书刊的作者或合作作者。在博士研究期间, 他获得了 IEEE/WIC/ACM 及 WI-IAT 联合会议 (IEEE/WIC/ACM WI-IAT Joint Conference) "最佳演示"奖, 因 Aglobe 多智能体平台和相关的仿真而获得国际合作信息智能 (CIA) 专题讨论会系统创新奖, 后来他成为获得最重要的捷克共和国工程师学会奖的团队成员之一。2011 年, David 因获捷克控制论与信息学学会授予的 2010 年最佳专题论文奖而获得 Antonin Svoboda 奖。

Graham Spence

　　Graham Spence 1995 年硕士研究生毕业于利兹大学 (英国) 计算科学与人工智能专业。他继续在利兹大学攻读博士学位, 1999 年被授予高温湍流扩散火焰建模学科的博士学位。随后几年, Graham 在工业部门担任计算机程序员, 2003 年受邀回到谢菲尔德大学 (英国) 的研究岗位, 在那里, 他研究和开发了尾流涡流遭遇时飞行器相互作用的实时模型。该项目成功地集成到了研究飞行模拟器, 飞行器尾流涡流流衰退的大规模涡流仿真产生的大型数据库, 计算流体动力学数据的飞行过程的实时仿真。完成该项目后, Graham 继续在谢菲尔德大学工作, 研究和开发了几个自动空域碰撞探测与规避算法。最近, Graham 一直在参加一项国际项目, 该项目是以开发和论证自动化技术有助于 UAS 融入于非隔离空域挑战为目的的。Graham 目前在谢菲尔德 (英国) 航空软件有限公司工作, 他的研究方向包括飞行器隔离算法、飞行仿真、飞行器尾流涡流相互作用、数据压缩、新近的智能手机计算机联网与应用和空域安全的标注技术。

Antonios Tsourdos

　　Antonios Tsourdos 是英国防务学会克兰菲尔德大学自动化系统中心的教授和主任。他是星球组成员, 星球组是英国国防部 "大挑战" 奖 (2008 年) 和 IET 创新奖 (2009 年类别组) 的获胜组。Antonios 是众多期刊和文献的编辑委员会成员, 包括航空航天工程期刊 IMechE 会议论文集 G 卷、系统科学国际期刊、仪器与测量 IEEE 学报、智能系统发展国际期刊、工程数学期刊、科学与航空航天 (MESA) 和航空与空间科学国际期刊。Tsourdos 教授是 ADD KTN 国家技术委员会自动化系统的成员之一, 还是《无人空中交通工具合作路径规划》一书的合作作者, 合作发表了 100 多篇会议和期刊论文, 这些论文都是关于单一和多个自主交通工具的制导、控制和导航的。

Nikos Tsourveloudis

Nikos Tsourveloudis 是希腊哈尼亚克里特哈尼亚技术大学 (TUC) 制造科技系的教授, 他领导智能系统与机器人实验室和机械工具实验室。他的研究方向主要是在场地机器人自主导航。他致力于制造和机器人科技教学, 发表了超过 100 篇与这些专题有关的学术论文。Tsourveloudis 教授担任众多科学期刊和会议的编辑委员会委员。他是全球范围内大量专业和科学组织、一些公众组织和资助其研究的分公司的成员之一。

Tsourveloudis 的研究小组曾获得多个奖项和荣誉, 其中最近获得的有: 第 3 届 EURON/EUROR 机器人科技转化奖 (2009 年); 第 1 届 ADAC 汽车安全奖 (2010 年和 2011 年); TUC (2010 年) 杰出研究成果奖。在 2010 年和 2011 年, 他获得西班牙马德里大学生卡洛斯 Ⅲ(UC3M) 机器人杰出教授荣誉。

Kimon P. Valavani

Kimon P. Valavanis 目前是丹佛大学 (DU) 工程与计算机科学学院电子与计算机工程系教授和主任、丹佛大学无人系统实验室主任。他也是克罗地亚萨格勒布大学电信系电气工程与计算机计算专业的客座教授。

Valavanis 的研究领域包括无人系统、分布式智能系统、机器人与自动化。他已出版超过 300 篇 (章) 的图书、技术期刊/学报和提交的会议论文。他已编著、合作编著或编辑了 14 本书籍, 两本最近的书籍是:《关于无人飞行器系统在国家空域系统中的集成: 问题、挑战、操作限制、认证和建议 (第 2 版)》(K. Dalamagkidis, K. P Valavanis, L. A. Piegi), Springer 期刊 2012 年;《小型无人旋翼飞机线性与非线性控制》(I. A. Raptis, K. P. Valavanis), Springer 期刊 2011 年。自从 2006 年以来, 他是智能与机器人系统期刊的总编辑。Valavanis 一直在很多会议的组织委员会工作, 他是电气和电子工程师协会资深成员和美国科学发展协会的研究员。他还是富布莱特奖学金的获得者。

Přemysl Volf

Přemysl Volf 获得布拉格查尔斯大学数学与物理系软件系统硕士研究生学位。目前他是捷克技术大学控制系格斯特纳实验室智能科技中心的研究人员和博士研究生。他致力于研究用于空中交通管制碰撞规避的分布式合作算法和利用理论与原型的这些算法的证明。

Rod Walker

Rod 获得电子工程、计算机科学学位以及卫星导航与电磁场博士学位，后者包括在英国牛津卢瑟福阿普尔顿实验室每年一次的学术休假。自 1997 年到 2005 年，他是"FedSat" GNSS 有效载荷项目的负责人，与位于加州帕萨迪纳的美国国家航空和航天局喷气推进实验室有密切的工作关系。在 1999 年到 2009 年期间，他在 QUT 航空与航天航空电子设备学院教学。2008 年晋升为 QUT 航空与航天航空电子设备学院教授。在此期间他全力参与超过 300 名的航空与航天工程师的培训。他是创建澳大利亚航空与航天自动化研究中心 (ARCAA) 的负责人。

Brian A. White

Brian A. White 是克兰菲尔德大学退休的名誉教授。他的专长领域是鲁棒控制、非线性控制、估计、观察器应用、导航与路径规划、决策制定、制导设计、软件计算和传感器及数据融合。他发表了 100 多篇学术论文，这些论文涵盖了他研究方向的所有领域。在各大学和国际会议上，他受邀做了很多主题的演讲，主要是关于近年来的自动化、决策制定、路径规划。他在英国和国际上的很多编辑委员会和工作组中任职。他也是赢得国防部"大挑战"奖项星球队的核心成员，在该提议中所提到的很多技术都用于由几个 UAV 和一个 UGV 组成的自主系统中。

Michael Wilson

Michael Wilson 是澳大利亚波音研究与科技的资深研究员,专门从事无人飞行器系统的研究。Michael 从 2007 年就一直致力于智能天空工程。在此期间他也参与了非隔离民用空域中"扫描鹰"首次面向商务的试验。

Michael 在 2000 年进入波音公司,从事无线与网络化系统的建模与分析、信号与波形检测算法的设计与测试、天线系统建模。Michael 还兼任顾问和讲师。

Michael 的研究生涯起始于澳大利亚"超视距雷达"项目。他致力于无线电波传播环境对雷达系统设计与性能的影响研究。

1995 年 Michael 获得昆士兰大学博士学位,他利用相控阵雷达研究了电离层干扰。

Andrew Zeitlin

Andrew Zeitlin 领导 RTCA SC-203 中的感知与规避产品小组,这项活动为他带来了从事航空电子设备标准和实现的经验。他被认为是碰撞规避领域的知名专家,作为商务飞行器机载 TCAS 的发展与标准化研究的带头人奉献了 30 余年,目前是 SC-147 要求工作组的联合组长。2007 年他获得美国飞机工业协会颁发的约翰·C·鲁思数字航空电子技术奖。还获得了宾夕法尼亚大学的电机工程学士学位、纽约大学的工程力学硕士学位和乔治·华盛顿大学的理学博士学位。

目录

第一部分　导论

第二部分 管理问题和人为因素

第三部分　感知与规避方法

第四部分　　感知与规避应用

第 9 章　AgentFly——用于多重 UAV 仿真、设计和碰撞规避的可升级的高保真框架体系 252

第 10 章　利用机载计算机视觉的发现与规避 286

第一部分　导论

第 1 章

引言

George Limnios*, Nikos Tsourveloudis* and Kimon P.Valavanis†
*Technical University of Grete, Chania, Greece
†University of Denver, USA

1.1　无人空中飞行器与无人飞行器系统比较

无人空中飞行器 (Unmanned Aerial Vehicle, UAV), 也称为无人驾驶飞机, 指的是没有驾驶员的飞行器, 即飞行器上没有人类驾驶员或乘员的飞行装置。就其本身而论, 所谓 "无人" 意指根本不存在指挥和主动驾驶飞行器的人。无人飞行器的控制功能要么是在飞行器上, 要么是脱离飞行器的 (遥控操作)。这就是为什么通常把遥控操作飞行器 (Remotely Operated Aircraft, RDA) 称为遥控驾驶飞行器 (Remotely Piloted Vehicle, RPV)[1]。几年来, UAV 这一术语就一直被用来描述无人飞行器系统。比如在文献 [2] 中提出了该术语的各种不同的定义。

一种可重复使用①的飞行器设计成无需机载驾驶员操作。该飞行器不能搭载乘员, 并且要么采用遥控驾驶方式, 要么采用预编程方式自主飞行。

近来, 最有国际声誉的组织, 如国际民用航空组织 (ICAO)、欧洲航空安全组织 (EUROCONTROL)、欧洲航空安全局 (EASA)、联邦航空局 (FAA) 和美国国防部 (DOD) 均采用无人飞行器系统 (Unmanned Aircraft System, UAS) 作为正式的官方用语。采用首字母缩写词形式的这种改变, 其主要原因有以下几个方面:

(1) 术语 "Unmanned" 指的是没有机载驾驶员。

(2) 术语 "Aircraft" 表示它是一种飞行器, 而且像适航性这样的特性必须得到证明。

(3) 引入术语 "System" 表示 UAS 不仅仅是单一的飞行器, 而是一个 (分布式) 系统, 除飞行器本身外, 该系统由地面控制站、通信链路、发射和

---

①利用可重复使用特性对无人飞行器和制导武器及其它军火投放系统进行区分。

回收系统组成。

一个典型的 UAS 包括三大部分的系统要素, 如图 1.1 所示。

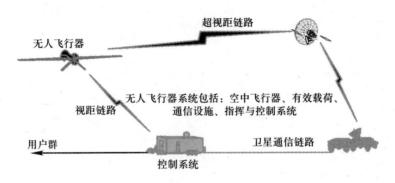

图 1.1 典型的 UAS[62]

(1) **空中部分**: 该部分包括其有效载荷在内的一架或多架无人飞行器 (Unmanned Aircrafts, UA)。每架无人飞行器包括机身、航空电子设备、推进系统部分。有效载荷由保障任务要求的传感器部分组成, 传感器包括摄像机、雷达、高度计、惯性测量单元 (Inertial Measurement Unit, IMU)、全球定位系统 (Global Positioning System, GPS)、天线等。

(2) **地面部分**: 该部分指的是地面控制站 (Ground Control Station, GCS), 包括有效载荷控制站/地面数据终端 (Ground Data Terminal, GDT) 部分。如必要的话, 还包括发射和回收系统 (Launch and Recovery System, LRS)。GCS 包含 UA 驾驶所需的所有设备、飞行规划和任务监控。GCS 还将飞行员输入转换成适当的指令, 这些指令通过通信链路发送给飞行器。

(3) **通信部分**: 该部分分为指挥与控制数据链路、有效载荷数据链路和外部通信。基于 UAS 的飞行距离, 术语 "链路" 可定义为: 可视视距 (Visual Line Of Sight, VLOS) 链路、视距链路 (Line Of Sight, LOS) 或超视距 (Beyond Line Of Sight, BLOS) 链路。

联邦航空局 (FAA) 对无人飞行器或 UA 的定义如下[3]。

一种用于或准备用于没有机载飞行员的空中飞行装置。它包括没有机载飞行员的所有类型的飞机、直升机、飞艇和平移的飞行器。无人飞行器可理解为仅包括那些在三个坐标轴上可操控的飞行器, 因此不包括传统的气球在内。

作为比较, 在文献 [4] 给出的 2007 年 — 2012 年 "无人系统路线图" 中, 也给出了无人交通工具的定义:

一种不能搭载人类操作员的有动力装置的交通工具, 可自主或遥控飞行, 可以是不重复使用的或者是可回收的, 可携带致命的或非致命的有效载荷。弹道或半弹道交通工具、巡航导弹、炮弹、鱼雷、水雷、卫星以及无人值守传感器 (没有任何推进装置) 均不能被认为是无人交通工具。无人交通工具是无人系统的主要组成部分。

一般而言, 术语 "UAV" 或 "UA" 通常指的是无人飞行器, 而术语 "UAS" 通常指的是与系统相关的其他部分 (如控制站)。当指的是一个或多个系统时, 可使用同一的术语。

1.2 无人空中交通工具的发展历史

展现 UAV 多年来发展的最好方法是采用一系列数据进行说明。UAV 发展的起点是古希腊, 并且持续到 21 世纪初。人们按时间的前后顺序对这些数据进行了整理, 其中大部分数据取自于档案馆和其他在线资源。布局和内容类似于文献 [5] 的第一章。

自主机械装置的首项突破性工作被人为是来自意大利南部城市 Tarantum 的 Archytas 所为, 他被认为是 Tarantine, 也被认为是古代的莱昂纳多·达·芬奇。他在公元前 425 年制造了一只机械鸟, 发明了空前的第一台 UAV, 这是一只通过拍打翅膀飞行的鸽子, 从其腹部中的机械装置获取能量 (图 1.2)。据说在落地之前它飞行了约两百米, 直至全部能量被消耗

图 1.2　飞行鸽子的艺术描绘, 这是历史上首个文献记载的 UAV。值得相信的是它飞行了两百米[5]

殆尽。文献 [6] 报道这只鸽子不可能再次飞行了, 除非再重新安装该机械装置。

在同一时期, 中国人最早形成了垂直飞行的想法。最早的形式是在一支木棒的顶端加装羽毛。在被释放进入自由飞行之前, 在两手之间旋转该木棒以产生足够的升力。

17 世纪后期, 源自 Archytas 的最初想法再次浮现出来: 文献记载一只类似的 "飞鸟" (图 1.3) 为文艺复兴时期一些不知名的工程师们所信服。不能确认的是, 这种新颖的设计是否是基于 Archytas 的想法, 但其思想却是极为相似的。

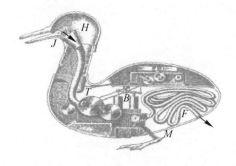

图 1.3 文献 [5] 记载的文艺复兴时期出自一位工程师之手的类似的 "飞鸟", "飞鸟" 腹部安装有机械装置

1483 年莱昂纳多·达·芬奇设计了一台能够盘旋的飞行器, 称其为空中机组或空中陀螺仪, 如图 1.4 所示。它的直径有 5 米, 其构想是使轴旋

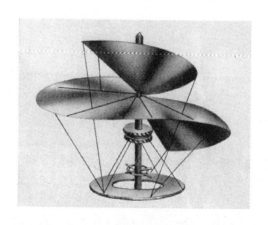

图 1.4 莱昂纳多·达·芬奇发明的飞行器 (希尔航空博物馆[8])

转起来, 如果作用力足够大, 该装置能够旋转并飞起来。该装置被一些专家认为是现代直升机的鼻祖[7],[8]。达·芬奇在 1508 年也发明了一只机械鸟, 当顺着缆绳下降时, 其依靠一个双曲柄机械装置拍打翅膀。

更多的飞行装置设计于 1860 年至 1909 年之间, 由于当时使用蒸汽动力发动机的限制, 最初的设计集中于垂直起降的飞行器。这些装置引发了当今所用的飞行器的设计。第一个 "现代" 的 UAV 是由美国人 Lawrence 和 Sperry 在 1916 年制作的, 如图 1.5 所示[9]。为了制造自动驾驶仪, 他们开发了陀螺仪来稳定机体。这被认为是用于飞行器自动转向的 "姿态控制" 的开端。Lawrence 和 Sperry 将他们的装置称为 "航空鱼雷", 并且他们实际驾驶它飞行超过了 30 英里。

图 1.5　Lawrence 和 Sperry 的 "航空鱼雷"[9]

人员和货物的快速和安全运输始终是飞行器发展的主要动力。然而, 军方立刻认识到了无人飞行器的潜在优势, 并且开始努力使飞行装置适应没有机载飞行员的操作。这类系统最初是无人弹药投放系统, 现在被视作 "导弹" 或 "敏感炸弹"。这类系统的另一种用途是用作 "靶机", 辅助防空高炮手的训练。

或许, 符合当今 UAS 定义的第一代无人飞行器是如图 1.6 所示的 Ryan 147 型系列飞机。它是基于靶机的设计, 在 20 世纪 60 年代和 70 年代, 美国用它对中国、越南和其他国家实施侦察任务。

越南战争后, 美国和以色列开始发展小型且廉价的 UAV。这些小型无人飞行器采用了如摩托车或雪地机动车所使用的小型发动机。它们携带视

图 1.6   20 世纪 60 年代和 70 年代使用的几种 Ryan 147 型无人侦察机[5]

频摄像机, 并且向操控手的位置传送图像。似乎在此期间可找到现代 UAV 的雏形。美国在 1991 年将 UAV 投入到海湾战争中, 此后军事应用的 UAV 快速发展。最著名的军用 UAV 是 "捕食者", 如图 1.7 所示。

图 1.7   通用原子能航空系统有限公司制造的 MQ-1 "捕食者"[10]

另一方面, 美国国家航空航天局是民用的研究中心。最典型的范例是 ERAST(环境研究飞行器和传感器技术) 工程。该工程开始于 20 世纪 90 年代, 是除长航时飞行技术、发动机、传感器等外, 包括飞行高度达 30000 m 所需的技术研发在内的 UAV 的综合性研究尝试。在该工程中研制的飞行器包括 "太阳神"、"希腊海神"、"Altus"、"探险者" 等, 这些飞行器的部分图片如图 1.8 和图 1.9 所示。这些飞行器设计为执行环境测量[11]。

图 1.8 "太阳神" 型无人机[11]

图 1.9 NASA 研制的 "希腊海神" 型无人机[11]

1.3 UAV 分类

在近十年间, 人们主要致力于提高 UAV 的飞行最大续航时间和有效载荷, 衍生出不同大小、不同最大续航时间等级和不同功能的各种 UAV 结构。这导致了尝试探索新型的和多少有些非常规的 UAV 结构。在此, 根据其特性 (空气动力学结构、大小等) 尝试对 UAV 进行分类。尽管其具有多样性, 但 UAV 平台一般是下列四类中的某一类。

(1) 固定翼 UAV: 指的是需要起飞和着陆跑道的、或飞行弹射发射的无人飞行器 (具有机翼)。通常这些无人飞行器具有长的最大续航时间, 并且可以高速巡航速度飞行 (一些实例见图 1.10)。

(a) Insitu Aerosonde 机器人飞行器

(b) 原子MQ-9 "收获者" [10]

(c) AIA RQ-7 "幻影" 200[10]

(d) "海欧" 微型UAV(Elbit系统)[13]

图 1.10   固定翼 UAV 实例

(2) 机翼旋转 UAV: 也称为旋翼 UAV 或垂直起降 (VTOL) UAV, 其具有盘旋能力和高机动性能的优势。这些能力对于许多机器人任务来说是非常有用的, 尤其是在民用中。旋翼 UAV 可能具有不同的结构, 有主旋翼和尾旋翼 (传统的直升机)、同轴旋翼、纵列旋翼、多旋翼等 (一些实例见图 1.11)。

(3) 软式小飞船: 如气球和飞艇, 它们比空气轻因而具有长的最大续航时间, 可以低速飞行, 通常尺寸较大 (一些实例见图 1.12)。

(4) 扑翼 UAV: 这类 UAV 具有受鸟和飞行昆虫启发的灵活和/或变形的小型机翼 (图 1.13)。

(5) 混合结构或可变结构 UAV: 它们可垂直起飞、倾斜其旋翼或机体并像飞机一样飞行, 如贝尔 "鹰眼" UAV (图 1.14)。

用于区分 UAV 的另一种贝尔 "鹰眼" 是其大小和最大续航时间, 所用的不同类别如下[10]:

(1) 高空长航时 (HALE) UAV: 如诺斯罗普·格鲁曼 Ryan 的 "全球鹰"

(a) Cypber II, Sikorsky 飞机公司[31]　　(b) RQ-8A/B 火力侦察兵,诺斯罗普·格鲁曼公司[10]

(c) 雅马哈 Rmax[63]　　　　　　(d) 卫士CL-327,庞巴迪公司[5]

图 1.11　旋翼 UAV 实例

(a) 高空飞船[HAA]　　　　(b) 海军空中中继系统(洛克希德·马丁公司)
　　　　　　　　　　　　　(MARTS)(SAIC/TCOMPL)[10]

图 1.12　飞船设计式 UAV 实例

(飞行高度 65000 英尺, 飞行时间 35 h, 有效载荷 1900 磅), 是这类 UAV 的
实例, 如图 1.15 所示

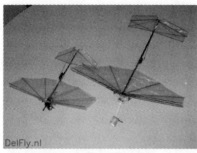 

(a) Delfly Ⅰ,Ⅱ(TU Delf)[14]　　　　(b) "纳米蜂鸟"(Aeroviroment)[15]

图 1.13　微型扑翼 UAV 实例

(a) T-翼(愁尼大学)[16]　　　　(b) "贝尔鹰眼"UAS(贝尔公司)[17]

图 1.14　混合结构 UAV 实例

图 1.15　NASA "全球鹰" 高空长航时 UAV (诺思罗普·格鲁曼)[18]

(2) 中空长航时 (MALE)UAV: 通用原子的 "捕食者" (飞行高度 27000 英尺, 飞行时间 30 ~ 40 h, 有效载荷 450 磅), 是这类 UAV 的实例, 如图 1.16 所示。

(a) MQ–1 "捕食者" (美国空军)　　　　(b)IAI/Malat Heron UAV[19]

图 1.16　中空长航时 UAV 实例

(3) 战术 UAV: 如 "猎人"、"幻影 200" 和 "先锋" (飞行高度 15000 英尺, 飞行时间 5 ~ 6 h, 有效载荷 25 kg), 如图 1.17 所示。

(a) RQ–7 "幻影" (AAI公司)[20]　　　　(b) RQ–2B "先锋" (AAI公司)[20]

图 1.17　战术 UAV 实例

(4) 小型和微型便携式 UAV: 如 "先锋" 与 "大鸦" (Aerovironment)、"标枪" (L-3 通信与 BAI) 或 Black Pack Mini (任务技术), 如图 1.18 所示。

(5) 微小型空中飞行器 (MAV): 这类飞行器尺寸小于 15 cm, 在过去几年得到了广泛关注。除来自欧洲研究中心的其他设计外, 如 MuFly、Coax 等 (图 1.19), 这类飞行器包括由 Aerovironment 制造的 "黑寡妇"、BAE 的 "微星", 以及几所大学所提出的许多新的设计和想法, 如 Entomopter (乔治亚州工学院)、"微小型蝙蝠" (加利福尼亚技术学院) 和 MFI (伯克利大学)。

(a) RQ–11 "大鸦" (Aerovironment)[15]　　　(b) "天王" UAV (EMT)[10]

图 1.18　便携式 UAV 实例

(a) "黄蜂" (Aerovironment)[10]　　(b) Coax(Skybotix)[21]　　(c) Harvard "微型机器人苍蝇"

图 1.19　微小型空中飞行器实例

1.4　UAV 应用

目前, UAV 主要用于军事, 未来的军事领域是最重要的投资推动力。大多数军用无人飞行器系统用于情报、监视、侦察 (ISR) 和攻击。主要用户是美国国防部, 紧随其后的是以色列军队。在南斯拉夫、伊拉克、阿富汗、利比亚和近期其他的地区冲突中, 都使用了 UAV。

下一代 UAV 将会执行更为复杂的任务, 如空中格斗、目标探测、识别和打击, 对敌防空的打击与压制、电子攻击、网络节点与通信中继、空中运输与再补给、反水面舰艇战、反潜战、地雷战、舰船对目标的机动、进攻与空中防御作战和空运。因此其发展趋势是取代有人化操作任务, 尤其是在涉及战争重要部分的 "枯燥乏味、恶劣和危险的" 任务中。美国国防部的目标是到 2012 — 2013 年, 纵深作战打击的飞行器的 1/3 应是无人驾驶飞行器[22]。由波音公司研制的 X-45 无人战斗机 (UCAV) (图 1.20), 包含了上述所提到的想法。

图 1.20　X-45 UCAV (波音公司)[31]

现在, 经过多年的发展, UAS 正处在应用于民用及商务领域的关键时期。大量的市场预测描绘出 UAS 迅猛发展的未来。预计到 2013 年将达到 106 亿美元的市场份额[23]。有些公司正在致力于 UAS 的民事应用, 例如两个美国组织机构 (航空无线电技术委员会 (RTCA), 美国国家航空航天局 (NASA)) 和一个欧洲组织机构 (UAVENT), 他们一直在致力于研究工作, 目的是应对 UAS 在多种科学研究和民事任务中的可能的应用。通过一系列学术研讨会和研究报告的数据收集, 这些组织机构形成了可能基于 UAS 潜在民用任务概念和要求的一些纲要[23-25]。根据这些纲要, 可能的民事应用可归纳为以下五类[25]:

(1) 环境 (或地球科学) 应用 (图 1.21): 包括远程环境研究 (如磁场测量、冰层厚度监视等), 大气监测和污染评估 (如同温层污染监测、CO_2 流量和火山灰测量等), 天气预报, 地质勘探 (即绘制路基沉降和矿物质分布图、石油勘探等)。

(2) 紧急情况应用 (图 1.22): 包括消防、搜索与救援、海啸或洪水监视、核辐射监视和灾情态势感知、人道主义援助等。

(3) 通信应用 (图 1.23): 电信中继服务、蜂窝移动电话传输或宽带通信是通信应用的几个实例。

(4) 监视应用 (图 1.24): 包括国土安全 (海洋及国境巡逻、海岸监视、

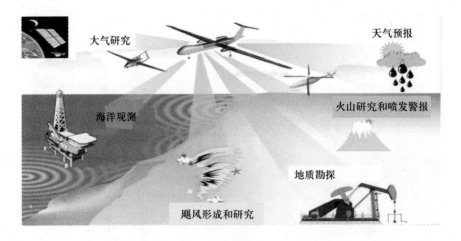

图 1.21 环境和地球科学研究应用

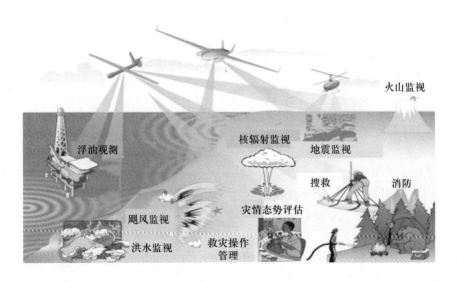

图 1.22 紧急情况应用

执法等)、农作物和收成监视、火灾探测、基础设施监视 (输油与输气管线、高压动力线、管路等) 和地形绘图 (森林制图、城市地区遥感等)。

(5) 商业应用: 这些应用包括空中摄影、精确农业化学喷灌、商品和邮件运输等。

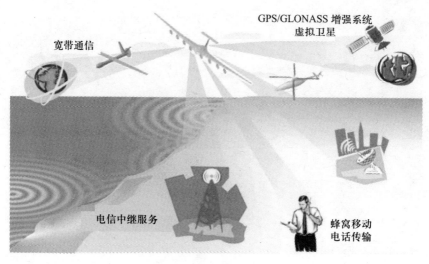

图 1.23　通信应用

图 1.24　监视应用

1.5　UAV 市场综述

概括地讲, 当在复杂和危险环境中进行空中监视、侦察和视察时, UAV 具备较多的优势。现今, 已经有一些公司正在开发和制造数以百计的 UAV。

的确, 一些重要的防务承包商 (像波音、BAE 系统、洛克希德·马丁和 EADS) 正在开发和制造 UAV。与此同时, 一些新的或小型公司也投入到使市场愈加充满活力的创新科技之中。美国公司目前持有 63% ~ 64% 的市场份额, 而欧洲公司持有不到 7% 的市场份额[27]。在 2005 年, 大约有 32 个国家正在开发或制造 250 多个型号的 UAV, 大约有 41 个国家正在使用超过 80 个型号的 UAV, 这些 UAV 主要用于军事侦察[10]。

几份市场研究报告[26-29]预测, 世界范围内的 UAV 市场在未来 10 年将急剧发展。正如文献 [26] 所阐明的, 在以后的 4 年 ~ 5 年 (直到 2015 年) 间, 美国 UAV 市场份额将达到 160 亿美元, 紧随其后的是欧洲, 将扩大到约 20 亿美元。例如在美国, 2001 年以后研发预算快速增长, 如图 1.25 所示, 这有力地推动了 UAV 的研究与发展[10]。另一方面, 欧洲的研发预算却增加缓慢, 如图 1.26 所示。

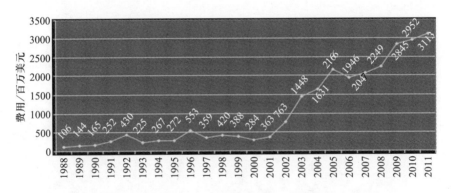

图 1.25 美国国防部年度提供资金趋势图[10]

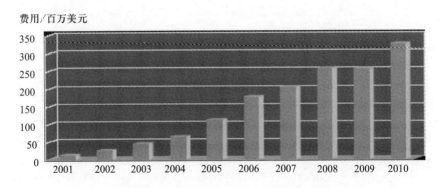

图 1.26 欧洲年度提供资金直方图[30]

其他研究也对此进行了预测, 到 2017 年年花费将达到 23 亿美元[28], 到 2020 年将达到 113 亿美元 (如图 1.27 所示)[29]。根据文献 [29] 所述, 对 UAV 市场最重要的促进因素是美军 UAV 利益的显著增长, 这与朝向信息战和以网络为中心的系统的一般发展趋势紧密相关。Teal 小组预测军事应用将主宰市场, UAV 销售将遵循世界近年来高技术武器的采购模式, 亚洲将成为第二大市场 (约占世界总量的 18%), 欧洲紧随其后。预期 UAV 民用市场将在未来十年呈现慢速发展, 首当其冲的应是政府机构, 如海岸警卫队、边境巡逻机构和类似的国家安全机构。商务、非政府应用领域的 UAV 市场预期发展得更为缓慢。导致各研究报告之间出现重大差异的原因是, UAV 市场还不够成熟, 并且缺乏明确的要求, 导致了预测的不确定性, 尤其是在民用领域。

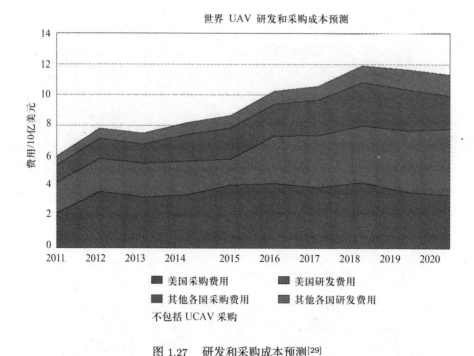

图 1.27 研发和采购成本预测[29]

通过日本的实例可看出 UAV 民用市场的真正潜力。在日本用于农业化等喷灌的小型无人直升机的公司, 使得 UAV 的注册数量急剧增加[30], 如图 1.28 所示。

正如文献 [25] 指出的, 对于特殊的应用 (管线监视), UAV 民用市场扩展的主要推动力是:

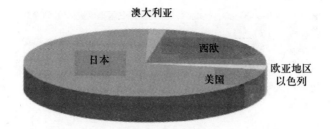

2002 年注册的 UAV 数量 (注册 UAV 总量约为 2400 架)

图 1.28 各地区 UAV 注册数量[30]

(1) 可与其他技术相比的能力增长 (尤其是最大续航时间、实时部署和全光谱覆盖范围) (图 1.29)。

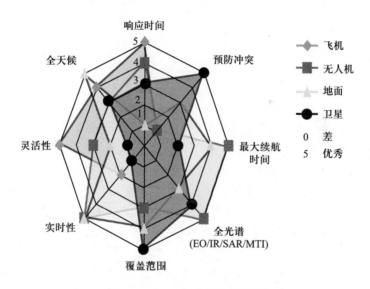

图 1.29 UAV 的优势和弊端[25]

(2) 成本优势 (图 1.30)。

(3) 技术成熟 (由于军事应用)。

(4) 新型应用。

另一方面, UAV 民用市场兴起存在重大障碍, 既有技术上的, 也有管理上的。

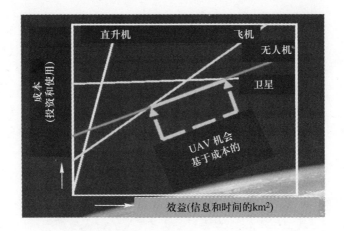

图 1.30　文献 [25] 给出的管路监视应用中不同技术的费效关系①

1.6　UAS 未来挑战

美国国防部是军用 UAS 未来发展的最主要推动者, 也是研究与开发的最主要资助方。除以往的经验和当前的问题外, 美国国防部发布的 "无人系统综合路线图" 报告还包括军用 UAS 的未来要求[1],[4],[10],[22]。根据这些报告, 无人系统的性能极限必须满足该系统执行任务的需要。因此, 与无人系统相关的特性必须得到大力发展。图 1.31 – 图 1.33 描述了为完成预期的任务和工作, 无人系统必须呈现出的关键特性的预期进展情况。

(1) 首先, 自治水平将从当今相当高水平的人工控制与干预, 向可更及时通报人为疏忽的高级自主策略行为持续发展 (图 1.31)。这样, 现今的远程管制类系统将变成高度自主的 UAV (或 UAS 群)。

(2) 人机交互界面的重点应从现今如操纵杆、触摸屏等的物理界面, 向如手势信号的交互界面发展, 并且最终向以便任务分配所能理解的自然语言发展。

(3) 类似地, 由于总是需要人与无人系统之间的通信, 无人系统通信频

───────────

①效益可表示为单位时间传感器的覆盖范围 (通常使用每小时平方千米的数量)。因为这是一项监控任务, 该区域覆盖范围与传感器所收集到的信息紧密相关。因此卫星初期成本很高 (特别是由于投资成本), 但是由于卫星传感器具有很强的覆盖能力 (单位为 km^2/h), 曲线斜率非常小。与飞行器相比, UAV 同时具有较高的投资成本, 但是根据每飞行小时的区域覆盖 (较小的曲线斜率), UAV 却具有较低的使用成本。有时效益可表示为有用的有效载荷乘以最大续航时间 (飞行小时数)。

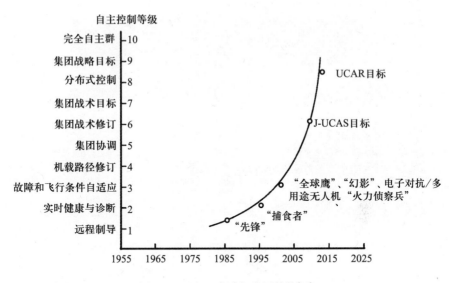

图 1.31 UAS 自治权发展趋势[10]

谱必须超越无线电频率范围, 并且呈现出频谱范围内的敏捷跳变性, 从而确保鲁棒性、安全通信。当前极少强调操作安全, 所以大多数 UAS 呈现出极易被探测到的听觉、热、视觉和通信特征。未来将要求无人系统以隐蔽的方式执行任务, 这样就期望其具有低可观测性和识别管理特征。

	2009 进化适应性	2015 变革适应性	2034
命令	物理人机界面	广播式语音命令/手势信号	理解自然语言
合作	单独系统	域内合作, 跨域合作	小组式合作
频率	射频受限	跳频	多频点通信
任务复杂度	操作员管控		自主自适应战术行为
环境能力	有限的环境难度	扩展的环境难度	全天候环境难度
生产线	依靠任务组件生产线		独立生产线
操作安全	特征明显		特征不明显
操作控制	1名操作员/平台	1名操作员/区域	1名操作员/小组
带宽	有限的	先进的带宽管理	自主带宽
任务最大续航时间	数小时	数天~数月	数年
维护	操作员		自动化
感知	传感器数据	环境感知	随时准备行动的信息

图 1.32 性能极限发展 (所有机器人系统共有的)[22]

	2009	进化适应性	2015	变革适应性	2034
依赖性	依赖人工感知与规避/非机载感知与归避		感知与规避		全自主/机载感知与规避
速度	亚声速		接近声速		超声速/特超声速
隐秘性	特征明显				特征不明显
机动性	1g		9g		40g
自我保护能力	探测威胁		抑制并抵消威胁		
传感器作用距离	当前水平		扩展25%		扩展50%
积冰	视觉气象条件-轻度		中等		严重
湍流	轻度		中等		严重
冰雹	轻度		中等		严重

图 1.33   性能极限发展 (仅对 UAS)[22]

(4) 此外, 应提高任务最大续航时间。现今, 任务最大续航时间是以小时为单位的。将来, 期望无人系统执行任务的时间是以天、周、月乃至年为单位的。这是令人期待的特征, 因为人类执行任务的时间总是要受到吃饭和睡觉需要的限制。

(5) 另一个值得期待的特征是任务设备组件, 其可在平台之间互换, 甚至可能在跨越区域之间互换。现今, 大多数有效载荷都设计集成在单一平台上。通过提供跨平台和跨区域的可互换性, 为指挥员提供了选择的巨大灵活性, 这些选择是用来在特定的环境中完成特定的任务。最后, 应提高控制人员对受控平台的比率, 从现在的多个人控制一个平台发展到一个人控制一个平台, 最好是一个控制人员能够监控多个无人系统, 使它们以合作团队的形式完成区域跨越。

(6) 速度和机动性也能够充分增长而超过有人系统, 有人系统中存在受人类身体极限所带来的限制。人类身体只能承受 9g 的加速度, 而对于无人系统来说, 技术是唯一的限制因素, 无人系统能够执行可产生达到或超过 40g 加速度作用力的机动。

(7) 在不同天气状况 (全天候) 和强湍流条件下所要求的操作能力。

(8) 环境感知也是一个非常重要的问题。在空中, UAS 需要具备感知并规避目标的能力, 最大的挑战是高速移动的小型目标。环境感知能力与增强传感器作用距离的有效性及高智能处理算法紧密相关。

(9) 最后, 如果要完成持续时间更长的任务, 则生存性、可维护性和可靠性等问题均应得到解决。最低限度讲, 在任务持续时间内无人系统必须是足够可靠的。

尽管上述指导方针是应用于军用 UAS 的, 但其中许多方针也同样适用于民用 UAS 的应用 (尤其是民事政府应用)。尽管还没有公布统一的路线图, 但已经有了一般的指导方针 (例如文献 [23-25])。已确定拓展民用 UAS 的主要障碍是它们在隔离空域中的操作限制。这是称作 ASTRAEA 项目的研究主题[61], 该项目由英国牵头, 经费为 6200 万英镑, 仍处于第二阶段开发之中。实际上所讨论的所有民事应用, 都要求获得国家特定全国空域 (NAS) 的使用权或者 (和) 在预定飞行航路中某些航路点上国外空域的使用权。甚至在遥远区域执行任务, 要求获得飞行器到达该区域的使用权。这还不是 UAV 的军事应用情形 (由于时间问题), 军用 UAV 部署于大部分民用航空不会涉足的冲突区域。然而, 民用应用要求 UAS 在紧密接近人类活动的区域中操作, 并且要完全融入空中交通系统 (ATS)。军事用户也表示出了类似的关注。联邦航空局(对应的机构有英国民航局、欧洲民用航空电子学组织和欧洲航空安全组织) 标准现在仅开始应用于美国空域中 UAV 的常规操作。这也是除英国 (CAP722)、以色列和南非之外真正的世界范围内的标准, 这些国家通过它们的民用航空管理机构都已建立了 UAV 的操作规则。到目前为止, 在所有已经制定了操作指导方针的国家中, 通过利用 NOTAM[31] 将 UAV 飞行与其他空中飞行器隔离开, 这些操作指导方针允许各国在各自的 NAS 中有限性的操作 UAV。甚至在这些情况下, 以色列航空界一直在抱怨由于 UAV 操作而造成的冲突。2006 年在以色列特拉维夫机场附近发生了一起事故, 起因是一架 UAV 靠近一架客机飞行[29]。在欧洲, 欧洲航空安全局 (EASA) 在 2006 年初发布公告, 成立一个新的机构来协调 UAV 在欧洲的使用。目的是在下一个十年开始时允许 "标准化的" UAV 在非隔离空域中飞行。另外, 正在努力推进欧洲标准与其他标准相统一, 如那些正在美国由 RTCA 和美国材料试验学会 (ASTM) 制定的标准, 同时欧洲民用航空电子学组织 (EUROCAE) 考虑与美国联邦航空局合作来制定镜象标准。

与空域使用权密切相关的是大量的类似于已经考虑了的军用 UAS 的规程和技术问题, 在 UAS 被批准可以无限制和持续使用空域之前, 这些问题必须得到解决。这些问题是:

(1) 缺乏管理 UAS 在民用空域系统中常规操作规定的标准和规程。需要准确确定空中交通管制者与 UAS 操作员的合作。也需要在高密度操作环境中 UAS 无缝隙和安全操作所需的自动隔离保证算法。由于 UAS 自主性变得越来越强, 在辨识冲突和提供隔离保证上, 自动化与人工之间的职能和责任分配是至关重要的。认证 UAS 操作和维修活动的规程也是必需的。

(2) 必须建立 UA 与控制站之间和/或 ATS 控制站与 UAS 之间安全和可靠的通信。需要建立 UAS 的通信与控制系统应满足的最低性能标准。

(3) UA 的可靠性和适航性是另一个重要问题。目前, 对有人飞行器的可靠性有严格规程。例如, 飞行控制系统已被确定为一个 "安全关键的" 系统, 并且依据 FAA 管理部分的第 23、第 25 和第 27 条, 它同样必须是极其可靠。系统故障率应小于 10^{-19} 次/飞行小时。此外, 除满足概率估计外, 还应满足其他的质量要求 (例如, 灾难性后果不一定是由于单一故障造成的, 如舵面卡滞或控制输入堵塞)。为满足上述要求, 航空航天工业部门采用了故障规避与排除、容错和故障检测与诊断等的相互组合。每个工业部门已形成其特有的方法 (如空中客车所执行的 V-循环[32])。一般来说, 通过以下内容的结合实现可靠性的提高:

(1) 硬件和软件的严格开发过程, 在此过程中利用可靠性分析、故障模式与影响分析和危险分类等动态地定义设备的规范标准。

(2) 硬件 (和软件) 冗余 (对于所有飞行器, 在安全关键系统中采用三套或四套传感器和其他设备是常见的[33])。

(3) 关键部组件的相异性和安装隔离。

根据 JAA/欧洲航空安全组织 UAS 特别工作组以及欧洲航空安全局的研究, UAS 管理的指导原则之一应是等效性, 或是 ELOS (安全等效水平), 并且在此基础上他们指出[31,34]:

管理适航性标准应被设定为, 不低于那些当前应用于同类有人飞行器的标准, 也不能因为技术上允许, 就简单地要求 UAS 遵守更高的标准而导致对其的不利。

由于大多数 UAS 是基于军用或普通航空飞行器的, 增加的风险源于飞行员脱离了驾驶舱和所引入的自动化水平, 而不是 UA 自身的机身设计和构造。然而, 不同于有人飞行器, 由于有限的有效载荷和重量的限制, 无法为增加系统可靠性而使用物理 (硬件) 冗余, UAV 硬性增加了以上过程中的额外约束。此外, 使用高可靠性设备所涉及到的成本, 可能制约了 UAV 在民用领域上的成本优势。因此, 有必要开发采用解析 (或软件) 冗余概念的故障检测与隔离的可靠算法, 结合这些算法, 使得在故障时控制飞行器成为可能 (容错控制概念)。在特定的故障情形中 (例如通信中断), 终止飞行和/或避免发生事故而挽救飞行器是极其重要的, 尤其是当 UAV 在与人群极为接近的地方使用时。由于种类和作用极为不同, 开发 UAV

适航性资格标准化规程是非常困难的。基于军事训练获得的故障数据, 这些标准现在正开始出现。文献 [31] 讨论了 UAV 安全等效等级要求。

(4) 另一个与空域使用权有关的重要技术问题是, 在管制类空域中操作 UAV 的"感知与规避"系统的必要性[35]。该系统将允许 UAV "看见"或发现其他飞行器 (有人驾驶的或无人驾驶的) 并规避它们。该系统技术分解为两部分: "看见"和"规避"。"看见"部分包括通过某种类型的传感器探测侵入的飞行器。"规避"部分包括预测侵入飞行器是否构成威胁, 以及通过决策生成 (软件) 算法决定应采取什么样的行动进程。对于传感器, 优先考虑的应是在足够的距离上探测飞行器, 以避免紧急机动。该开发的第一步是实现碰撞规避的合作式传感器。在合作式条件下, 飞行器具有向其他飞行器通告其位置的询问机或数据链。第二步也是更为困难的一步, 是非合作式飞行器的探测。在此情形中, "其他"飞行器不能共享其位置信息 (很多普通航空飞行器都是如此), 但必须能被雷达或光学设备所探测。为了规避, 必须使用传感器信息来预测主飞行器 (自身) 和侵入飞行器未来的位置, 以确定碰撞的可能性。如果存在碰撞的可能性, 而操作员没有足够的反应时间, 那么就必须获得安全逃脱轨迹并自动执行。"感知与规避"的概念是一个复杂的问题, 既需要设计和研制重量轻、作用距离远的传感器, 也需要信息处理和可靠导航所要求的算法。这个问题将在本书其他章节中详细阐述。

已介绍了有关 UAV 未来功能的几个其他设想, 这些设想集中在 UAV 的民事应用[23]:

(1) 为发挥利用 UAV 平台支持任务的优势, 要求任务管理功能具有较高的自治水平。对正在飞行的 UAV 直接人工干预越少, 则允许站点上的工作人员也就越少, 站点上的保障基础设施也就越少, 并且在特定时间内一个操作人员就可以监控几个飞行器。这些目标必须与对操作人员的要求以及及时对空中交通管制作出反应的交通工具进行折中。任务管理系统也应允许来自地面任务 (包括激活意外事故管理系统) 的变更。这将是非常有用的, 尤其是当操作环境是动态变化的时候, 且在任务开始时也无法对该操作环境有充分的预知。可以想象在任务目标层上将会发生人工与机载任务管理系统的相互作用。

(2) 正像军用 UAS 一样, 在很多民事应用中, 对于 UAS 高效费比的应用来说, 使用一大批 UAV 将是必要的, 尤其是那些与监视有关的应用。

(3) 关于天气状况与湍流更好的耐久性和鲁棒性也是一项取决于应用的要求。

1.7 UAS 故障容错

正如前文所述, 为满足适航性技术条件和经济性操作以及更长任务持续时间的要求, 有必要提高未来 UAS 的可靠性和生存能力。这两项目标都可在故障容错的背景下实现。本节通过综述现有的方法, 介绍了 UAS 故障容错的主要概念。

UAS 事故分析 (图 1.34) 清楚地表明, 大部分事故 (近 60%) 与 UA 故障 (推进和飞行控制) 有关, 其次是与通信故障和人为因素有关[10]。在没有飞行员的情况下, 被认为对其安全十分重要的包括了冗余水平和载人组件的原理, 在 UA 的设计评审中可能会站不住脚, 而且可能因为购买力限制而被搁浅。虽然这样的理论依据对于军事任务来说可能是可以接受的, 但是对于民用 UAS 来说却是不可接受的。另一方面, 飞行器的可靠性和成本是紧密结合的, 人们普遍期望无人飞行器的成本较相应的有人飞行器要低, 这就产生了在用户期望方面上的可能的冲突。冗余度越低和部件的质量越差, 虽然 UA 的制造生产就越加廉价, 这却意味着无人飞行器就越容易在飞行中损毁, 而且也就越加依赖于维护。

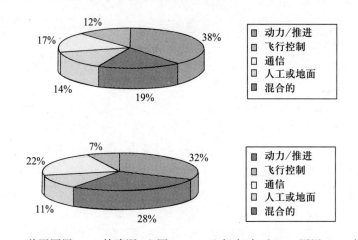

图 1.34 美国军用 UVA 故障源 (上图 194000 飞行小时) 和 IAI 军用 UVA 故障源 (下图 100000 飞行小时)[10]

在提高飞行器可靠性设计中广泛采用两种方法: 使用高可靠性的部件和增加系统硬件冗余度。然而, 由于附加成本和重量或有效载荷限制, 这两种方法都不能直接应用于 UA。UAS 更快的动力学特性和增加的建模不确定性也产生了额外的约束。此外, 远离驾驶舱飞行员的环境感知的降低, 使得 UAS 故障处理尤为困难。通过利用故障检测与识别 (FDI) 解析冗余 (软件冗余) 技术, 以及与增加自治性相结合的故障容错控制 (FTC) 技术的综合, 似乎可以弥补这项技术的空白。多年以来, FDI/FTC 一直是较为活跃的研究领域, 而且在相关文献中给出了许多方法 (文献 [36、37] 进行了全面的综述)。其中一些方法已经应用于航空系统, 尤其是军用航空系统[38]和大型运输机[33]。

通常将故障容错控制分为被动容错控制和主动容错控制。在被动容错控制中, 控制器设计为不仅要对不确定性容错, 而且还要对一类故障容错, 这样就导致被动容错控制设计的保守性。而在主动容错控制中, 控制器设计要大量依赖于 FDI 模块以及它所提供的信息。图 1.35 给出了用于设计故障容错飞行控制系统的某些当前和流行技术的分类, 以及实例书籍及论文。

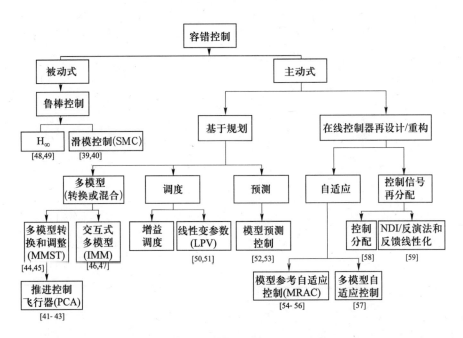

图 1.35　容错飞行控制方法的分类及近期的实例

前文所述的某些方法应用于波音 747-100/200 飞机的复杂仿真[33], 该仿真是欧洲航空研究与技术组 (GARTEUR) 计划的一部分。表 1.1 总结了相关文献中几种方法的主要比较结果。

表 1.1 FTC 不同方法比较 (信息部分取自文献 [33])

FTC 方法	系统 线性	系统 非线性	复杂度	鲁棒技术①	自适应技术②	主要优点	主要缺点
多模型转换和调整 (MMST)	✓		低		✓	快速响应	仅预测故障转换 故障空间隔离
交互式多模型 (IMM)	✓		中等 ～ 高		✓	预期处理故障的凸组合	速度损失和高复杂度
PCA	✓	✓	低	○³		解决了一个实际问题	极特殊情况
模型预测控制 (MPC)	✓	✓	高 ～ 极高	○	○	容易综合约束 基于优化的	实时执行 高复杂度
滑模控制 (SMC)	✓	✓	低	✓		好的鲁棒性	抖振难以处理完整执行机构故障
反馈线性化 (FL)		✓	低	○	✓	非线性系统和低复杂度	鲁棒性问题
模型参考自适应控制 (MRAC)	✓	○	中等		✓	对 FDI 不确定性的鲁棒性	突变的慢适应性 暂态过程稳定性问题
基于自适应模糊控制的反演法		✓	中等		✓	对 FDI 不确定性的鲁棒性	故障的慢适应性 暂态过程稳定性问题
特征结构配置 (EA)	✓		低			低复杂度	鲁棒性问题
控制分配 (CA)	✓		中等 ～ 高			故障后控制结构不变	必要的最优化增加复杂性
伪逆法 (PIM)			低			简单、快速	系统可能是不稳定的
改进的 PIM	✓		高			稳定性改善	有约束的最优化 (高复杂度)

① 鲁棒技术是这种方法的一部分;
② 自适应技术是这种方法的一部分;
③ 该特性包含在该方法中

尽管已有大量的各种方法, 但 FDI/FTC 技术还没有在航空业被广泛采用, 仅有一些空间系统将这些技术融入于最终的设计。究其原因是这些方法尚不成熟, 特别是对于非线性系统, 不仅设计复杂, 而且如果存在大量的建模不确定性和/或干扰的话, 虚警概率也大。更多的原因还有, 除成熟度和可选择硬件冗余度的检测方法外, 有人飞行器上人员生命的高风险, 使得这些方法的综合运用不那么具有吸引力。

对于 UA 情况则非如此, 因为 UA 上有效载荷较少, 阻止 (或限制) 了现有硬件冗余方案的使用。尽管 FDI/FTC 系统必须检测和补偿的故障类似于有人飞行器的那些故障 (表 1.2), 然而, 需要说明的是,UA 的 FDI/FTC 系统必须满足的技术要求则是更为严格的。UA 的 FDI/FTC 算法设计主要着眼于建模不确定性的鲁棒性、简单的设计和低复杂性。对于小型 UAS 来说, 由于计算能力非常有限, 被动容错技术似乎更具吸引力, 因为避免了 FDI 模块。无论如何, 对很多不同技术进行比较, 以强调每一类平台的优点和缺点, 这是十分必要的。

表 1.2　文献 [60] 中飞行器或 UA 故障模式

传感器	执行机构	结构	故障	效果
√			传感器失效	如果是唯一故障, 则较小
	√		部分液压装置失效	几个控制舵面最大速率减小
	√		全部液压装置失效	液压驱动飞行器的一个或多个控制舵面卡滞在最后的位置上, 或轻型飞行器的一个或多个舵面浮松
	√		由于内部故障 (非外部损毁), 一个或多个执行机构控制失效	一个或多个控制舵面卡滞在某个位置上
	√	√	部分/全部控制舵面失效	控制舵面效益降低, 但速率不变; 空气动力学变化较少
	√	√	发动机失效	在可能的操作区域内变化很大; 空气动力学显著变化
		√	飞行器舵面损毁	在操作区域可能发生变化; 空气动力学显著变化

　　为了实现这些目标,有必要建立实际可行的基准模型来辅助研究,这些模型应包括执行机构、传感器动力学特性以及不确定性与干扰建模。另外,像健康状态不确定性条件下的故障容错导航和决策生成问题,也必须得到解决。

　　最后,应该指出相关文献中的 FDI/FTC 方法,不能提供提高 UA 可靠性问题完整的解决方案。这些方法主要在给定冗余度的条件下提高故障容错性,因此,对于选择的冗余度它们受到了限制。另一方面,可靠性提高是一个多目标优化问题,它涉及到可靠性指标、冗余度、故障容错评估和成本。图 1.36 显示了一个可行的设计流程的示意图。

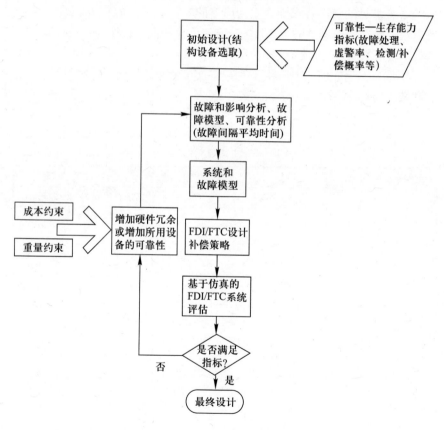

图 1.36　UAS 可靠性改善设计流程

参考文献

[1] Unmanned Systems Roadmap 2002-2027, Report of the Office of the Secretary of Defense, DoD, USA, 2002.

[2] STANAG 4671 – Unmanned Aerial Vehicle Systems Airworthiness Requirements LS (USAR), Joint Capability Group on Unmanned Aerial Vehicles (Draft), NATO Naval Armaments Group, 2007.

[3] Unmanned aircraft systems operations in the U.S. national airspace system, Federal Aviation Administration, Interim Operational Approval Guidance 08–01, 2008.

[4] Unmanned Systems Roadmap 2007–2032, Report of the Office of the Secretary of Defense, DoD, USA, 2007.

[5] Castillo, P., Lorenzo, R., and Dzul, A.E. *Modeling and Control of Mini-Flying Machines*, Springer, 2005.

[6] Guedj, D. Le *Théorème du Perroquet*, Editions du Seuil, 1998.

[7] Helicopter History Site, History of helicopters, June 2004. Available at http://www.hiller.org (last accessed 27/4/2011).

[8] Hiller Aviation Museum. Available at http://www.hiller.org (last accessed 27/4/2011).

[9] Stoff, J. *Historic Aircraft and Spacecraft in the Cradle of Aviation Museum*, Dover Publications, 2001.

[10] Unmanned Systems Roadmap 2005–2030, Report of the Office of the Secretary of Defense, DoD, USA, 2005.

[11] http://www.dfrc.nasa.gov (last accessed 27/4/2011).

[12] http://www.aerosonde.com (last accessed 17/4/2011).

[13] http://www.unmanned.co.uk/keyword/clbit (last accessed 28/4/2011)

[14] http://www.delfly.nl/ (2/4/2011).

[15] http://www.avinc.com/media_gallery/images/uas/(last accessed 26/4/2011).

[16] http://sydney.edu.au/engineering/aeromech/uav/twing/(last accessed 28/4/2011).

[17] http://www.bellhelicopter.com/en/aircraft/military/bellEagleEye.cfm (last accessed 28/4/2011).

[18] http://www.NASA.org (last accessed 29/4/2011).

[19] http://www.iai.co.il/ (last accessed 18/4/2011).

[20] http://www.aaicorp.com/ (last accessed 20/4/2011).

[21] http://www.skybotix.com/ (last accessed 24/4/2011).

[22] Unmanned Systems Roadmap 2009–2034, Report of the Office of the Secretary of Defense, DoD, USA, 2009.

[23] Civil UAV capability assessment, NASA, 2006. Interim Report, http://www.nasa.gov/centers/dryden/research/civuav/index.html (last accessed 21/3/2011).

[24] http://www.rtca.org/ (19/3/2011).

[25] http://www.uavnet.org/ (29/4/2011).

[26] The unmanned aerial vehicles (UAV) market 2009–2019, Visiongain, 2009.

[27] Dickerson, L. 'UAV on the rise', Aviation Week Space Technology, Aerospace Source Book, 166(3), 2007.

[28] http://www.researchandmarkets.com / research / afdcf8 / homeland_security _ and_commercial_unmanned (last accessed 28/4/2011).

[29] Zaloga, S.J., Rockwell, D., and Finnegan, P. 'World Unmanned Aerial Vehicle Systems: Market Profile and Forecasts', 2011 edition, Teal Group Corporation, 2011.

[30] Ionami, K., Kendoul, F., Suzuki, S., Wang, W., and Nakazawa, D. Autonomous Flying Robots, Springer Science and Business Media, 2010.

[31] Dalamagidis, K., Valavanis, K., and Piegl, L.A. On Integrating Unmanned Aircraft Systems into the National Airspace, Springer Science and Business Media, 2009.

[32] Goupil, P. 'Airbus state of the art and practices on FDI and FTC', 7th IFAC Symposium on ault Detection, Supervision and Safety of Technical Processes, Barcelona, Spain, 30 June-3 July, pp. 564–572, 2009.

[33] Edwards, C., Lombaerts, T., and Smaili, H. Fault Tolerant Flight Control – A Benchmark Challenge, Spinger-Verlag, 2010.

[34] European Aviation Safety Agency (EASA), A-NPA, No. 16/2005, Policy for unmanned aerial vehicle (UAV) certification, 2005.

[35] Davis, B. 'UAS in the national airspace: the NTSB takes a look', Unmanned Systems, 26(6):40–41, 2008.

[36] Zhang, Y. and Jiang, J. 'Bibliographical review on reconfigurable fault-tolerant control systems', Annual Reviews in Control, 32:229–252, 2008.

[37] Venkatasubramanian, K. et al. 'A review of process fault detection and diagnosis Part I (Quantitative model-based methods), Part II (Qualitative models and search strategies, Part III (Process history based methods)', Computers and Chemical Engineering, 27:293–346, 2003.

[38] Urnes, J., Yeager, R., and Steward, J. 'Flight demonstration of the self-repairing flight control system in a NASA F-15 aircraft', National Aerospace

Electronics Conference, Dayton, OH, USA, May 1990. Report 90CH2881-1.

[39] Hess, R.A. and Wells, S.R. 'Sliding mode control applied to reconfigurable flight control design', AIAA Journal of Guidance, Control and Dynamics, 26:452–462, 2003.

[40] Alwi, H. and Edwards, C. 'Fault detection and fault tolerant control of a civil aircraft using a sliding-mode-based scheme', IEEE Transactions on Control Systems Technology, 16(3):499–510, 2008.

[41] Harefors, M. and Bates, D.G. 6Integrated propulsion-based flight control system design for a civil transport aircraft', Proceedings of the 2002 IEEE International Conference on Control Applications, pp. 132–137, 2002.

[42] Burcham, F.W., Fullerton, C.G., and Maine, T.A. 'Manual manipulation of engine throttles for emergency flight control', Technical Report NASA/TM-2004-212045, NASA, 2004.

[43] Tucker, T. 'Touchdown: the development of propulsion controlled aircraft at NASA Dryden. Monographs in Aerospace History, 1999.

[44] Boskovic, J.D. and Mehra, R.K. 6A multiple-model-based reconfigurable flight control system design', Proceedings of the 37th IEEE Conference on Decision and Control, Tampa, FL, December, pp. 4503–4508, 1998.

[45] Aravena, J., Zhou, K., Li, X.R., and Chowdhury, F. 'Fault tolerant safe flight controller bank', Proceedings of the IFAC Symposium SAFEPROCESS '06, Beijing, pp. 8908–8912, 2006.

[46] Rago, C., Prasanth, R., Mehra, R.K., and Fortenbaugh, R. 'Failure detection and identification and fault tolerant control using the IMM-KF with applications to the Eagle-Eye UAW, Proceedings of the 37th IEEE Conference on Decision and Control, Tampa, FL, December, pp. 4503–4508, 1998.

[47] Zhang, Y. and Jiang, J. 'Integrated active fault-tolerant control using IMM approach', IEEE Transactions on Aerospace and Electronic Systems, 37: 1221–1235, 2001.

[48] Zhou, K. and Ren, Z. 'A new controller architecture for high performance, robust and fault tolerant control', IEEE Transactions on Automatic Control, 46:1613–1618, 2008.

[49] Ye, S., Zhang, Y., Li, Y., Wang, X., and Rabbath, C.-A. 'Robust fault-tolerant tracking control with application to flight control systems with uncertainties', Proceedings of the 10th IASTED International Conference on Control and Applications, 2008.

[50] Shin, J.-Y.and Gregory, I. 'Robust gain-scheduled fault tolerant control for a transport aircraft', Proceedings of the 16th IEEE Conference on Control

Applications (CCA 2007), 1–3 October 2007.

[51] Ganguili, S., Marcos, A., and Balas, G.J. 'Reconfigurable LPV control design for Boeing 747–100/200 longitudinal axis', Proceedings of the American Control Conference, pp. 3612–3617,2002.

[52] Maciejowski, J.M. and Jones, C.N. 'MPC fault-tolerant control case study: flight 1862', Proceedings of the IFAC Symposium SAFEPROCESS ~03, Washington, DC, pp. 119–124, 2003.

[53] Campell, M.E., Lee, J.W., Scholte, E. and Rathbun, D. 'Simulation and flight test of autonomous aircraft estimation, planning and control algorithms', AIAA Journal of Guidance, Control and Dynamics, 30(6):1597–1609, 2007.

[54] Shin, Y., Calise, A. J., and Johnson, M.D. 'Adaptive control of advanced fighter aircraft in nonlinear flight regimes', AIAA Journal of Guidance, Control and Dynamics, 31(5): 1464– 1477, 2008.

[55] Tao, G., Chen, S., Tang, X., and Joshi, S.M. Adaptive Control of Systems with Actuator Failures, Springer-Verlag, 2004.

[56] Shore, D. and Bodson, M. 'Flight testing of a reconfigurable control system on an unmanned aircraft', AIAA Journal of Guidance, Control and Dynamics, 28(4): 698–707, 2005.

[57] Fekri, S., Athans, M., and Pascoal, A. 'Issues, progress and new results in robust adaptive control', International Journal of Adaptive Control and Signal Processing, 20(10): 519–579, 2006.

[58] Ducard, G.J.J. Fault-tolerant Flight Control and Guidance Systems – Practical Methods for Small UAVs, Springer-Verlag, 2009.

[59] Lombaerts, T.J.J., Huisman, H.O., Chu, Q.P., Mulder, J.A., and Joosten, D.A. 'Flight control econfiguration based on online physical model identification and nonlinear dynamic inversion', Proceedings of the AIAA Guidance, Navigation and Control Conference, 18–21 August, Honolulu, HI, 2008. AIAA 2008–7435, pp. 1–24.

[60] Jones, C.N. Reconfigurable Flight Control – First Year Report, Control Group, Department of Engineering, University of Cambridge, 2005.

[61] http://www.projectastraea.co.uk/ (last accessed 27/4/2011).

[62] 'Civil UAV capabilities assessment', Interim Status Report, NASA, 2006.

[63] http://www.barnardmicrosystems.com/L4E_rmax.htm (27/4/2011).

第 2 章
性能折中和标准发展①

Andrew Zeitlin

MITRE Corporation, McLean, VA, USA

2.1 感知与规避范围

感知与规避 (S&A) 功能的目的是, 在人类飞行员飞行的空域采取行动以探测和解决某些危及安全飞行的危险。这些危险包含其他交通工具或物体所带来的碰撞危险。空中交通工具包括飞行器、滑翔机、气球和其他无人飞行器系统 (UAS)。另外一些危险包括地形和障碍物 (例如建筑物、高塔、电力网线)。

由于 UAS 上没有飞行员, 似乎不必要构建感知与规避系统来保护飞行器, 但是肯定需要避免与其他空中交通工具、地面上人员的碰撞或相关的财产损失。在紧急情况和注意力转换, 以及全程正常使用中, 必须进行感知与规避。

在有人飞行器上, 要求人类飞行员发现并规避危险。飞行员的责任包括对前方视域的定期视觉观测, 以便探测其他飞行器。观测可更多地集中于前方预定飞行的区域, 或通过接听无线电交通信息或通过电子显示信息来了解情况。每当看到空中交通工具, 飞行员必须判断出它的轨迹与自身飞行器运动的关系, 并且确定是否通过必要的机动防止碰撞发生。在某些视觉条件差、背景模糊或工作强度高的情况下, "发现与规避" 过程可能是困难的。在空域管理者的眼中看来, UAS 的感知与规避只会像人类飞行员的发现与规避功能那样, 不是太可靠。

---

①这项工作是美国政府 DTFAWA-10-C-00080 合同中的内容, 并遵守联邦航空管理局采购管理系统条款 3.5-13, 通用数据权限, 第三版和第四版 (1996 年 10 月)。这份材料的内容反映了作者或先进航空系统发展中心主任的观点。联邦航空管理局和运输部都没有就此观点的内容或精确性做出任何批准或保证、承诺、表述或暗示。批推公开发行: 11-3338。不限定发行范围。

有些 UAS 太小以至于不能在它的上面装载感知与规避设备。对于这些飞行器来说,一种解决方法是仅在操纵员直视无线电通信范围内使用它们,并且保持操纵员与飞行器之间的视距畅通。这种操作形式已证明是足够安全的。更多的限制可能会有利于避免风险,如不能在人口稠密地区上方飞行,并且限制不需要感知与规避功能的飞行器的数量。

本章讨论有关感知与规避设计中许多需要考虑的问题,给出需要综合考虑的重要折中。对为达成不同的目的所选择的特殊设计进行对比,本章也强调开发标准的方法,这些标准提供了所有实现必须满足的要求,而不考虑它们的设计细节。

2.2　系统构成

现有大量的各种不同的感知与规避结构,主要的组成部分是飞行器和机载系统、机外控制站,以及它们之间的通信链路。主要的区别包括两大要素:

(1) 感知与规避监视系统是否是由飞行器内的传感器、飞行器外的传感器组成的,或此系统包括有这两类传感器;

(2) 感知与规避决策生成无论是在飞行器外的控制站上还是在飞行器上,都应是自动生成的。

图 2.1 ～ 图2.3 为几个实例的构成。

图 2.1　地面上的传感器和决策

自主的
探测目标
公布威胁
选择机动

监控飞行器

图 2.2 位于飞行器上的传感器和决策

机载或地面传感器

通信链路

公布威胁和选择机动
自动选择或人工选择

图 2.3 传感器在飞行器上, 在地面制定决策

2.3 感知与规避服务和子功能

感知与规避功能要求提供两种服务。根据在"感知与规避专题讨论会"上所达成的协议来描述这两种服务,在"感知与规避专题讨论会"上美国联邦航空局和国防部专家们探讨了众多基本问题[1]。这些服务如下。

(1) 在碰撞规避机动之前"自隔离"服务就必须生效,并能够支持初期的、轻缓的机动。自隔离功能类似于非管制类飞行器,为了落实管制要求从而保持"其他飞行器的适当间隙"而进行的视觉分离机动[2]。为使执行该机动的能力与隔离交通工具 (当 UAS 是在 ATC 管控之下时) 的空中交通管制 (ATC) 的职责相互和谐,需要更进一步的定义。一个可选择的方法是在 ATC 明确授权条件下使用此服务。

(2) 碰撞规避服务试图保护小范围的"碰撞区域",并且通常采用后期的、攻击性机动来实现。该项服务的一个实例是由有人飞行器使用的交通警告与碰撞规避系统 Ⅱ(美国 TCAS Ⅱ[4], 或其他地方的 ACAS Ⅱ[5]) 发出的解决建议。

图 2.4 说明了这些服务。

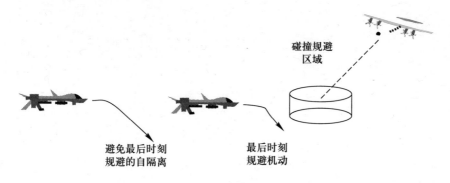

图 2.4　自隔离与碰撞规避机动比较

为实现这些服务,要求具备如下列出的子功能[1]。

(1) 探测各种不同形式的危害,如交通、地形或天气。在这个阶段,它只不过是指出有什么情况。

(2) 跟踪被探测物体的运动。这要求对于探测是有效的和确定其位置与轨迹应具有足够的信任度。

(3) 评价每个被跟踪的物体,首先要确定是否具有足够的信任度来预测跟踪轨迹,其次应依据标准测试跟踪轨迹,该标准将指出感知与规避机动是必要的。信任测试应考虑位置和轨迹的不确定性。开始跟踪时不确定性可能是最大的, 并且每当首次测试到新的机动时, 不确定性可能也是最大的。或许会要求进行一系列的测量用以降低关于新的或变化了的轨迹的不确定性。同样地, 当察觉到转弯时, 也存在航向变化有多大的不确定性问题。

(4) 确定优先次序, 基于被跟踪物体的跟踪参数和评价阶段期间完成的测试, 确定其优先次序。在某些执行过程中, 这会有助于处理有限的感知与规避系统的能力, 而在其他的一些执行过程中, 确定优先次序可能要与评价或公布阶段相结合。确定优先次序可考虑公布决策的标准, 公布决策会随着危害的类型或突然遇到的环境而变化 (例如, 在管制类起落航线中)。

(5) 公布飞行器自身和被跟踪物体的路径、可获得的规避时间, 应在确实要决定开始机动的时候。对于自隔离和碰撞规避机动, 必须要求隔离声明。

(6) 确定特定的机动, 应基于遭遇物特定的几何结构、飞行器自身的机动能力和选择权以及所有的相关约束 (例如, 空域规则或其他飞行器的机动能力)。

(7) 命令自身的飞行器完成所选择的机动。根据感知与规避的执行情况, 这或许要求将根据命令要作的机动传输到飞行器, 或者如果在飞行器上执行了机动决定, 仅要求在飞行器子系统之间的内部通信。

(8) 执行所命令的机动。

如果评价或确定子功能的任一方面想要在控制站执行, 则空 — 地之间的通信成为了关键因素。它是一个设计问题, 是关于是否所有被跟踪的目标信息都要发送到地面进行估计, 或为了减少空 — 地通信量, 飞行器子系统是否执行探测 (例如, 评价、确定优先次序) 之外的某些更多的子功能。数据链路的延迟和带宽, 以及在 UAS 上配置大量的处理能力的可行性, 都是应考虑的重要问题。

2.4 传感器能力

探测危害的监视系统能够以不同的形式工作。有些技术可以在 UAS 上使用, 而另外一种方法则在地面上进行探测感知, 如雷达。这些技术差异很大, 要考虑不同类型传感器测量的覆盖范围、各自的精确性、更新速率和虚检测概率。

2.4.1 空中感知

空中感知其他飞行器的可行性技术最好是划分为两组,称为合作式的和非合作式的。

合作式技术是那些接收来自另一个飞行器上机载设备无线电信号的技术。主要的合作式技术如下。

(1) ATC 询问机。大量的飞行器都装有询问机, 询问机是长期以来用于应答基于地面二次雷达关于空中交通管制使用的设备。同样的技术已被开发用于有人飞行器的空中交通警告和碰撞规避系统 (TCAS)[①]。要求飞行器配备询问机在某些类别的空域中操作 (国际民用航空组织 (ICAO) A、B 和 C 类空域; 在 A 类和 B 类空域中有高度编码)。

(2) 广播式自动相关监视 (ADS—B)。这项技术利用全球定位系统 (GPS) 或可替代的导航源, 播报飞行器自身的位置、速度和其他数据, 无需经过询问。ADS—B 的标准是适当的, 尽管其配备受到了所描述的限制, 但预期它将分别广泛应用于美国与欧洲的 NextGen 和 SESAR, 以及某些其他的国际空域。在美国, 那些当前要求装载询问机的飞行器, 到 2020 年都必须配备适用于广播的 ADS—B[3]。

由于合作式信号检测在其预定范围内应是可靠的, 故这些技术应当是目标探测和跟踪领域的领先技术。然而, 这些技术只能探测那些选定与 ATC"合作" 具有合适配备设备的飞行器, 或探测那些配置并操作设备的其他飞行器。有一些但不是所有的空域类别强制要求飞行器装载此类设备。在允许非合作式交通的空域中, 会需要其他的技术来探测空中交通状况。备选的技术包括光电或红外摄像机、一次雷达、激光测距机和听觉处理。这些非合作式技术的每一种技术都具有不同的限制, 特别是为了能在机上安装而进行的小型化改装。没有某一单独的方法能够以良好的精确度提供所有必须测量的坐标 (角度和到目标的距离); 对角度测量来说, 光学和声学测量是最好的, 而雷达和激光对于测距来说是最好的 (表 2.1)。配备了感知与规避组合技术的 UAS, 可以整合每一种技术的优势。这种整合可包括合作式和非合作式的部分。来自隔离传感器的测量值需要关联在一起。设计可能要利用现有的数据融合技术的基础知识, 还要采用卡尔曼滤波器来说明不同信源之间精确性差异的原因。如果传感器的更新速率不同, 则

---

① 该系统在美国之外被称作空中碰撞规避系统 (ACAS)。

会引发更大程度的复杂化, 这是因为它们或许在不同的时间上对目标进行测量, 因此目标的位置也会不同。

表 2.1　典型传感器坐标系

传感器技术	坐标系
A/C 型询问机主动询问	相对距离、绝对高度
ADS—B	纬度、经度、高度、速度
电光	方位 (方位角和高低角)
激光/LIDAR	相对距离
机载雷达	相对距离、方位 (方位角和高低角)
陆基雷达	以地面为参考的距离和方位
听觉的	方位

2.4.2　陆基感知

对于较小的 UAS, 由于外形、重量和动力装置等方面的限制, 配备多种多样的传感器是行不通的。对于这些 UAS, 陆基感知或许会具有吸引力, 尽管这些传感器也存在局限性, 如它们的精确度和更新速率。这些限制可以反映在飞行器的操作上, 使用了更为保守的隔离措施。这些传感器的视场也可能阻碍了远程、低高度的覆盖。目前, 雷达鲜少用于感知与规避中的定位。雷达的成本似乎仅适合于政府所用; 私有 UAS 操作者可能需要协商来获得监视数据的使用权。

由于传感器技术在其距离和监视覆盖范围中是变化的, 因此需要一个系统能折中确定这些要求以满足所需的安全等级, 也要考虑公布和规避机动的最后期限 (见第 2.7 节), 并估计因目标最初位于传感器的有效距离或视场以外, 不能被及时探测到进而对其规避的可能性。操作交换可限制包含在监视空域内的某些更小的空域中的飞行, 从而确保以高概率和足够的警告时间捕获进入的目标。

2.4.3　传感器参数

利用可提供比较依据的标准参数可评估传感器的技术水平, 也可描述整个监视系统的性能。

(1) 视场。描述了传感器在其内部进行测量的角度扇区。当目标在视场以外时, 该传感器不能探测或更新目标。

(2) 距离。传感器的测量距离, 在此距离内, 有望以较高的概率探测目标。

(3) 更新率。这是传感器提供测量值的间隔时间。如果不能在每个间隔时间内探测目标, 则其有效更新速率就是较低的。

(4) 精度。该参数描述了传感器位置测量的不确定性。它通常说明单维空间的情形, 因此监视系统评估必须结合不同维空间的精度值, 以生成不确定性空间。

(5) 诚信度。它表示超出了其正常操作某些极限的测量概率。

对于合作式传感器和目标, 相关的附加参数如下。

(6) 数据元素。合作式目标提供了用以加强测量或监视信息的特定数据。数据实例包括位置、轨迹、特征和意图。

2.5 跟踪和轨迹预测

监视系统需要将连续的测量与特定的目标相结合。经过一段时间, 形成和更新每个被认为是真实目标的轨迹。各种不同的技术都容易受到噪声变化程度的影响而造成虚警探测。另一种测量噪声的影响是位置测量的随机变化, 可能会导致难以将目标的某个测量与后续的测量相关联。这两种影响都要求在申报有效跟踪之前将几个恒定测量相关联的设计。然后跟踪每次被更新为接收到的另一个恒定的测量。如果目标的位置与在某个预定误差极限以内的预期位置 (等于之前的位置加上估计的速度乘以更新间隔时间) 相一致, 则测量将与已建立的跟踪相关联。预定的误差极限必须能够解释测量和估计的不确定性以及目标可执行的机动。更新间隔时间取决于技术, 典型的更新间隔时间在 $1 \sim 5\,\mathrm{s}$ 范围内。

跟踪功能应能在确定的时间、甚至是在缺少更新的条件下保持跟踪, 因为探测功能可能被设计为在有效和虚假探测之间的良好交换, 因此, 某些更新将会被丢失。在这种情况下, 可事先规划出到达预期位置的跟踪, 但跟踪的不确定性也会增大。在太多的更新丢失之后, 跟踪将会被抛弃。特别地, 在最后的探测之后开始的任何一个机动都是无法被发现的 (图 2.5)。

如果监视系统将采用不同技术获得的测量值结合在了一起, 应按照时间关系对它们各自的数据进行调整, 对技术或维数所引起的不确定性的差异进行适当补偿, 并对这些不确定性赋予适当的权重。跟踪功能应力求避

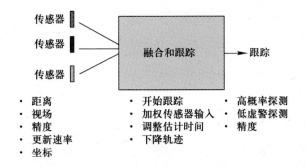

图 2.5 监视系统要求

免对同一个目标生成重复跟踪, 但是假如发生了这种情况, 附加数据接收应能使不同的跟踪相互关联与融合。合作式技术在识别目标方面更具有独特性, 如同 Mode S 和 ADS—B 设备在其应答格式中提供了独特的飞行器地址一样。

跟踪功能应将速度矢量开发成每个目标轨迹预测的基础 (除固定目标或地形外)。比如转弯速率的附加数据可以增强预测性。尝试探测机动开始或结束的特性是有用的, 尤其是在调整与预测相关的不确定性大小的时候, 甚至不确定性较大的跟踪也是有一定用处的。后续的处置决策可能需要避免对该不确定性的大量说明。

2.6 威胁公布和解决决策

飞行器操作是被引导着去执行某些任务, 这些任务可能会被执行未规划的机动所扰乱。因此, 感知与规避应该能对非威胁性交通的威胁或其他危险物的威胁进行辨别, 并且仅在安全性需要的情况下要求进行机动, 这是非常重要的。那么, 威胁公布功能必须权衡两个主要要求: 一个是要确定造成了要求某些机动的威胁的危害物, 另一个是要最大程度地减少对实际上是非威胁目标的声明。以下所讨论的最后期限对公布时机提出了进一步要求。

UAS 与危险目标之间的距离测量是预测碰撞时间的基础。从实际考虑, 对于线性碰撞轨迹, 碰撞时间由 τ 给出, 为

$$\tau = -\frac{r}{\dot{r}}$$

注意当 UAS 和危险目标向某点聚集时, $\dot{r}$ 是负的。当轨迹不能导致碰

撞 (也就是说, 会产生 "错失距离") 时, 威胁确定的任务是要判定某些受保护的空域是否会被穿透。由于其他飞行器在未来可能会做出不可预计的机动, 因此可留出一些额外的边缘余量, 使目标免受不利机动的碰撞 (下面将进一步讨论)。

2.6.1   碰撞规避

解决要求必须从定义要规避的空间开始。碰撞规避功能的通常选择等同于 "临界近空碰撞" 定义[4], 它是一个高度为 ±100 英尺、半径为 500 英尺的截柱 (图 2.6)。该固定空间是威胁飞行器实际规模的替代物, 因为这些规模难以在动态飞行条件下测量。解决机动选择也必须考虑延迟, 这些延迟涉及到决策、通信与执行机动所需要的时间, 还要考虑横向、垂直加速或改变速度时机身的承受力, 最大的爬升或下降速率或可达到倾斜转弯角度, 和其他的约束, 这些约束来自空域规则以及探测到的最靠近的其他交通工具或危险因素, 比如地形。

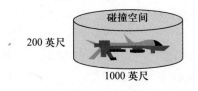

图 2.6   碰撞规避区域

解决选择也要考虑与其他飞行器在突然遭遇时所做的规避机动的兼容性。视距内的威胁飞行器机动应遵循常规的右行规则[2], 而使用自身碰撞规避系统的那些威胁飞行器将遵循规定的一套规则。例如,TCAS 采用垂直机动。在本书写作时, TCAS 是在有人飞行器上生成解决通告的唯一系统, 但是未来空域会出现各种各样的执行系统, 或许就是来源于装载在各种不同的 UAS 上的系统。如果操作性和成本变得更具吸引力, 这些机载技术可移植到部分仍不具备碰撞规避能力的有人飞行器上 (例如, 普通航空)。因此, 由于不能期望其他飞行器具有单一的行为, 协调两个遭遇的均已配备 TCAS 的飞行器之间的机动选择仍然是必不可少的, 尽管 TCAS 目前就是这样的。TCAS 工作过程是从每一架飞行器向另一架飞行器发送处理信息, 以便明确地交换意图数据。该过程使用了优先权协议解决纠纷 (例如, 当每架飞机都已选择 "爬升" 时)。已提出了避免传送这些信息的替代方法。

(1) 观察其他飞行器机动的隐性协调。这需要克服探测机动开始的困难, 并且还需要一些共同的协议以打破关联或克服观察的差异。

(2) 设计式隐性协调。这种方法根据接近角或最近的接近点试图事先选定机动; 或可以限制不利于配备了 TCAS 飞行器的横向机动, 可假定该飞行器将仅做垂直机动。这种方法的困难在于每一飞行器之间彼此观察的差异, 以及对利用事先选定的选择的限制。

使用不同的协调方法也会对能与现有配备 TCAS 的飞行器共同操作的其余的飞行器造成困难。第一个困难是要证实所要选择的能使彼此之间和谐相处的通告具有极高的可靠性, 第二个困难是当前 TCAS 设计中的限制, 在此设计中, 使用 Mocle S 数据链进行协调, 而且当前设计的 TCAS 仅能避免与另一个配备了 TCAS 的飞行器的碰撞。

规避机动的程度必须足以克服误差, 误差的一部分是位置测量造成的, 另一部分在于预测目标轨迹引入的不确定性。对每一个误差进行说明的误差裕量可有效扩展到要规避的空间 (图 2.7), 以使机动寻求所期望的隔离加上误差裕量的和。ADS—B 技术促成了这种措施, 因为飞行器提供的数据伴随有与其相关联的精度和诚信度的指示。对于任一其他技术, 实现需要与算法设计相协调, 以便目标的误差裕量与测量该目标的传感器特性相一致。

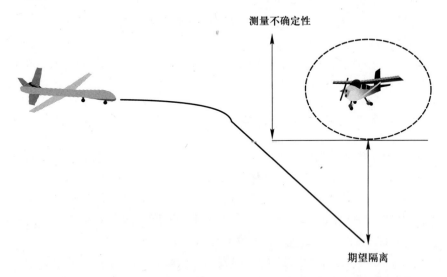

图 2.7 决定机动时的不确定性说明

碰撞规避算法长期存在的挑战是处理威胁飞行器机动的能力。这些挑战从碰撞规避决定前不久开始的机动延伸到不可预见的未来机动。任何算法都必须经过机动可能性的可信度检验, 并且证明具有鲁棒性也是在飞行器机动性物理极限范围内的所要考虑的。期望特征包括在解决方案逐步形成过程中对遭遇的监视能力和重新考虑原有机动决策的能力。改变的机动可包括同一方向上更强烈的或更弱化的机动、在同一 (水平的或垂直的) 平面上的反向机动、其他平面上的机动变化, 或水平和垂直规避相结合的解决方案。对于某些飞行器, 解决速度变化也还是可行的。取决于飞行器的机动性和遭遇特性, 其中某些选择可能不是有效的。

2.6.2 自隔离

第 2.3 节描述的自隔离机动, 必须估计目标并且要先于碰撞规避开始机动, 因为其目的是避免更危险的状态要求迅速而猛烈的机动。其威胁公布功能必须在未来碰撞规避开始之前, 并且确定何时要求机动以避免猛烈机动。在大部分细节上, 自隔离原理类似于碰撞规避的原理。可能不一定要求机动协调。

自隔离使用的可能约束涉及到机动优先权分配情况。这些约束可能会根据 UAS 的飞行体制 (无论是不是在 ATC 管控下) 而变化, 且无论是否接收到特定的机动授权。

感知与规避监视能力和自隔离机动之间的系统权衡, 涉及到以上描述的传感器系统精度, 感知与规避监视距离能否足以对最差的威胁几何开始跟踪, 自隔离机动自身的猛烈程度, 以及通信延迟和人工延迟 (当决策不完全是在 UAS 上制定时)。

2.6.3 人工决策与算法比较

本节所描述的功能其实是设计上的问题, 无论是否涉及到人工决策或过程是部分自动化还是全自动化。一个完全非自动的决策将会为人工决策制定者显示交通状况或其他危险的信息, 人工决策制定者将考虑 UAS 的位置和轨迹, 并且决定是否、在什么时候做出威胁公布。人工决策制定者还将选择规避机动。赞成人工决策的理由如下。

(1) 人可具有 "大场景" 的当前视野, "大场景" 包括任务或空域约束、其他周边环境交通情况和飞行器自身的能力。

(2) 有些人或许认为警告标准和/或解决优先规则过于依赖环境, 以至其无法在算法中获得应用。

(3) 担心 UAS 飞行员不能理解为什么算法可生成特定的行动。

除了仅在图形显示器上提供交通标识以外, 还可向人工决策制定者 (通常是 UAS 飞行员) 提供一系列更多的自动化帮助。这些帮助包括从显示器上的测距或测时工具、显示估算的轨迹能否穿越威胁空间的预测, 一直到显示假想解决结果的预测。一个中间环节是利用自动化公布威胁, 然后将解决决策留给人工决策制定者。赞成依赖算法和自动化的理由如下。

(1) 还需建立的是, 对于所有可能的遭遇情形, 位于遥远位置的飞行员能够利用交通显示有效地执行感知与规避。尤其是对于这样一些的碰撞规避, 时间短暂、考虑是否必须采取行动所允许的的最后期限余量小、解读图形或数字信息安全解决更为困难的冲突几何。感知与规避系统可接受的挑战之一, 是要证实飞行员制定决策的可靠性。这将要求在交通状况显示器上提供充分清晰和完整的信息, 自动化辅助手段可任意增加, 也可包括设定飞行员的资质和训练要求。

(2) 另一个考虑是与结构选定有关。如果判断出飞行器与控制站之间的通信链路不具备足够的能力来及时并可靠地解决碰撞, 飞行器则可能需要配备自动探测和解决功能。

有些人想象了感知与规避中和空中交通管制中人作用的相似性。按照这种思路思考, 忽略了决定性的问题。事实上, 在感知与规避碰撞规避部分中人类飞行员的作用, 远远不像空中交通管制者的作用。后者的作用涉及到利用特定设备训练, 以及在较碰撞规避相当远的距离上执行已认可的隔离标准。感知与规避碰撞规避任务包括直接控制飞行器飞行的危急时刻的动作。还没有控制者执行碰撞规避能力的相关数据, 在某种程度上是因为受限于 ATC 交通显示的精度和更新速率, 以及将指令传输给机上飞行员并由飞行员随后立即执行指令时的时间延迟。

2.7　感知与规避最后期限

图 2.8 描述了理论上的感知与规避最后期限。监视系统应具备足够的探测距离以便探测到威胁或危险物, 并及时执行后续步骤来解决碰撞。监视距离和后续子功能的最后期限应按照自身与威胁的相对轨迹来起作用, 该轨迹接近速率达到某一指定的最大值。如下几个步骤可能会增加解决碰撞遭遇所需的时间。

(1) 要求多重测量以确定有效探测的传感器技术。

(2) 一些因素会延迟威胁公布, 这些因素包括测量不确定性, 或需要确认请求公布的威胁飞行器正在机动中。

(3) 在确定采取行动时的人工决策时间。

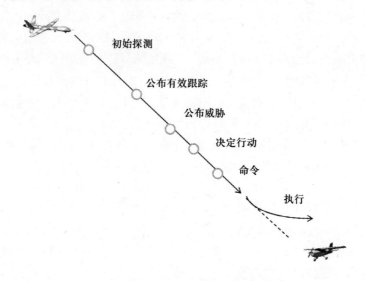

初始探测

公布有效跟踪

公布威胁

决定行动

命令

执行

图 2.8　感知与规避子功能最后期限

(4) 向飞行器发送行动信息的通信延迟时间。

(5) 飞行器执行预定机动时空气动力学响应时间。

以笔者观点来看, 这个最后期限部分的设计是感知与规避中最具挑战性的折中。几个组成部分的随机性、威胁公布算法的复杂性、不同传感器组件可能的复杂合作以及人工延迟特性, 使其成为一个充满挑战性的复杂问题。

最差情形的监视探测距离则是, 接近速度乘以处理时间与延迟时间之和的最大值。或许有反对意见认为几乎不可能会有最差的情形, 因为在同一个遭遇中所有的最大时间不会同时发生。那么计算可能发生的延迟有多小和速度有多低, 并相应设计最后期限部件则是较为适合的, 只要能满足特定的安全指标即可。

2.8　安全评估

准许 UAS 在任 – 空域飞行都要求有相关机构的批准。目前, 获得批准并不是件简单的事情, 因为极度缺乏与 UAS 有关的规程。管理机构倾向于依据现有的飞行器规程来评估 UAS 适航性和操作许可, 但由于无人化飞行器的本质, 会出现某些不足之处。每一项批准都依赖于安全性状况, 必须证实任何可预见的危险都被控制在可接受的频次范围内。某些人倾向于证明 UAS 在一定意义上相对于有人航空的 "等效性"。这种方法的难点是有人航空本身含有根本不同的用户和操作, 因此根本没有可用作基准的单一安全等级。另一种方法遵循了安全管理系统所采用的基本原理[6], 它强行规定应根据危险可造成的后果来控制危险可出现的频次。受迫于想要以最低限制进入空域的日益增长的用户压力, UAS 的监管环境在不断发展中, 但仍担负着保证空域内所有用户安全的不可推卸的职责。

当前的想法是将感知与规避置于操作范围内而非适航性领域。在空域的某个区域内操作是要受到某些作为依据的安全性指标的限制。依据不同的操作用途这些指标也是不同的。例如, 大型空中飞行器较小型私人飞行器受到更高等级的安全限制, 这是由于它们负有保护公众飞行安全的责任。在写作本书的时候, 还没有确定 UAS 安全指标, 并且人们也不清楚单一安全等级是否适用于所有类型的 UAS 或者所有种类的操作。

需要用各种不同方法来证明可满足一个安全指标。飞行测试不能满足需要, 因为时间和成本使得大量的飞行测试无法进行, 由此限制了要采集的数据量。作为替代方法, 可采用快速时间仿真来证明感知与规避的性能范围。该方法已成功应用于 TCAS 的建立和标准化[7]。飞行测试具有验证仿真结果的作用, 并保证系统部件的有效集成。

开发性能要求的一个关键步骤是完成感知与规避的安全性评估, 这将涉及确定操作风险, 空中碰撞就是一个例子, 它可能起因于构成感知与规避的每个功能或数据流的失败或不正确的性能。

监视系统引起的失败事件的例子包括:

(1) 飞行器未被监视子功能探测到;

(2) 飞行器被监视子功能探测到时间过迟;

(3) 探测到的飞行器的位置或速度错误。

后两种情况涉及到复杂的分析, 因为探测 "过迟" 或 "错误" 也许不一定会引起危险结果, 但会增加其可能性。原因与结果之间的关系可能取决于所涉及到的设计或技术。

分析研究不仅应考虑解决碰撞中的失败, 而且还要考虑错误机动引起的碰撞, 这种碰撞本不应发生。这是一个非常现实的危险, 它源于各种不同的原因, 包括测量误差、人工决策、算法的局限性甚至是连接到飞行器的通信链路。

2.9　建模与仿真

感知与规避的几个要素本质上是随机的。必须彻底探究它们的相互作用以将其剔除出不利的事件组合,并在适当的背景中进行考虑。获得足够数据的实用方法包括建模与仿真[8]。

蒙特卡罗 (Monte Carlo) 仿真是一种已成熟的技术,可重复对具有各组成部分的某种情形进行仿真,其中的各组成部分包含它们各自模型或概率分布的独立选取值。例如, 在感知与规避仿真中, 可重复运行遭遇几何,每次要适当地利用不同的测量误差值、飞行员延迟、通信链路延迟和其他组成部分值。为了遭遇几何和其他因素 (例如, 具有或没有合作设备的目标) 的综合设置, 需重复这项工作。选择遭遇特征和组成部分的取值要符合它们出现的可能性, 并且仿真结果可将由重复试验中感知与规避处理所获得的隔离分布与没有采取规避行动的隔离进行比较。需要获得结构中每个要素的模型, 图 2.9 描述了一个实例, 使用了几个机载传感器、到地面控制站的通信链路和一个飞行员, 该飞行员既可以确定也可以评估结果, 还可把指令发送给飞行器。

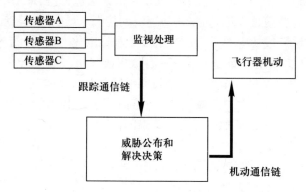

图 2.9　感知与规避仿真实现实例

关于这个实例, 机载监视系统由几种传感器组成, 各种传感器的测量值要关联到跟踪融合功能中。需要建立监视系统模型, 每个传感器用其适当的视场和距离、诸如精度、更新速率、测量误差的概率分布以及跟踪融合处理等测量参数来表示。该模型能够仿真想要进行的探测和对威胁飞行器的跟踪, 其中威胁飞行器的位置在它们和 UAS 沿着各自的飞行轨迹飞行时是变化的。

需要另外一个模型来仿真遭遇, 需要遭遇统计以便生成一个综合设定,来表示 UAS 在想要到达的空域中所期望的遭遇。遭遇必须提供水平和垂直剖面图，以及恒定率和机动。需要评估实际速度和接近角的范围。不能充分地记录和回放观测到的遭遇。首先，在非隔离空域中 UAS 操作很少；第二，数据采集结果不太可能用以观察极具挑战性的几何 (例如，正在进行的机动)，必须对其进行大量仿真以保证鲁棒性能。

然而根据观测的飞行数据，现已建立了有人飞行器遭遇模型，但由于空气动力学特性以及任务类型的快速改变，UAS 操作在很多方面有着重大差异。一种 UAS 飞行位置和剖面图的建模方法必须与其他空中交通剖面图相结合，以生成合成的遭遇统计。

在这个例子中，被探测到的飞行器轨迹被发送到地面由飞行员进行评估。威胁探测和解决决策既可在机上执行也可在地面执行；该例子假定在认可解决方案和将此方案发送到执行方案飞行器之前，由飞行员评估交通势态。交通状况的下行通信链路和机动指令的上行通信链路都需要建模。通信链路显示出延迟时间、可用性和误差率。所有这几个因素都是随机的，并且根据条件 (例如，空 — 地距离或地形或建筑物造成的阻挡) 而变化。

如果备选算法是在考虑之中，为了描述事件和公布威胁时机以及选择机动，应当将该算法应用于仿真和处理仿真输入。无论是涉及到威胁公布和机动选择，还是仅仅是认可算法的选择，都需要为飞行员的行动建模，因为人工决策时间和性能 (例如，机动响应的精度) 会呈现出变化。

最后，飞行器机动性必须要建模，以便机动性能真正地描述 UAS。基于诸如高度、重量、速度和任何机动限制等因素，空气动力学性能都会随这些因素发生变化。

2.10 人为因素

人工飞行员的性能在很多方面都影响到 UAS 操作。关于飞行员是否必须经过训练甚至必须有驾驶过有人飞行器的经历，或者是否具有足够的 UAS 特定操作的资质，仍存在着争议。就感知与规避而言，特定功能规定了人工飞行员要求的技能和支持这些功能所应提供的数据及格式。

自治水平是许多设计折中的内容之一，不管所选择的自治水平多高，必须要满足安全性要求。一个折中的例子是，考虑执行自动化 (自治是自动化的最高等级) 的成本及可靠性，与评估和证实成功人工性能的复杂性之间的关系。

自隔离功能担负有某些类似于空中交通管制的隔离任务, 尽管距离、规则和最后期限有所不同。与 UAS 进行语音通信不可指望, 至少在当前的技术水平下是如此。然而, 碰撞规避功能与 ATC 操作不尽相同。

空中交通情况的感知需要数据显示来支持, 如果已知固定位置及动力学特性、空域约束、地形和障碍物位置。空中交通管制员通常观看固定地理区域的平面视场 (水平面) 显示。利用与飞行器关联的数据框显示目标, 该飞行器提供它们的高度、身份和空速。通常 ATC 隔离指示要么涉及到保持确定横向间隔距离的航向改变, 要么涉及到飞行高度的改变。TCAS 驾驶室的显示器也同样使用平面视场显示, 但不同于 ATC 显示, 它显示的是关于固定参考点描述的 (移动的) 主飞行器, 以及为了指示它们的相对横向位置和运动的其他交通状况。至于 TCAS, 获得授权的是自动确定垂直方向上的规避机动, 而不能进行基于其显示器的横向机动。

与 ATC 不同,ATC 使用了最小标准隔离值, 根据考虑了测量和预计误差所计算的适当边界余量, 加上考虑了机动命令传递到飞行器延迟的足够边界余量, 应对 UAS 自隔离标准进行调整。这些边界余量取决于特定的结构和系统设计, 并且会随着使用的传感器或通信链路等因素发生动态变化。

如果在自动化辅助下扩增显示内容, 应对显示内容进行选择, 以便在要求及时决策时, 有助于制定可靠的决策和保证显示效果。同样地, 将机动指令传达到飞行器的方法, 必须易于获得, 且为正确和精准输入所支持。在配备控制多重 UAS 的飞行员中出现了某些有趣的事情。在此情形中, 最重要的是避免混淆飞行员的行为和预期飞行器的行为, 以及将飞行员的注意力吸引到任一要求立刻评估的情形上。

可以想象可能支持感知与规避的各种不同的显示和自动化。面临的挑战是, 描述每一种截然不同的执行中人的作用, 保证可得到特定性能的目标, 并进而说明在仿真环境中得到的结果可转化为实际操作的等效的安全性[9]。

2.11 标准进程

期望标准在支持 UAS 认证中起到重要作用, 使 UAS 能在民用空域中操作, 而无需受到当今强制性的极大限制。感知与规避功能是一个值得关注的领域, 在该领域中使用认证标准可提供申请者的基本安全保障, 因为该功能可取代传统上有人飞行器飞行员执行的一个或多个功能。然而人工性能的某些方面是极其难以量化的,需要证明 UAS 可满足有待制定的安全性指标。

通常标准可为系统开发者指明获得系统认证和操作许可的方向。要证明与标准的要求一致性,需要完成大量的安全性案例的证明工作。标准必须提供一套保证安全性和操作兼容性的综合要求,也提供一套证明申请者可以满足其要求的规定试验。

按照传统做法,标准进程是以证明技术成熟性为起点的。就 UAS 来说,飞行器与系统设计和操作的很多方面都已得到证实,但感知与规避仍然处于研究和试验阶段。后续一系列步骤描述了在航空无线电技术委员会特别委员会第 203 次会议上的标准计划进程。

2.11.1 描述

由于 UAS 标准将包含系统和操作的许多方面,标准进程将从操作系统和环境定义开始。目标是描述系统功能要素和操作概念、无人飞行器的性能属性范围、空域结构及其管理系统。这些描述将支持后续的安全性、性能和互操作性的分析。

2.11.2 操作和功能要求

进程的下一步是列举操作和功能的要求。这些要求描述了需要做 "什么",尽管在该阶段没有说到要 "做得有多好"。

2.11.3 结构

系统结构定义了设想完成主要功能的功能要素和数据流程,该结构中存在不止一种变数。一个好的实例包含了环内飞行员与自主感知与规避的比较,后者不要求用于感知与规避操作的与控制站之间的双向通信链路。

标准进程中的结构工作包括许多典型引证材料的开发,有时称其为 UAS 系统的 "视图"。这些范围包括从操作的概念和使用案例到功能级的系统连接框图,允许列举所有的子功能和从一个子功能到另一个子功能的数据流程要求。虽然这项工作涉及到大量的分析和引用材料,但它确保了所考虑案例的完备性,并且每项分析都包含了该系统的具有佐证性的解释说明。

2.11.4 安全性, 性能和互操作性评估

安全性评估分析了每个功能可能的失败和结构层的数据流程, 它确定失败的后果和相应接受风险的可能性。这一层提供对风险分配 (后续的) 的重要信息并确定考虑应更加减轻风险的区域, 对特定事件可能性的测量需要与总体安全性指标联系起来。在现代航空中, 安全性指标不同于航空运输与确定的其他用户类型之间的安全性指标。必须确定 UAS 应进入的空域范围, 并且对待某些 UAS 是否有别于其他 UAS。仍然要讨论的问题, 是安全性评估是否取决于飞行器的大小与重量、空域、任务类型或其他因素。

有些要求并不直接对安全性产生影响, 但是出于诸如确保与其他空域用户协调操作的其他原因, 这些要求却是必要的。性能评估确定了在此情形中功能的定量要求。用实例或许可以测量自隔离功能卓有成效的性能。它的失败会带来某些安全性影响, 尽管会小于碰撞规避失败对安全性的影响; 同时, 出于操作的原因, 要求同样的自隔离失败应是偶发的。因此, 性能评估也可影响量化的要求。

可采取两种形式对感知与规避互操作性进行评估。第一种形式称为技术互操作性。特定设备、信号和格式就是一个好的实例, 这些是与合作式飞行器或 ATC 互操作所要求的, 或是与其他碰撞规避系统可协调解决方案所要求的。第二种形式与 ATM 互操作性有关。它的范围还有待于确定, 但或许对确保与空域结构或空中规则的兼容性进行了强制性约束。

图 2.10 说明了该要点的相关步骤。

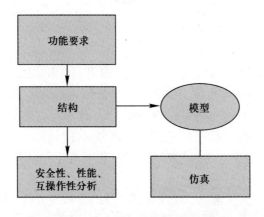

图 2.10 标准开发的初始步骤

2.11.5　性能要求

在结束这几项评估时, 必须确定功能和数据流程的性能要求。有可能会出现某些不切实可行的要求, 或至少由于经济上的考虑是所不期望的。功能之间的要求分配过程允许进行一定的折中, 这是为了在总体安全性或操作性能不做出让步的情况下, 制定一些不是过于繁琐的要求。例如, 或许难以获得远程传感器, 因此把机动开始设计的稍晚一些。另一个例子考虑的是数据链性能。不提供鲁棒性很好的数据链, 而是把威胁公布调整到开始机动之前更早一些时间, 安全地操作而不管短暂的数据链路中断。

2.11.6　确认

期望标准提供经过验证的要求。建模和仿真工作应当用于评价在期望的遭遇空间上感知与规避标准。应完成某些飞行测试以突出仿真结果。

这些重要步骤如图 2.11 所示。随着这些通路, 制定标准的方法显而易见。

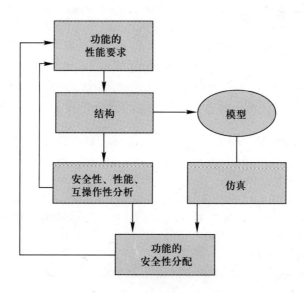

图 2.11　(b) 完成标准制定

2.12 结论

执行感知与规避的可用选择是各种各样的, 这些选择涉及到子系统要求之间的复杂交换。根据操作的需求、技术的选择以及在单独实现中所用的结构, 这些交换可能也是变化的。

标准的使用应简化感知与规避系统的管理认可, 因为它们的开发包括性能要求的确认。这种确认需要包括对系统要素全面的端点到端点的仿真。该仿真反过来取决于典型模型的使用。

参考文献

[1] Federal Aviation Administration, 'Sense and Avoid (SAA) for Unmanned Aircraft Systems (UAS)', October 2009.

[2] US Code of Federal Regulations-Title 14 Aeronautics and Space; Part 91 General operating and Bight rules; Section 111, 'Operating Near other Aircraft' and Section 113, 'Right-of-way rules: Except water operations'.

[3] US Code of Federal Regulations-Title 14 Aeronautics and Space; Part 91 General operating and flight rules; Section 225, 'Automatic Dependent Surveillance-Broadcast (ADS-B) Out equipment and use'.

[4] Minimum operational performance standards for traffic alert and collision avoidance system II (TCAS II) version 7.1, DO-185B, RTCA, Inc., June 2008.

[5] *Airborne Collision Avoidance System (ACAS) Manual*, Doc 9863, 1st edn, International Civil Aviation Organization, 2006.

[6] Federal Aviation Administration Safety Management System manual, Version 1.1, May 2004.

[7] McLaughlin, M., Safety Study of the Traffic Alert and Collision Avoidance System (TCAS II)-Final Version, MTR97W32, The MITRE Corporation, June 1997.

[8] Zeitlin, A.D., Lacher, A.R., Kuchar, J., and Dmmm, A., *Collision Avoidance for Unmanned Aircraft: Proving the Safety Case*, MP060219, The MITRE Corporation, 42-1017, MIT Lincoln Laboratory, McLean, VA and Lexington, MA, October 2006.

[9] Tadema, J., *Unmanned Aircraft Systems HMI and Automation*, Shaker Publishing, Maastricht, 2011.

第 3 章

民用无人飞行器系统分布式结构中感知与规避能力的集成

Pablo Royo, Eduard Santanmara, Juan Mannel Lema, Enric Pastor, Cristina Barrado

Technical University of Catalonia, Spain

3.1 引言

本章讨论感知与规避 (SAA) 能力在无人飞行器系统 (UAS) 分布式结构中的集成。目前的 UAS 结构为广泛的民用任务所要求的硬件与软件的快速开发与集成提供了框架结构。该框架结构包括很多普通服务①, 可以想象, 对于大部分的任务来说都是必不可少的, 诸如飞行计划管理、任务管理、意外事故管理等。

开发 UAS 结构中需要解决的最重要的问题之一就是感知与规避。本章从两个方面集中讨论 SAA。首先, 讨论面向任务的感知与规避能力的集成。商务航空的主要任务是从某个出发地到某个指定目的地的飞行, 而与商务航空相比, 无人系统可广泛应用于各种不同的情形。如果发生了冲突, 必须在一定程度上明确 UAS 响应, 以最大程度地降低其对正在执行的任务的影响; 其次, 系统设计和操作的考虑, 应以更能预测 UAS 的行为和减轻冲突预防的困难为目标。

提出的结构为构建可在多种情形中操作的、灵活可变的 UAS 提供了基础。该结构包括根据每个特定任务的需求进行选择的一整套服务 (见第3.3 节)。可重新组配这些服务, 以便无需对每种情形都创建一个新的执行方案。这样, 通过对易于增加、去除和重新组配部件的组合, 用户可受益于系统的快速准备和部署。通过使用现成的商用 (COTS) 组件, 成本效益得到进一步提高。

---

① 在 UAS 不同的分布节点上, 可使用执行所要求功能的被称作服务的软件组件。

图 3.1 显示了如何组织的主要 UAS 服务。在该图底部, 有一个 COTS
飞行控制系统 (也称为自动驾驶仪)。自动驾驶仪提供基于航路点的导航。
通过提供非硬件接口的中间层与自动驾驶仪相互作用。飞行管理层负责
执行飞行计划。在所提供的系统中, 采用基于 XML 语言详细说明飞行计
划[1]。该语言改进了基于航路点的导航方法, 该方法通过提供具有丰富语
义学的、可适应于任务进展的高级结构, 用于大多数商务自动驾驶仪。某
些想法是建立在区域导航 (RNAV)[2] 规范的当前商务航空工业实践基础
上的。飞行计划还包括在冲突和紧急情况下使用的一条替代飞行路径。任
务管理层负责协调不同组成部分的操作。任务管理层与有效载荷相关的服
务相互作用, 也可以适应任务需要的飞行计划。所有这些飞行和任务组成
部分通过意外事故和感知服务来补充。当发生错误时, 意外事故服务连续
不断地评估系统的健康状况并触发响应。执行感知与规避能力的感知服务
提供涉及到 UAS 正在操作环境的冲突探测和管理。

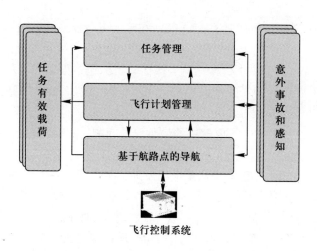

图 3.1 主要 UAS 服务的组织

现在, 我们致力于提供感知与规避问题的技术解决方法。但对于这些
完全有效的解决方法, 需要把它们集成到一个将 UAS 飞行和任务视为一
个整体的结构中。

存在两种类型的冲突: (1) 战术冲突, 它要求立即做出反应; (2) 战略
冲突, 在战略冲突中可以选择预先确定的替代路径。表 3.1 提供了一些可
能冲突的例子和反应期间 UAS 的行为。通过抢先占居飞行与任务层并且

直接操作 UAS 的油门手柄和控制舵面, 来实现战术冲突的快速反应。在
战略冲突中, 由于对反应时间的严格约束较少, 可以修改飞行计划或选择
预先确定的替代飞行路径。

表 3.1　战术与战略的冲突处理比较

	战术冲突	战略冲突
冲突源	飞行器碰撞, 地形规避	气象条件, ATC 约束, 可预测的空中冲突
反应	直接命令 UAS 操纵舵面和油门手柄	改变飞行计划或执行替代的飞行路径

避免冲突情形的另一个途径是尽可能使 UAS 行为变得可被预测, 并
使其他空域参与者掌握该信息。UAS 采用预先确定的离场和进近方式, 并
严格按照飞行计划中描述的飞行计划飞行, 该飞行计划也包含可能的替代
路径。这样做也使系统更有可能获取适航性授权证明书 (COA), 因为管理
机构不会允许无人系统以不可预测的行为在非隔离空域中操作。

第3.2 节描述了所提出的结构, 并且讨论飞行和任务层是如何与感知
部分相互作用的。第 3.2 节和第 3.3 节概述了系统的分布式结构, 描述了
UAS 服务提取层 (USAL), 该层规定了系统组成部分的接口和职责。第 3.4
节更详细地考虑了飞行器上主要的装载设备和地面的组成部分。第 3.5 节
描述了系统如何处理冲突情形, 在这一节中讨论了减轻冲突预防困难的一
些策略。在结论部分给出了本章得出的结论以及最后的评论。

3.2　系统概述

构建 UAS 结构的主要目的, 是提供可广泛应用的 UAS 系统快速灵活
的开发平台[3-6]。在开发这样的结构时需要考虑的问题主要有: 空对地和空
对空通信、远距离传感器和执行机构的有效载荷提取、UAS 服务的相互
联系、飞行和任务管理, 当然还有意外事故服务和感知服务, 这两者分别
对应于监控系统健康和提供 UAS 操作环境的信息。如下文所述, 感知服
务包括实现感知与规避能力所要求的感知、处理和反应部分。定义和开发
UAS 服务需要从考虑仍不明晰的 UAS 操作规则内涵和管理方面入手。因
此结构自身需要变得更为灵活, 足以能够发展和适应国与国之间可能也不
尽相同的管理框架。

3.2.1　分布式系统结构

尽管获得 UAS 技术的使用权正变得更容易且更方便, 但为了进一步挖掘复杂监视和远程感知任务的潜力, 仍然需要付出很大的努力。此外, 如果平台必须在一组不同的环境中执行一系列任务, 同样也需付出很大努力。当前主要研究的重点是 UAS 飞行控制和自动驾驶仪的优化。除此之外, 为了特定任务的 UAS 平台选择和有效载荷相互作用的特定建议也是研究的重点[7,8]。相比之下, 我们构建的结构没有将特定的任务视为研究重点。特定任务的多样性要求感知与规避功能应集成到结构中去。在本节, 我们描述执行 UAS 民用任务的多种用途结构, 这些任务包含有诸如此类的感知与规避服务。

近年来, 各种不同的领域具有一种明显的趋势, 那就是从集中统一控制系统转移到网络化和分布式的控制系统。随着复杂性增长, 把整体功能分解成简单的部分, 然后通过合作来完成整体任务, 似乎是一个好的想法。这些分解的简单部分通常是可互换的, 并且为了改进整个系统的容错能力, 有时可能是冗余的。另外, 在一些普遍使用专用且昂贵网络的领域中, 例如在制造业和航空电子技术领域, 对一般局域网的认可呈现出逐步增长的趋势, 特别是以太网。自 20 世纪 80 年代中期以来, 人们广泛地使用以太网, 它是经过证实的价格低廉的解决问题的方法。

在下文中, 我们设想了一种结构, 在该结构中低成本设备全面分布于系统和由智能外部设备或智能传感器构成的网络中。这就是所推荐的结构, 该结构包含了一套由局域网相连的嵌入式微处理器, 是分布式的并且可升级。在系统的不同分布式要素之上, 配置有软件组成部分, 这是执行所要求功能的称之为 "服务" 的部分 (图 3.2), 这些服务协助完成 UAS 任务。它们依靠通信中间设备[9]来交换数据和指令。由中间设备提供的原始通信创建了公布/预订模型, 该模型发送和接收数据、通报服务中的事件和执行服务中的命令。

如图 3.2 所示, UAS 的不同服务都是通过 COTS 的以太网彼此相连的, 以太网使得它们之间的数据通信非常灵活、有效。像图像采集、储存模块、自动驾驶仪管理、实时数据处理和任务管理的服务, 都是相互独立的, 并可在位于飞行器上的不同节点上执行。这个想法意味着要增加系统的互操作性、灵活性和扩展性以及系统的独立部件。我们希望在任何新系统中能够重复利用现有系统的部件。

在所提出的结构中, 几种服务可在相同的节点上执行。虽然可以看出

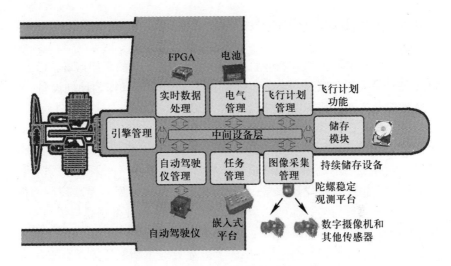

图 3.2　UAS 分布式系统结构体系综览

功能分解是执行时间变长和极其繁重的顶层开发的原因, 但是其目的是鼓励对所关心的服务相互作用和适当隔离进行认真仔细的设计。它还具有优点, 如调度和硬件配置服务独立性、服务互操作性 (例如, 对于相同功能的不同传感器或算法)、故障容错 (为了冗余, 某个服务可在不同的硬件节点中被复制) 和服务迁移 (在节点之间进行, 以防止系统的需求发生改变), 除此之外还有其他优点。

总而言之, 上文提出的结构式方法在应用领域中具有很多优点。

(1) 开发简单: 在互联网应用和协议激发下, 计算要求可被组织为服务形式, 这些服务提供给与网络连接的所有可能客户端。

(2) 极其灵活性: 我们可自由选择连接在每一个节点上的处理器的实际类型。根据需求使用不同的处理器, 并且根据应用的计算需求来度量。

(3) 简单的节点互联: 基于以太网结构, 将端点到端点并行总线所要求的复杂互联方式替换为非常简单的互联方式。

(4) 更易适应于变化: 结构的分布式属性减轻了新型传感器和技术的集成难度, 这对于感知与规避的技术适应性和要求的合法性来说是特别重要的。

3.3　USAL 概念和结构

前面的章节概述了分布式结构框架和其主要优点。除此之外, 可重复使用服务的集成将减轻任务开发的难度, 我们称此为 UAS 服务任务提取层 (USAL)。

USAL 是支持大部分类型的 UAS 民用任务所需的一组服务。USAL 可以比作一个操作系统: 计算机具有用作输入/输出操作的硬件设备, 每一个硬件设备都有其特性, 操作系统提供以统一方式访问这些硬件设备的提取层。本质上, 它具有提供终端用户简捷访问硬件部件的应用程序接口 (API)。总的来说, USAL 同样考虑了传感器和作为计算机硬件的所有有效载荷。软件层为终端用户程序提供访问 UAS 飞行、任务和有效载荷部件的能力。想法是提供提取层, 该提取层允许任务开发者重新使用部件, 并且对服务应如何与其他的每个设备交换航空电子设备信息提供引导指令。USAL 服务覆盖了出现在许多任务中的一般功能的重要部分。因此, 要使飞行器适应新的任务, 在 UAS 上应充分地重新配置服务有效载荷。即使 USAL 由大量的服务所组成, 它们也不必须出现在每一个 UAS 的任务中。只有那些特定的配置/任务所要求的服务才应部署于 UAS 中。如图 3.3 所示, USAL 服务可分为四类: 飞行、任务、有效载荷和感知。

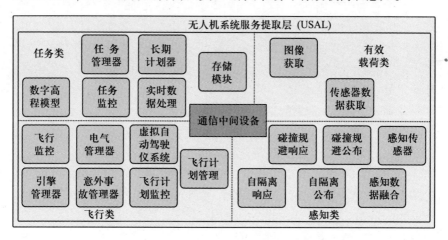

图 3.3　USAL 服务分类

在飞行类服务中首先应该注意的部分是自动驾驶仪。尽管它没有严格意义上的服务, 但它提供了自主飞行的核心功能。自动驾驶仪操作受实际自动驾驶仪系统 (VAS) 监管, VAS 提供了用于其他服务彼此作用的标准独立自动驾驶仪接口。在 VAS 的顶层, 飞行计划管理器 (FPM) 提供了超出航路点导航的飞行计划说明和管理能力。与意外事故相关的服务帮助提高操作的安全性和可靠性, 某些服务由地面上的相应设备来完成, 地面上的设备由人进行监督和控制。感知类的感知与规避服务将与飞行类的服务相互作用,以适应于处理冲突情形的飞行。

任务类中的主要服务是任务管理器 (MMa),它的作用是要协调总体任务的运转。该服务采用类似于设备状态的标记来执行特定的任务。MMa 将与其他任务相关的部件一起工作,这些部件如存储器、实时数据处理和通信管理服务等。如果冲突解决结果偏离了初始飞行计划,那么 MMa 需要被通告以便根据新的情形配置任务有效载荷的操作。作为一个例子,在远离任务区域时有些传感器可以被关闭。

有效载荷类包括那些减轻与装载设备相互作用的服务,特别是传感器和执行机构。输入设备包括飞行器状态传感器,如 GPS、惯性测量装置 (IMU) 和风速计,大地/大气观测传感器,如可见光的、红外的和辐射测量摄像机,不包括其他任务可能要求的其他传感器 (化学和温度传感器、雷达等)。输出设备比较少见,但是喇叭型降落伞或航天飞行器是 UAS 执行机构可参照的实例。

用于组织服务的剩余一类服务就是感知,这类服务处理那些管理 UAS 与其周围环境相互作用所要求的服务。将 UAS 成功集成到非隔离空域要求包含在系统结构中的大量的特征,如与合作式飞行器的相互作用和非合作式飞行器的探测与规避。在这些情形中,无人机组指挥员/成员应处于连续不断的通告之中,还应该考虑自动响应。在第 3.5 节将对感知类服务进行更深入的描述。

3.4 飞行和任务服务

前面章节提供了 UAS 结构和 USAL 概念的一般看法。本节我们重点讨论能使任务执行自动化和其监管的关键服务。飞行和任务自动化服务通常是在机载设备上的,因此属于空中部分。监管服务通常是与 UAS 操作员相关联的,属于地面部分。

3.4.1 空中部分

在此讨论三个服务: 实际自动驾驶仪系统 (VAS)、飞行计划管理器 (FPMa) 和任务管理器 (MMa)。所有这三个服务在管理 UAS 飞行和任务行为上都具有重要的作用。VAS 和 FPMa 属于飞行服务类 (图 3.4),它们是与支持感知与规避最为相关的服务。

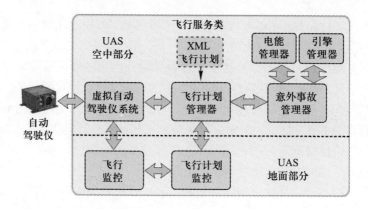

图 3.4 USAL 飞行类结构

VAS 操作作为自动驾驶仪和 USAL 服务之间的接口。在一端,VAS 直接与机载自动驾驶仪相互作用,并且必须适应于自动驾驶仪的特性。在另一端,VAS 面向提供接口的其他 USAL 服务,该服务中隐含有来自实际用户的自动驾驶仪执行的详细资料。VAS 还提供了为其他 USAL 服务所开发的大量信息流。由 VAS 提供的所有信息被标准化,不依赖于实际使用的自动驾驶仪。

VAS 与 FPMa 协力工作。FPMa 是负责处理和执行飞行计划的 USAL 服务。为了执行飞行计划,FPMa 向 VAS 发送导航指令。这些导航指令主要是由飞行器飞行必须经过的航路点组成。由于飞行计划就一段行程而言是特定的,需要某些转换过程,将它们转换成 VAS 所期望的航路点序列。这个航路点指令流程是 FPMa 和 VAS 之间交互的主要形式。

同时在图 3.4 中出现的属于飞行类的其他服务是意外事故服务,意外事故服务监控电气设备和发动机子系统的健康情况 (详见文献 [10])。在图底部的飞行监控和飞行计划监控是地面服务的组成部分,将在后文中进行叙述。

由 VAS 执行的功能划分为四个主要方面: 飞行状态管理、飞行遥测、导航和状态/警告信息。

飞行状态管理与 VAS 执行的不同操作模式有关。图 3.5 显示了所有可能的 VAS 状态。正如图 3.5 所示,根据它们所属的飞行阶段,这些状态被组织成不同的组别。每个组内的初始状态用位于状态框右上角的箭头表示,其他的箭头表示不同状态之间的转换。框图沿任务开始端到任务结束端的方向向下移动,但需要注意的是,在某些情况下状态之间存在水平方向的转换。当基础自动驾驶仪提供了等效状态时, VAS 将作为一个能够访问这些状态的代表。VAS 执行那些不在自动驾驶仪中出现的状态。

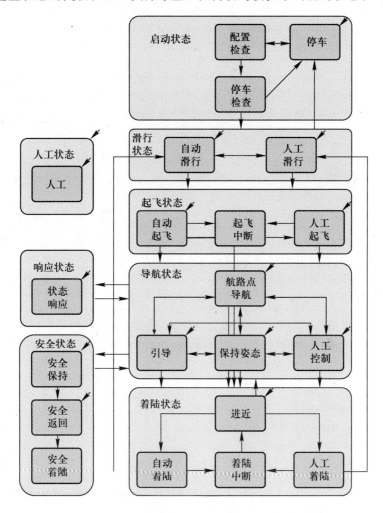

图 3.5　使用箭头表明允许转换的 VAS 状态框图

　　与感知与规避能力有关的主要 VAS 状态是自动起飞、进近和安全响应。前两项执行提供可预测行为和降低冲突风险的标准化末端操作, 安全响应状态执行实际规避机动。

　　完成 VAS 实现的其他三个区域是完成接下来任务的飞行遥测、导航和状态/警告信息。遥测信息方面是指 VAS 从自动驾驶仪提取遥测数据并提供给 USAL 服务供其利用的能力。导航信息方面的重点, 是在导航状态期间可获得的 VAS 输入/输出信息, 它执行主要的导航指令, 并提供关于当前航路点和一些其他与飞行有关的数据信息。最后, 状态/警告信息方面提供有关当前自动驾驶仪和 VAS 状态或警告的信息。飞行遥测和状态/警告信息是输出的数据流, 而导航和状态管理信息具有输入/输出方向的数据流。

因此可以得出结论, VAS 极大改进了 USAL 框架的灵活性, 这是因为:

(1) 自动驾驶仪单元可以由新品或不同的产品所取代, 并且这种改变不会影响 UAS 系统的其余部分。换句话说, VAS 实现了提取层, 该提取层将系统与所用的特定自动驾驶仪解决方法相隔离。

(2) 提供了功能性增加等级。除提供 UAS 可以利用的一套状态外, VAS 也有助于克服 UAS 自动驾驶仪的典型限制, 如自动驾驶仪可以处理的航路点数量的限制。

(3) 另外, 商用自动驾驶仪主要关注于航路点导航, 然而, UAS 操作可能要求考虑从起飞到任务以及返回着陆的整个过程。为了处理更为复杂的操作要求, VAS 促进了标准化的面向任务的状态。

FPMa 是设计用于提供飞行管理功能的服务, 该功能超出了下述预先确定的航路点序列的范围。FPMa 提供了结构化的具有内置替代方案的、基于一段行程导航的飞行计划阶段, 并且建立起复杂轨迹的分支、重复和生成功能。所有这些要素与发送到 FPMa 的飞行计划描述相结合, FPMa 接收这种描述并且动态地将它们转换为要发送到 VAS 的航路点序列。

在系统中, UAS 导航指令利用 XML 文件来描述, 该文件包含主要的飞行计划加上一些替代方案。每一个文件是由阶段、行程和航路点组成的, 这些都是按照图 3.6 所示的分级结构来组织的。

阶段将各行程聚集起来, 各行程搜索一般的建议, 并将其组织成不同的阶段, 每一阶段依次执行。为了到达目的地航路点, 各行程指定飞行器必须遵循的路径。航路点是定义为纬度/经度坐标的地理位置, 该坐标也附带着目标的高度和速度指示数据。

有四种不同的行程: 基本的、重复的、交叉的和参数的。基本行程指定原始的行程, 例如直接飞到一个固定点、沿一条轨迹飞到固定点、保持姿态等。它们基于在 RNAV 中现有的状态。重复行程用来指示飞行多次的飞行计划部分。交叉行程用于以下情形, 在此情形中存在不只一个可能的飞行路径并且要做出决策。最后, 具有参数行程的复杂轨迹可通过减少输入参数的数量而自动生成。

FPMa 负责处理和执行飞行计划, 它可被看作是行程到航路点的转化

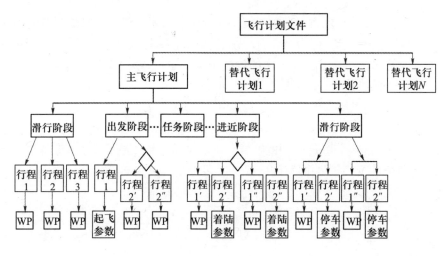

图 3.6　飞行计划结构

器。该转化过程使仅仅支持航路点导航成为基于行程的系统导航。FPMa 不直接与自动驾驶仪交互, 而是与 VAS 直接交互。展望 VAS 或自动驾驶仪, FPMa 可以看作是飞行所要经过的航路点的提供者。展望与任务相关的服务, FPMa 是要告知的服务, 该服务是为了控制飞行进程并使其适应于任务的需求。存在与 FPMa 多种可能的交互方式, 一种主要的方式是设定条件值、发送修改飞行计划的更新数据和触发替代飞行计划的执行。

　　在感知与规避背景下, FPMa 采用两种方式进行自隔离。首先, 它提供用于增加/去除行程或修改已有计划 (例如改变其高度) 的更新指令。执行这些改变的更新指令必须由地面飞行员依据指令使用飞行计划监控器进行发布, 如果这样还不够的话, 那么飞行器起飞前可以确定许多替代飞行计划, 以便为规避可能的冲突, UAS 可从主飞行计划转换到替代计划。尽管系统可提供取决于起飞前飞行计划设计的所推荐的选择计划, 但是最终的决策将总是取决于地面命令 (飞行员)。

　　替代飞行计划可引导飞行器飞行到一个安全区域, 在该区域执行保持姿态而不会干扰其他交通工具。随后, 一旦完全确认任务区域, 就可以重新开始任务。另外一种可能性由执行剩余任务直至任务结束的完整飞行计划组成。如果想要重新开始主飞行计划, 无人机机组成员需要指定任务将继续哪一个进程。最后, 如果我们正面临完全出乎预料的情况并认为应该取消任务时, 可使用这些替代飞行计划飞行到就近的机场。

　　本节涉及的最后服务是 MMa, 它的作用是通过执行 UAS 行为规范来扩展 UAS 自动化能力。该规范决定执行任务期间如何协调机载服务的操作。选择描述 UAS 行为的语言是基于 XML 状态图的描述[11]。状态图扩展了支持层次体系和正交体系的传统状态机器图,它们都能将复杂系统的描述进行模块化处理,并提供并行传输结构。

MMa 听从来自 FPMa、VAS 和其他服务的消息,这些消息转化为提供给 MMa 执行机构的事件。作为这些到来事件的结果,MMa 可改变其当前的状态,产生一些过程中的响应。通常响应由修改某些 UAS 服务行为的信息组成,例如, 根据当前的任务阶段接通或关闭有效载荷的信息。按照该方式,UAS 服务根据当前的任务状态协调地运行。

MMa 不直接涉及冲突情形的响应。然而, 选择替代飞行计划执行任务要求, 配置内嵌式有效载荷并以不同的方式工作, 正是 MMa 负责执行这些改变的。

3.4.2 地面部分

我们的目的是提供具有很强能力的系统和工具来支持复杂的基于 UAS 任务的开发。在 UAS 中提高自动化能力,以降低操作员的工作负担,处理要求立即响应而不能等待外部输入的情形。不管其自动化能力如何, 系统都要依靠地面人员来监管和控制任务进程。

图 3.7 显示了地面控制站的主要布局。飞行监控器 (FM) 是一个系统,无人机组指挥员使用该系统来控制 UAS 飞行。要完成这一目的, 它要与内嵌式 VAS 进行通信。飞行计划监控器 (FPMo) 用来监控和修改飞行计划, 对机载 FPMa 提供的功能进行补充。最后, 任务监控器 (MMo) 用来监视和管理任务和有效载荷操作。

一般而言, 当前的 UAS 自动驾驶仪提供手动和/或辅助驾驶, 外加基本的航路点导航能力。尽管手动驾驶不是预期交互的主要方式, 但设计 HMI 界面以保留此能力 (这将在本书的下一章做进一步讨论)。FM 是与 VAS 交互的地面服务,该服务实时监视和控制 UAS 飞行。使用这个前端服务, 无人机机组成员以命令形式可改变直接在显示框图上显示的 VAS 状态, 它也显示由 VAS 发出的遥测信息。FM 提供两个不同的显示屏, 一个重点显示手动飞行操作, 这是一直可以使用的模式, 另一个多功能屏用来显示开发更高等级的 VAS 功能。利用该多功能显示屏, 飞行员在不同的观测显示信息之间进行切换, 这些信息包括 VAS 状态、配置参数和遥测等。图 3.8 显示了 FM 主屏幕。在这个例子中, FM 已被配置用来表明 VAS 的

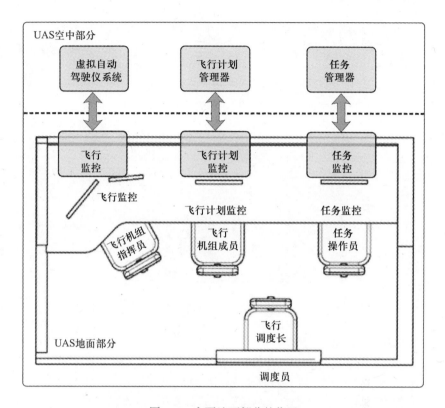

图 3.7　主要地面部分的位置

状态, 但在该显示屏的那个位置上, 飞行员可显示 VAS 状态、电气设备信息和发动机信息。

　　FPMo 提供飞行计划可视化和跟踪能力, 也允许飞行计划修改, 并且服从于 FPMa 的改变。FPMo 负责机载 FPMa 的地面服务。FPMo 所要求的能力与 FPMa 提供的固有动态行为有关。

　　类似于 FM 人机界面, FPMo 界面划分成两个协同工作的分离显示屏。主屏显示飞行计划和采用图像形式的附加注释。副屏根据不同的操作模式提供不同的观测信息。在主屏上获得的不同观测信息是 "飞行计划跟踪"、"出发跟踪"、"进近跟踪" 和 "飞行计划确认"。这些视图由副屏上的子视图来补充, 这些子视图提供进程属性修改和 FPMo 参数配置的附加信息。文献 [12] 给出了有关 FPMo 的详细介绍。

　　图 3.9 显示 FPMo 的总体状况, 图的左侧部分给出监控飞行计划的主屏, 灰色方块表示 UAS 将要观测的任务区域 (遥感任务)。图的右侧部分显示了副屏, 在副屏上可以更新、跳过或取代飞行计划的不同进程。

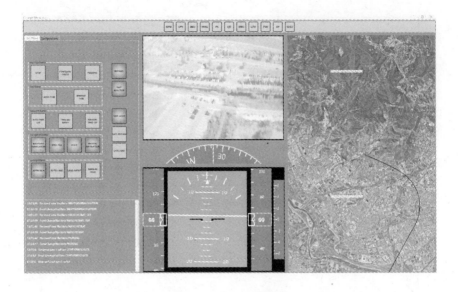

图 3.8 飞行监控器主屏

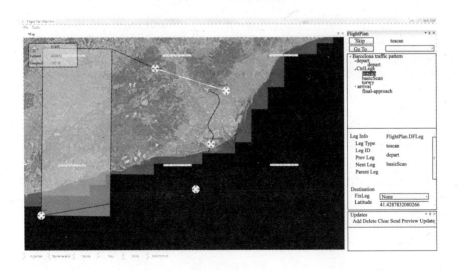

图 3.9 飞行计划监控器

MMo 用于监管在 MMa 中定义的任务进程, 以友好的方式显示与任务相关的信息。例如, 监控火灾时, 它可在地图的前面显示火灾的当前状态。UAS 有效载荷产生的信息, 如传感器或摄像机, 将在此工作区内显示。MMo 应是可高清配置的, 以适合每一项任务的特定要求。

3.5 USAL 结构中的感知种类

UAS 是高度仪器化的, 因此, 最适合于它们的飞行规则是 IFR①。然而, 对民事应用来说, UAS 的优点之一是其精确的低空飞行能力, 在该空域中有 VFR②飞行器。因此, UAS 必须融入非隔离空域。使 UAS 融入非隔离空域的一个关键性推动因素是感知与规避系统, 它必须确保其与有人航空的 "看见与规避" 能力相同 (由驾驶飞机的机组执行的, 通常在类似 TCAS 的机载设备和系统的支持下完成)。感知与规避系统可能的定义是机载的且独立的能力有:

(1) 探测交通、地形、天气和可能导致冲突的障碍物;

(2) 确定交通右行规则;

(3) 根据规则机动。

为了管理对于任何感知到的冲突的适当反应, USAL 感知类负责感知 UAS 外部正在发生着什么。根据这些感知与规避意图表述, 感知类将这些能力转化为 USAL 服务。以此方式, 正如在感知与规避情形中一样, USAL 感知类的主要功能如下。

(1) 自隔离 (SS)。感知与规避系统功能, 遵照被确认的空中交通隔离标准, 在足够时间帧内进行 UAS 机动, 以预防激活碰撞规避机动。

(2) 碰撞规避 (CA)。感知与规避系统功能, UAS 采取适当的动作, 以预防穿越碰撞空间③的侵入者。

这些主要功能通常用四层模型来表示, 这些模型表示了 UAS 预期的隔离层: 碰撞规避、自隔离、空中交通管理和规程[13,14]。也就是说, 空中交通管理和规程是两个补充感知与规避主要功能的功能层。

本节, 我们将讨论在不同的 UAS 任务阶段, USAL 结构如何说明感知与规避概念的。感知与规避概念包括良好的飞行计划设计和在观测程序点上的通信。按此方式, 合作式飞行器④会了解飞行路径并且可以预测 UAS 的行为。

---

①按照 IFR 规则飞行的飞行器使用一些导航仪表, 向飞行员提供无需外部视觉参考按照航迹或导航路线飞行所必需的信息。

②VFR 导航是基于视觉参考的导航, 飞行员从外界挑选视觉照物, 如河流、山脉、道路等。这种导航方法受到了最低当前气象条件的严格限制, 最低条件用能见度和云团的最小间隔来度量。

③以 UA 为中心的圆柱形空域空间, 水平半径为 500 英尺和垂直高度为 200 英尺 (±100 英尺), 在此空间内碰撞规避仅被看作是概率事件 [源自: RTCA DO-185A]。

④具有电子手段的机载识别 (即询问机) 和操作的飞行器。

总之, 感知与规避概念超越了 SS 和 CA, 制定标准化和可预测的规程作为补充的安全层。由于这些原因, 本节划分为三个主要部分。第一部分概述起飞前规程, 以便设计适当的飞行计划和相应的替代飞行计划; 第二部分描述可预测的起飞和进近规程, 以便克服机场冲突预防的困难; 最后一部分, 讨论飞行途中和任务操作期间的 SS 和 CA 任务。

3.5.1 起飞前操作规程: 飞行调度

在民用航空中, 为了各种飞行器的操作安全性、有效性和规则性, 要遵守一套实际应用的规程和标准。国际民用航空组织 (ICAO) 附件 6 给出了实际操作的安全标准, 第一部分[15]是针对商务空中运输操作员的, 而此附件的第二部分和第三部分则分别针对普通航空和直升机操作。在这些标准和推荐的实用规程中, 可发现操作员应向飞行机组提供什么样的文件, 飞行前、飞行中和飞行后无人机机组指挥员/成员的责任和职责是什么等。

飞行操作员也称作飞行调度员, 是飞行器操作期间重要的参与者之一, 他与接受/执行无人机机组指挥员/成员担当共同的职责。飞行调度员辅助无人机机组指挥员/成员完成所有与飞行准备有关的任务 (例如, 飞行器装载计划、气象简报、操作、空中交通服务飞行计划等)。我们提出了着眼于 UAS 民事应用的新调度方法, 它有助于 UAS 按照与民用航空使用的飞行调度作业相同的原理进行操作。然而, 由于 UAS 系统的特点, 飞行调度与无人机机组指挥员/成员的职责以及任务分析和操作融合在一起, 也就是任务和飞行计划调度。整个过程是以任务为中心的, 重点是正确地执行指定任务所需的所有要求、但是也要结合传统的调度要求。文献 [16] 描述了全部进程。然而, 我们想要总结整个进程, 以便理解为什么调度员对感知与规避概念来说是非常重要的。

建议的调度过程建立在 USAL 结构之上, 并且具有以下特征:

(1) UAS 任务和飞行计划: 它的目标、有效载荷要求、操作、飞行计划、替代飞行计划等。

(2) UAS 机身: 它的各种特性、性能、管理飞行和任务所要求的 USAL 服务、有效的有效载荷空间、燃料和电气结构。

(3) 所需要的传感器和其他有效载荷等。

所有这些要素共同结合, 成为可重复的调度流程, 如图 3.10 所示。从任务目标开始, 选择的 UAS 最初就必须适合于任务要求。之后, 要求全面的服务设定以执行任务, 并且必须选择所有类型的有效载荷 (通信、计算、传感器和电池等)。然后, 有效载荷必须配置在机身内, 把服务分配到计算有效载荷模块, 并且把最初的飞行计划实例化模板示例装载到有效的飞行计划中。

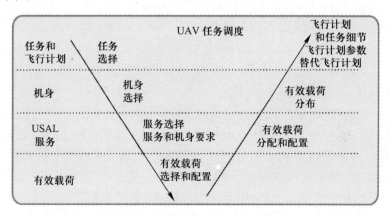

图 3.10   UAS 任务调度过程的组织

该过程的结果是 UAS 关于燃料、电气系统、有效载荷配置和飞行计划等的实际配置, 还有操作飞行计划、替代航路以及常规和/或紧急情况下的着陆地点的实际配置。另外, 要配置详细的 USAL 服务结构, 如何对有效载荷、甚至是确定意外事故计划的整套规则和系统响应进行服务分配。

为了将 UAS 融入非隔离空域, 关键是了解 UAS 飞行计划意图。这不仅取决于任务飞行计划, 而且还取决于执行任务期间的飞行响应。在实际环境中, UAS 不能在给定的感知与规避冲突中决定其自身适合的响应。因此, 在调度阶段确定不同的飞行计划、常规和/或应急条件下的替代航路和着陆场地是十分重要的。总之, 我们认为调动阶段必须作为 UAS 任务的一部分。也就是说, UAS 任务不是开始于滑行或起飞操作, 而是在调度过程就开始了。

返回到图 3.10, 仅调动过程的飞行计划和任务细节阶段与感知与规避有关, 特别是与 "规避" 有关。借助于地理信息系统 (GIS), 无人机机组指挥员/成员和飞行调度员考虑飞行规则、天气变化、城市和地形等, 设计飞行计划和替代飞行计划。

调度过程这个部分的结果就是以正如第 3.4.1 节所描述的不同层次构建的飞行计划文件, 飞行计划文件包括任务飞行路径和所有的替代飞行路径。按此方式, 为了说明飞行意图, 该文件可以是分布式的或由数据链传输。因此, 合作式飞行器可了解飞行路径并预测感知与规避响应。

3.5.2 机场操作的 USAL 感知与规避

出发操作可扩展到进近和着陆操作，这两种情况都涉及在机场操作 UAS。关于感知与规避，笔者认为 UAS 标准化的、可预测出发/进近规程的使用，将是补充的安全层，有可能减少了感知与规避系统的复杂性。受到 (有人) 普通航空某些现有规程的启发，提出了一些 UAS 自动化的和预先定义的规程。在本小节，我们将概述机场操作的主要方面，关于该工作详细描述，可参见文献 [17]、[18]。

所有种类飞行器的安全、有效和正常的操作，主要依靠一套规程和标准化的实际应用。飞行器操作可划分为两个主要类别:VFR 下使用的飞行器和 IFR 下使用的飞行器。例如，VFR 下飞行的飞行员完全依靠他们看到的驾驶室外的情形来对飞行器控制和导航。相反地，IFR 下飞行的飞行员使用机载仪器来控制和导航飞行器，并且在几乎所有类别的空域中，与其他飞行器的隔离是由空中交通管制 (ATC) 服务来保证。

从一个末端用户的观点来看,UAS 的操作类似于有人飞行器在 IFR 条件下的操作。一般而言,UAS 操作员不使用外部的视觉参考来控制飞行器和导航，因为期望 UAS 装备自动驾驶仪并具有飞行计划能力。然而，即使 UAS 完全有能力在 IFR 规则下飞行，若是在没有颁布 IFR 规程的机场执行 UAS 操作，则需要附加的功能。事实上，最初的 UAS 在民用空域的操作是在小型机场而不是繁忙的机场，这是完全可能的。因此，这样的机场没有颁布 IFR 操作也是完全可能的。此外，这些机场周边大多数的交通是普通航空飞行，飞行器还没有配备商务飞行器所配备的设备。因此，为最大程度地减小空中碰撞的危险，有必要通过引入可预测的且为所有用户熟知的规程来增加一个额外的安全层[19]。我们建议 UAS 出发、到达和进近阶段的集成，特别是在 USAL 结构下 VFR 环境的集成。这样，提出针对这些环境某些特定的 UAS 规程，以便安全操作,同时在操作期间最大程度地减小与其他交通之间的干扰。

如前所述，VFR 操作是基于飞行员从驾驶室获取的视觉提示的。对于无人飞行来说，人们或许认为 VFR 操作可能的解决方法是在飞行器上安装一套摄像机，并将所有的视频信号传输到地面控制站，由地面控制站的 UAS 操作员在视觉条件下遥控驾驶飞行器。即使其他研究者已提出了更为复杂的 "感知" 技术 (参见文献 [20-24] 的例子)，但对许多 UAS 的实现来说，这些解决方法中的某些方法却是不可行的 (特别是对于那些使用中型到小型平台的 UAS)。此外，除了用于特定 UAS 可能的 "感知" 系统之外, UAS 的标准化、可预测规程的使用将是补充的安全层, 它可能降低这些感知与规避系统的复杂性。

设想这些补充的规程, 其目的在于最大程度地减小与周边交通之间的干扰和无人机机组指挥员/成员的工作负担, 通过使用某种数据链路通信, 把它们与 UAS 联系在一起。如前所述, 如果明确地确定了规程, 则可降低由于 UAS 操作所引发的空中碰撞风险。这就意味着装备一个 (或更多) 其中的感知与规避系统的 UAS, 将会有更多被认证的机会, 其中的感知与规避系统也正执行某种标准化的规程。当飞行器接近实行 VFR 交通规则的机场飞行时, 这些标准规程的使用变得更为重要, 因为这是空中碰撞风险存在的主要区域[25]。另外, 该规程可降低与最终的 ATC 协调的困难, 或减轻在非管制类情况下在同一个区域操作的其余飞行员的工作负担。

在本小节, 我们认为 UAS 性能类似于在同一机场飞行的其他飞行器的性能。显然, 对于性能与其他飞行器不同的 UAS(如小型或微型 UAS), 应考虑各自的机场起落航线 (如现今在小型 ULM 或滑翔机机场所做的一样)。另一方面, 这里描述的操作是更趋向于战术 UAS 和大型 UAS。

出发操作

显然, 手动起飞总是可行的, 特别当无人机机组指挥员/成员 USA 起飞的机场, 并且可与飞行器视觉交互的时候。在这种情况下, UAS 将向上飞行到某一点和/或某一高度, 在那里开始实施导航阶段, 并且自动驾驶仪系统开始投入使用。然而, 笔者认为自动出发阶段执行该过程更为容易且更可预测, 因此, 也是更为安全的方法。于是, 起飞阶段将自动地驾驶飞行器从驶离跑道飞行到末端出发航路点 (EDWP)。这些航路点位于距机场足够近的地方, 以避免复杂的导航路径, 但也要设置得足够远, 以尽可能减少与周围交通可能的冲突。一旦到达 EDWP, UAS 将进入导航阶段 (图 3.11)。

这些机动是在 USAL 结构中通过诸如 VAS 和 FPMa 服务实施的。飞行前, VAS 必须装载调度阶段所有与出发有关的信息 (如跑道、EDWP、进入导航状态的高度)。当 UAS 经过校验准备飞行时, 无人机机组指挥员会请求改变到 "滑行" 状态 (如第 3.4.1 节所描述的)。在此状态中, UAS 必须对准跑道, 为了不妨碍其他飞行器, 采用适合于每个机场的滑行程序。

当无人机机组指挥员转换到 "自动起飞" 状态时, VAS 将必须完成这项功能, 它利用在飞行员图标命令监管下的自动驾驶仪控制。当 UAS 在 EDWP 处达到安全导航高度时, 它将自动地改变其状态。如果有装载在

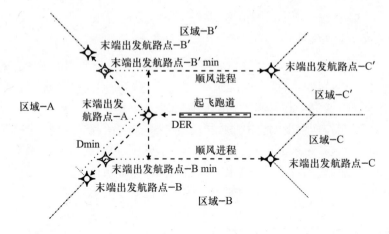

图 3.11 EDWP 和相关的出发区域

VAS 队列中的某个飞行计划, 则 UAS 将开始那些航路点的导航。如果没有, 它将以 "维持保持" 状态执行等待机动, 直到装载了新的航路点。

为了测试所提出的出发机动以及 USAL 服务执行出发机动的良好工作情况, 已实现了仿真平台[26]。图 3.12 显示了处于出发模式下的 UAS 仿真, 该模式的 EDWP 是由谷歌地球应用编程接口 (API) 驱动的。可以看到, 起飞进程并不妨碍在较低高度上飞行的空中飞行器。

图 3.12 仿真平台上起飞进程的测试

进近操作

采用与出发操作相同的原理, 我们提出了一些标准化的规程, 它们是

UAS 对给定机场在进近阶段所执行的。这些规程受到了在 VFR 规则下和非管制类机场中的有人飞行器当前飞行状况的启发 (图 3.13)。我们认为这些规程可提高 UAS 轨迹的可预测性, 所以这些规程也可应用于机场进近阶段飞行, 该机场即使具备 ATC 服务, 但没有颁布 IFR 规程。

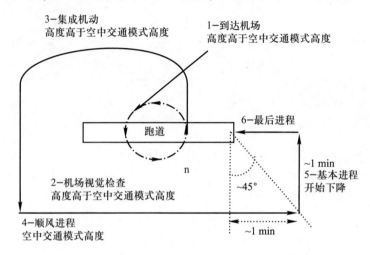

图 3.13　非管制类 VFR 机场到达和进近操作的标准化规程

　　正如出发操作, 也要建立 VAS 和 FPMa 执行到达机动的到达规程。在调度状态下还需要有飞行前配置。VAS 必须了解每一条选择的跑道上所用的着陆模式。

　　为了开始着陆模式, FPMa 或无人机机组指挥员将指挥 VAS 开始接近跑道。当 UAS 到达机场时, 它在机场上空以高于空中交通模式的高度开始保持模式。这一技术被用作为等待进程, 在此进程中要对机场进行视觉检查。当 UAS 可以开始着陆时, 它通过在顺风进程中进入降落航线启动综合机动。这些行程是由 FPMa 装载的航线点和 VAS 的命令所确定的。基础行程是伴随 UAS 准备着陆的降低高度行程并进入最后的行程。

　　在仿真情形中已对此建议进行了检验。图 3.14 给出了本小节所描述的进程, 在该进程中 UAS 保持在机场上空的飞行。飞行器 1、2 和 3 模拟了受其他飞行器影响的着陆机动。UAS 必须等待, 直到飞行器 3 开始其着陆进程, 以使 UAS 融入于到达的交通环境中。

3.5.3　UAS 任务期内的感知种类

　　飞行服务负责飞行器管理和 UAS 正常条件下的适航性。然而, 感知

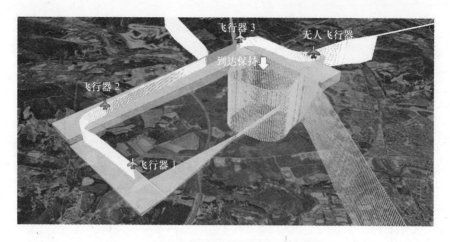

图 3.14 仿真情形中到达进程测试

服务能够在危急感知情形中管理 UAS 控制, 这是由于空中飞行器或人员生命可能处于危险中。在这种情况下, 任务和有效载荷服务就会退到第二位, 直到飞行状况回归到正常为止。

感知服务类是具有探测问题、寻找解决方法并对问题响应的能力的系统。该系统的复杂性在于将程序集和传感器转化为飞行员快速规避障碍物的感知和反应能力。有些人脑在毫秒级时间内处理的动作必须转交给UAS 完成。联邦航空局 (FAA) 已对这些感知与规避的动作进行了归类, 分为八个子功能: 探测、跟踪、评估、优先权排序、公布、决定行动、命令和执行。

为执行这八个子功能, 感知服务被分为执行不同职责且相互作用的不同服务。图 3.15 介绍了这些服务和它们的相互作用。类别定义如下:

(1) 感知传感器;

(2) 感知数据融合;

(3) 自隔离公布/碰撞规避公布;

(4) 自隔离反应/碰撞规避反应。

图中的箭头指示系统的流向。双向箭头表示后续子系统能够请求需要的有效数据。感知传感器通过机载传感器和/或空中碰撞规避系统, 收集所有的环境数据。传感器信息被收集和预处理后发送到感知数据融合服务。该服务将感知信息与特定的数据联系起来, 这些特定数据来自其余的USAL 服务, 如飞行状态、当前任务、飞行遥测等。在评估环境后, 感知数据融合将职责转交给碰撞规避公布或自隔离公布。这些模块公布当前风险

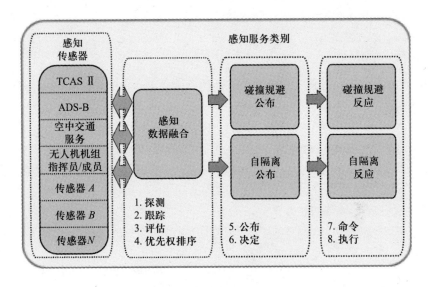

图 3.15　感知服务类别组成

状况, 并在决定接受哪一个动作后, 它们调用其反应服务来命令和执行决定。下面, 我们将详细说明每一部分类别。

感知传感器

该模块是感知类的传感器/系统输入。这里的目标是向 UAS 提供至少等同于飞行器上飞行员接收信息量的信息。现在有几种可用于感知与规避中"感知"子系统的传感器类型和技术, 例如: 雷达传感器、光电传感器、激光传感器、红外传感器、合作式系统或这些传感器和技术的组合。

在合作式和非合作式交通环境中, 感知情形可进一步分为被动或主动应用技术。一方面, 主动合作式情形包含询问器, 其监视 UAS 前方扇形区, 通过询问安装在其他飞行器上的询问机来探测即将到来的飞行器。主动非合作式情形依赖于雷达传感器扫描 UAS 前方扇形区来探测所有的飞行器, 无论其是否装备了询问机。另一方面, 被动合作式情形依赖每一个具有询问机的飞行器, 但凭借每个飞行器的询问机播报其位置、高度和速度数据。被动非合作式传感器是要求最高的一类, 它也最类似人的眼睛, 在此情形中的系统依赖传感器来探测和提供即将到来的飞行器的方位角和高程。

然而, 所有这些传感器不具有足够的成熟性, 还不适合于各种大小的 UAS。例如, 雷达传感器或 TCAS Ⅱ 或 ADS-B 系统不能适合微型 UAS。因此, 由于每种 UA 可能配置不同的传感器, 对于特定的 UA, 我们应考虑特定的传感器解决方法。

图 3.15 中最先出现的两种感知传感器是交通警告和碰撞规避系统 (TCAS Ⅱ) 以及广播式自动相关监视 (ADS—B) 系统。TCAS Ⅱ 和 ADS—B 系统监控飞行器周围的空域，不依赖空中交通管制，并且警告 UAS 可能引起空中碰撞威胁的其他飞行器的出现。例如，TCAS Ⅱ 也能以 "交通通告" (TA) 方式产生碰撞警告，而且还可给飞行员提供避免危险的直接指令，称之为 "解决化通告" (RA)。小型 UAS 难以进行视觉观看和电子化感知 (例如，雷达)，因此，使用飞行器状态矢量数据的电子广播或许是可能的感知选择。然而，小型 UAS 具有有限的动力、重量和在机上放置现有的 ADS-B 空间。尽管如此，人们一直在这方面努力研究，以解决此限制。例如，MITRE 公司开始 (2006 年) 研究用于小型 UAS 的重量轻、低功率的 ADS—B 装置[27]。

根据空域类型 (管制类空域)，感知与规避功能正随着 ATC 而发展。在这些情况下，UAS 必须能够通信和执行 ATC 命令，它们负责确保 "适当间隙" 机动。另外，UAS 应能遵循标准化操作规程广播当前的飞行状态和未来意图。MITRE 公司正在开发一个自主环境感知和信息传递系统，该系统能在链路中断情况下，允许 UAS 和 ATC 以及附近飞行员和其他操作人员及时通信[28]。

在正常情况下和所有通信链路工作正常时，无人机机组指挥员/成员能够形成 "感知" 功能 (依靠机载摄像机)，并且广播 UAS 当前的飞行状态。但是，由于依赖无人机机组指挥员/成员，UAS 会引入人工时间延迟，其增加了数据链将图像传输到地面决策和规避命令返回到 UAS 的时间。这个增加的延迟范围，从视距链路小于 1 S 到卫星链路更多的时间。时间延迟和链路中断情形的可能性，是无人机机组指挥员/成员形成环境感知极大的阻碍。

传感器 A、B 和 N 说明了对 "感知" 部分使用如雷达或摄像机传感器的可能性。例如，雷达使用电磁波确定距离、高度、方向，或移动和固定目标的速度。"全天候" 是非常成熟的技术，提供精确的距离、方向和接近速度。不幸的是，微波雷达传感器的大小和重量是相当可观的。因此，在航空 (特别是较小的 UAS) 中的使用受到了限制。为了将雷达融入 UAS，人们一直在该领域做着努力研究。在 2003 年，美国国家航空航天局配备了具有雷达系统的 UA，它可探测非合作式目标，交通通告系统探测合作式目标。用这种 UA 结构和周围有飞行器的空中交通，NASA 进行了一些成功的飞行试验[29,30]。Kenkemian[31,32] 提出了适用于 UA 机身的低成本、多输入

多输出 (MIMO) 雷达, 该雷达可整体安装在机身内, 无需拆除任何部件。

光学传感器 (视觉传感器) 利用来自侵入飞行器的自然波对其进行探测。软件程序对正在到达的波束进行逐一像素的数字水平分析, 以发现像素流中的失真, 该失真通常标志着某个正在侵入的目标。在探测算法[24,33]开发上, 已经取得了重大的研究成果。这个技术也是成熟的, 成本相对较低, 但是大气干扰影响和阻碍了其探测正在到来目标的能力。此外, 要获得所要求的视场, 传感器必须安装在飞行器的不同位置上。Karhoff[34] 研究了一种令人感兴趣的方法, 利用该方法对军用 "猎户座" UAV 的感知与规避技术进行评估, 声称视觉技术提供了联邦航空局 (FAA) 认可的最佳时机, 其他技术还有待进一步的成熟和改进。另外, 该项研究讨论了其他可能的感知技术, 如激光雷达、红外传感器和收发分置雷达。

正如之前所提到的, 还有各种不同可用于感知与规避 "感知" 子系统的传感器技术。每种技术都具有融入 UAS 的积极的一面和消极的一面。适宜于机载安装的技术将取决于 UAS 的大小和 UA 将要进行飞行的空域类别。

返回到图 3.15, 从结构的观点来看, 我们将关注感知传感器实现的细节。对每个传感器提供一种服务, 每一种都作为传感器的驱动器。每一个驱动器负责与某一特定感知传感器相互作用。该服务操作类似于操作系统中驱动器的工作情况, 它从实际传感器用户中除去了实现的详细描述。这些感知传感器驱动器要安装的位置, 对应第一个预处理数据算法 (如探测算法)。按此方式, 仅是相关的数据提供给感知数据融合服务。

感知数据融合

一旦依靠感知传感器服务获得了令人满意的感知, UAS 必须收集所有这类信息并有效地利用。应对几个感知传感器提供的探测信息进行评估, 并把对 UAS 其余信息的考虑进行优先级排序, 如遥测、飞行计划和任务信息。

感知数据融合 (ADF) 的目标是执行八项子功能的前四项: 探测、跟踪、评估和优先权排序。关于探测功能, 我们必须确定飞行器或其他可能危险的出现, 而跟踪功能是在飞行期间保持跟踪信息并且估计侵入者的未来位置。

ADF 收集通过飞行器不同的传感器所观看到的当前空中交通、飞行器的气象和地形状况 (数字高程模型,DEM)。ADF 融合、集中了所有接收到的数据, 提供感知的总体概况。所有这些数据与其他 USAL 服务提供的信息并排放置在一起: VAS 提供 UAS 飞行遥测 (当前位置和方位); FPMa 提供飞行计划任务信息 (整个飞行计划和替代的计划); DEM 提供海拔高度 (AGL) 等。

图 3.16 说明了 USAL 结构内主要 ADF 的相互作用。VAS 为其余的服务提供飞行遥测, 对于与其他空域用户进行比较的 UAS 当前位置、方位和 UAS 速度来说, 这种数据是非常重要的。FPMa 提供飞行路径和替代飞行路径来计算未来冲突, 确保任务期间的自隔离。将来, 该服务必须包含 4 维导航, 以便知道在什么时刻 UAS 将到达不同飞行计划的航路点上。也要提供 UAS 执行任务所要经过的 FPMa 阶段 (例如地面滑行、出发、途中、任务或者到达)。该数据在选择适当的冲突反应中将是非常重要的, 冲突反应随任务阶段的不同也是不相同的。

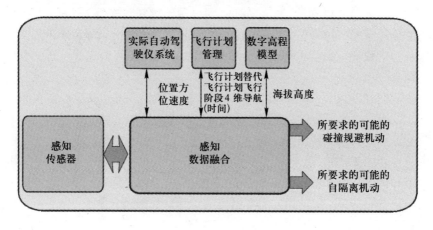

图 3.16   感知数据融合服务的相互作用

在数据分组和对任务状态、空中位置和机载飞行员要比较的所有因素验证后, 必须基于这些预测和 UAS 当前数据评价碰撞风险, 并且对反应进行优先级排序, 例如, TCAS Ⅱ RA 信息或 ATC 指示。作为该排序的结果, ADF 服务可在两个可能的输出之间进行选择, 即所要求的碰撞规避机动或所要求的自隔离机动。换句话说, 系统已经探测到了需要处理的危险情形。

自隔离和碰撞规避公布

感知与规避是 UAS 保持 "适当间隙" 和避免与其他空中飞行器碰撞的能力。感知与规避的两个功能是自隔离和碰撞规避。在 USAL 结构中, 我们将这些功能划分为两个不同的阶段: 碰撞/自隔离公布阶段和碰撞/自隔离反应阶段。为了说明该系统, 我们必须了解不同的危险空间。

图 3.17 说明了不同的危险区域和感知状况。正如图中所示, ATC 隔离服务空间是不存在威胁的, 但探测到的远处飞行器可以变成障碍物。在管制类空域,ATC 确保了与其他飞行器、地形、障碍物保持安全距离, 也确保了不是为常规空中交通指定的确定空域。ATC 负责给出命令以重新配置路径和避免交叉轨迹。第二个空间称之为自隔离阈值, 在这种情况下, ATC 也许失败了, 或者另一个未解决的警告可能已出现了, 并且被探测到的飞行器原本就是威胁。假定安全分析证明目标安全等级 (TLS) 仅能满足 SS 的话,SS 可能是所能提供的唯一功能[13]。然而, 当所有形式的 SS 都失败时, 我们目前则处于第三空间, 并且 CA 采取适当的行动预防穿越了碰撞空间的威胁飞行器。在极少数情况下,UAS SS 功能可能会与 ATC 隔离业务冲突, 作为一般结果,UAS 将遵循 ATC 的隔离服务。

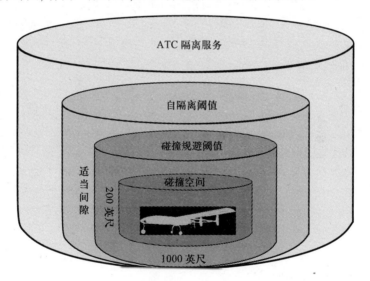

图 3.17　UAS ATC 隔离、自隔离和碰撞规避[13]

返回到图 3.15, 在此定义了感知 USAL 服务。可以看出 SS 和 CA 被分成了四个不同的服务:

(1) 管理公布服务 (碰撞规避公布, CAD 和自隔离公布, SSD)。

(2) 命令和执行反应服务 (碰撞规避反应, CAR 和自隔离反应, SSR)。

一旦 ADF 解决了 CA 和 SS 之间的问题, 如果有阻止侵入者穿越碰撞空间所要求的行动的话, 公布服务则必须公布。如果公布服务通报所要求的行动, 它们必须决定并建议要求做出什么样的响应来保持 "适当间隙"。

该决定应讲明需要的是 SS 反应还是 CA 反应。在 SS 情况下，UAS 有足够的反应时间，需要保持"适当间隙"的行动必须由无人机机组成员进行监视，而且在大多数情况下应是预先确定了的。在这个过程中，应考虑的一个方面是确定谁具有航路权。目前，UAS 管理资料没有弄清楚将 UAS 归置于哪一类而由此知道其航路权。

自隔离和碰撞规避反应

在公布服务确定了风险后，反应服务将占居主导地位，并实施命令和执行功能。反应服务必须对 UAS 下达行动命令，UAS 必须执行该命令要求的行动。为了做到这些，我们建议采用 FPMa 替代飞行计划。在飞行器调度阶段，调度员和无人机机组指挥员/成员已经设计了飞行计划任务和替代飞行计划，以便对任何 UAS 意外情况都能做出响应。

正如在管制类空域已经说明的，第一个圆柱体空间由 ATC 隔离服务管理。在这种情况下，必须遵循 ATC 隔离服务命令，通过 FPMa 更新来更新飞行计划。飞行计划的这些改变必须由无人机机组成员进行监视，如果必要，他们有能力立即影响 UA 的轨迹。

当 UAS 飞行在非管制类空域时，一旦突破了 UAS 自隔离阈值，UAS 必须做出反应以确保威胁的"适当间隙"。在这种情况下，SSR 服务接收所要求的行动来解决冲突。如果真要求有 CAR 的话，由 VAS 利用安全反应状态来执行反应，例如立即改变姿态。这种状态的改变意味着停止当前的 VAS 操作以尽可能快地做出反应。在安全反应状态中，VAS 接收几个参数来对冲突做出反应。它需要规避障碍物的航向和操作优先权。通过优先权参数 VAS 知道机动有多么得剧烈。这些航向改变的形成，必须遵循国际民间航空组织 (ICAO) 的附录 2 "空中规则"。

3.6　结论

本章介绍了将感知与规避能力融入 UAS 民事应用的分布式结构。USAL 结构将 UAS 飞行、任务、有效载荷和感知视为一个整体。特别要注意的是具有"纯粹"感知与规避功能的感知类组成，如自隔离和碰撞规避。SS 或 CA 的特定技术对于 UAS 民用集成是非常重要的，然而，这些技术必须被集成到 UAS 结构中。SS 和 CA 系统必须与 UAS 自动驾驶仪和飞行计划管理器合作来保证安全飞行。本章描述了感知服务的定义、职责和与 USAL 结构中其他服务的相互作用。

另一个应解决的重要问题是为了预测和避免感知与规避冲突的预防操作。在调度过程期间, 适宜的飞行计划设计应能预防未来冲突。另一方面, UAS 使用标准化和可预测的机动, 如出发和进近进程, 应是避免危险交通情形的安全层的补充。预先飞行过程和可预测的机场操作是所陈述内容的一些实例。

致谢

这项工作得到西班牙科学与教育部 CICYT TIN 2010-18989 项目的部分资助。该工作还得到欧洲航空安全组织 (EUROCONTROL)CARE INO Ⅲ计划的联合资助。该工作的内容不代表 EUROCONTROL 关于此项研究的观点。

参考文献

[1] Santamaria, E., Royo, P.,Barrado, C,Pastor, E., and Lopez, J., 'Mission aware flight planning for unmanned aerial systems', in Proceedings AIAA Guidance, Navigation and Control Conference (GN&C), Honolulu, HI, August 18–21, 2008, pp: 1–21.

[2] EUROCONTROL, 'Guidance material for the design of terminal procedures for area navigation', 2003.

[3] SC-203 RTCA, 'Guidance material and considerations for unmanned aircraft systems', Radio Technical Commission for Aeronautics, Document Do-304, Washington, DC, March 2007.

[4] RTCA, 'Operational services and environmental definition (OSED) for unmanned aircraft systems (UAS)', Radio Technical Commission for Aeronautics, Document Do-320, Washington, DC, June 2010.

[5] Cox, T., Somers, L, and Fratello, D., 'Earth observations and the role of UAVs: a capabilities assessment', Technical Report, NASA 20070022505, August 2006.

[6] UAVNET, 'European civil unmanned air vehicle roadmap, action plan and overview', Technical Report, 2005.

[7] Iscold, P., Pereira, S., and Torres, A., 'Development of a hand-launched small UAV for ground reconnaissance', IEEE Transactions on Aerospace and Electronic Systems, pp 335–348, January 2010.

[8] NASA Ames Research Center, SIERRA project 2009, Earth Science Division

(WRAP): http://www.espo.nasa.gov/casie/.

[9] Lopez, J., Royo, P., Pastor, E., Barrado, C., and Santamaria, E., 6A middle-ware architecture for unmanned aircraft avionics', in ACIVUIFIP/USENIX International Conference on Middleware Companion, New Port Beach, CA, November 2007, pp: 1–6.

[10] Pastor, E., Royo, P., Santamaria, E., Prats, X., and Barrado, C., 'In_flight contingency management for unmanned aerial vehicles', in AIAA Unmanned... Unlimited Conference, Seattle, WA, April 6–9, 2009, pp: 1–15.

[11] Harel, D. and Politi, M., Modeling Reactive Systems with Statecharts: The STATEMATE Approach, McGraw-Hill, New York, 1998.

[12] Pastor, E., Santamaria, E., Royo, P., López, J. and Barrado, C., 'On the design of a UAV flight plan monitoring and edition system', in Proceedings of the IEEE Aerospace Conference, AIAA/IEEE, Big Sky, MT, March 2010, pp: 1–20.

[13] FAA, &Sense and avoid (SAA) for unmanned aircraft systems (UAS)', Sense and Avoid Workshop, Federal Aviation Administration, October 2009.

[14] Chen, D.W.-Z., 'Sense and avoid (SAA) technologies for unmanned air-craft (UA)', National Cheng Kung University (NCKU), December 2008, http://ord.ncku.edu.tw/ezfiles/3/1003/img/467/20081204_ppt.pdf.

[15] ICAO, I.C. International Standards and Recommended Practices, Operation of Aircraft, Annex 6 to the Convention on International Civil Aviation, 1998.

[16] Prats, X., Pastor, E., Royo, P., and Lopez, J., 'Flight dispatching for un-manned aerial vehicles', in Proceedings of AIAA Guidance, Navigation and Control Conference and Exhibit (GN&C), Honolulu, HI, August 2008, pp: 1–21.

[17] Delgado, L., Prats, X., Ferraz, C., Royo, P., and Pastor, E., 'An assessment for UAS depart and approach operations', 9th AIAA Aviation Technology, Integration, and Operations Conference (ATIO), Hilton Head, SC, September 21–23, 2009, pp: 1–16.

[18] Prats, X., Delgado, L., Royo, P., Pérez-Batlle, M., and Pastor, E., 'Depart and approach procedures for UAS in a VFR environment', AIAA Journal of Aircraft, in press, 2011.

[19] Weibel, R.E. and Hansman, J., 'Safety considerations for operation of differ-ent classes of UASs in the NAS', 4th AIAA Aviation Technology, Integration, and Operations Conference (ATIO), Chicago, 2004, pp: 1–11.

[20] Fasano, G., Accardo, D., and Moccia, A., 'Multi-sensor-based fully au-tonomous non-cooperative collision avoidance system for unmanned air ve-

hicles', Journal of Aerospace Computing, Information, and Communication, 5(10), 338–360, 2008.

[21] Korn, B. and Edinger, C., 'UAS in civil airspace: demonstrating "sense and avoid" capabilities in flight trials', 27th Digital Avionics Systems Conference, Orlando, FL, October 2008, pp: 4.D.1-1-4.D.1–7.

[22] Kephart, R.J. and Braasch, M.S., 'See-and-avoid comparison of performance in manned and remotely piloted aircraft', IEEE Aerospace and Electronic Systems Magazine, 25(5), 36–42, 2010.

[23] Tadema, J. and Theunissen, E., LA concept for UAS operator involvement in airborne conflict detection and resolution', IEEE/AIAA 27th Digital Avionics Systems Conference, St. Paul, MN, October 2008, pp: 4.C.I-I-4.C.1–12.

[24] Camie, R., Walker, R., and Corke, P., 'Image processing algorithms for UAV sense and avoid', in Proceedings of IEEE International Conference on Robotics and Automation (ICRA 2006), Orlando, FL, June 2006, pp: 2848–2853.

[25] Simon, J.N. and Braasch, M.S., &Deriving sensible requirements for UAS sense-and-avoid systems', 28th Digital Avionics Systems Conference (DASC), Orlando, January 2008, pp: 6.C.4–1–6.C.4–12.

[26] Royo, P., Lopez, J., Tristancho, J., Lema, J.M., Lopez, B., and Pastor, E., 'Service oriented fast prototyping environment for UAS missions', 47th AIAA Aerospace Sciences Meeting and Exhibit, Orlando, FL, January 2009, pp: 1–20.

[27] Strain, R.C., DeGarmo, M.T., Moody, J.C., 'A lightweight, low-cost ADS-B system for UAS applications', MITRE Technical Papers and Presentations, Case Number: 07–0634, January 2008.

[28] Hu, Q. and Jella, C., 'Intelligent UAS situation awareness and information delivery', 29th IEEE/AIAA Digital Avionics Systems Conference (DASC), Salt Lake City, December 2010, pp: 5C3–1–5C3–6.

[29] Wolfe, R., 'NASA ERAST non-cooperative DSA flight test', in Proceedings of the AUVSI Unmanned Systems Conference, Baltimore, MD, July 2003.

[30] Schaeffer, R.J., 'A standards-based approach to sense-and-avoid technology', 3rd AJAA 'Unmanned Unlimited' Technical Conference, Workshop and Exhibit, Paper AIAA 2004–6420, Chicago, IL, September 2004.

[31] Kemkemian, S., Nouvel-Fiani, M., Cornic, P., and Garrec, P., 'A MIMO radar for Sense and Avoid function: a fully static solution for UAV', 11th IEEE International Radar Symposium (IRS), Vilnius, Lithuania, August 2010, pp: 1–4.

[32] Kemkemian, S., Nouvel-Fiani, M., Cornic, P., and Garrec, P., 'MIMO radar for sense and avoid for UAV', IEEE International Symposium on Phased Array Systems and Technology (ARRAY), Waltham, MA, October 2010, pp: 573–580.

[33] Mejias, L., Ford, J.J., and Lai, J.S., 'Towards the implementation of vision-based UAS sense-and-avoid', in Proceedings of the 27th International Congress of the Aeronautical Sciences, Acropolis Conference Centre, Nice, September 2010, pp: 1–10.

[34] Karhoff, B.C., Limb, J.I., Oravsky, S.W., and Shephard, A.D., 'Eyes in the domestic sky: an assessment of sense and avoid technology for the army's "Wanior" unmanned aerial vehicle', IEEE Systems and Information Engineering Design Symposium, Charlottesville, VA, January 2007, pp: 36–42.

第二部分　管理问题和人为因素

第 4 章

规程和要求

Xavier Prats, Jorge Ramirez, Luis Delgado, Pablo Royo

Technical University of Catalonia, Spain

在民用航空领域, 有几种减小与其他飞行器、物体或地形发生碰撞概率的技术方法。一般而言, 这些方法分为隔离保证和碰撞规避。

第一类是以依据水平面和垂直面的最小隔离间距, 来保持飞行器隔离为目的的方法。这些最小间距值取决于几个因素, 如空域类别、飞行规则、飞行阶段、空中交通管制 (ATC) 监视手段 (如果有的话)、机载导航系统性能等。大体上说, 飞行器之间的最小水平间距可以从具有 ATC 雷达隔离服务终端区的 3 海里, 到北大西洋轨道上同等高度上两架飞行器之间的 60 海里。然而, 在非管制类空域最小间隔不涉及精确的最小间隔值, 飞行器必须保持彼此适当间隙。当谈到两架正在规避碰撞的飞行器之间的最小规避距离时, "适当间隙" 是一个定性术语, 而不是现行规程中所使用的定量术语。

另一方面, 碰撞规避被看作是在失去隔离的情况下, 为防止碰撞而最终采取的机动。在某些情形中, 飞行器之间的碰撞规避是合作完成的, 也就是说, 两架冲突的飞行器使用所设计的共同的系统和进程, 以足够的反应时间联合探测即将发生的碰撞并对其进行规避。然而并非所有飞行器都配备这些系统, 显然它们都不能是其他飞行的障碍物, 比如飞鸟或地物。因此, 在任何视觉条件允许的时候, 都期望有人航空器中每名飞行员能够发现和规避这些危险物。这就意味着在这些条件下, 机组最终通过预防和规避碰撞负责保证飞行器安全。

无人飞行器系统 (UAS) 上没有机组成员, 所以根本不具备发现和规避能力。然而 UAS 可以装备一些可取代这一非规避功能的传感器和装置。

因此, 文献 [1] 中提到的感知与规避一词则更加适用于 UAS, 它可以简单地定义为:"确认可能发生碰撞的威胁存在并通过机动消除威胁的过程; 自动地等同于有人飞行器中飞行员的 '发现与规避'"。简单地说, 感知与规避系统的最低基本特征可以概括如下:

(1) 根据右行规则, 探测和规避与其他飞行器的空中碰撞;

(2) 探测和规避其他飞行物 (如飞鸟);

(3) 探测和规避地面车辆 (在地面机动时);

(4) 探测和规避地形和其他障碍物 (如建筑物或动力线);

(5) 规避危险气象条件;

(6) 完成诸如保持隔离、间距和顺序的功能, 如同有人航空依赖目视所做的一样。

当试图把现行规程 (这种规程对于有人航空业已成熟了) 应用于 UAS 时, 会引发一些问题, 显然感知与规避是最具挑战性的问题之一。在 UAS 可以安全地集成到民用航空和非隔离空域之前, 必须弄清楚 UAS 和有人飞行器之间存在的重大操作差异。除了文献 [2] 中提到的关于 UAS 集成的有价值的思想和建议外, 本章很好地回顾了世界上现行的有人飞行器和无人飞行器规程。

要求民用空域中 UAS 操作提供至少与有人航空相同的安全等级。本章重点讨论了 UAS 中感知与规避系统所特有的规程、要求和开放问题。首先给出了关于隔离与碰撞规避方法、飞行规程和空域类别、无人机系统分类, 以及在建立感知与规避最低系统要求之前, 如何确定安全等级的背景信息。其次, 第 4.2 节讨论了关于感知与规避的现行规程和标准, 第 4.3 节强调了感知与规避系统所需要的可能要求。最后, 第 4.4 节专门讨论了人为因素和环境感知, 第 4.5 节对本章进行了总结。

4.1 背景信息

隔离保证和碰撞规避包括几个防止碰撞的保护层, 这些保护层使用了不同的系统、规程、空域结构和人类行动。图 4.1 描述了这些不同的体制, 概括如下。

(1) 非合作式碰撞规避是最低层体制, 用来防止与任何类型的飞行器、物体或地物即将发生的碰撞。在有人航空中, 这完全依赖机组成员发现和规避的能力。相反地, 在 UAS 中这项功能必须由感知与规避系统承担。

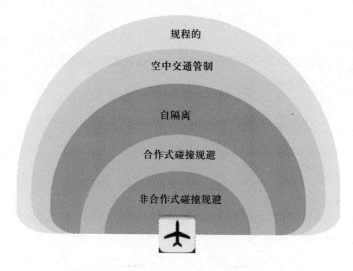

图 4.1 隔离和碰撞规避体制

(2) 合作式碰撞规避包括可避免即将发生碰撞的两架合作式飞行器的所有系统和规程。文献 [3] 给出了国际民用航空组织 (ICAO) 确定的机载碰撞规避系统 (ACAS) 的标准, 将其定义为基于二次监视雷达 (SSR) 询问机信号的飞行器系统, 它可不依赖地面设备工作, 向配备有 SSR 询问机且可能存在冲突的飞行器上的飞行员提供建议。交通碰撞规避系统 (TCAS) 是一个已在商务航空中得到广泛应用的特殊 ACAS。当探测到碰撞威胁时, ACAS/ TCAS—Ⅰ系统仅提供交通警告 (TA)。除提供交通警告外, ACAS/ TCAS—Ⅱ系统还向飞行员提供解决通告 (RA), 建议垂直面上的规避机动。未来版的 TCAS 还可预知解决通告中水平面上的机动。

(3) 自隔离体制是可以保证最小安全间隔距离的最低层。在有人航空中, 为实现该目的, 再次广泛使用了发现和规避体制, 特别是在低于目视气象条件下的非管制类空域。除此以外, 借助于不同的空中隔离辅助系统 (ASAS), 可极大地改善自隔离体制, 空中隔离辅助系统由向飞行员提供增强他们环境感知信息的高度自动化系统组成。而且, ASAS 甚至可提供一整套保证与其他飞行器隔离的明确的解决方案, 同时降低机组的工作强度。ASAS 的主体应用是建立于自动相关监视 (ADS) 概念基础上的 (每架飞行器发射自身的位置信息, 同样地, 接收使用相同系统的其他飞行器或飞行物发射的位置信息); 有些驾驶舱还显示交通信息 (CDTI)。因此, 这些应用有望极大地增强飞行员的环境感知, 进而提高非管制类空域的安全等级; 尽管它们也是以将隔离任务从管制者手中交给在某些管制类空域中的飞行员为目的的。

(4) 空中交通管理 (ATM) 由多套体制和服务构成, 这些体制和服务是以保证民用航空高安全等级的同时, 为适应要求提供最大的空域和机场能力为目标的。ATM 可以划分为三个主要类别: 空域管理 (ASM)、空中交通流量管理 (ATFM) 和空中交通服务 (ATS)。后者包括警告服务 (AS)、飞行信息服务 (FIS) 和最终的空中交通管制 (ATC)。这些服务的有效性主要取决于飞行规则和飞行器所使用的空域类别。

(5) 操作规程是保证与其他飞行器 (除已知的障碍物和地形外) 隔离的最外层。在此我们认为其中不仅有导航规程而且还有飞行器操作规程。

对于 UAS 来说, 在以前所有分层中, 非合作式碰撞规避功能是最具挑战性的。其余的所有层根据当前已有的技术和规程, 在某种程度上似乎易于融入 UAS。因此, 感知与规避是在 UAS 融入民用和非隔离类空域之前必须得到解决的最主要问题之一。

如前所述, 上述每一层可获得的特殊体制取决于几个因素, 如飞行器种类、空域、气象条件、飞行规则等。例如在非管制类空域几乎不可能出现 ATM 层; 在仪表飞行气象条件 (IMC) 下, 对于有人飞行器来说, 发现和规避能力将会急剧降低; 如果可获得 ADS 或者不是所有飞行器都可获得 ADS 的话, 自隔离体制毫无疑问是不同的, 等等。而且, 对于 UAS 操作还存在其他特殊的考虑, 诸如 UAS 的自动化水平 (自主控制、自动控制或遥控); 与控制站之间的通信中继方式; 甚至在飞行机场有无 UAS 的操作员。此外, 文献 [2] 指出, 在人口居住区上方飞行, 也提出了增强安全性的问题, 如通常由意外事件所造成的灾难性事故数所得出的最小安全指数。

4.1.1　飞行规程

ICAO 在《国际民航公约》附录 2[4] 中, 详细说明了空中规程和右行规则。每个国家都有责任接受并最终采纳为本国的规程。例如在美国, 联邦航空规程 (FAR) 第 91 条制定了飞行规程。对于有人航空器建立了两类飞行规程: 目视飞行规程 (VFR) 和仪表飞行规程 (IFR)。目视飞行规程操作是基于飞行员获得的来自驾驶舱外的视觉提示进行的, 不仅包括驾驶飞行器的提示, 还包括导航和规避与其他飞行器、障碍物和地物碰撞的提示。然而, 在某些类别空域, ATC 可能提供隔离操作指导。尽管如此, 操作指导依旧是简单的航向与高度变化或位置报告, 该位置报告要求能够识别可见的参考地标, 或机场起落航线内相关的可见位置。对于 VFR 操作, 能见度和云高是最为关键的要素。这些最低气象条件随飞行器所在的空域类型而变化, 而与是在白天飞行还是夜间飞行无关。允许 VFR 飞行的气象条件被称为 "目视飞行气象条件" (VMC)[4]。

相反地, IMC 要求飞行员仅参考飞行仪表来飞行。因此, 按照 IFR 操作的飞行员使用一些机载仪表来驾驶和导航飞行器, 在几乎所有类别的空域中, ATC 服务保证了与其他飞行器的隔离。ATC 指令可以采用航向和/或高度改变的形式, 但是由于按照 IFR 操作的飞行器总是按照导航规程飞行的, 位置报告可基于无线电导航辅助和定位。在某些国家还有第三类飞行规程: 特殊的 VFR (SVFR), 也就是允许飞行器在气象条件低于VMC 的最小值而又高于一定的气象等级的视觉条件下飞行。SVFR 最低气象条件的实际值随空域类别和本国规程而变化, 而且通常它们仅在管制类空域中执行, 并优先于 ATC 飞行器许可。

另一方面, 基本的右行规则规定机动性最低的飞行器总是具有优先通行权。例如, 气球优先于滑翔机、滑翔机优先于飞艇、飞艇优先于有动力的重于空气的飞行器。如果两架相同类别的飞行器发生了冲突, 右侧的飞行器具有优先通行权。如果存在可能的正面碰撞, 两架飞行器必须向其右侧飞行; 如果一架飞行器正在超越另一架飞行器, 前方飞行器具有优先通行权, 正在超越的飞行器必须保留足够的间距。最后, 处境危险的飞行器总是具有超过其他飞行器的通行权。

4.1.2 空域类别

空域按照字母顺序划分为 7 个不同的类别 (A、B、C、D、E、F 和 G类), 文献 [5] 给出了 ICAO 在《国际民航公约》附录 11 中的空域分类。该分类是按照飞行规则 (如前所述)、飞行器与 ATS 之间的相互作用和空域类别及不同的操作规则应用来定义的。

在 A 类到 E 类空域中, 提供了一些 ATC 等级, 因此这些类别的空域被称为管制类空域。A 类到 E 类空域排序是按照限制性最高到限制性最低的次序排列的, 所以也给出了 ATS 的不同等级, 从完全隔离保证到在 A类空域 (不允许 VFR 飞行) 和 B 类空域中的所有飞行; 再到 E 类空域 (甚至对 VFR 飞行不要求进入许可) 仅是 IFR/IFR 和 IFR/SVFR 之间的飞行隔离。相反地, F 类和 G 类空域是非管制类空域, 仅提供飞行信息服务和最终的 IFR/IFR 隔离, 这在 F 类空域中无论什么时候都是可能的, 而在 G 类空域中如果没有明确要求和可能的话, 根本没有交通信息。表 4.1 概括了所有类别空域的这些服务。

表 4.1 空域类别及其基本特性概要

空域类别	管制类					非管制类	
	A	B	C	D	E	F	G
允许 IFR	是	是	是	是	是	是	是
允许 SVFR	是	是	是	是	是	否	否
允许 VFR	否	是	是	是	是	是	是
隔离	所有飞行器	所有飞行器	IFR/IFR IFR/VFR	IFR/IFR	IFR/IFR	如果有可能的话, IFR/IFR	无
交通信息	—	—	VFR/VFR	IFR/VFR VFR/VFR	如果有可能的话, 所有飞行器	如果有可能和有要求的话, 所有飞行器	如果有可能和有要求的话, 所有飞行器
净空要求	是	是	是	是	仅 IFR	否	否

在国家层面, 每个国家根据自身的需要, 确定上述提到的 ICAO 分类是如何使用的, 以及在其国内空域设计中是如何执行的。因此, 不是所有的 ICAO 类别都被所有国家所采纳, 一些国家的航空机构甚至稍稍修改它们的定义, 以适合先前的空域规程和在 ICAO 标准生效前业已存在的 ATS。例如在美国不使用 F 类空域 (参见 FAA71 部分), 加拿大则使用; 在法国既不使用 B 类空域也不使用 F 类空域。此外, 根据具体情况, 不同的空域类别可能应用其他的要求, 例如配备适当的通信、导航设备、询问机或碰撞规避系统的要求; 多云天气和能见度条件卜 VFR 飞行的最小间隔; 最大空速; 甚至包括飞行员驾驶证的最低要求。

在欧洲, 欧洲航空安全组织提议简化这种分类, 并将空域类别数量减少到仅有的 3 类, 这 3 类空域大致对应于现行的 C 类、E 类和 G 类空域。根据文献 [6], 提议创建如下三类交通环境 "空域类别"。

(1) N 类: 在该空域中 ATC 掌握所有的交通和所有的交通意图。

(2) K 类: 在该空域中 ATC 掌握所有的交通, 但是不掌握所有的交通意图。

(3) U 类: 在该空域中 ATC 不掌握该空域所有的交通。

4.1.3 UAS 类型和任务

基于 UAS 的不同方面, UAS 有几种分类方法。例如, 可以根据无人机 (UA) 的重量、性能、自动化水平、飞行高度、通信数据链或操作类型、执行的任务进行划分。以下是与 UAS 分类最为相关的实例。

1. 重量分类

英国民航局按照飞行器的重量划分 UAS[7]。第一类叫做 "小型无人机", 飞行器的重量小于 20 kg; 第二类叫做 "轻型无人机", 飞行器重量在 20 ~ 150 kg; 最后一类就叫做 "无人机", 飞行器重量不小于 150 kg。其他典型的分类是直接按照飞行器尺寸 (或重量) 和预期的任务类型进行划分。例如文献 [8] 中给出了四种不同的分类。最后一种是以飞行高度进行划分的。UAS 的这些分类如表 4.2 所列, 同时给出了每一类 UAS 共有的一些高级参数。

表 4.2 根据 UA 重量的 UAS 分类[8]

类型	重量	飞行区域	典型飞行高度	典型巡航速度	续航时间
微小型	小于 2 磅	本地	近地表面到 500 英尺	—	数分钟
微型	2 ~ 30 磅	本地	100 ~ 10000 英尺	30 ~ 90 节	数小时
战术	30 ~ 1000 磅	区域	1400 英尺到 FL①180	80 ~ 110 节	5 ~ 10 h
中高空	1000 ~ 30000 磅	区域; 国内	FL180 到 FL600	100 ~ 200 节	10 h ~ 数天
高空	1000 ~ 30000 磅	区域; 国内; 国际	FL600 以上	20 ~ 400 节	10 h ~ 数天
注: FL=100 英尺					

2. 飞行性能

另外, 航空无线电技术委员会 (RTCA) 提出了基于飞行性能特征的分类, 值得注意的是 ATC 已经使用飞行性能来管理流量和保持隔离。因此, 文献 Do-320[9] 提出了如下分类。

(1) 涡轮喷气固定翼无人机 (例如 "全球鹰", N—UCAS);

(2) 涡轮螺旋桨固定翼无人机 (例如 "捕食者" B);

(3) 往复式/电动引擎固定翼无人机 (例如 "捕食者" A, "幻影" 200);

(4) VTOL (垂直起降) 无人机 (例如 "火力侦察兵", RMAX Ⅱ 型);

(5) 飞船 (例如 SA 60 LAA)。

然而, 在以上五类 UAS 中, 在各自的类别内仍然存在巨大差异, 文献

[9] 还给出了另外四种分类, 以进一步区分 UAS。

(1) 标准类, 类似于有人飞行器的无人机。

(2) 小型非标准类, 物理尺寸和重量远远小于最小有人飞行器的无人机。

(3) 高空长航时 HALE 类, 飞行高度和航程超过有人飞行器的无人机。

(4) 转换类, 由有人飞行器转换为操作方式和 UA 相同的 UAS。

3. UAS 任务

关于 UAS 任务, 可以毫无疑问地说, 现在无人飞行器所能提供的可能应用和服务正在呈现出巨大的发展势头。UAS 完成许多不同的任务, 文献 (参见文献 [9—12]) 描述了很多的 UAS 任务。依据这些文献, 民事应用可以归纳为四类: 通信应用、环境应用、应急应用和监视应用。这四类领域有着广泛的应用前景。例如:

(1) 通信应用: 电信中继服务、蜂窝电话传输和宽带通信就是几种通信应用。

(2) 环境应用: 借助于 UAS 的遥感功能, 可以更有效地实现大气研究、海洋观测和天气预报。

(3) 应急应用: 该类应用包括灭火、搜索和救援任务、浮油观测、洪涝监视、飓风监视和火山监视。

(4) 监视应用: 森林火灾探测、边境巡逻、渔业监视或高压电力线监视是该类应用中最主要的任务。

4. 操作行为

文献 [9] 提到, RTCA 描述了另外一种关于 UA 空中操作行为的有趣分类。给出了代表 UA 一般操作行为的三种不同飞行剖面图, 它们是:

(1) 点对点 UAS 操作: 直接飞行而不包括空中作业或可能在飞行途中发生的延迟 (乘客或货物运输)。

(2) 规划的空中作业: 指使用预先确定航路点的在轨飞行、监视和跟踪飞行。

(3) 非规划的空中作业: UAS 不能预知其未来的飞行路径。

4.1.4　安全等级

主要的管理组织认为, UAS 管理的指导原则之一是对其重视的程度应等同于有人航空。因此, 适航性管理标准要求应当不低于当前适用于有人飞行器的相关类似的标准。这项原则称为等效安全等级 (ELOS) 要求, 如果我们重点考虑规避系统, 则意味着 UAS 必须具备相当于有人飞行器发现和规避要求的能力。然而, 由于难以对 ELOS 要求完全限定的内容进行量化, 该理念也引发了一些争议[2]。相反地, 另一种建立 "所要求的安全" 的方法是直接指定 UAS 操作的目标安全等级 (TLS)。文献 [13] 给出了相关的概念, 定义如下。

(1) ELOS: 可以通过定性或定量方法确定的近似相等的安全等级。

(2) TLS: 通过对端到端系统性能建模, 得出的可接受的每飞行小时导致灾难性事故的碰撞的平均数。

在确定当前有人飞行器发现和规避能力的等效安全等级 (也就是量化飞行员目视探测危害物或地物并有效规避的能力) 方面, 已经做出了大量的尝试性努力。例如, 根据美国国家运输安全局 (NSTB) 的数据, 空中碰撞要求来自于与障碍物或另一架飞行器发生飞行中碰撞的事故率[2]。根据该数据, 建议 UAS 最大的空中碰撞率是每百万飞行小时 0.1 次碰撞。文献 [1] 给出另外一个实例, 感知与规避具有不超过每百万飞行小时 0.51 次的总体重大失败率。这一指标与普通航空每年 (10 年期的平均数) 的空中碰撞率相一致, 来自飞行器所有者和飞行员协会 (AOPA) 的分析报告。

相反地, FAA 建议建立 UAS 的 TLS, 特别是更进一步获得感知与规避要求。文献 [13] 报导, "相对其他考虑的方法而言, TLS 方法似乎是最具成功性的。该方法是一个非常综合的端到端分析方法, 具有可溯源性并可量化系统的总体风险"。然而, 在确定如何计算这一数值之前, 还应当弄清几个问题。例如, 当评估正在飞越几个空域类别和高度的 UA 碰撞风险时, 必须确定 TLS 值需要在每一时刻及时得到保证, 还是仅在全部飞行期间内平均得到保证。此外, 根据不同的侵入者应用不同的 TLS 也是合乎情理的, 合作式飞行器较非合作式飞行器而言, 这个值更为严格。正如文献 [13] 所说, 一种考虑了这些问题的可能方法是在不同空域类别中应用不同的 TLS 要求。

在图 4.2 和图 4.3 中, 使用目标结构标记法 (GSN)[14] 分别描述了 ELOS 和 TLS 的概念。这种标记法由系统 (正方形) 必须实现目标的说明组成, 通过把它们与适当的背景和假设联系起来, 这种标记法广泛应用于安全状况研究。如前所述, ELOS 方法的主要缺点之一, 在于评定人类感知和空中碰撞模型的困难, 因为现已有几种模型和方法, 没有一种能够证明比其他模型和方法更好。

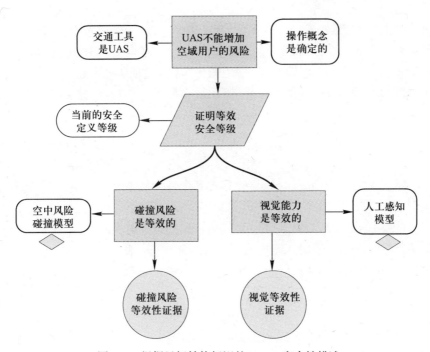

图 4.2   根据目标结构标识的 ELOS 安全性描述

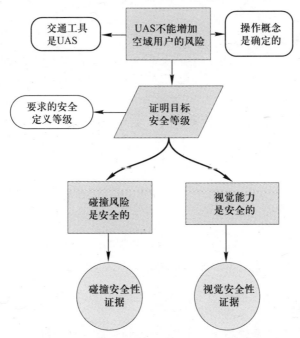

图 4.3   根据目标结构标识的 TLS 安全性描述

然而, 无论最小安全率有多大, 无论怎样考虑可接受得到的安全等级, 都必须将它转化为系统的可靠性要求。例如, 文献 [8] 给出了空中碰撞风险评估, 目的是评估每飞行小时期望的碰撞数。这项研究在建立不同背景下感知与规避系统的最低性能要求时, 是非常有用的 (也参见文献 [2])。

4.2 现有规程和标准

常规航空管理制度业已建立, 其视安全性为最高目标, 包括与飞行器研制、生产和操作有关的人员和组织。

(1) 飞行器特定型号认证通常归功于认证设计组织的发展, 其通过质量监督过程保证了适用认证规范设计的适合性。

(2) 特定单元的适航性通常由认证生产组织的飞行器型号认证制造进行认证。

(3) 飞行器适航性维护必须由经过认证的机构来完成, 并且必须由从事特定飞行器型号维护的经过认证的人员来完成。

(4) 每次飞行的安全性是由飞行器的适航性, 加上具有资质的飞行员的操作技能所保证的, 飞行员操作技能是在紧急状态下的最后可采用的手段。

这个被广泛认可的认证组织, 假定飞行器上总有飞行员, 在任意时刻都可控制飞行器从而驾驶飞行器。这一特性不会严重影响适航性的维护, 因为维修机构和经过培训的员工将会在飞行器设计期间, 按照已制定的规程完成其职能。这种考虑同样适用于生产机构, 因为生产组织将会生产出符合型号认证的飞行器。

无人飞行器设计极大改变了完成飞行器功能的方法, 飞行器功能是由包含在飞行器型号认证内的系统和不在飞行器上的飞行员所承担的职责来保证的。事实上, 目前可满足获得型号认证的认证规范, 假定飞行机组和所有的飞行器控制与管理系统都位于飞行器上, 这显然与 UAS 的情形不相符。最重要的问题是, 当执行驾驶和导航功能时, 由于飞行机组与机载系统在物理上是分开的, 需要依赖数据通信链路, 则会产生与通信链路、链路性能和域信度有关的新的故障模式, 这在有人航空中是不会出现的。因此, 数据链的性能、特别是通信延迟决定了不可能依赖地面机组去完成, 需要一个新的系统来满足飞行器的要求。可信度较差的数据链也不能满足系统的安全性要求。

碰撞 — 规避规程中存在类似的考虑。文献 [15] 假定，人类飞行员是保证飞行安全性可采用的最后手段，特别是在 VFR 条件下。这种对人类飞行机组的假设是间接得来的，例如，所有类型的飞行器都不具有碰撞 — 规避能力的电子系统。ACAS 或许是例外，但是值得注意的是，对于所有的飞行器这不是强制性的，例如在普通和轻型航空器中就几乎不存在。

假定完全是由飞行机组担负的这些职责，是包含在发现和规避概念中的，是避免碰撞的最后手段，并且可以消除对于任何机载系统的需求或要求。操作 UAS 时缺少飞行机组，则会对机载系统提出为满足安全等级要求所需的新的功能。

对于不同类型和结构的 UAS，实际实现这些要求，应仔细思考不同的发展前景 (例如空域类别、UAS 的自动化水平等)。因此，对于 UAS 而言，担负驾驶、导航和减缓功能的 (特别地，碰撞 — 规避子功能) 系统超出了当前规程的范围，因为这些系统所应满足的要求超出了常规航空中相应的系统所应满足的要求，并且对具有机载飞行机组的飞行器明确设计了管理规程。然而，将 UAS 融入民用空域是一件极其有趣的事，因为大量的民事应用超出了紧急事件和法律强制的范围 (例如精确的农业耕作、基础设施监视和通信中继等)，因此 UAS 不能像现今的军事训练一样工作于隔离空域。那么，我们期望缺失的管理规程将伴随一些试验飞行一同出现，在试验飞行中，不同的利益相关方都可以评估 UAS 对未来航空的影响。

4.2.1 UAS 当前的认证机制

目前，正如不同的管理团体所认为的，有两种不同的途径可以使 UAS 进入民用空域，要么除获得适航性认证外同时获得受约束的类型认证，要么获得特别的飞行许可。

常规航空将会满足进入民用空域的不同要求。首先，飞行器设计遵照相应安全机构的规程 (例如，欧洲航空安全局或美国的联邦航空局)，这些机构通过型号认证认可飞行器的安全设计。这项认证归功于事先已按照 DOA (设计组织认可) 或等效方法认证过的组织所完成的所有设计。那么，如果飞行器是由 POA (生产组织认可) 所认证的组织制造的，或由能够表明具备相当的生产保证的组织制造的，按照已认可的设计生产的每架飞行器都可获得适航证。此外，适航证必须依据由已认证的维护组织所完成的维护程序进行更新。

缺少适用于 UAS 设计的认证规范，导致不可能获得 UAS 的定型证书, 所以也不可能获得适航证。在不可能应用现有的认证规范时, 只有在确定的和有限的条件下, 以及假如实际使用情况受到认证规范适用性不能做出让步的限制的话, 才可以认可限制性定型证书。例如就 UAS 来说, 如果假设是在隔离空域操作, 则无需执行感知与规避功能。因此, 限制性定型证书允许所生产的飞行器相应地获得限制性适航证, 如果飞行器按照限制的认证类型中所明确的限制条件操作的话, 限制性适航证才是有效的。

假使飞行器不能满足先前的认证要求, 但是在确定条件下仍能够安全飞行, 也可获准飞行。对于大多数 UAS 来说, 或许都是如此, 因为目前还没有更多的适用于它们的认证规范。各国之间飞行器获准飞行资格的条件稍有不同。

1. 美国

联邦航空局 (FAA) 对为如下科目 (FAR X21.191) 颁发试验性认证有着特定的规程: 研究和发展、符合规程的表演、机组训练、展览、空中竞赛、市场调查、操纵业余爱好者制造的飞行器、操纵初级组装的飞行器和在特定限制下操纵轻型运动飞行器。

除 UAS 固有特征外, 其特殊利益激发了 FAA 起草以准许 UAS 有权在美国本土空域飞行为目的的联合临时规程[16]。以下的 FAA 小组专门完善了该文件: FAA 飞行器认证服务 (AIR-160) 的无人飞行器计划办公室 (UAPO)、FAA 飞行器认证服务 (AIR-200) 的生产和适航性部、FAA 飞行标准服务 (AFS-400) 的飞行技术与规程部和系统操作与安全 (AJR-3) 的 FAA 空中交通组织办公室。

该规程描述了如何获得特别的飞行许可, 或更精确说是 FAA 所命名的合格证 (COA)。于是, 提出了替代 FAR 第 61 部分的常规方法, 该方法解决了飞行员、飞行和地面指挥员的认证; 第 91 部分主要涉及一般操作和飞行规则。然而, 只有美国政府机构才可提出 COA 申请, 包括对适航性、飞行操作和人员资质的指示。非官方 UAS 的发展必须获得限制性适航证, 如前文所述。

此外, 规程中明确提到, 当前的机载摄像机或传感器仍不够成熟, 被认为只是满足感知与规避所要求的发现部分的缓解手段。最重要的事情是难以证明可方便地感知非合作式飞行器和外部观察员或在该规程中提到的相应手段 (例如护航飞机) 的使用。观察员应位于水平面不大于 1 海里、垂直面不大于 3000 英尺的距离范围内, 除在 A 类空域操作外, UAS 必须遵守工作于该空域的设备要求, 同时证明对于任何其他用户是安全的。夜间操作严禁使用观察员,对该操作要求有特别的安全性措施。

感知与规避系统的使用必须伴随着适当的安全性措施,该措施显示出对欲进入的空域它是足够安全的。这个系统设计应包括如下子功能:

(1) 探测 —— 确定存在飞行器或其他可能的危害。

(2) 跟踪 —— 基于一个或多个监视报告,估计单一侵入者的位置和速度 (状态)。

(3) 评估 —— 基于侵入者和 UA 状态评定碰撞风险。

(4) 优先权排序 —— 确定哪个侵入者航迹达到碰撞风险阈值。

(5) 公布 —— 决定需要采取的行动。

(6) 行动确定 —— 决定必须采取的行动。

(7) 指挥 —— 传送和/或执行已确定的行动。

2. 欧洲

在欧洲,EASA 促进了安全和环境友好的欧洲民用航空标准和规程的创立。迄今为止,EASA 在 216/2008 规程上投入了极大精力,包括: 适航性 (DOA、POA 和 MOA)、飞行员驾驶证签发、操作许可、第三国操作员和飞行许可[17]。然而, 必须注意特殊情形中的 UAS, EASA 无权管理工作质量小于 150 kg 或专门设计用于研究、试验或科学研究的飞行器。在这种情况下, UAS 的飞行许可必须得到国家层面上的准许, 也就是要获得 UAS 将在该国进行操作的欧洲成员国的准许。

2009 年 8 月, 欧洲航空安全局公布了《无人机系统适航性认证政策声明》[18], 声明中该机构认为: 像有人航空一样, 要出台一个 UAS 专用的可接受的适度执行 (AMC) 文件, 还有更长的路要走。获得所要求经历的临时建议是使用现有的 CS-21, 也就是采用某些指导修改过的 B 部分 (类型认证), 特别是随一般方法而定的特殊条件[19]。这些特殊条件指的是:

① 紧急回收;

② 能力;

③ 指挥和控制链路;

④ 自动化等级;

⑤ 人机界面;

⑥ 控制站;

⑦ 操作类型归属;

⑧ 系统安全性评估。

与确保地面人员安全的感知与规避 (或文献 [18] 特指的探测和规避)

的重要性一样,感知与规避并不被视为是 UAS 的特有问题。EASA 认为通过遵循其政策声明而获得的定型认证,应伴随有飞行器飞行手册中的声明,该声明限制了在隔离空域的操作,除非缓解措施已被负有责任的管理机构所接受,准许 UAS 进入将要在其中进行操作的空域空间。获得 EASA 飞行许可资格的条件很多,例如新生产飞行器的飞行测试,官方认可的飞行器飞行,展览和空中表演,或单一非复杂飞行器的非商用飞行活动,尤其是适航证类型不合适或限制性适航证不合适。

3. 其他国家: 加拿大和澳大利亚

除了欧洲和美国,其他国家也致力于 UAS 操作规程框架的构成发展。特别应提及加拿大和澳大利亚,它们为此成立了 UAS 专门工作小组。

2006 年 12 月,加拿大通用航空局召集联合政府和工业无人机 (UAV) 工作小组,回顾现有的法规,并对 UAS 操作管理框架提出了建议。2007 年 9 月 UAS 工作小组公布了最终报告[20],报告说工作小组不能说明感知与规避系统或要求。然而,2010 年 3 月加拿大民用航空局已成立了计划设计工作小组[21],其目标致力于形成 2011 年至 2016 年间不同的可交付使用的成果。可交付的成果之一应特别说明新技术,如同感知与规避技术一样,该技术将会实现新的安全性要求。

另一方面,澳大利亚民用航空安全局 (CASA) 成立了两个标准委员会:RTCA 委员会 SC-203 和 ASTM F38.01。正如文献 [22] 所说: “CASA 负责 FAA 和 EASA 的规程与标准的协调原则,并且如果这些设计标准是有效的,则接受 FAA 和 EASA 的 UAV 设计标准”。澳大利亚官方已经在民用航空安全规程 (CASR) 第 101 部分中公布了 UAS 特定规程: 无人飞行器和火箭操作。关于感知与规避系统, “除非有足够的视觉提示,使 UA 控制者能够获得和规避其他飞行物,管制类空域中 UA 的飞行将被视作 IFR 飞行,服从 ATC 管制[23]。CASA 可要求大型 UA 配备 SSR 询问机、适宜于其操作类型的碰撞规避系统或前视电视。”

4.2.2 标准化团体和安全机构

依赖不同标准化团体颁布的标准,不同管理团体颁布了应遵循的可接受的原则。这些机构通常成立工作小组,工作小组中有制定标准或对产品标准化的不同成员。现在有很多这样的工作小组,就 UAS 规程和感知与规避要求而言,或许最具代表性的是:

(1) EUROCAE73 工作组 (WG-73), 正在起草民用 UAS 在非隔离类

空域飞行所要求的标准。这个工作组划分为四个小组。

① SG-1: 操作和感知与规避。

② SG-2: 适航性和持续适航性。

③ SG-3: 指挥与控制、通信、频谱与安全。

④ SG-4: 目视视距操作的 150 kg 以下的 UAS。

(2) RTCA 特别委员会 203 (SC-203), 正在制定有助于安全、高效和 UA 与其他飞行器协调操作的 UAS 标准, 基于的前提条件是 UAS 及其操作不会对现有的空域用户造成负面影响。最为相关的一份文件是 UAS 感知与规避的最小航空系统性能标准 (MASPS), 该文件在编写本书时仍未完成。

(3) UAS ASTM 国际委员会 F38, 致力于制定包括 UAS 设计、制造、维护和操作的标准, 以及人员训练和资格的标准。文献 [1] 就是已颁布的 UAS 感知与规避系统设计和性能的特定标准。这个委员会也划分为几个分委员会:

① F38.01 适航性标准。

② F38.02 操作标准。

③ F38.03 飞行员与维护资格证书。

4.3 感知与规避要求

本节我们讨论 UAS 感知与规避系统可能的要求, 同时指出仍有待评估的主要问题。如前所述, 虽然某些最终要求仍然没有被任何规则所采用, 但是一些组织已经发行了部分文件。本节汇总了完成本书编写时可得到的信息, 并将感知与规避要求划分为几类。

4.3.1 一般感知要求

大航线进近着陆时的感知功能包括可能影响特定飞行的所有外部危害的探测。因此, 当在非隔离空域操作 UAS 时, 必须考虑飞行器与其他用户共享的环境之间的相互作用。因而, 飞行器或许会遇到, 并且必须对其进行探测的其他飞行器或空中飞行物。但是, 除了对其他正在飞行的飞行物的探测外, 感知系统应具备对其他危害的监视功能, 例如恶劣天气、尾流扰动或临近的地形。在这些系统设计阶段必须考虑的基本感知参数是:

(1) 危害物的探测距离, 必须留有足够时间, 允许执行满足所要求的最小规避距离的后续规避机动。

(2) 注视区域, 传感器所能感知或监视的区域, 必须证明在该区域感知与规避系统满足右行基本规则。

(3) 其他参数, 诸如测量精度、可靠性和更新速率[11]。

关于注视区域, 右行规则规定飞行员必须规避所有物体, 除非是突然遭遇的飞行物, 根据文献 [4], 要求有人航空视觉扫描应在偏离飞行器航向 $\pm 110°$ 的水平方位角范围内, 期望证实对 UA 感知系统也是如此要求。此外, 文献 [1] 建议 UAS 感知系统的感知仰角范围为 $\pm 15°$。

感知系统应具备的主要功能之一是避免空中碰撞。如果是那样的话, UCAF (UAS 碰撞规避功能) 必须自主工作, 独立于 ATM 系统, 或为 UAS 隔离提供任何其他手段。再有, 感知系统必须探测合作式和非合作式飞行物, 并使 UAS 适应不同的飞行模式和空域类别的操作[24]。然而, 感知系统可能部分地依赖于人工干预, 通信延迟是要被评估的重要因素[9]。另一方面, 碰撞威胁探测应使在最小距离上的解决机动可产生规避距离, 该规避距离可使双方均是处于适当间隙的。显然, 该最小探测距离主要取决于飞行器的性能, 诸如巡航速度、翻转速率和爬升或下降速率, 以及本章后文讨论的、以定义的形式给出的 "适当间隙" 这一术语。此外, 探测应是在无人机可能面临的所有气象条件下进行的, 甚至是在失去了地面控制站的直接指挥、控制和通信的条件下。因此, 在设计 UAS 感知子系统时, 将上述所有因素都考虑在内是极其重要的。

对感知子系统来说, 对危险飞行物的及时探测是极具挑战性的问题。为达成此目标可应用各种不同的技术手段, 这也是研究热点课题。文献 [8] 给出了能够用于探测飞行物的技术分类, 包括雷达监视 (参见例子 [25]) 或目视监视手段 (地面观测或护航飞机) 在内的 8 个类别。

传感器技术是以达到、甚至超过当前人工目视飞行物探测的性能为目标的。2003 年, NASA 在 UA 上装配了能够探测非合作式目标的雷达系统和探测合作式目标的交通通告系统。使用该 UA 和几个外围的飞行物进行了飞行测试, 相关的飞行物上搭载不同性能的感知与规避系统[26],[27]。飞行测试期间, 也对飞行员的探测能力进行评估, 以便与 UAS 的感知能力相比较。正如文献 [8] 所指出的, 对于所有遇到的情形只有交通通告系统是完全胜任的。雷达的目标探测距离限定为 4 英里, 这对于完成适当的规避机动来说太过于滞后。另一方面, 人类飞行员的感知距离为 1 ~ 1.5 海里。进一步研究表明, 在一些情况下人眼不能足以胜任探测和防止碰撞的任务, 甚至有限数量的传感器也胜过人眼一筹[26]。

显然, 探测其他正在飞行的目标的难度将取决于这些目标本身的属性。然而, 并不是在所有的情形中所有可能的危害飞行物都会出现。因此, 如果对 UAS 操作是限定在特定类型条件下 (例如高度或空域类别) 的, 感知要求将取决于 UA 操作中可能遇到的飞行物的类型。在这种情形下, 开发感知系统时, 这些可能威胁的属性定义变得极其重要。在文献 [24] 给出所完成的工作中, 详尽分析了可代表碰撞威胁的所有可能飞行物的典型特征。由此, 提出了 17 种不同的类别, 从动物群、跳伞者、风筝和无线遥控航模到所有类型和尺寸的飞行器。说明了在什么条件下可能不会遇到这些种类的飞行物, 例如高于特定的高度、好于特定的气象条件或空域类别。这些分类是:

(1) F (动物群): 相当于鹅大小或尺寸更大的鸟类, 通常不会飞行在仪表气象条件 (IMC) 或海拔 1000 英尺以上的高度上。然而, 通常在每年特定的时间和特定的区域, 即使高于该高度也有可能遇到迁徙的鸟类, 典型高度范围是海拔 5000 ~ 7000 英尺。一般来讲, 离地面越高, 遇到鸟类的可能性就越小。

(2) K (风筝和系留气球): 包括飞行物本身和与其连到地面的绳索。通常, 400 英尺之上的操作应由 NOTAM 发布通告。

(3) R (爱好者操控的无线遥控航模): 一般飞行在 VMC 海拔 400 英尺之下, 并且在操控者的视线范围内 (典型值为 500 m)。400 英尺之上的操作应由 NOTAM 发布通告。

(4) B (热气球): 不能在 IMC 下操作。

(5) D (可驾驶的飞船)。

(6) G (滑翔机): 不能在 IMC 下操作。

(7) P (跳伞者): 通常不出现在 IMC 中。它们的活动通常由 NOTAM 发布通告或被 ATS 所掌握。

(8) S (有动力装置的空中运动): 例如极轻型飞行器、超轻型飞行器、动力滑翔机、动力伞等不能在 IMC 下操作。

(9) A (无动力装置的空中运动): 例如悬挂式滑翔机、滑翔伞等。不能在 IMC 下操作。

(10) H (直升机): 包括民用和军用直升机。

(11) L (轻型飞机): 例如非增压式普通航空器。

(12) Q (最大起飞质量 (MTOM) 小于 5700 kg 的增压式普通航空器)。

(13) M (军用战斗机和高性能喷气式飞机)。

(14) N (不要求装载 ACAS 的增压式客机)。

(15) T (要求装载 ACAS 的增压式客机)。

(16) C (货机或军用运输机): 通常最大起飞质量超过 5700 kg, 因此, 期望装载 ACAS。

(17) U (无人机): 不同的尺寸、机身设计和功能的广义飞行器。

依据它们的合作等级和规避空中碰撞能力, 所有前面分类依次可分为五种不同的飞行器类别 (表 4.3)。

表 4.3 根据合作性和规避能力的飞行威胁物的分类

类别	合作性	可否实施规避行动	物体分类
1	否	否	F、K、B、P、A、D
2	否	VMC 时可以	R、G、S、H、L、U
3	是	否	D
4	是	VMC 时可以; IMC 中借助于 ATC 干预时可以	H、L、Q、N、T、C、M、U
5	是	VMC 时可以; IMC 中借助于 ATC 干预时可以; 如果侵入者装载有询问机下的任何时候都可以	T、C、M、U

由于类别 1 和类别 2 是非合作式飞行器, 它们是最具挑战性的一类, 这意味着需要装载主动传感器来探测它们。类别 2 飞行器能够在 VMC 下规避碰撞, 因此, 可以预知诸如提高 UA 能见度的缓和行动。类别 3、类别 4 和类别 5 是合作式飞行器, 较非合作式飞行器而言它们更为容易被探测。另一方面, 需要考虑一个有趣的因素: 为了遵守右行规则并确定哪个飞行器具有优先权, 感知系统应探测侵入者, 而且还要对它们进行确认。

4.3.2 一般规避要求

在方便地感知碰撞威胁后, UA 必须选择并执行恰当的规避机动。该机动必须与飞行器性能相匹配, 并保持在其结构和空气动力学性能限制之下。这些规避或解决机动可以包括飞行轨迹上一个或多个如下参数的改变: 空速、高度或航向。作为规避机动的结果, 如果飞行路径偏离了 ATC 的飞行许可或指示, 应能尽快地通知飞行器。而且, 在冲突解决后, 后续的机动应使飞行器返回到原有的飞行计划, 或到达一条最新指定的路径, 同时也应遵守右行规则。

规避机动的最基本要求, 是使飞行器与侵入飞行器或飞行物之间的距离等于或大于所需的最小规避距离。当前有人航空的规程规定飞行器必须与侵入者之间保持适当间隙，并没有给出确切的距离值 (参见实例 FAR 第 91.113 节)。通常毋庸置疑，在所有方向上最小规避距离至少为 500 英尺[28]。然而正如文献 [29] 报导，工业界自身将 500 英尺横向间隔视为感知与规避的最差最小距离。引用该文献，"应用 500 英尺水平间隔会增加碰撞感知的风险。(因此, 建议) 将水平间隔增加到 0.5 海里, 则会降低碰撞感知风险以及碰撞风险自身······。这些最小距离值仅适用于远离机场的时候。"然而, 在文献 [13] 中, 适当间隙被认为是隔离等级的专用术语, 而不是规避等级的专用术语, 由于它被定义为两架飞行器隔离的状态, 按照如此方式, 它们就不能开始碰撞规避机动。因此, 依据该定义, 适当间隙的范围将会随着 UA 和侵入者的性能、冲突几何、接近速率和相对加速度而改变。

除了最小规避距离的实际值或边界外, 特别应考虑的是合作式飞行器配备 ACAS, 因为规避子系统安全性分析必须表明与某些有人机上装载的 ACAS-Ⅱ 机动是一致的。在这项内容中, 协调机动的范围从复杂的全四维机动协调到仅为基本的对应于水平或垂直平面的航向或高度的变化。文献 [30] 说明了 ACAS-Ⅱ 设备安装载体的要求, 表述为 "所有最大额定起飞质量超过 5700 kg 的涡轮发动机飞行器, 或经过认证许可超过 19 座的客机将装备空中碰撞规避系统 (ACAS-Ⅱ)"。该文件还建议所有飞行器都装备这个系统, 同时文献 [31] 给出了飞行机组操作 ACAS 的操作规程, 文献 [32] 描述了关于提供空中交通服务的规程。例如, 文献 [31] 解释了飞行员如何对 ACAS 的通告做出反应, 还给出了飞行员训练的指导方针。相反的例子是, 文献 [32] 解释了假如由于解决通告的原因, 使配备了 ACAS 的飞行器发生了关于飞行许可的最小偏离, 空中交通控制者应如何处理。上述两个文献还描述了 ACAS 操作的特殊用语。

文献 [33] 陈述了 TCAS-Ⅱ 的 RTCA 最小操作性能标准 (MOPS), 某种程度上可应用于 UAS。例如, 正如文献 [11] 已指出的, TCAS-Ⅱ 假定了碰撞规避的典型运输机的性能和解决通告 (RAs) 算法, 虽然许多 UAS 可能不具有相同的性能特征。然而, 有人飞行器飞行员执行 RAs, 虽然 RAs 是由 UA 系统自主执行的, 这就增加了对 UA 系统的安全性要求。相反地, 如果 UA 操作员执行了某个 RA, 则必须解决数据链延迟和可靠性的问题。

按照 ATC 的观点, 也必须评估 UAS 的特有性能 (与运输机相比而言), 因为当前 ATC 的实际工作和训练是基于现有的有人飞行器的。例如,一些 UA 比当前有人商务航空器飞得更高,但它们的爬升率明显低于现代客机。因此,ATC 手册中应包括 UA 性能,以便能够接纳 UA 并提供安全、有效的隔离和交通信息服务。此外,应当注意,预想的UAS 感知与规避系统也支持自主隔离功能,进而,某些职能最终从 ATC 移交给 UAS (正如对有人机所预想的一样)[34]。

关于地形规避,在有人航空中存在某些系统,如地形规避警告系统 (TAWS) 或接地警告系统 (GPWS)。然而,这些系统本质上是通告属性的,虽然我们研究 TCAS–Ⅱ 的解决通告,最终是由舱内飞行员执行规避机动的。因此,需要更新现行标准,以便解决远程飞行员操作与/或 UAS 自动规避地形[11]。

最后,规避措施设计必须遵从 UA 被其他飞行器发现的能见度、云团许可飞行标准 (主要取决于空域类型的特殊要求),因此还要遵从飞行规则。除了感知与规避要求外,还必须对可导致 UAS 损毁的恶劣天气、影响其适航性的因素等进行探测和规避。

总体上说,规避设计参数应考虑一些因素,如天气、地形和飞行物。交通规避设计主要取决于距侵入飞行器的最小规避距离、实际飞行器性能和限制条件、对右行规则的正确解释和实现、侵入飞行器的碰撞规避能力和与 ATC 许可飞行的兼容性。

后续章节将重点讨论不同空域等级的特性、操作高度和气象条件、UAS 通信数据链和感知与规避系统安全设计所要求的自动化水平。

4.3.3　根据空域类别的可能的感知与规避要求

空域是 UAS 执行操作的地方,空域类型主要决定了 UAS 与其他飞行器合作性水平,以及保证隔离、或增强关于其他交通的环境感知的 ATC 的可用性。正如文献 [24] 所提议的,可将所有空域类型划分为两大类:一类是空域中所有的飞行器均是合作性飞行器;另一类是空域中存在某些非合作性飞行器。正如 4.1.2 节所提及的,不同的国家对每一类空域的特定要求略有不同。然而,在 A 类到 D 类空域中使用询问机则是普遍要求。此外,无论空域类别如何,在高于特定高度获准使用询问机也是相当寻常的。例如,在美国,在高于 FL 100 英尺的 A 类、B 类、C 类和 E 类空域中要求使用询问机,尽管某些飞行器可以除外 (FAR 第 91.215 节)。文献 [35] 给出了航空无线电技术委员会关于询问机的最低操作性能标准,详细说明了飞行机组控制和监视询问机操作的某些要求,这些要求对 UAS 应用来说是足够了,而其余要求对于 UAS 来说可能也是足够的。

二次监视雷达 (SSR) 接收飞行器询问机发射的信号,并对派生的飞行器位置信息在接收信号中的编码信息进行增强。A 型询问机仅发射 5 位识别码,而 C 型询问机还发射飞行器的气压高度信息。新的 S 型询问机[36]甚至具有发射更多信息的能力,诸如假如使用了 ADS—B 系统的飞行器位置。ATC 位置信息中包含所有的这类信息。

除 ATC 站之外,ADS—B 还允许飞行器和地面站发送或接收监视信息,包括识别码、纬度、精度和高度。因此,飞行机组的环境感知得到了极大提高,一些隔离的职能最终可以由 ATC 转交至飞行机组。然而,目前 ADS—B 未被强制执行,文件 [37,38] 给出了现有的、各种不同的标准化数据链技术 (除了 S 型询问机),而文献 [39] 公布了 ADS—B 系统的独立数据链标准。

除 SSR 探测外,询问机也是 TCAS 当前所使用的基本技术。显然,配备 TCAS (或更一般地说是 ACAS) 的飞行器将会更容易探测,如果 UA 配备有该系统,产生的交通警报将增加 UAS 飞行机组的环境意识并提高它们的感知能力。文献 [40] 公布了 TCAS—I 标准,而文献 [41] 给出了当仅使用交通通告空中设备时的宽松要求。这样能够降低考虑使用 TCAS-I 系统的成本,这对某些 UAS 的实现来说是非常有用的。正如之前所说明的,TCAS-II 也提供解决通告,但是如何将这些得到的解决通告转变为 UAS 的有效规避机动,仍是一个有待解决的公开问题。

值得一提的是,UAS 通常执行不同于大多数商务航空所完成的飞行。绝大多数情况下,UAS 用于完成可能包括等待、观察和其他非常规程的任务,而商务航空主要完成点到点的飞行,人和货物运输是其主要目的。因此,商务航空利用空中航线从一点飞行到另一点。这就导致了在那些航线上飞行的空中碰撞概率较高,在空中航线附近飞行要比远离空中航线飞行发生空中碰撞的概率高。因此,如同文献 [8] 所计算的那样,在主要拥挤航线和区域以外的空中碰撞风险或许足够低,从而降低了探测和规避其他飞行器的性能要求。

4.3.4 根据飞行高度和能见度条件的可能的感知与规避要求

飞行器系统是飞行在特定高度范围内的,如果某个 UA 在这些高度范围之外飞行,那么似乎就不会与这些飞行器系统相遇。类似地,气象条件 (VMC 或 IMC) 会影响某些传感器的能力,例如那些基于视觉的传感器,气象条件也会影响可能遇到的危险物的类型 (也就是说, 低能见度条件下 UA 不会与滑翔机发生碰撞, 因为滑翔机不会在 IMC 条件下飞行)。文献 [24] 分析了这些附属关系并归纳为表 4.4, 表 4.4 给出了特定高度和气象条件下有可能出现的每一类飞行器。

表 4.4   根据飞行高度、气象条件和交通环境可被发现的物体分类 (源自文献 [24])

物体分类		交通环境未知		交通环境已知			
		FL100 以下				FL100 以上	
		VMC	IMC	VMC	IMC	VMC	IMC
非合作性物体	1	√	√*	√	√*	×	×
	2	√	×	×	×	×	×
合作性物体	3	√	√	√	√	×	×
	4	√	√	√	√	√	√
	5	√	√	√	√	√	√

注:

√ UA 可能遇到的物体类别;

× UA 不可能遇到的物体类别;

√* 地平面之上 500 英尺以下用系留绳拴住的物体, 是这类物体中的唯一一类

如前所述, 飞行高度在 100 英尺之上的飞行器通常强制要求装载询问机, 这也是为什么该表是按照飞行高度进行划分的。除了注意到并不是所有的国家都强制执行这项要求外, 还应关注即使是执行这项要求的那些国家, 也可能在执行上对该项要求进行了某种程度的减免 (例如, 对飞行在 100 英尺之上的滑翔机不要求装载询问机)。另外, 飞行在 100 英尺之下的飞行器通常在大部分空域中限制其速度在 250 节之下 (取决于具体国家, A 类和 B 类通常不受此速度限制)。因此, 表 4.4 表明了假定根据本国规程可以对其进行部分减免的最为常见的情形。然而, 值得注意的是那些即使不太可能出现在特定高度之上的飞行物 (例如动物群或轻型飞机), UAS 在爬升和下降阶段有可能会遇到它们。尽管如此, 某些对感知与规避系统的要求不是太高的可能解决方法将暂时隔离某些空域以适应这些爬升和下降阶段; 在这些阶段使用跟随 UA 的护航飞机; 当避免飞越人口居住区

域, 以降低由于与动物群的可能碰撞而引起的碰撞事故风险时, 在管制类空域中凭借对环境完全已知的 ATC 进行爬升/下降。

4.3.5 根据通信中继类型的可能的感知与规避要求

与地面控制的通信延迟能够决定机载系统的性能。因为没有人会对操控 UAS 人的存在产生质疑, 那么飞行员与飞行器之间的距离所产生的时延, 则可能会对某些感知与规避的结构或解决方案构成威胁。这一延迟包括: 通信延迟、感知与规避扫描速率、与不同算法密切相关的机载或地面处理时间、环内飞行员的反应时间和与 ATC 的协调。当谈及指挥、控制和遥感通信时, 主要存在两类: 与 UAS 之间的视距通信和超视距通信。

视距通信

视距操作是指飞行机组与 UA 之间不存在视线阻碍, 它们之间的距离可以从几米到几十海里。对于近距离 (最大为几英里), 在地面飞行机组与 UA 之间所建立的视觉联系, 甚至能够证明缺少感知交通状况的机载手段的合理性。对于较远的距离, 飞行机组的视觉能力随着空间环境感知的降低将不能满足感知要求, 则会需要其他的支持系统。此外, 当在视距条件下操作时, 能见度是一个应考虑的重要因素, 因为某些飞行物或许隐藏在地形之后。因此, 不仅对 UA 的能见度提出了要求, 而且也对可能存在威胁飞行器的周边空域提出了要求。

视距条件下的很小延迟, 甚至可以允许从 UA 到飞行机组的直接视频联系。视频联系和假定飞行机组负责评估态势、详细说明并执行规避行动, 简化了整个感知与规避系统。然而, 数据链自身依然是一个决定性的组成部分, 还有实时性能方面的迫切要求也是极为苛刻的。

超视距通信

飞行器位于视距范围之外, 阻碍了由飞行机组专门承担感知功能的设想。值得一提的是, 这些操作不总是在远离地面控制站的位置上执行。例如, 飞行机组或许位于某个建筑物的一侧来控制 UA 完成对该建筑物的周边监视。由于在全部任务期间飞行机组与 UA 之间存有视线遮蔽, 这种情况下的操作被认为是超视距操作。针对这些操作模式可预先采取不同的通信策略, 概括如下。

(1) 直接射频 (RF) 通信: 即使 UA 处在超视距状态, 在某些情况下射频通信也可以成功胜任。此类通信提供了快速通信, 并且延迟对于感知与规避的应用不是主要问题。然而,射频通信频率或许会面临频率带宽不足的困扰,特别是要通过视频传输来实现在地面站的感知功能。

(2) 陆地网络:该结构实现了与拥有覆盖某一区域专用网络的服务提供方的通信部分。该结构的带宽大小取决于服务提供方的实际手段,感知与规避的视频结构受到可用带宽、数据传输延迟以及通信稳定性的制约。因此,取决于提供方所保证的服务质量 (QoS),根据该网络的实时性和可信度,对包括视频传输在内的感知与规避策略进行考虑或不考虑。

(3) 卫星通信:由于通信信号必须经过远距离传输,这类通信引发了大量的延迟。这些延迟意味着感知与规避功能是完全由安装在 UA 上的系统完成的。

4.3.6　根据 UAS 自动化水平的可能的感知与规避要求

如前所述,UAS 的自动化程度也是感知与规避能力的关键要素,因为相对于有人飞行器机组做出的巨大贡献而言,高水准自动化平台将需要更为可靠的感知子系统,由此也就更加接近有人航空的发现和规避性能。

因此,对 UAS 所期望的自动化水平能够显著降低对感知与规避系统的要求。在飞行器系统的功能分配阶段,飞行器的提取功能应在飞行机组和支撑每一功能的自动化系统之间进行划分[42]。根据假定的飞行机组所承担的职责等级,可将自动化等级规划为四类。

(1) 无线遥控飞行器:在这种情况下,飞行员凭借专用的无线电控制系统,通过控制操作舵面来直接控制飞行器的姿态。由于飞行器自身无法自主更改其航迹,专门由人类飞行员完成所有的规避机动,因此飞行员必须能够实时地获取所有的感知信息。

(2) 人工控制式半自主飞行器:该结构允许飞行器按照已规划的飞行计划飞行,但也允许飞行员在任何时候对飞行器进行控制和驾驶飞行器。由于依然假定飞行机组具有航迹控制能力,所以感知与规避的职责可以由系统和人共同担负。

(3) 人工导航式半自主飞行器:该模式下的飞行员具有控制 UA 的能力,但仅是对其进行导航,驾驶飞行器功能完全是自主的。允许飞行机组直接驾驶飞行器或直接对飞行器导航,它们之间的差异看上去似乎是极其微妙的,但是在感知与规避系统上隐含有丰富的内涵。驾驶被定义为通过实时控制飞行器的姿态来修改飞行器的轨迹。而导航则意味着向飞行器提供导航输入 (例如采用航向甚至是航路点的形式),其目的也是修改飞行器的轨迹。因此,人工导航式半自主飞行器操作的时间范围远远大于前一类飞行器,因而,感知与规避系统似乎应安装在飞行器上,并且假定 UA 将完全承担感知和执行规避机动的职责。

(4) 全自主 UAS: 全自主可以理解为在没有考虑飞行机组的任何人为干预下,UA 具备完成其所有任务的能力。显然,该类模式的感知与规避必须专门由安装在飞行器上的设备来完成。然而,世界范围内的任何管理机构仍未对这类抱有希望。

4.4　人为因素和环境感知考虑

尽管从技术层面上讲,建立起一个完全自主工作的、不用向 UAS 飞行机组提供交通信息和应采取的决策的感知与规避系统或许是可行的,但是对于无人机机组指挥员来说,运用任何感知的交通信息和 UA 所执行的隔离或碰撞规避机动无疑是明智之举。这将有助于证实感知与规避系统操作的正确性,增强飞行机组的环境感知,并且如果需要,允许他们向 ATS 报告交通信息。这就意味着应当开发人机界面 (HMIs),从而为飞行机组提供所有的必要信息。

一般地说,在航空中飞行机组掌握的信息越多,环境感知能力也就越强,各种不同的安全层也就"更厚"。然而,向操控员提供过多的信息也会导致诸如认知负担过重等问题。或许解决这类问题的方法之一就是使用环境信息,但是迄今尚无实用的这种人机界面,因为当前的大部分分析成果限制了 UAS 在军事条件下的操作。因此,除因飞行机组介入感知与规避过程而引发的所有人为因素外,这类人机界面的定义仍是研究和标准化进程中的热点课题。

在有人航空中,我们已经寻求到一些增强飞行员发现和规避能力的交互界面。在碰撞规避等级上,ACAS 系统必须告知飞行机组可能的冲突。正如之前所提及的,如果与另一架合作式飞行器存在可能的冲突,最基本的 ACAS 系统 (例如 TCAS—Ⅰ) 触发交通警告,虽然其他的 ACAS 系统也可向飞行员提供解决通告。这些系统与驾驶室指示器或显示器进行交互,该显示器是用来显示周围交通状况的现代飞行器的导航显示器 (ND); 主飞行显示器 (PFD) 是用来显示交通警告和解决通告指示的。当前的 ASAS 进展和技术原型建议使用驾驶室显示交通信息 (CDTI),在某种情况下,它可能是当前导航显示概念升级版本的实现。CDTI 也可提供关于周边交通的监视信息, 但较 ACAS 具有更大的范围, 允许以这种方式在飞行器上完成隔离功能。因此, 提供的信息包括从 ACAS、ADS—B 系统、交通信息服务 (TIS) 收集的其他飞行器的相对位置, 总之是 UAS 的感知与规避系统感知的所有交通信息。

严格来说, 在 UAS 中不存在 "驾驶室", 因为飞行器上飞行控制的位置就是飞行机组实施飞行控制的地方。然而, 在 UAS 地面控制站当然能够找到类似的显示, 而且与 CDTI 的原理相同。文件 RCTA DO-243[43] 包含 CDTI 实现的指导材料和所提供的一些基本特征与能力 (例如, 周边飞行器识别格式、接近速率、地速信息、地面跟踪指示器、目标选择、交通警告等)。即使该标准是指有人飞行器驾驶室的, 它也能很方便地应用于 UAS 地面站, 因为其核心是向飞行机组提供显示。另一方面, 文献 [44] 说明了基于使用 CDTI 界面的 ASAS 的某些应用, 部分可直接应用于 UAS, 而其他的则需或多或少地修改 (例如, 以提高正在执行视觉自隔离操作的飞行机组时, 环境感知为目的的所有应用)。RTCA MASPS Do-289[45] 给出了关于 ASAS 应用的一些高级定义和说明, 而文献 [46] 主要说明了 ADS–B 的特殊应用。另一方面, 文献 [47] 给出了 TIS–B 信息的标准化, 文献 [48] 给出了地形、障碍物和机场数据的交换标准。

正如在文献 [11] 中已经观察到的, 所有前文提及的标准和讨论, 总体上足以运用于大多数 UAS 应用, 这些文件无疑是 UAS 规程和标准的良好开端。然而, 对于 UAS 仍然需要逐一详尽描述, 尤其是当处理诸如信号质量、数据延迟、总体可信度和与机组的相互关系等关键问题时。例如, 当前试验性的 UAS 平台仅是说明了向 UAS 机组显示周边交通信息的方法。然而, 还未说明类似于如何向机组公布最优的反应策略、或如何对 ATC 提交可能的操作指导提供支持的关键性问题。所有上述内容仍处于研究之中, 可得到的经验很少或者说根本没有。

4.5 结论

在常规航空中, 发现和规避是飞行机组探测其他威胁物或地形, 采取最后措施完成规避操作以避免丧失隔离和碰撞的能力。事实上, 所有现行的航空规程都假定在任何时刻飞行器上都有操控飞行器的飞行员。UAS 试图通过将飞行员撤出飞行器而超越该限制, 其实飞行员是以某种方式存在于环路中的。等效的感知与规避是 UAS 在民用和非隔离空域完成正常操作的最主要困扰之一。然而, 目前之所以还没有关于感知与规避的管理, 是因为这项功能是 UAS 的特有功能, 目前在非隔离空域中还未完全规定其操作。尽管如此, 近些年来军用部门对 UAS 技术表现出极大的兴趣, 与此同时, 这类技术似乎促进了 UAS 的应用程度, 这也促使相关管理团体启动针对 UAS 的管理进程。但是, 该进程是非常复杂的, 因为需要将利益可能彼此冲突的各方达成相互协调; 例如, 私人航空机构宁愿用最低限度可能要求的航空电子设备进行飞行, 来抗拒具备高技术含量和自动化航空电子设备的 UAS 操作, 公司企业则主张使用 UAS 系统对抗常规实际使用的 ATC 系统来提供航空服务等。

本章回顾了现有规程和已经给定的关于感知与规避的种种限制。确定了决定未来感知与规避要求的最主要因素: 空域类别、高度和能见度条件、UA 通信中继类型和 UAS 自动化水平。经过分析, 得出了一些关于感知能力的、看似矛盾而实际却可能正确的重要观点: 由于大型 UA 通常的飞行高度、空域类别和能见度条件, 一般要求其能够探测为数不多的几类飞行器。这是一个不言而喻的事实, 即大型飞行平台通常在高空执行任务, 在此高度上地形及动物群都无关紧要, 而且其他飞行器是完全合作式的并为 ATC 所知。另一方面, 极小型的 UAS 和非合作式飞行器、动物群及地面障碍物必定会逐步成为极具挑战性环境的构成要素。然而, 对于人类来说, 某些碰撞或许不能成为真正的威胁, 因为这些飞行平台的重量和动能真是太小了。因此, 在某些操作情形中 (例如, 在视距范围内和远离人口居住区), 致命性的风险将会远远低于所要求的安全等级。那么, 由于 UAS 型谱在尺寸、机身设计、能力和任务特性上覆盖了各种各样的 UA, 这些 UA 的感知与规避系统的特定要求与所有这些可变的因素必将会是紧密相关的。

此外, 感知与规避系统的某些问题依然存在。例如, 除最小规避距离/边界和替代飞行员功能的有效冲突解决算法外, 还需要确定最小探测距离/时间下感知与规避系统的最低要求和飞行器隔离边界。这种情况的主要原因在于 "适当间隙" 这一专用术语的非特异性, "适当间隙" 确定了当前的有人航空规程的基础, 虽然允许飞行员对其操作进行主观评价, 但是这对设计一个满足感知与规避要求的工程上的解决方法却不是正确的。此外, 碰撞规避必须被看作是防止即将发生碰撞的最终可采取手段的能力, 因而隔离功能也是必需的。再有, 最小隔离值不总是客观的, 这也是使用当前的规程对其进行量化的难点所在。另一方面, 当考虑 UAS 时, 应弄清楚感知与规避系统中的合作能力, 因为不是所有空域的用户都 (或将会)

配备有询问机、基于系统或 ACAS 的 ADS—B。而且，对于某些 UAS 而言，当前的 ACAS 实现甚至将是无效的，因为他们认为凭借运输类飞行器的典型特性就可以完成规避机动。

　　显然，对于未来 UAS 在民用非隔离空域操作来说，感知与规避功能将是极其必要的，感知与规避系统是最为重要的系统之一，因为感知与规避故障将会代表极其危急的飞行状况。然而，因为飞行平台、系统和任务的极大可变性，所以对所有的 UAS 来说，感知与规避的要求是不尽相同的。文献 [49] 指出，UAS 融入民用空域不应给当前空域的用户带来任何负担是完全正确的，相对于其他当前空域的用户来说，UAS 不应对人员或财产带来更大的风险也是千真万确的，因此，期望要求和规程能够适应于这一富有前途的特征与特性，从而揭开航空历史新的篇章。

致谢

　　该研究得到了西班牙科学与教育部 CICYT TIN 2010—18989 项目的部分资助，并得到了欧洲航空安全组织 (EUROCONTROL) CARE INO Ⅲ 计划的联合资助。该工作的内容不一定代表欧洲航空安全组织关于此项研究的观点。

参考文献

[1] ASTM International, 'Standard Specification for Design and Performance of an Airborne Sense-and-Avoid System', American Society of Testing&Materials, Document F2411-07, February 2007.

[2] Dalamagkidis, K., Valavanis, K.P., Piegl, L.A., and Tzafestas, S.G. (eds), On Integrating Unmanned Aircraft Systems into the National Airspace System: Issues, Challenges, Operational Restrictions, Certification and Recommendations, Vol. 26 of International Series on Intelligent Systems, Control, and Automation: Science and Engineering, Springer-Verlag, Berlin, 2009.

[3] ICAO, Annex 10 to the convention on international civil aviation-Aeronautical Telecommunications. Volume IV-Surveillance radar-and collision avoidance systems, 2nd edn, International Civil Aviation Organisation, Montreal (Canada), 1998.

[4] ICAO, Annex 2 to the convention on international civil aviation- Rules of the air, 9th edn, International Civil Aviation Organisation, Montreal (Canada),

1990.

[5] ICAO, Annex 11 to the convention on international civil aviation-Air traffic services, 13th edn, International Civil Aviation Organisation, Montreal (Canada), 2001.

[6] Eurocontrol, 'Implementation of the Airspace Strategy Task Force A (IAS-TFA)', available at http://www.eurocontrol.int/airspace/public/standard_page/17111_IASTFA.html (last checked January 2011).

[7] UK Civil Aviation Authority (CAA), CAP 722 Unmanned Aircraft System Operations in UK Airspace-Guidance, 2010.

[8] Weibel, R.E. and Hansman, R.J., 'Safety Considerations for Operation of Unmanned Aerial Vehicles in the National Airspace System', Technical report, MIT International Center for Air Transportation, March 2005.

[9] RTCA, 'Operational Services and Environmental Definition (OSED) for Unmanned Aircraft Systems (UAS)', Radio Technical Commission for Aeronautics, Document Do-320, Washington, DC, June 2010.

[10] NASA, 'Potential use of unmanned aircraft systems (UAS) for NASA science missions', National Aeronautics & Space Administration, 2006.

[11] RTCA, 'Guidance material and considerations for unmanned aircraft systems', Radio Technical Commission for Aeronautics, Document Do-304, Washington, DC, March 2007.

[12] UAVNET, 'European civil unmanned air vehicle roadmap, volumes 1 and 2', available at http://www.uavnet.com, 2005.

[13] FAA, 'Sense and Avoid (SAA) for Unmanned Aircraft Systems (UAS)', Federal Aviation Administration sponsored Sense and Avoid Workshop, Final report, October 2009.

[14] Weaver, R.A. and Kelly, T.P., 'The goal structuring notation - a safety argument notation', Dependable Systems and Networks, Proceedings of Workshop on Assurance Cases, July 2004.

[15] Hayhurst, K.J., Maddalon, J.M., Miner, P.S., Szatkowski, G.N., Ulrey, M.L., DeWaltCary, M.P., and Spitzer, R., 'Preliminary considerations for classifying hazards of unmanned aircraft systems', February 2007.

[16] FAA, 'Interim Operational Approval Guidance, 08-01: Unmanned Aircraft Systems Operations in the U.S. National Airspace System', Federal Aviation Administration, Aviation Safety Unmanned Aircraft Program Office, AIR-160, March 2008.

[17] European Parliament, 'Regulation (EC) No. 216/2008 of the European Parliament and the Council of 20 February 2008 on common rules in the field

of civil aviation and establishing a European Aviation Safety Agency and re-
pealing Council Directive 91/670/EEC, Regulation (EC) No. 1592/2002 and
Directive 2004/36/EC', Official Journal of the European Union, February 19,
2008.

[18] EASA, 'Policy Statement Airworthiness Certification of Unmanned Aircraft
Systems (UAS)', European Aviation Safety Agency, August 2009.

[19] EASA, 'Acceptable means of compliance and guidance material to Part 21 ',
decision no. 2003/1/RM, October 2003.

[20] Transport Canada Civil Aviation, 'Unmanned Air Vehicle (UAV) Working
Group Final Report', September 2007, available at: http://www.tc.gc.ca/
eng/civilaviation/standards/general-recaviuavworkinggroup-2266.htm.

[21] Transport Canada Civil Aviation, 6Unmanned Air Vehicle (UAV) Systems
Program Design Working Group', March 2010, available at: http://www.h-
a-c.ca/UAV_Terms_of_ Reference_2010.pdf.

[22] Carr, G., 'Unmanned aircraft CASA regulations', Civil Aviation Safety Au-
thority (CASA), Australia, on-line presentation available at: http://www.
uatar.com/workinggroups.html.

[23] CASA, 'Unmanned aircraft and rockets. Unmanned aerial vehicle (UAV) op-
erations, design specification, maintenance and training of human resources',
Civil Aviation Safety Authority, Advisory Circular 101-01(0), Australia, July
2002.

[24] Eurocontrol, Unmanned Aircraft Systems–ATM Collision Avoidance Require-
ments, Edition l.3, May 2010.

[25] Wilson, M., 'A mobile aircraft tracking system in support of unmanned air
vehicle operations', Proceedings of the 27th Congress of the International
Council of the Aeronautical Sciences, ICAS, Nice, France, September 2010.

[26] Wolfe, R., 'NASA ERAST non-cooperative DSA flight test', Proceedings of
the AUVSI Unmanned Unlimited' Technical Conference, Workshop and Ex-
hibit, Chicago, IL, September 2004, Paper AIAA 2004-6420.

[27] Schaeffer, R.J., 'A standards-based approach to sense-and-avoid technology',
AIAA 3rd 'Unmanned Unlimited' Technical Conference, Workshop and Ex-
hibit, Chicago, IL, September 2004, Paper IAA 2004-6420.

[28] FAA Order 8700.1, Change 3, Chapter 169, §5A.

[29] Eurocontrol, 'Eurocontrol specifications for the use of military unmanned
aerial vehicles as operational air traffic outside segregated airspace', Docu-
ment SPEC-0102, July 2007.

[30] ICAO, 'Annex 6 to the Convention on International Civil Aviation – Op-

eration of Aircraft, Part I – International Commercial Air Transport – Aeroplanes', 8th edn, International Civil Aviation Organisation, Montreal, Canada, 2001.

[31] CAO, 'Procedures for Air Navigation Services. Aircraft Operations, Volume I – Flight Procedures', 5th edn, International Civil Aviation Organisation, Montreal, Canada, 2006, Document 8168.

[32] ICAO, 'Procedures for Air Navigation Services. Air Traffic Management', 14th edn, International Civil Aviation Organisation, Montreal, Canada, 2001, Document 4444.

[33] RTCA, 'MOPS for traffic alert and collision avoidance system in (TCAS II) airborne equipment', Radio Technical Commission for Aeronautics, Washington, DC, December 1997, Document Do-185A.

[34] Eurocontrol, 'Review of ASAS applications studied in Europe', Technical Report, CARE/ASAS action, CARE/ASAS activity 4, February 2002, available at: http://www.eurocontrol.int/careasas/gajlery/contenUpublic/docs/act4/care_asas_a4_02-037.pdf.

[35] RTCA, 'Minimum operational characteristics – airport ATC transponder systems', Radio Technical Commission for Aeronautics, Washington, DC, October 2008, Document Do-144A.

[36] RTCA, 'Minimum operational performance standards (MOPS) for air traffic control radar beacon system/mode select (ATCRBS/mode S) airborne equipment', Radio Technical Commission for Aeronautics, Washington, DC, February 2008, Document Do-181D.

[37] RTCA, 'MOPS for 1090 MHz extended squitter automatic dependent surveillance – broadcast (ADS-B) and traffic information services – broadcast (TIS-B)', Radio Technical Commission for Aeronautics, Washington, DC, February 2009, Document Do-260B.

[38] RTCA, 6MOPS for universal access transceiver (UAT) automatic dependent surveillance – broadcast (ADS-B)', Radio Technical Commission for Aeronautics, Washington, DC, February 2009, Document Do-282B.

[39] RTCA, 'Minimum aviation system performance standards for (MASPS) for automatic dependent surveillance broadcast (ADS-B)', Radio Technical Commission for Aeronautics, Washington, DC, June 2002, Document Do-242A.

[40] RTCA, 'MOPS for an active traffic alert and collision avoidance system I (Active TCAS I', Radio Technical Commission for Aeronautics, Washington, DC, December 1994, Document Do-197A.

[41] FAA, 'Technical Standard Order (TSO) C147, Traffic advisory system (TAS)

airborne equipment', Federal Aviation Administration, Department of Transportation, Aircraft Certification Service, Washington, DC, April 1998.

[42] SAE, Guidelines for Development of Civil Aircraft and Systems, Society of Automotive Engineers, Standard ARP4754-A, December 2010.

[43] RTCA, 'Guidance for initial implementation of cockpit display of traffic information', Radio Technical Commission for Aeronautics, Washington, DC, February 1998, Document Do-243.

[44] RTCA, 'Applications descriptions for initial cockpit display of traffic information (CDTI) applications' , Radio Technical Commission for Aeronautics, Washington, DC, September 2000, Document Do-259.

[45] RTCA, 'Minimum aviation system performance standards (MASPS) for aircraft surveillance applications (ASA)', Radio Technical Commission for Aeronautics, Washington, DC, September 2003, Document Do-289.

[46] RTCA, 'Development and implementation planning guide for automatic dependent surveillance broadcast (ADS-B) applications', Radio Technical Commission for Aeronautics, Washington, DC, June 1999, Document Do-249.

[47] RTCA, 'Minimum aviation system performance standards (MASPS) for traffic information service –broadcast (TIS-B)', Radio Technical Commission for Aeronautics, Washington, DC, October 2007, Document Do-286B.

[48] RTCA, 'Interchange standards for terrain, obstacle, and aerodrome mapping', Radio Technical Commission for Aeronautics, Washington, DC, February 2009, Document Do-291A.

[49] Gonzalez, L.-F., Australian Research Centre of Aerospace Automation. Unmanned Aircraft Systems, the Global Perspective 2009/2008, 2007, pp. 17-18.

第5章

无人机中的人为因素

Marie Cahillanel, Chris Baber[2] and Caroline Morinl[1]

[1]Cranfield University, Shrivenham, UK

[2]University of Birmingham, Birmingham, UK

5.1 引言

　　基于综合军事领域中现有的研究证据, 在此, 我们对有人与无人交通工具交互中的一些人为因素进行研究。人为因素涉及到的问题包括: 在控制中应用多种方式显示器的可能性、无人车辆的监督控制和 UV 自动化的实现。尽管无人空中飞行器是本书的重点, 本章回顾也包括无人地面车辆监视控制的研究证据, 因为这些结果与 UAV 的控制有关。本章的目标是强调在支持策略的有效性、人与 UV 的交互技术和性能方面, 人类操作员的调解能力到底如何。

　　允许操作员遥控复杂的系统具有大量的好处, 特别是在 UV 操作员的安全和 UV 的任务有效性方面。对于 UA 来说, 远程交互不仅是技术特征的定义, 而且还是操作的决定性方面。在军事环境中, UAV 可提供 "用眼看" 的能力, 来提高指挥员在可能是危险的或是不确定的环境中的环境感知。例如, 在某个 "草草搜寻的" 活动中, 指挥员在提交关于该活动更多的对策之前, 或许希望使用 UAV 来提供 "山那边的" 地形概况[1]。另外, 图像处理和数据通信能力的发展, 可使 UAV 利用一系列传感器来扩大操作员对复杂场景下的环境观察视野。因此, 扩大不仅仅是有助于人类活动的问题, 而是可能牵扯到提供一套增强多种能力的手段问题 (例如, 提供使用热成像来显示隐藏的战斗员)。

　　在提高 UAV 成像和感知能力的同时, 还要提高 UAV 的自治性[2]。例如, UAV 可在少到几乎没有直接干预下飞行; 或多或少由操作员定义航路点, 其中的航路点是在飞行器自身路径上要到达的点。这可使操作员自由地撤离驾驶飞行器, 而将注意力集中在有效载荷的控制与分析上, 有效载荷就是指机载传感器。虽然提高了 UAV 自治飞行的能力, 环内飞行员的操作很可能仍然是非常重要的。关于为什么在控制环路中可能需要有人, 特别是对于军用 UAV 来说, 是有一些原因的。第一个原因就是 UAV 具有采取进攻行动的义务和责任; 通过人类操作员来制定所有的攻击目标的决策, 依然是极其重要的。为什么在控制环路中可能需要有人的第二个原因, 关系到可能目标形象化描述的解释 (需要决定是否变更路径从而利用 "机会的" 目标); 与优良的图像处理能力一样, UAV 也许在处理模糊不清的任务或任务计划改变时需要帮助。第三个原因关系到 UAV 操作的立即改变, 这种改变不是出自故障的原因就是出自敌方干扰的原因。这些原因意味着干预等级, 其范围从最高等级的目标和责任到低等级的操作和监视。这一简短讨论的显然结果是 "控制环路" 完好地延伸到了驾驶 UAV Schulte 之外的范畴等。文献 [3] 给出的观点主张, 有必要将涉及从传统观点上的监督控制 (人类操作员监视和管理自治系统的行为) 转移到感知和合作自动化的开发 (自治系统与人类操作员一起工作, 共享环境感知 (SA)、目标和计划)。有一篇评论报道说, 随着技术的发展, 人所承担的任务也随之改变, 也就是说人的任务从侧重于体力转移到侧重于认知[4]。图 5.1 说明了这种从体力到认知的人类活动的转变情况。

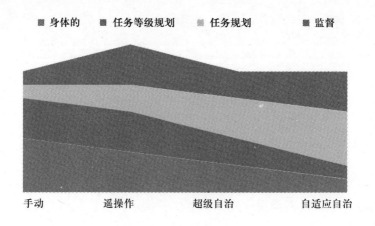

图 5.1　人类活动的相对贡献与渐增的自动操作水平的对比

这种人类活动的转变引起这样一个问题, 即人类操作员在 UAV 操作中的职责应该有那些内容。Alexander 等人确定了七项人在 UAV 操作中的主要职责[5] (尽管他们认为, 会有远远更多的可能职责, 这是完全有可能的)。这些职责关系到之前的讨论，即保留环内人员与 UAV 之间相互作用的需要，具体是：

(1) 如果操作变得危险时提供干预能力，也就是安全功能。

(2) 完成那些还不能自动完成的任务。

(3) 为系统提供 "基本智能"。

(4) 提供 UAV 系统与其他系统之间的联络。

(5) 在人与 UAV 合作关系中充当伙伴或相当于伙伴的角色。

(6) 修理和保养 UAV。

(7) 恢复和拯救损坏的 UAV。

值得一提的是，这些职责通常 (但不总是) 分配给不同的 UAV 机组成员，这些成员可能需要不同的技能要求。此外，特别是最后一个职责引发了一些关于人为因素的有趣问题，因为它将在遥远地方操作的人搬移到 UAV 正在操作的危险区域。例如，Johnson 描述了一名英军军官在试图挽救一架被击落的 UAV 时身亡的事件[6]。

随着自治水平的提高，人工操作员在直接控制上的职责当然变得更少，但在监督和管理上变得更多。换句话说，人工操作员可能会撤离出直接 "控制环路"，而被赋予监督任务或不能自动执行的繁杂的收集任务。之前已经讨论了环内人员的问题，但是没有考虑明确地将操作员撤走的设计后果，它可能导致所谓 "具有讽刺意味的" 自动化[7] 的这样一种局面。这就提出两个问题。第一，人在监视方面并不具有优势，特别是如果涉及到对低概率发生事件监视的话[8]。正如本章后续所要讨论的，如果显示给操作员的信息难以进行事件探测的话，这种性能将变得更为糟糕。第二，常常把自动化系统中的人的职责作为最后的防线，也就是说当系统故障时才进行人为干预，或当系统不能自行执行任务时人才接管控制。如果用户界面不能简单地支持这种行为，那么人类操作员不是不能确认需要干预，就是做出错误的干预；如果人已经撤离出控制环路、但仍未接收到足够的系统状态信息，那么就难以正确地确定系统状态，以便适当地进行干预。国防科学研究委员会的报告认为[9]，17% 的 UAV 事故是由于人为错误，而且大多数事故发生在起飞或着陆阶段。为了降低此类 "人为错误"，某些大型 UAV，比如 "全球鹰"，使用了自动起飞和着陆系统。然而，围绕该主题进行讨论的专家们认为，中型 UAV (比如英军的 "沙漠鹰") 在着陆时失事也是常有的事。对这些事故的一种解释是，在这些 UAV 上的摄像机的外形结构可以支持主要的侦察任务，但是由于摄像机的装载可支持飞行期间对地面的观察，而不便于支持 UAV 有效着陆所需的前视功能。通过补加额外的摄像机, 这种情况可以得到补救, 但显然增加了有效载荷的重量和管理额外视频信号流的需要。另一个补救方法是提高这些 UAV 自行起飞和着陆的自治性, 但这对本应可支付小型和相对廉价的交通工具的成本来说, 会带来隐含成本。这也提出了操作员如何远距离或遥控 UAV 的问题。

5.2　UAV 的遥控

Wickens 认为有三类自动操作[10]。就人类操作员的职责来说, 每一类自动操作都具有不同的内涵。

(1) 代替。第一类自动操作包含有关于因为固有局限性而人不能执行的操作, 固有局限性是就身体能力或认知能力任何一个而言的。这类自动操作的一个实例涉及对高速导弹或现代战斗机控制的遥控操作, 操作员控制中的时间延迟可引起系统的飞行动态特性不稳定。因此, 为了保持稳定性和一致性, 某些遥控操作系统需要自动操作, 人工干预会引发不稳定性和不一致性。

(2) 添加。第二类自动操作包含有关于执行功能的系统, 这些功能是对人操作的要求或是对人操作的干扰。换句话说, 这些功能的性能可能引起工作强度的过度增加或主要任务的中断。这类自动操作的一个实例是接地警告系统 (GPWS), 当综合测量表明不容许空中交通工具接近地面时, 该系统提供听觉警告[11]。在该实例中, 自动操作持续地监视特定的变量, 并且当参数值超过确定的阈值时就向操作员提供警报。

(3) 扩大。第三个自动操作实例可以看作是一种扩大式技术。换句话说, 自动操作通常是对人类行动的补充和支持, 特别是在人容易出错或受到限制的地方。这种情况的一个实例是使用自动操作减少杂乱的显示, 例如, 基于不同信源数据的智能融合, 对雷达屏幕上的轨迹进行融合。这能证明遥控操作是极为有益的, 特别是当跟踪和管理几个 UV 时。然而, 这可导致一些问题, 例如数据融合会降低系统透明度, 也会使操作员脱离控制环路[12]。

在回顾建造于 20 世纪 40 年代中期至 20 世纪 80 年代中期的人机系统中, Sheridan 提出了四种趋势[13]。第一种趋势是人类操作员不是以 "向上" (超级的) 的方式就是以 "离开" (远距) 的方式脱离受控系统的直接操作。这就意味着控制方式的重大改变, 操作员可以在系统上进行控制方式的训练。这些改变最显著的结果是直接降低了体力负担和与系统的局部联系。这提出了人与系统之间以哪一个为核心的约定问题。与遥控系统的约定问题提出了特殊的人为因素问题,该问题是关于系统操作和人类操作员可收到反馈信息的反馈类型的。这反过来导致了关于控制环路设计和操作员在控制环路中位置的问题。例如,遥控系统能够完全自治飞行,而让操作员完成监视性能的任务。完全自治系统的概念引进了 Sheridan 的超级操作的概念,在该操作中操作员实际上是 UAV 的一名在线报告长官,即在没有指定完成方法的情况下要求完成某个特定目标的管理者。

Sheridan 确定的第二种趋势是保持系统具有多重决策制定者的需要,每一个决策制定者都对要解决的问题和正在执行任务的环境做出部分考虑。这就提出了团队合作和协同工作的问题。因此,需要考虑遥控操作在广泛军事系统中的职责,特别是在通信方面[14]。从这里入手,还应考虑在更大系统中 UAV 的职责,例如,如果 UAV 是用于收集情报的话,如何把情报信息从操作员传递到有关的指挥员呢? 这或许要求不仅应考虑操作/监控 UAV 的工作站,还应考虑收集信息和将信息传递到系统中其他各方的方法。

一个不同的观点是,如果操作员职责降低到监督和检验的话 (可能导致系统动态特性评价失败),随着操作员技能或信息的降低,操作问题就会更为恶化。该观点认为,虽然在遥控操作系统遍及四周的情况下,考虑可能的社会技术系统设计问题或许是为时过早,但是做某些考虑可能还是有好处的。然而在此应注意的一点是,功能分配常常做出共同分担工作负担的假设。Dekker 和 Wright 形成了重要的观点,即任务分配不仅可改变工作负担标准,而且任务完全共享也将极大地改变完成工作的质量[15] (由机器和人共同完成)。在回顾 "自适应辅助" 系统中,Andes 主张应予以关注的特殊的人为因素问题包括: 将当前辅助模式传递给操作员的需要,操作员偏爱使用辅助功能 (已为上述回顾的研究所证明),增加或撤除辅助情况下的人的操作效果[16]。

Sheridan 确定的第三种趋势涉及操作员技能从直接的 (可观察到的) 身体控制到间接的 (不可观察到的) 认知活动的转换,这种转换常常关系到系统状态的监督和预测。在某种程度上,这关系到以上所提到的约定问题。然而,这也关系到操作员的心理模式问题和系统自身的信息提供问题。

本章已注意到在人类操作员与 UAV 之间从身体上到认知上相互作用的转换,这导致了趋向监督控制的发展。Ruff 等人对两种类型的 UAV 的监督控制进行了比较,即同意管理 (操作员必须在系统执行前证实自动操作决策) 和反对管理 (除非被人类操作员阻止,否则系统始终执行) 的比较[17]。虽然同意管理趋向产生试验任务的超级性能, 但它也趋向 (不足为奇的) 产生更大程度的工作负担, 特别是当受控 UAV 的数量由 1 架增加到 4 架时。在随后的研究中, Ruff 等人发现同意管理的效果不显著[18]。的确, 后期研究表明参加者都不情愿使用任何一种形式的自动操作决策支持。

5.3 多个无人飞行器的控制

在对操作员性能的分析中, Cummings 和 Guerlain 说明操作员有效地监控多达 16 枚导弹飞行是可能的, 若导弹数量再多会导致观察能力下降[19]。他们将此与空中交通控制员对限定 17 架飞行器的管理进行了比较。在建模研究中, Miller 建议对限定 13 架的 UAV 进行监视[20]。然而应当注意的是, 监控空域中飞行器的运动只是 UAV 操作员分派任务的一部分。当控制任务数量增加或要求监控多个信息源时, 很可能 UAV 的数量将会极少。的确, Galster 等人说明操作员可以相当好地管理 4 架、6 架和 8 架 UAV, 除非也增加监控目标的数量[21]。Taylor 认为每个操作员监控 4 架 UAV 是未来系统的典型设计目标[22]。Cummings 等人对不同自动操作等级的 UAV 进行了超出一般的评论, 并且认为: 当操作员主要执行控制和制定决策的任务时, 研究结果集中在 4～5 架飞行器[23] (但当 UAV 具有更高的自治性时, 飞行器的数量则是 8～12 架)。操作员性能模式表明, 控制 1 架 UAV 要优于 2 架、3 架和 4 架 (结果是相似的性能), 当控制 5 架或更多的 UAV 时, 工作性能随之下降。Liu 等人研究发现, 当操作员控制 4 架 UAV 时, 与控制 1 架或 2 架 UAV 相比, 执行次要任务 (对发出的警告或状态指示器的响应) 的性能受到严重损害[24]。因此, 研究清楚地证明, 当决定一名操作员可有效地控制自治飞行器的数量时, 需要考虑应用于无人飞行器的自动操作水平, 并且所达成的共识是操作员难以监控超过 4 架的 UAV。

5.4 任务转换

人类操作员同时管理和控制多个 UAV 将导致长时间的注意力分配, 这需要操作员进行 UAV 之间的注意力转换和控制。必须增加的次要任务, 比如操作员与其他组成员通信, 使这种情形变得更为复杂。在多个任务环境中转换注意力的结果是, 操作员面临着这样一种困难, 就是要将他们的注意力重新集中到即将到来的主要任务上来, 比如在危急关头要以适时的方式控制无人飞行器, 并且还得抽得出适当的时间进行目标的识别、探测和响应[25]。无论单独一人能够立刻有效地管理两个还是更多任务, 这始终是众多基本心理研究的主题。双重任务干预的基本研究突出了双重任务背景下的操作员面临的困难, 尽管普遍存在的错误想法认为他们可以同时执行任务。研究发现的真实情况是, 较军事背景中复杂的动态状况 (例如文献 [26,27]) 而言, 任务都是相对简单的。实验室研究任务转换的结果强调, 在操作员将注意力转换到不同的任务之后, 他们的响应会变得更慢而且也更容易发生错误 (例如文献 [28] — 文献 [30])。

Squire 等人研究了所采用的界面 (操作员可获得的选项) 类型的影响, RoboFlag 仿真策略中任务转换和策略转换 (主动的或被动的) 的响应时间[31]。当操作员不得不转换任务时, 发现响应时间减慢了大约几秒钟, 尤其是当涉及自动操作时。类似地, 证实了进攻和防守策略之间的转换会使响应时间减慢几秒钟。因此当操作员管理多个 UV 的不同策略之间的转换时, 也可以发现任务转换的影响。然而, 当操作员使用灵活的表征界面时, 该界面允许操作员对一系列固定的自动化行动或可选择的航路点到航路点的运动进行选择, 必须进行任务或策略转换时的响应时间实际上还减少了。这一优势归因于操作员的认知情况, 在操作员认知环节上自动操作是比较薄弱的, 因此应以不同的方式对无人飞行器进行任务分配, 从而拒绝对自动操作的需求。

Chadwick 考证了要求同时管理 1 个、2 个或 4 个半自动化 UGV 时的操作员的性能[32]。评定他们在监督、处理目标和对提示的决定请求的反应以及发现状态错误的性能。状态错误是指, 当 UGV 正确地操作时却给出了不恰当的工作状态。一个实例是当 UGV 导航系统故障时, 要求操作员重新将 UGV 引导到正确的路径上。UCV 不能识别状态错误也不能对操作员进行提醒, 所以就将识别并对状态错误作出反应的任务向下转交给操作员。要求任务参与者处理的内容包括发觉和更改导航错误以及还要关注目标。当要求操作员发觉状态错误时, 注意力的限制是显而易见的, 当期望控制多个 UGV 时会发现发觉状态错误是非常困难的。当控制 1 个 UGV 时, 可迅速 (10 s 以内) 发觉状态错误, 但是当控制 4 个 UGV 时, 发觉状态错误的时间就慢到了 2min 左右。Chadwick 认为应仔细观察 4 个 UGV 的视频图像, 但是要禁止操作员为了明白将会发生什么事情而长时间地全神关注每一屏图像。

也已发现任务转换对环境感知 (SA) 具有影响。例如, 如果操作员必须将注意力从一个主要任务 (例如 UAV 监督控制) 转换到一个断断续续的次要任务 (例如某个通信任务), 当他们将注意力重新转换到主要任务时, SA 则会降低[33,34]。也有证据表明任务转换可导致盲目的改变, 这是一种感知现象, 指的是发现环境中变化的个体缺陷。这种感知结果反过来又会影响 SA。Parasuraman 等人研究了在监督控制任务中这种现象的影响[35]。这项研究包括操作员监视传回的 UAV 和 UGV 侦察任务环境的视频。要求操作员完成四项任务, 其中目标探测和路径规划是主要任务。改变探测任务和口头通信任务当做次要任务用来评估 SA。后两项任务可以中断前两项 (主要) 任务。UAV 和 UGV 的路径是已经规划好的, 所以如果需要操纵 UAV 绕过某一障碍物的话, 参与者只能对它进行控制。就改变探测任务而言, 要求参与者随时指出事先已发现的目标图标, 这些图标的位置在地图网格上出乎意料地变化。这样的变化一半是发生在参与者将注意力集中到 UAV 监督任务的时候, 而另一半发生在某个瞬变事件期间, 这时 UGV 已经停了下来, 但其状态条在不停地闪现。研究结果证明了参与者发现目标图标位置变化的准确性较低, 特别是对于瞬变事件。Parasuraman 等人的研究结果表明, 大多数盲目改变的实例是发生在错误选择 (某个瞬变事件) 的时候。然而, 在参与者将注意力从监督 UAV 转换到监督 UGV 时, 也能观察到盲目改变。

为紧跟当前军事发展, 必须提高操作效率和精简人员, 已开始研究设计这样的系统, 即由多个操作员控制一个 UAV 转变为一个操作员控制一个 UAV。类似地, 促使一个操作员控制许多在陆地、空中和水下工作的车辆[23]。这将要求 UAV 变得更为自治, 也期望一个操作员处理高级监督控制任务, 诸如监视任务最后期限、在任务事件和问题出现时对其作出反应[36,37]。每个 UV 执行自身的预定计划, 当要求操作员同时处理多架 UV 的关键任务时, 其结果是一名操作员就要经受高强度的工作负担。这种情形可导致处理 "瓶颈"。利用信号表示处理瓶颈发生可能性的自动化智能体的使用表明, 如果有必要的话, 通过为其提供准备行动航线的机会来辅助操作员, 以减轻任何处理瓶颈的影响效果[36]。例如, Cummings 等人实施了决策支持实验, 该实验用来考证智能计划管理支持工具的有效性, 该工具提供不同等级或类型的自动操作决策支持, 并警告操作员可能计划的 4 架 UAV 的冲突[37]。对每架 UAV 最后期限显示的有效性进行考证, 其中每架 UAV 都在内部安装有智能组配显示。组配显示叫做 "星形显示" (StarVis), 显示可能计划的冲突。组配显示是一张几何表格, 将多种多样的变量映射在表格上, 这些单独变量的变化导致表格的变化。例如, 所显示的变量有, 计划问题的类型 (晚到达或追随目标时间冲突)、涉及特定问题类型的目标数量和它们的相对优先权 (低、中、高)。组配显示外形是一个表示理想状态的灰色长方形。当自动操作探测到问题时, 在显示上出现表示一个或多个目标问题的灰色三角形。

组配显示设计成这样一种形式, 即出现的特征 (灰色三角形) 确定可能计划冲突, 这些特征影响直接感知或行动。这为操作员提供了这样一种能力, 即使用更有效的感知进程而不采用有认知需要的要求进程的能力, 例如需要记忆的认知需要。这样的配置也允许操作员看一眼就能指示出是否存在计划冲突, 不但能为一个 UAV 而且能为所有的 UAV 做冲突指示。

StarVis 不仅显示当前的计划冲突, 而且也为操作员提供观察可接受的追随目标时间延迟请求效果的机会, 例如, 在它们执行任何行动之前。这有助于决策制定过程。对两种不同的组配显示实现进行了考证, 即局部 StarVis 和全局 StarVis。在局部 StarVis 版本中, 每个 UAV 最后期限只显示问题和追随目标时间延迟请求如何影响那个特定的 UAV 计划。相反地, 全局 StarVis 只显示单一 UAV 的追随目标时间延迟请求如何影响所有的 UAV 的。Cummings 等人研究发现, 相对于提供有全局 StarVis 版本、但没有可视化支持的操作员而言, 提供有辅助决策支持的局部 StarVis 版本的操作员具有更好的执行能力[37]。此外, 当所有 4 架 UAV 的未来问题在全局背景中出现时, 操作员的性能下降到相当于没有提供决策支持时的性能水平。全局显示不能有助于操作员性能的这一事实, 可以参照这样一个事实来解释, 也就是全局显示提供的信息在决策制定过程中不是必不可少的。另外, 操作员必须察看所有的 UAV 显示以发现决策的结果。局部 StarVis 为操作员考虑有效决策制定提供了 "恰好足够的" 信息, 这是一个在时序要求严格的指挥和控制环境中非常有效的特性。Cummings 等人认为这些研究成果强调了围绕自动操作决策支持工具设计的困难, 特别是关于信息如何被映射到显示上和如何在显示上表示[37]。

研究指出了 UA 系统的设计方法, 按照此方法设计 UA 系统是为了证实操作员在多个 UV 高级监督控制任务上的性能, 从而能有效地完成波及 UV 系统的所有工作。关于显示界面的研究工作表明, 显示界面为操作员提供了决策制定的灵活性, 这些决策是关于如何保持 UA 状态感知或如何向 UA 分配任务以降低任务转换负面影响的[31]。Cummings 等人证明了决策支持工具是如何帮助操作员执行多个 UV 的高级监督控制任务, 从而帮助他们有效地完成工作[37]。此外, 他们建议决策支持显示设计, 不仅在操作员关注和确定问题本质的能力方面, 而且在帮助操作员解决问题方面, 都应起到积极地促进作用。因此, 任何所采用的决策支持工具必须提供关于出现的关键事件有用的解决方法, 而非只是对要求关注的可能关键事件进行形象化的显示。

5.5 与无人飞行器多种方式的交互作用

现已有一些 UAV 控制和监督中多种方式显示的可能应用研究 (正如以下评论说明的一样), 但迄今为止, 有效载荷多种方式控制的可能应用研究较为鲜见。在这类系统中, 视觉和听觉是典型的反馈, 尽管人们对使用触觉反馈表现出了浓厚的兴趣。多种方式显示似乎既可降低 UAV 操作员的工作强度, 又可为 UAV 操作员提供多种信息流的使用权[38-41]。某些信息的听觉显示可与正在进行的视觉任务相结合[42], 当处理多种多样的 UAV 时这些改进是特别重要的, 假如他们不能干预其他的听觉警告的话[43]。然而, 将 UA 的控制与其他任务结合在一起, 可消弱目标探测的性能[38,44] 和降低 SA[45]。Chen 报道了研究情况, 即与没有支持时执行这些任务相比, 半自动目标识别 (AiTR) 极大增强了操作员的能力[46], 该能力是指对同时发生的受动器和交通工具控制的工作情况的管理。

Draper 等人对参与者不得不手动控制 UAV 时的讲话和手动数据输入进行了比较, 发现讲话比手动数据输入对手动控制任务产生的干扰更少[47]。Chen 等人证明, 与交通工具是半自动化的情况相比, 当参与者必须将交通工具的搜索与控制结合在一起时, 目标探测受到了严重的损害[48]。Baber 等人研究了多种方式的人机交互作用的使用, 该交互作用是关于管理自治 (模拟的)UV 的有效载荷和分析多架 UV 显示的组合任务的[49]。当发布目标类别时讲话是首选的方式, 当发布有效载荷命令时手动控制则是更受欢迎的。讲话与 UV 手柄控制相结合会导致更多的次要任务执行。当要求参与者控制 5 架 UV 时, 就要削减次要任务的执行 (本章前面部分曾引用证明结果)。

认为与 UAV 多种方式交互 (信息显示和有效载荷控制) 是一件好事的支持者, 不仅谈到新用户接口平台的可能性, 而且强调了对操作员注意力的要求。在多种方式接口研究中, 一个常见的假定是引入单独形式帮助操作员在不同的任务要求之间分配注意力。事实上, 研究结果表明增加的形式好处在于提供了操作员注意力要求的本质指示。这种要求并非是简单的 "数据限制" (也就是说就显示解决方法或布局而言, 通过修改提供给操作员的数据质量, 就能够得到解决的要求), 而是 "资源限制" (也就是暗指操作员因任务要求可能会耗尽注意力 "资源" 并且变得负担过重)。

5.6 自适应自动操作

将来多架 UV 的监督可能会对人类操作员增加认知要求, 同样地及时的决策制定将需自动操作的支持。将决策辅助引入系统可能会增加制定战术决策的时间。由于与管理多个 UV 有关的大量认知负担, 这些决策辅助将是强制执行的[19]。就以下方面而言, 信息收集与决策支持帮助应采用什么类型的自动化以及应具有什么样的水平 (从低 (完全手动) 到高 (完全自治) 的自动操作), 考虑人与自动操作的相互交互是非常重要的。考虑所要求的自动化类型也是最重要的。在系统操作期间自动化的类型和水平可能是变化的, 这样的系统被称为自适应系统或有适应能力的系统。Parasuraman 等人认为, 如果是必须的话, 决策支持帮助的自动化应设定为中等水平, 而信息收集和分析功能的自动化可设定为较高的水平[50]。然而人类操作员是 UV 系统行动的最终责任人, 因此, 即使高度自动化的 UV 系统也需要一定程度的人工监督。

当在高风险环境中操作时人工控制水平是特别重要的, 比如在涉及致命性系统管理的军事任务中, 由于可能不被自动操作支持的意外事件, 会要求操作员具备很高的能力并实施管控。Parasuraman 等人因此提出了决策支持功能自动化的中等水平, 因为不能保证高度可靠的决策算法, 因此只能创造 "非完美的 (低于 100%) 自动操作"。在 Crocoll 和 Coury 的研究中, 给定参与者一个需要识别和约定的防空目标命中的任务[51]。该任务包含非完美自动操作, 参与者接受的不是关于目标的状态信息, 就是提供关于目标识别建议的决策自动操作。研究发现, 相对于信息自动操作而言, 决策自动操作对执行具有更大的负面影响。Crocoll 和 Coury 认为, 当仅提供关于目标状态的信息时, 参与者利用该信息生成他们自身的决策。这是因为信息自动操作尤其不偏袒任何决策, 信息自动操作为操作员提供原始数据, 操作员进而可以生成选替的选择, 因此减轻了非完美自动操作的作用效果。此外, 非完美决策支持的成本用于各种不同的自动操作等级评估[52]。中等程度自动操作允许人类操作员参与到决策制定过程中, 而且最终行动的决策还是在其自身。再者, 研究发现系统中的自动操作并不总是成功的, 为了自动操作系统的性能而不惜成本地断绝人与系统的交互作用, 已陷于不均衡认知负荷、过度信赖和不信任的困境之中[53]。因此, 适当程度的自动操作分析必须考虑非完美自动操作对人机交互的影响, 比如虚警和错误的信息[50]。

环境感知自适应自动操作表明, 应减轻技能衰退问题, 由将静态 (僵化) 自动操作引入系统所引起的简化 SA 和操作员的过度信赖[54-56]。与在静态自动操作中实施的决策帮助或警告相反, 那些利用自适应自动操作的决策帮助或警告在设计阶段不是一成不变的。在一定程度上, 它们的产生是由操作环境的情形决定的。这种系统的自适应自动操作的产生, 是以操作员性能、操作员的生理状态或危急的任务事件为基础的[57]。

自适应自动操作的可变属性允许它在任务规划期间将策略与所用的规则联系起来。要说明的是, 基于飞行器防空系统中危急事件的自适应自动操作, 仅在特定的策略环境事件发生时才会开始自动操作的。缺少这些危急事件时自动操作是不能开始。据我们所知, 几乎没有在自适应自动操作辅助 UV 的人工管理方面的实验性研究 (例如, 文献 [35]、文献 [58] 和文献 [59])。Parasuraman 等人提出了对必须管理多个 UV 的参与者的自适应支持[35]。这种自适应自动操作支持是以对他们改变探测精确性的实时评估为基础的。Parasuraman 等人对手动操作、静态 (基于模型的) 自动操作和自适应自动操作在任务执行方面的效果进行了比较, 内容包括在两种不同等级通信量的情况下管理多个 UV 时的改变探测、SA 和工作负担[35]。基于在预测阶段人的操作很可能非常差的模型预测, 静态 (基于模型的) 自动操作在任务期间的特定时刻上被调用。与此相反, 自适应自动操作是以绩效为基础的, 并且如果操作员的操作低于明确规定的评判标准等级, 它才会被调用。研究结果表明, 与手动操作相比, 静态和自适应自动操作导致了改变探测精度与 SA 的增加和工作负担的减少。静态和自适应自动操作导致了改变探测精度与 SA 的增加和工作负担的随之减少。参与者在通信任务方面也完成得更好, 可提供更多的自适应自动操作有助于降低工作负担的证据。利用静态自动操作的参与者比利用手动操作的参与者能更准确地响应通信。Parasuraman 等人的研究结果表明, 自适应自动操作导致可获得更多的关注资源。此外, 自适应自动操作的环境感知特性支持了人的操作, 既然如此, 减少参与者改变探测操作意味着减少参与者对正在发生的任务事件的感知。

Parasuraman 等人指出了与自适应自动操作有关的一些问题[50]。首先, 系统不可预测性可能影响操作员操作。其次, 为降低认知负担而设计的系统实际上是增加了认知负担。用户认可是在执行自适应自动操作的系统中引发出的一个问题, 调用自动操作或向操作员提供控制反馈的决策也正是由该系统制定的。认为他们自身具有手动控制技能的操作员可能不情愿遵从系统的权威性。当与适宜的系统相比时, 这些可能的限制突出了自适应自动操作的效能问题, 在适宜的系统中人类操作员决定了在什么时候、在哪一时刻上采用自动操作。然而, 向人类操作员提供制定自动操作决策的能力也会增加工作负担。因此, Miller 和 Parasuraman 认为, 应在增加工作负担和增加不确定性之间做出权衡, 在此是由系统或人类操作员启动自动操作的[60]。

5.7　自动操作和多重任务处理

几项研究调查了不同因素对个体能力的影响, 该能力是指当执行其他主要任务的时候, 同时管理或操作多个无人车辆的能力。Mitchell 利用改进的性能研究集成工具 (IMPRINT) 完成了对 "山峰战斗系统" (MCS) 乘员的工作强度分析[61]。MCS 是下一代坦克, 是 "美军未来战斗系统" (FCS) 的组成部分。FCS 想象由三个士兵 (坦克指挥员、射击员和驾驶员) 操作 MCS, 要求每一个人都能同时操作该 UGV。由于没有专职操作人员操作和控制排属 UGV, 为了考证如何最大发挥 UGV 的使用效能和谁是操作坦克的最佳人选, Mitchell 量身打造了每个乘员的工作强度。射击员被视为是最不能承受超工作负荷的人, 却能有效地操控 UGV 并承担与其操作有关的次要任务。然而, 所要求的 UGV 遥控操作导致了一系列超负荷认知, 表现为同时执行探测目标主要任务变得更为困难。Mitchell 在 "IMPRINT 分析" 中也验证了一些实例, 其中一个实例是为了执行 UGV 的控制任务, 射击员终止执行探测和处理目标的主要任务, 这样做会在军事作战时产生严重的后果。研究证实了这一结果, 即与 UGV 半自动操作时相比, UGV 遥控操作时的目标探测较低[48]。在更多的手动操作 (遥控) 和/或熟练操作 (例如, 通过界面在地图上标注目标) 而非简单地监视显示信息期间,UGV 操作要求更多的注意力。然而, 研究结果表明 UGV 的自动操作水平越高, UGV 操作员的环境感知能力就越强[45]。

自动操作程度和对人员认知能力的考虑, 特别是关于注意力的要求是极其重要的。一般来说, 自动操作程度越低导致工作强度越大, 而自动操作程度越高导致工作强度越小[62]。正如所讨论的, 对自适应系统的研究表明, 中等工作强度可产生最优的人工操作效果。不幸的是, 自动操作不是总能增强系统性能,该性能主要取决于在处理自动操作系统使用中的问题时人类操作员的经验。由于自动操作水平过低而引发的人与自动操作交互问题的实例是: 执行重大任务时的认知负担过重、疲倦和粗心大意,以及人与人之间相互依赖性和决策偏好的增加[63,64]。与之相反,由于自动操作水平过高而产生的人与自动操作交互的问题的实例是: 故障识别与诊断所花费时间的增加和必要时开始人工接管所花费时间的增加、认知和/或人工技能的降低以及 SA 的减退[63]。因此,考虑到将不适当的自动操作水平引入系统的后果,只有当需要引入时才应当使用自动操作。

为了证实 Mitchell 的 "IMPRINT 分析" 的结果[61] 和评估射击员与 UGA 操作员联合工作的 AiTR 效果,进行了仿真实验。Chen 和 Terrence 研究发现,使用 AiTR 信息帮助执行射击任务,极大提升了射击性能[65]。执行这种多个任务的参与者不仅要探测和处理敌方目标,而且还要探测和处理 AiTR 系统没有提示的中立目标。值得注意的是,当要求参与者遥控操作 UGA 时或使用 AiTR 辅助射击任务时,较少的中立目标会被探测到。这就表明某些视觉注意力已从主要的射击任务上进行了转移。Chen 和 Terrence 提出的一个看似真实的解释是,AiTR 提供的提示信息增强了参与者在主要的射击任务和控制 UGV 的次要任务之间的转换能力。在增强任务转换能力的同时,AiTR 辅助作用对中立目标探测具有负面影响。AiTR 除辅助增强了射击 (主要的) 任务执行外,还可观察到 AiTR 辅助改善了参与者同时进行的 (次要的) 任务的执行。研究发现对于 UGV 控制和通信任务也是如此。Chen 和 Terrence 的研究,对可靠的自动操作如何改善自动操作的主要任务和同时发生的次要任务的执行进行了证明。

Chen 和 Joyner 也进行了考证操作员的执行情况和认知负担的仿真实验,实验中的操作员同时执行射击和管控 UGV 的任务[66]。他们发现,相对于仅有以基本控制条件为特征的射击任务的执行情况,当参与者必须同时监视、控制或遥控操作无人化装置时,射击任务的执行情况则会严重下降。此外,射击任务执行情况的下降与 UA 的控制程度是如此的紧密相关,以致在射击员必须同时遥控操作无人化装置时,可以观察到射击任务的执行情况是最为糟糕的。着眼于多项并存操作 UA 的任务执行情况,当参与者必须控制的是半自动操作的 UGV 时,操作 UA 的执行情况是最差的。该研究结果被解释为,它是在复杂高强度多重任务背景下对自动操作依赖性增长的象征,也是对更多的未被自动操作提示的目标探测失败的象征。与 Chen 和 Terrence 的仿真实验对比,在 Chen 和 Joyner 的仿真实验中的半自动操作系统是非完全可靠的系统,因而似乎更能代表 AiTR 系统永远不会是完全可靠系统的真实环境[65]。

研究还考证了不可靠的 AiTR 系统是如何缓解操作员任务执行情况的。在不可靠的 AiTR 系统中有两类警报, 一类是提供虚警的警报 (没有目标时发出目标出现的信号), 一类是提供漏警的警报 (没有向操作员发出目标出现的警报)。研究表明, 高虚警率时参与者关于自动操作主要任务的执行情况是降低了的, 诸如监督系统失败[67]。这说明了高虚警率如何降低了操作员对易于虚警 (FAP) 的 AiTR 系统的依从性, 因而操作员较少地采取基于提供警报的行动。然而, 高漏警率对同时并存的任务执行情况的损害远大于对自动操作主要任务的执行情况的损害, 因为参与者必须将更多的视觉注意力聚集于监控主要任务。结果是对自动操作的依赖性降低了。就是说, 降低自动操作系统正在正常工作的假定条件的话, 当没有发出的警报时就不会采取预防的行动[67,68]。然而, 研究驳斥了这样一些想法, 即FAP 和易于漏警 (MP) 的 AiTR 系统不会对主要任务和同时并存任务的执行情况产生影响, 也不会对人如何使用 AiTR 系统产生影响。相对于 MP系统, 研究发现在 FAP 系统中自动操作任务的执行情况下降得更大[69]。尽管如此, 研究发现 FAP 和 MP 警报对同时并存的机器人任务的执行情况具有等同的负面影响。操作员对 FAP 系统的依从性和依赖性都是中等程度的, 然而发现自动操作产生了高漏警率仅会影响操作员对 AiTR 系统的依赖性[69]。

5.8　个体差异

5.8.1　注意力控制和自动操作

基础研究证明, 多个任务环境中的执行情况与个体差异有着间接的关系, 以致于某些个体不太容易在受到多个任务环境中执行情况的损害。例如, Derryberry 和 Read 实施了一项实验, 该实验的目的是考察与焦虑有关的注意力偏好和在空间定向任务期间, 如何通过注意力的控制来调整注意力偏好[70]。他们证明注意力控制较好的个体能更持续有效地分配他们的注意力资源, 并且在执行空间定向任务中具有更强的抗干扰能力。

Chen 和 Joyner 对如下情形进行了考证, 即相对于那些也必须执行同时发生的、断断续续的通信任务时表现出注意力分配技能较低的操作员, 感知注意力控制 (PAC) 更好的操作员是否能够更好地执行射击和 UGV控制任务[66]。这种同时发生的任务模拟了射击员与其他坦克乘员之间持

续进行的通信。利用 "注意力控制调查问卷" 来衡量 PAC[70], 该问卷由 21
项评估注意力控制的条目组成, 其中的注意力控制, 换句话说, 就是注意
力的集中和转移。Derryberry 和 Read 报告说, 因子分析不仅确定了注意
力控制总体能力的等级衡量方法, 还揭示了与注意力集中和注意力转移有
关的相关的子因子[70]。一个与注意力集中有关的子因子实例, 是文献 [70]
中第 226 页的 "我的注意力集中是如此得好, 哪怕是房间内的音乐环绕着
我"。一个衡量注意力转移的条目的实例, 是文献 [70] 中第 226 页中的 "在
我接听电话的时候读或写, 这对我来说是太容易了"。

Chen 和 Joyner 的研究结果对这样一种观点提供了部分支持, 即注
意力控制能力更高的操作员能够在各项任务之间更好地分配他们的注意
力[66]。与 PAC 较低的操作员相比, PAC 更高的操作员能更有效地执行
同时发生的 (通信) 任务, 特别是当 UGV 控制任务要求更为熟练的操作
和更好的注意力集中时。然而, 就射击和 UGV 控制任务的执行情况而言,
在低 PAC 和高 PAC 的个体之间没有特别明显的不同。Chen 和 Joyner
认为, 操作员将其大部分的注意力资源分配到射击和 UGV 的控制任务上
(对 UGV 遥控操作分配的更多), 只有更高 PAC 的操作员才能更有效地执
行通信任务。在单一射击任务 (基础底线) 和 UGV 监督任务期间, 高 PAC
和低 PAC 的个体执行通信任务的情况是相当的。因此似乎是监视 UGV
回传的视频可使操作员留有足够的视觉注意力资源来执行通信任务。

Chen 和 Terrence 研究了 AiTR 系统中不可靠的自动操作提示对如下
操作的影响结果, 这些操作是射击员执行同时发生的射击 (敌方和中立目
标探测)、UGV 操作 (监视、半自动操作和遥操作) 和通信任务[71]。此外,
Chen 和 Terrence 考证了具有不同注意力控制技能的参与者, 对 FAP 和
MP AiTR 系统做出的反应是否不同。换句话说, 低 PAC 和高 PAC 的参
与者对射击阵地提供的不同自动操作提示的反应是否相同, 其中自动操作
提示的相同与否取决于系统是 FAP 系统还是 MP 系统。Chen 和 Terrence
使用了如下的方法[66], 他们仿真了一个一般的坦克群阵地环境, 包含为射
击任务的目标探测提供方向提示的触觉和视觉警报。目标探测的方向提示
是建立在仿真的 AiTR 功能基础上的。与操作员必须操控半自动操作的
UGV 或遥操作的 UGV 时相比, 当操作员必须监视 UGV 回传的视频时,
能更好地执行射击任务中敌方目标的探测。该结果与 Chen 和 Terrence 的
研究结果相一致, 并且进一步支持了这样一个观点, 即当要求操作员仅监
视 UGV 回传的视频时, 操作员的认知和视觉观察的工作强度较低, 从而
可将更多的认知资源用于射击任务。此外, Chen 和 Terrence 研究了 AiTR

型自动操作系统, 与对敌方目标探测的参与者 PAC 之间的重要相互作用。研究发现高 PAC 的个体不遵从 FAP 警报和不依赖自动操作, 探测的目标比 MP 警报提供的被提示目标还要多。该结果符合这样一种概念, 即操作员对 AiTR 系统的遵从性和依赖性与系统的构念无关, 并且受到虚警和漏警的影响也是不同的 (例如文献 [67])。低 PAC 操作员的执行情况截然不同。在 FAP 条件下, 低 PAC 的操作员表明, 他们对警报的依赖性强, 并且由此可产生良好的目标探测执行结果。相反地, 对于 MP 自动操作, 低 PAC 的操作员对 AiTR 系统依赖性过强, 导致了非常差的目标探测执行结果。随着工作负担变得更重 (例如要求更多的 UGV 的手动熟练操作), 低 PAC 的操作员逐渐变得更加强烈地依赖自动操作, 然而, 在不同的实验条件下, 注意力转换技能强的操作员仍然保持有相对稳定的对系统的依赖程度。

考虑到射击任务期间中立目标 (不被 AiTR 系统所提示) 的探测, Chen 和 Terrence 研究发现, 与必须操控半自动操作的 UGV 时相比, 当射击员必须遥控操作 UGV 时, 他们的探测执行情况变得极为糟糕[71]。该结果与 Chen 和 Joyner 的研究结果是一致的[66], 即当同时发生的 UV 任务要求手动熟练操作时, 操作员会将极少的注意力资源分配到射击任务上。具有低注意力分配技能的操作员, 不依赖位于他们面前的 AiTR 系统也可以相当的程度执行任务。然而, 当 AiTR 系统是 MP 时, 具有更高 PAC 的操作员显示出了更强的目标探测能力, 这就表明因为对 MP 的目标探测提示依赖较少, 高 PAC 的个体会将更多的注意力资源用于射击任务。

对于同时发生的机器人任务, Chen 和 Terrence 所观察到的最高水平的执行情况, 发生在当操作员只是必须监视 UGV 回传视频的时候[71]。在这种情形中所接受的 AiTR 类型对执行情况没有什么影响。至于对射击任务期间敌方和中立目标探测的观察, 当同时发生的机器人任务变得更具挑战性的时候, 可以观察到 MP 提示更大的不利影响结果。在要求遥控操作 UGV 时, MP 提示比 FAP 提示对任务执行会导致更大的负面影响。业已发现在 AiTR 类型和 PAC 类型之间的重要关系。当由 MP 的 AiTR 系统提供警报时, 低 PAC 的个体的执行情况更差; 然而, 所接受的关于射击任务的 FAP 警告改善了低 PAC 的个体对同时发生任务的执行情况。相比之下, 高 PAC 的个体较少地依赖 MP 提示, 因此表明具有更好的执行同时发生任务的能力。高 PAC 的操作员也较少遵从 FAP 提示, 尽管这样做不会改善执行情况。就机器人任务的复杂性来看, 第三等级的通信任务的执行情况也是适度的。Chen 和 Terrence 认为, 遥控操作期间熟练操控 UGV

所要求的信息编码过程要求更多的注意力, 并且更容易受到多个任务情形中相互矛盾的冲突的影响[71]。

多个任务情形中对自动操作的依赖似乎要受到 PAC 的影响。在繁重工作负担的多个任务环境中, 只有注意力转换能力低的操作员似乎依赖 AiTR 系统[67,71]。MP 警报似乎比 FAP 警报对低 PAC 的操作员的执行情况有着更为不利的影响[71], 然而, 关于对高 PAC 的操作员执行自动操作 (射击) 和同时发生任务情况的损害, FAP 提示的损害要比 MP 警告的损害更大[69,71]。低 PAC 的操作员似乎比高 PAC 的操作员更信赖自动操作, 并且发现他们同时执行多个任务更为困难, 这就导致过于信赖可获得的自动操作。然而, 高 PAC 的个体显示出对 MP 自动操作依赖性的降低, 并且似乎对他们执行复杂环境中多个任务的能力具有更大的自信。因此这些研究结果认为, PAC 可以调解自信心和信赖度之间的关系。

5.8.2　空间能力

现有正发展壮大的研究团体探讨在无人系统执行和操作环境中的空间能力 (SpA) 的影响。空间能力可以分成两个组成部分: 空间想象力和空间定向能力 (例如文献 [72] 和文献 [73])。Ekstrom 等人将空间想象力定义为 "操作或将空间形态想象转变成其他安排的能力", 而空间定向能力是 "感知空间形态的能力或保持关于空间物体的定向能力"[72]。先前的研究表明这两个组成部分是截然不同的[74,75]。

研究发现空间能力在军事任务效力[76]、视觉显示领域[77]、虚拟环境导航[78]、学习医疗遥控操作设备的使用[79]、目标搜索任务[48,65,66,71] 和机器人任务执行[80] 中, 是一个极为重要的因素。

Lathan 和 Tracey 研究发现, 高 SpA 的人比低 SpA 的人完成遥控操作任务更加迅捷和更少出错[81]。他们推荐具有更好空间能力的人应被选去操作 UV。Baber 等人说明了空间能力低的人在监督 5 架 UV 的次要任务执行中还显现出了更大的退化; 这或许与对几个 UV 分配注意力的挑战有关[49]。

Chen 等人研究发现 SpA 更高的人要比 SpA 更低的人能更好地执行环境感知任务[48]。Chen 和 Terrence 还发现了在 SpA 和执行同时发生的射击、机器人控制与通信任务时的执行情况之间的重要相互关系, 但是当可借助于辅助目标识别时, SpA 低的参与者执行射击任务情况不亚于 SpA 高的参与者[65]。然而, 用于衡量空间能力与任务执行情况之间相互关系的测试也是非常重要的。例如, Chen 和 Joyner 利用两种不同的测试来测量空间能力[66]: 立体比较测试 (CCT)[82] 和基于 Gugerty 与 Brooks 主要方向测试[83] 的空间定向测试 (SOT)。他们发现 SOT 是一个工作情况的精确预报器, 而 CCT 则不然。一种可能是这两种测试测量了空间能力的两个组成部分, 而且参与者所完成的任务与一个组成部分有关, 而与另外一个组成部分无关 (见文献 [74] 和文献 [84] 关于每一个组成部分测量的测试探讨)。

研究表明空间能力是导航任务执行情况良好的预报器[46]。此外, 业已表明空间能力更高的个体比空间能力更低的人, 能更好地执行目标探测任务[46]。Chen 还研究发现, 与 SpA 更低的参与者相比,SpA 更高的参与者能更好地执行导航任务, 并且这些参与者还报告说, 相比于 SpA 更低的参与者他们的感知负担更轻[85]。类似地,Neumann 也表明了更高的 SpA 与遥控操作任务中感知负担较轻是有关联的[86]。

Chen 和 Terrence 观察到操作员首选的 AiTR 显示类型与他们的空间能力是有关联的, 以致于 SpA 低的个体喜欢视觉提示胜过触觉提示[65,71]。然而, 在有大量视觉处理的环境中触觉显示将会提高工作性能, 并且更加适宜于操作员将视觉注意力分配到所要求的任务上, 而不是全然关注于自动操作的警报。

5.8.3　方向感知

已进行研究的另一个个体差异是方向感知 (SoD)。与所期望的相反,SoD 和空间能力都仅是有限度的, 如果从根本上说都是相互关联的[87]。SoD 自查报告采用调查问卷方式, 被 Kozlowski 和 Bryant 定义为 “人对自我具有的空间定向能力的评估” (文献 [88] 中第 590 页)。Baldwin 和 Reagan 所做的关于航线认知策略的研究, 对 SoD 好的人与 SoD 差的人进行了比较[89]。Takeuchi 采用更加完善的调查问卷进行 SoD 评估[90], 后来 Kato 和 Takeuchi 对该调查问卷进行了更加精细的完善[91]。具体做法如下, 他们以至少高于或低于均值的一个标准偏差来对参与者进行记分, 其中的均值是包括 234 名调查对象在内的大量样本的平均值。这样得到了一组 42 名参与者的样本, 其中 20 名参与者具有良好的 SoD, 22 名参与者具有较差的 SoD。这项实验包括航线认知任务和同时发生的干扰任务 (口头的或空间的)。归为具有良好 SoD 类的个体, 相对于视觉空间干扰, 在口头干扰条件下认知时, 能够以更快的速度沿航线做 Z 形攀登并且较少出错。相反地,归为具有较差 SoD 类的个体, 相对于口头干扰, 在视觉空间干扰条件下被要求认知时, 能够以更快的速度通过航线。这种 SoD 与干扰类型之间的相互作用可以通过这样一个事实来解释, 即好的导航员倾向于更能充分利用通盘考虑策略 (主要方向、欧氏距离和意境地图), 其依赖视觉空间工作存储器, 而较差的导航员倾向于利用以自我为中心的对地标的参照, 其依赖口头工作存储器。当干扰窃入到用于执行导航的同一类型的工作存储器中时, 执行导航的工作情况就下降了, 然而其他干扰对该工作情况的影响则较少。SoD 较好的个体比 SoD 较差的个体认知几个测试中的航线也更多些。最后, 就空间能力来说, Baldwin 和 Reagan 研究发现, SoD 较差的个体相对于 SoD 较好的个体而言, 披露说是感知工作强度更高, 对两个具有不同 SoD 的小组进行心理旋转任务测试, 结果是他们的空间能力没有什么不同[92]。

Chen 还考虑了导航任务中的 SoD, 发现其结果与地图标识成绩是一致的, 即 SoD 更好的参与者执行工作的情况会更好[85]。SoD 也与目标搜索时间成反比关系, 即 SoD 更好的参与者比 SoD 更差的参与者搜索目标所花费的时间会更少。在参与者的 SoD 与照明条件之间也存有关系。在夜晚条件下 SoD 差的参与者搜寻目标比 SoD 良好的参与者花费时间明显得多。然而在白天条件下, 在 SoD 差和 SoD 良好的参与者之间发现没有差异。这些结论与文献[89] 中 Baldwin 和 Reagan 所表明的情形是一致的, 即 SoD 差的参与者依赖于地标和口头工作存储器执行导航任务。由于在夜晚使用地标是极为困难的, 夜晚条件下, 在利用视觉空间和口头工作存储器的参与者之间的差异变得显而易见, 然而在白天, 利用口头工作存储器 (SoD 差) 的参与者想方设法执行任务, 其工作效果与利用视觉空间工作存储器 (SoD 良好) 的参与者执行任务的效果一样得好。

5.8.4 视频游戏经验

当远距离操作 UAV 时, 视频游戏经验可对操作员的执行情况产生影响。De Lisi 和 Cammarano 基于实验室的研究, 考虑了玩视频游戏对空间能力的影响效果[93]。对参与这项研究的参与者实施心理旋转万德伯格测试 (VTMR), 也就是一张纸和一支铅笔的心理旋转评估, 前后两个 30 min 的实验期。在这两个实验期中, 一半参与者玩 Blockout(要求几何图形的心理旋转) 计算机游戏, 同时另一半参与者玩 Solitaire (一种不要求心理旋转的游戏)。有趣的结果是, 在一周时间内 VTMR 测试的平均成绩显著增加,参与者只在两个 30 min 实验期中玩 Blockout 游戏。仅有的两个 30 min 试验期中，玩 Blockout 游戏参与者的 VTMR 平均分明显增加。此外，预备考试成绩与参与者所说的计算机应用程度成正比关系。类似地，Neumann 研究发现，视频游戏经验与探测到的目标数量和遥控操作任务中的碰撞次数具有对应关系，但是却与完成任务的时间毫不相干[86]。

最后，Chen 进行研究发现，在地图标注上，男女之间有着极大的差异，男人比女人完成得更好[85]。在仅考察男人的工作情况时，那些更经常玩视频游戏的人比那些不经常玩的人地图标注得更精确。此外，经常玩视频游戏男性参与者的比例为 61%，而经常玩视频游戏女性参与者的比例仅为20%，这能够表明视频游戏经验的影响效果远远大于纯性别上的影响效果。

5.9　结论

Chen 等人全面回顾了与 UAV 相互作用的众多人为因素的挑战[94]。这些问题包括带宽、帧速率和提供给操作员的视频图像的仿真运动；控制行动和系统响应之间的时间间隔；缺乏操作员控制 UV 的本体感受和触觉反馈；操作员监督 UV 的参考框架和二维视场；在不同显示之间的注意力转换。本章，我们额外研究了与 UV 多种方式交互作用的可能应用，用以支持对不同信息源的注意力分配、管理多个 UAV 对操作员任务转换能力的影响以及空间能力和方向感知的作用。还研究了涉及设计挑战的实证证据，这些设计挑战与关于信息收集和决策制定功能的自动操作的类型与水平有关。本章结束于探讨视频游戏经验对 UAV 未来操作的可能的作用。

由于 UV 的应用范围随其复杂性和自治性的增长而增长，有可能要求操作员执行与 UAV 直接控制相关的较少的任务，但随 UAV 活动而发生的任务却是极其广泛的。也就是说，与其说是直接熟练操控 UAV，倒不如说是操作员将控制有效载荷和对来自 UAV 的数据做出反应 (例如图形解释与分析)。这可能会给操作员带来认知工作量的增长，但操作员体能方面的任务减少了。随着任务数量的增长，特别是当很多任务可能是要利用视觉处理时，那么在任务或 UV 之间调配注意力的能力就变得非常重要。研究表明实现 UV 每一特征的自动化不是最佳决策，特别是当人为因素必须与自动操作相互作用时。在某种程度上，更为有效的策略是设计一个对工作背景、操作员要求和环境要求做出反应的灵活多变的系统。这种灵活多变性是由自适应或适宜的自动操作来提供的, 其中的自动操作可以更多地帮助人类操作员而不是僵化的、静止不变的自动操作。然而,UAS 自动操作的设计者应寻求这样一种平衡, 即如何将用户紧密关联于系统的修改与关联于系统本身之间的平衡。如果操作员与系统修改关联甚微, 不可预测性就会增大, 如果操作员与系统修改关联过于紧密工作, 负担就会增大。如果适当地应用自动操作的话, 自动操作支持业已表明, 它可为在多重任务环境中执行任务带来更好的工作效能, 其中该环境涉及到多个 UV 的监督与管理。

注意力控制的个体差异影响自动操作效能这一事实, 在系统设计时必须进行考虑。注意力控制能力低的操作员, 相对于那些注意力控制能力更高的操作员, 完成同时发生的多个任务是更为困难的, 这将导致他们过度依赖可获得的自动操作。系统显示设计也会影响操作员在 UV 之间分配其注意力的能力。例如, 触觉显示可增强高度视觉环境中的工作情况, 允许操作员将其视觉注意力分配到各项任务, 而不是将其集中于自动操作的提示。

本章的中心主题是与 "环路中的人" 和自动操作有关的挑战。这是一个关于人为因素的重要问题, 并将在 UAV 设计进程中继续发挥着核心作用。假如 UAV 操作的干预范围将包括人类操作员从图形解释到维护、从任务规划到对即将遭遇的目标的决策, 那么问题不是人是否可撤离出 "环路", 而是操作员与 UAV 将作为一个团队如何协同合作, 完成假如可以自动操作的任务? 感到欣慰的是, 虽然某些方法可能会降低人的工作效能, 但有些方法可最有利地支持环路中的人的适应性、聪明才智和创造力, 这势必会产生出新一代的 UAV。

参考文献

[1] Cooper, J.L. and Goodrich, M.A., 'Towards combining UAV and sensor operator roles in UAV-enabled visual search', in Proceedings of ACM/IEEE International Conference on Human-Robot Interaction, ACM, New York, pp. 351–358, 2008.

[2] Finn, A. and Scheding, S,Developments and Challenges for Autonomous Unmanned Vehicles: A Compendium, Springer-Verlag, Berlin, 2010.

[3] Schulte, A., Meitinger, C. and Onken, R., 'Human factors in the guidance of uninhabited vehicles: oxymoron or tautology? The potential of cognitive and

cooperative automation', Cognition, Technology and Work, 11, 71–86, 2009.

[4] Zuboff, S., In the Age of the Smart Machine: The Future of Work and Power, Basic Books, New York, 1988.

[5] Alexander, R.D., Herbert, N.J. and Kelly, T.P., 'The role of the human in an autonomous system', 4th IET International Conference on System Safety incorporating the SaRS Annual Conference (CP555), London, October 26–28, 2009.

[6] Johnson, C.W., 'Military risk assessment in counter insurgency operations: a case study in the retrieval of a UAV Nr Sangin, Helmand Province, Afghanistan, 11th June', Third IET Systems Safety Conference, Birmingham, 2008.

[7] Bainbridge, L., 'Ironies of automation', in J. Rasmussen, K. Duncan and J. Leplat (eds), New Technology and Human Error, John Wiley & Sons, New York, 1987.

[8] Ballard, J.C., 'Computerized assessment of sustained attention: a review of factors affecting vigilance', Journal of Clinical and Experimental Psychology, 18, 843–863, 1996.

[9] Defense Science Study Board, Unmanned Aerial Vehicles and Uninhabited Combat Aerial Vehicles, Office of the Under Secretary of Defense for Acquisition, Technology and Logistics, Washington, DC, 20301–3140, 2004.

[10] Wickens, C.D., Engineering Psychology and Human Performance, Harper-Collins, New York, 1992.

[11] Wiener, E.L. and Curry, E.R., 'Flight deck automation: problems and promises', Ergonomics, 23, 995–1012, 1980.

[12] Duggan, G.B., Banbury, S., Howes, A., Patrick, J. and Waldron, S.M., ~Too much, too little or just right: designing data fusion for situation awareness', in Proceedings of the 48th Annual Meeting of the Human Factors and Ergonomics Society, Santa Monica, CA, HFES, 528–532, 2004.

[13] Sheridan, T.B., 'Forty-five years of man-machine systems: history and trends', in G. Mancini, G. Johannsen and L. Martensson (eds), Analysis, design and evaluation of man-machine systems. Proceedings of the 2nd IFAC/IFIP/FORS/ IEA Conference, Pergamon Press, Oxford, pp. 1–9, 1985.

[14] Baber, C., Grandt, M. and Houghton, R.J., 'Human factors of mini unmanned aerial systems in network-enabled capability', in P.D. Bust (ed.), Contemporary Ergonomics, Taylor and Francis, London, pp. 282–290, 2009.

[15] Dekker, S. and Wright, P.C., 'Function allocation: a question of task transformation not allocation', in ALLFN'97: Revisiting the Allocation of Functions

Issue, IEA Press, pp. 215–225, 1997.

[16] Andes, R.C., 6Adaptive aiding automation for system control: challenges to realization', in Proceedings of the Topical Meeting on Advances in Human Factors Research on Man/Computer Interactions: Nuclear and Beyond, American Nuclear Society, LaGrange Park, IL, pp. 304–310, 1990.

[17] Ruff, H.A., Narayanan, S. and Draper, M.H., 'Human interaction with levels of automation and decision-aid fidelity in the supervisory control of multiple simulated unmanned air vehicles', Presence, 11, 335–351, 2002.

[18] Ruff, H.A., Calhoun, G.L., Draper, M.H., Fontejon, J.V. and Guilfoos, B.J., 'Exploring automation issues in supervisory control of multiple UAVs', paper presented at 2nd Human Performance, Situation Awareness, and Automation Conference (HPSAA II), Daytona Beach, FL, 2004.

[19] Cummings, M.L. and Guerlain, S., 'Developing operator capacity estimates for supervisory control of autonomous vehicles', Human Factors, 49, 1–15, 2007.

[20] 20. Miller, C., 'Modeling human workload limitations on multiple UAV control', Proceedings of the Human Factors and Ergonomics Society 48th Annual Meeting, New Orleans, LA, pp. 526–527, September 20–24, 2004.

[21] Galster, S.M., Knott, B.A. and Brown, R.D., 6Managing multiple UAVs: are we asking the right questions?', Proceedings of the Human Factors and Ergonomics Society 50th Annual Meeting, San Francisco, CA, pp. 545–549, October 16–20, 2006.

[22] Taylor, R.M., 'Human automation integration for supervisory control of UAVs', Virtual Media for Military Applications, Meeting Proceedings Rto-Mp-Hfm-136, Paper 12, Neuilly-Sur-Seine, France, 2006.

[23] Cummings, M.L., Bruni, S., Mercier, S. and Mitchell, P.F., 'Automation architectures for single operator, multiple UAV command and control', The International C2 Journal, 1, 1–24, 2007.

[24] Liu, D., Wasson, R. and Vincenzi, D.A., 'Effects of system automation management strategies and multi-mission operator-to-vehicle ratio on operator performance in UAV systems', Journal of intelligent Robotics Systems, 54, 795–810, 2009.

[25] Mitchell, D.K. and Chen, J.Y.C, 'Impacting system design with human performance modeling and experiment: another success story', Proceedings of the Human Factors and Ergonomics Society 50th Annual Meeting, San Francisco, CA, pp. 2477–2481, 2006.

[26] Pashler, H., 'Attentional limitations in doing two tasks at the same time',

Current Directions in Psychological Science, 1, 44–48, 1992.

[27] Pashler, H., Carrier, M. and Hoffman, J., 1993, 'Saccadic eye-movements and dual-task interference', Quarterly Journal of Experimental Psychology, 46A, 51–82, 1993.

[28] Monsell, S., 'Task switching', Trends in Cognitive Sciences, 7, 134–140, 2003.

[29] Rubinstein, J.S., Meyer, D.E. and Evans, J.E., 'Executive control of cognitive processes in task switching', Journal of Experimental Psychology: Human Perception and Performance, 27, 763–797, 2001.

[30] Schumacher, E.H., Seymour, T.L., Glass, J.M., Fencsik, D.E., Lauber, E.J., Kieras, D.E. and Meyer, D.E., 'Virtually perfect time sharing in dual-task performance: uncorking the central cognitive bottleneck', Psychological Science, 12, 101–108, 2001.

[31] Squire, P., Trafton, G. and Parasuraman, R., 'Human control of multiple unmanned vehicles: effects of interface type on execution and task switching times', Proceedings of ACM Conference on Human-Robot Interaction, Salt Lake City, UT, pp. 26–32, March 2–4, 2006.

[32] Chadwick, R.A., 'Operating multiple semi-autonomous robots: monitoring, responding, detecting', Proceedings of The Human Factors and Ergonomics Society 50th Annual Meeting, San Francisco, CA, pp. 329–333, 2006.

[33] Cummings, M.L., 'The need for command and control instant message adaptive interfaces: lessons learned from tactical Tomahawk human-in-the-loop simulations', CyberPsychology and Behavior, 7, 653–661, 2004.

[34] Dorneich, M.C., Ververs, P.M., Whitlow, S.D., Mathan, S., Carciofini, J. and Reusser, T., 'Neuro-physiologically-driven adaptive automation to improve decision making under stress', Proceedings of the Human Factors and Ergonomics Society, 50th Annual Meeting, San Francisco, CA, pp. 410–414, October 16–20, 2006.

[35] Parasuraman, R., Cosenzo, K.A. and De Visser, E., 'Adaptive automation for human supervision of multiple uninhabited vehicles: effects on change detection, situation awareness, and mental workload', Military Psychology, 21, 270–297, 2009.

[36] Chen, J.Y.C., Barnes, M.J. and Harper-Sciarini, M., Supervisory Control of Unmanned Vehicles, Technical Report ARL-TR-5136, US Army Research Laboratory, Aberdeen Proving Ground, MD, 2010.

[37] Cummings, M.L., Brzezinski, A.S. and Lee, J.D., 'The impact of intelligent aiding for multiple unmanned aerial vehicle schedule management', IEEE Intelligent Systems, 22, 52–59, 2007.

[38] Dixon, S.R. and Wickens, C.D., 'Control of multiple-UAVs: a workload analysis', 12th International Symposium on Aviation Psychology, Dayton, OH, 2003.

[39] Maza, I., Caballero, F., Molina, R., Pena, N. and Ollero, A., 'Multimodal interface technologies for UAV ground control stations: a comparative analysis', Journal of Intelligent and Robotic Systems, 57, 371–391, 2009.

[40] Trouvain, B. and Schlick, C.M., 'A comparative study of multimodal displays for multirobot supervisory control', in D. Harris (ed.), Engineering Psychology and Cognitive Ergonomics, Springer-Verlag, Berlin, pp. 184–193, 2007.

[41] Wickens, C.D., Dixon, S. and Chang, D., 'Using interference models to predict performance in a multiple-task UAV environment', Technical Report AHFD-03-9/Maad-03-I, 2003.

[42] Helleberg, J., Wickens, C.D. and Goh, J., 'Traffic and data link displays: Auditory? Visual? Or Redundant? A visual scanning analysis', 12th International Symposium on Aviation Psychology, Dayton, OH, 2003.

[43] Donmez, B., Cummings, M.L. and Graham, H.D., 'Auditory decision aiding in supervisory control of multiple unmanned aerial vehicles', Human Factors, 51, 718–729, 2009.

[44] Chen, J.Y.C., Drexler, J.M., Sciarini, L.W., Cosenzo, K.A., Barnes, M.J. and Nicholson, D., 'Operator workload and heart-rate variability during a simulated reconnaissance mission with an unmanned ground vehicle', Proceedings of the 2008 Army Science Conference, 2008.

[45] Luck, J.P., McDermott, P.L., Allender, L. and Russell, D.C., 'An investigation of real world control of robotic assets under communication', Proceedings of 2006 ACM Conference on Human-Robot Interaction, pp. 202–209, 2006.

[46] Chen, J.Y.C., 'Concurrent performance of military and robotics tasks and effects of cueing in a simulated multi-tasking environment', Presence, 18, 1–15, 2009.

[47] Draper, M., Calhoun, G., Ruff, H., Williamson, D. and Barry, T., 'Manual versus speech input for unmanned aerial vehicle control station operations', Proceedings of the 47th Annual Meeting of the Human Factors and Ergonomics Society, Santa Monica, CA, pp. 109–113, 2003.

[48] Chen, J.Y.C., Durlach, J.P., Sloan, J.A. and Bowens, L.D., 'Human robot interaction in the context of simulated route reconnaissance missions', Military Psychology, 20, 135–149, 2008.

[49] Baber, C., Morin, C., Parekh, M., Cahillane, M. and Houghton, R.J., 'Multimodal human-computer interaction in the control of payload on multiple

simulated unmanned vehicles', Ergonomics, 54, 792–805, 2011.

[50] Parasuraman, R., Bames, M. and Cosenzo, K., 'Decision support for network-centric command and control', The International 02 Journal, 1, 43–68, 2007.

[51] Crocoll, W.M. and Coury, B.G., 'Status or recommendation: selecting the type of information for decision adding', Proceedings of the Human Factors Society, 34th Annual Meeting, Santa Monica, CA, pp. 1524–1528, 1990.

[52] Rovira, E., McGarry, K. and Parasuraman, R., 'Effects of imperfect automation on decision making in a simulated command and control task', Human Factors, 49, 76–87, 2007.

[53] Parasuraman, R. and Riley, V.A., 'Humans and automation: use, misuse, disuse, abuse', Human Factors, 39, 230–253, 1997.

[54] Parasuraman, R., 'Designing automation for human use: empirical studies and quantitative models', Ergonomics, 43, 931–951, 2000.

[55] Scerbo, M., 'Adaptive automation', in W. Karwowski (ed.), International Encyclopedia of Ergonomics and Human Factors, Taylor and Francis, London, pp. 1077–1079, 2001.

[56] Parasuraman, R. and Miller, C., 'Delegation interfaces for human supervision of multiple unmanned vehicles: theory, experiments, and practical applications', in N. Cooke, H.L. Pringle, H.K. Pedersen and O. Conner (eds), Human Factors of Remotely Operated Vehicles, Advances in Human Performance and Cognitive Engineering, Vol. 7, Elsevier, Oxford, pp. 251–266, 2006.

[57] Barnes, M., Parasuraman, R. and Cosenzo, K., 'Adaptive automation for military robotic systems', in RTO-TR-HFM-078 Uninhabited Military Vehicles: Human factors issues in augmenting the force, NATO Technical Report, NATO Research and Technology Organization, Brussels, pp. 420–440, 2006.

[58] Parasuraman, R., Galster, S., Squire, P., Furukawa, H. and Miller, C.A., 'A flexible delegation interface enhances system performance in human supervision of multiple autonomous robots: Rmpirical studies with RoboFlag', IEEE Transactions on Systems, Man & Cybernetics - Part A: Systems and Humans, 35, 481–493, 2005.

[59] Wilson, G. and Russell, C.A., 'Performance enhancement in a UAV task using psycho-physiologically determined adaptive aiding', Human Factors, 49, 1005–1018, 2007.

[60] Miller, C. and Parasuraman, R., 'Designing for flexible interaction between humans and automation: of unmanned assets', Technical Report ARL-TR-3476, US Army Research Laboratory, Aberdeen Proving Ground, MD, 2005.

[61] Mitchell, D.K., 'Soldier workload analysis of the Mounted Combat System

(MCS) platoon's use of unmanned assets', Technical Report ARL-TR-3476, US Army Research Laboratory, Aberdeen Proving Ground, MD, 2005.

[62] Kaber, D.B., Endsley, M.R. and Onal, E., 'Design of automation for telerobots and the effect on performance, operator situation awareness and subjective workload', Human Factors and Ergonomics in Manufacturing, 10, 409–430, 2000.

[63] Parasuraman, R., Sheridan, T.B. and Wickens, C.D., 'A model for types and levels of human interaction with automation', IEEE Transactions on Systems, Man & Cybernetics - Part A: Systems and Humans, 30, 286–297, 2000.

[64] Sheridan, T. and Parasuraman, R., 'Human-automation interaction', Reviews of Human Factors and Ergonomics, 1, 89–129, 2006.

[65] Chen, J.Y.C. and Terrence, P.I., 'Effects of tactile cueing on concurrent performance of military and robotics tasks in a simulated multitasking environment', Ergonomics, 51, 1137–1152, 2008.

[66] Chen, J.Y.C. and Joyner, C.T., 'Concurrent performance of gunner's and robotic operator's tasks in a multitasking environment', Military Psychology, 21, 98–113, 2009.

[67] Wickens, C.D., Dixon, S.R., Goh, J. and Hammer, B., 'Pilot dependence on imperfect diagnostic automation in simulated UAV flights: an attentional visual scanning analysis', Technical Report AHFD-05-02/MAAD-05-02, University of Illinois, Urbana-Champaign, 11, 2005.

[68] Levinthal, B.R. and Wickens, C.D., GManagement of multiple UAVs with imperfect automation', Proceedings of the Human Factors and Ergonomics Society 50th Annual Meeting, San Francisco, CA, pp 1941–1944, 2006.

[69] Dixon, S.R., Wickens, C.D. and McCarley, J., 'On the independence of compliance and reliance: are automation false alarms worse than misses?', Human Factors, 49, 564–572, 2007.

[70] Derryberry, D. and Reed, M., 'Anxiety-related attentional biases and their regulation by attentional control', Journal of Abnormal Psychology, 111, 225–236, 2002.

[71] Chen, J.Y.C. and Terrence, P.I., 'Effects of imperfect automation and individual differences on concurrent performance of military and robotics tasks in a simulated multitasking environment', Ergonomics, 52, 907–920, 2009.

[72] Ekstrom, R.B., French, J.W., Harman, H. and Dermen, D., 'Kit of factor-referenced cognitive tests', Educational Testing Service, Princeton, NJ, 1976.

[73] Pak, R., Rogers, W.A. and Fisk, A.D., 'Spatial ability subfactors and their influences on a computer-based information search task', Human Factors, 48,

154–165, 2006.

[74] Kozhevnikov, M. and Hegarty, M., & A dissociation between object-manipulation and perspective-taking spatial abilities', Memory & Cognition, 29, 745–756, 2001.

[75] Pellegrino, J.W., Alderton, D.L. and Shute, V.J., 'Understanding spatial ability', Educational Psychologist, 19, 239–253, 1984.

[76] Alderton, D.L., Wolfe, J.H. and Larson, G.E., 'The ECAT battery', Military Psychology, 9, 5–37, 1997.

[77] Stanney, K.M. and Salvendy, G., 'Information visualization: assisting low spatial individuals with information access tasks through the use of visual mediators', Ergonomics, 38, 1184–1198, 1995.

[78] Chen, C., Czerwinski, M. and Macredie, R., 'Individual differences in virtual environments -introduction and overview', Journal of American Society for Information Science, 51, 499–507, 2000.

[79] Eyal, R. and Tendick, F., 'Spatial ability and learning the use of an angled laparoscope in a virtual environment', in Proceedings of Medicine Meets Virtual Reality (MMVR), IOS Press, pp.146–153, 2001.

[80] Menchaca-Brandan, M.A., Liu, A.M., Oman, C.M. and Natapoff, A., 'Influence of perspective-taking and mental rotation a'oilities in space teleoperation', Proceedings of the 2007 ACM Conference on Human-Robot Interaction, Washington, DC, pp. 271–278, March 8–11, 2007.

[81] Lathan, C.E. and Tracey, M., 'The effects of operator spatial perception and sensory feedback on human-robot teleoperation performance', Presence, 11, 368–377, 2002.

[82] Educational Testing Service, Cube Comparison Test, 2005.

[83] Gugerty, L. and Brooks, J., 'Reference-frame misalignment and cardinal direction judgments: group differences and strategies', Journal of Experimental Psychology: Applied, 10, 75–88, 2004.

[84] Hegarty, M. and Waller, D., 'A dissociation between mental rotation and perspective-taking spatial abilities', Intelligence, 32, 175–191, 2004.

[85] Chen, J.Y.C., 'UAV-guided navigation for ground robot teleoperation in a military reconnaissance environment', Ergonomics, 53, 940–950, 2010.

[86] Neumann, J., 'Effect of operator control configuration on unmanned aerial system trainability', Doctoral dissertation, University of Central Florida, 2006.

[87] Hegarty, M., Richardson, A.E., Montello, D.R., Lovelace, K. and Subbiah, I., 'Development of a self-report measure of environmental spatial ability',

Intelligence, 30, 425–447, 2002.

[88] Kozlowski, L.T. and Bryant, K.J., 'Sense of direction, spatial orientation, and cognitive maps', Journal of Experimental Psychology: Human Perception and Performance, 3, 590–598, 1977.

[89] Baldwin, C.L. and Reagan, I., 'Individual differences in route-learning strategy and associated working memory resources', Human Factors, 51, 368–377, 2009.

[90] Takeuchi, Y., 'Sense of direction and its relationship with geographical orientation, personality traits and mental ability', Japanese Journal of Educational Psychology, 40, 4 7–53, 1992.

[91] Kato, Y. and Takeuchi, Y., 'Individual differences in wayfinding strategies', Journal of Environmental Psychology, 23, 171–188, 2003.

[92] Cooper, L.A. and Shepard, R.N., 'Chronometric studies of the rotation of mental images', in W.G. Chase (ed.), Visual Information Processing, Academic Press, New York, pp. 75–176, 1973.

[93] De Lisi, R. and Cammarano, D.M., 'Computer experience and gender differences in undergraduate mental rotation performance', Computers in Human Behavior, 12, 35 1–36 I , 1996.

[94] Chen, J.Y.C., Haas, E.C. and Barnes, M.J., 'Human performance issues and user interface design for teleoperated robots', IEEE Transactions on Systems, Man & Cybernetics - Part C: Applications and Reviews, 37, 1231–1245, 2007.

第三部分　感知与规避方法

第 6 章
感知与规避的概念: 基于飞行器的感知与规避系统 (飞行器到飞行器)

Štěpán Kopřiva, David Šišlák, Michal Pěchouček
Czech Technical University, Prague, Czech Republic

6.1 引言

UAV 的各种部署方案都需要其在不明地域的导航能力。在完成任务目标的同时, UAV 必须躲避静止和移动的障碍物, 如其他 UAV、飞机、气球或气象预报和天气条件恶劣的区域。此外, 如果 UAV 进入商务管制类空域, 考虑到空中交通管制规则, 它还需要能够感知和规避可能发生的冲突。

提供感知与规避能力的自动化系统 (也被称为碰撞探测和解决系统, CDR) 发展的概念主要来自于两个领域。第一个是空中交通管理领域, 在该领域中使用自动化工具来提高空中交通的安全性和畅通性, 如交通碰撞规避系统 (TCAS)[1] 和精确跑道监视器 (PRM)[2]。第二个是人工智能研究领域, 特别是机器人技术领域, 科学家们研究了适用于空中、地面和航海系统的轨迹规划和避障算法。

许多文献介绍了 CDR 系统的各种不同方法、系统差异、相似性和分类。Krozel[3] 和 Kuchar[4] 综述了碰撞探测和解决方法。Zeghal[5] 综述了力场碰撞探测和解决方法, 最后 Albaker[6] 介绍了 UAV 的 CDR 方法。

6.2 冲突探测和解决原理

为了讨论冲突探测和解决原理, 首先应对冲突做出定义。"冲突" 是指两个飞行器之间的水平或垂直欧氏距离突破了所定义最小间隔标准的事件。该标准是根据 UAV 的飞行空域而变化的, 并且对于不同的 UAV, 其标准可能也会不同。例如，当前在民用空中交通中，对于距离地面 FL290 飞行高度内的空域，航路水平间隔标准是 5 海里，航路垂直间隔标准是 1000 英尺。水平和垂直间隔标准构成的 UAV 周围的圆柱形空域空间，叫做安全区域 (SZ)。任何其他的 UAV 在任何情况下都不能侵入该安全区域。对于不同的 CDR 系统，所应用的水平和垂直间隔标准可能也会不同。

碰撞探测和解决系统的功能是探测碰撞，并且以躲避机动的方式提供解决方案，该解决方案由 UAV 的自动驾驶仪来执行。图 6.1 给出了 CDR 单元的总体框图。CDR 系统有五个基本功能：感知、轨迹预测、冲突探测、冲突解决和躲避机动生成。

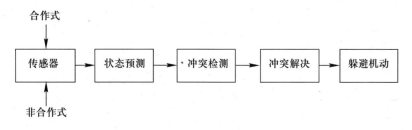

图 6.1　冲突探测和解决系统总体结构

6.2.1　感知

CDR 系统利用图 6.1 中传感器方框所表示的机载传感器，监测周围环境的静态和动态障碍物。传感器类型有两种：合作式和非合作式。

合作式传感器提供感知环境的能力，并且通过已建立的通信链路，与装备了相同类型传感器的飞行器进行通信。广播式自动相关监视 (ADS—B) 就是合作式传感器的一个例子[7]。该设备传输经度、纬度、高度、速度和 UAV 识别信息。其他一些合作式传感器甚至允许交换整个飞行计划。

为了获得障碍物和飞行器的相关信息，非合作式传感器要对环境进行感知。飞行器之间没有通信链路，而且为了获取正确的环境状况信息，需要对传感器信息进行处理。目前使用的非合作式传感器技术包括惯性测量单元、激光测距仪、立体摄像机系统、单向移动摄像机和雷达。主动雷达的使用仅限于大型 UAV 系统，然而配有图像识别软件的小型摄像机可用在小型 UAV 系统上，如 Procerus UAV (图 6.2)。文献 [8] 介绍了 UAV 的非合作式传感器。

图 6.2　Procerus 无人机，注意位于机身底部的被动式传感器—万向转动摄像机

6.2.2　轨迹预测

为了探测和解决冲突，有必要对 UAV 的轨迹和感知对象的轨迹进行对比。轨迹计算单元依据聚集在输入端的原始传感器信息计算出轨迹。文献 [4] 指出，有三种轨迹预测方法的基本模型，而本章再补加一种。

在标称方法中 (图 6.3(a))，在不考虑任何不确定性或变化的可能性条件下，依据传感器数据直接预测出轨迹。标称轨迹预测器的输出是根据几个最后的传感器扫描而计算出的单一轨迹。可利用不同的方法计算轨迹，例如线性预测、泰勒级数预测或采用卡尔曼滤波器的预测。标称方法预测适用于变化可能性相对较低的短期预测。

最坏情况预测 (图 6.3(b)) 是另一种建模方法。该方法覆盖了飞行器可能执行的整个机动范围，并且利用超前时间参数计算飞行器可能出现的区域。然后将该区域看作是预测的轨迹。

在概率预测方法中，利用不确定性对轨迹中可能的变化建模。为了构建该模型，需要生成所有可能的轨迹 (像最坏情况预测一样)，而且通过概率函数评估每一条轨迹。概率预测是标称方法和最坏情况预测之间的折中。概率预测方法是最常用的方法，该方法基于冲突可能性来制定决策。

飞行计划交换方法仅适用于合作式传感器。飞行器之间互相交换部分飞行计划，精确轨迹是已知的而无需预测。飞行计划以一组附带有安全区域参数航路点的形式进行交换 (图 6.3(c))。这种方法的优点是可准确确知未来轨迹，缺点是需要更大的数据传输带宽。

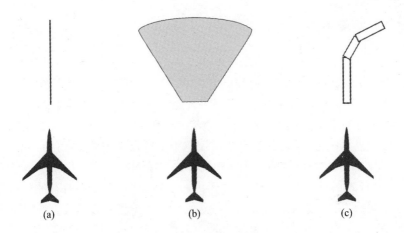

图 6.3 基于传感器采样的轨迹预测

(a) 标称方法 —— 直接依据传感器数据预测轨迹; (b) 最坏情况预测 —— 敌机可能执行机动的范围; (c) 飞行计划交换 —— 使用安全区域和航路点表示的飞行计划。

6.2.3 冲突探测

基于从轨迹预测单元获得的飞行计划描述进行冲突探测。冲突探测单元检查两个飞行器的飞行计划,并检查任何一个飞行器的安全区域是否被侵入。如果被侵入,则将冲突参数 (冲突飞行器的位置和可能冲突的时间) 传递到冲突解决单元。图 6.4 描述了具有开始和结束时间的冲突。

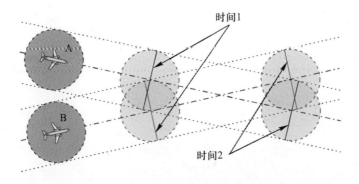

图 6.4 两架飞行器交换飞行计划的冲突探测。当一架 (或两架) 飞行器侵入另一架飞行器安全区域时的冲突探测

6.2.4 冲突解决

冲突解决模块采用某种碰撞规避方法来解决碰撞。本文介绍的方法有：基于规则的方法 (RB)、博弈论方法 (GT)、场方法 (F)、几何方法 (G)、数值优化方法 (NO)、组合方法 (C)、多智能体方法 (MA) 和其他方法 (O)。

基于规则的方法利用一套规定的规则来规避冲突。这套规则在系统设计阶段就已被确定，最初是受到了民用空中交通领域中所熟知的目视飞行规则 (VFR) 的启发。即使基于规则的方法在规则设计阶段优化了解决方案，一套预先描述的规则随后就被固化，并且对共享空域中所有的飞行器都是相同的。不可能将某架特定飞行器的后续意图和需要集成到冲突解决过程中。基于规则方法的主要优点是简单且可以在飞行期间快速实现。飞行器之间不要求或仅要求建立极为有限的通信。

在博弈论方法中，笔者将冲突建模为二人微分对策。这些算法主要对于非合作式冲突解决有用。由于这些方法的使用仅与飞行器状态有关，它们也用于短期冲突解决。而合作式冲突解决方法是典型的中期和长期冲突解决方法。

场方法将每一个飞行器视为一个带电粒子，很像是一种反应式控制机制。基于当前配置 (例如其他飞行器的位置、气象条件、所考虑的不确定性) 来计算场。然后，UAV 基于其在此场中自身位置采取控制行为，这种控制行为取决于飞行器关于此场的当前状态。然后，基于场与场之间的排斥力生成躲避机动。这种方法的优点是相对容易实现。主要缺点是场计算阶段的计算强度较大。当前配置更新时，场必须更新。如果考虑 UAV 的物理参数，则会出现另一个主要缺点，即场方法可能会伴随着解决方案，产生可能不会被 UAV 执行的机动，而且这些机动必须经过滤波。类似于之前的博弈论方法，这些方法不适于长期的飞行器操作优化。

几何方法在很多情况下需要考虑飞行器规避观察到的解决方案时的整个轨迹。各种方法对给定的目标函数进行优化以寻找合适的规避机动。在许多情况下，这些方法仅考虑了两个飞行器的碰撞，而对多重碰撞情况，它们提供次优的方法，或依次运用安全性不能得到保证的两个飞行器碰撞时的方法。几何优化是一个非常复杂的问题，特别是如果考虑所有可利用的操作时，如航向、速度和高度的改变。

数值优化方法利用含有约束条件簇的飞行器运动学模型和成本度量来生成机动。然后基于最为期望的约束计算出最优躲避机动。该方法的主要优点是，优化标准表述明确，并且就给定问题定义而言，最终的控制是最优的。随着飞行器数量的增加, 问题变得无法解析。所考虑的时间范围限制简化了该问题。然而, 它很难将空域局限性, 如未被包含在内的空域 (特殊用途空域) 和地面集成在模型中。同样, 也不能集成气象条件。

多智能体方法利用多智能体构架来生成解决方案。每一个飞行器受一个智能体控制。智能体能够相互通信, 并且利用各种不同的有效功能协商解决方案。

6.2.5 躲避机动

图 6.1 中的躲避机动模块负责实现冲突解决模块提出的躲避机动。基本的躲避机动是加速、减速、保持速度、左转、右转、爬升和俯冲。也可能将这些机动组合在一起, 例如执行转弯机动的同时改变速度。

6.3 冲突探测和解决方法的分类

本节介绍近期发布的 CDR 方法的综合分类。

6.3.1 分类法

含有最重要的 CRD 设计属性的分类树如图 6.5 所示。在图表的顶层有五个基本属性: 感知技术、轨迹预测、冲突探测、冲突解决和机动实现。这些属性对应于图 6.1 给出的冲突探测和解决总体结构中的五个基本模块。我们利用这些变化较少的基本属性进行 CDR 方法分类。对于 CDR

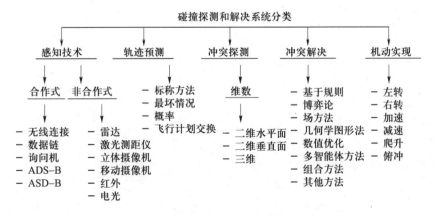

图 6.5   冲突解决和探测分类, 顶部五种属性用于模型分类

方法, 常见的情况是一些概念在真正硬件上还没有得到验证。我们几乎不能对给定方法所用的传感器进行分类, 因此我们忽略传感器的属性。基于冲突解决方法、冲突探测以及支持的躲避机动, 可对这些方法进行分类。属性的确切含义请查看表 6.1。

表 6.1 用于 CDR 分类的属性和缩写

冲突解决方法	基于规则 (RB) 博弈论 (GT) 场 (F) 几何 (G) 数值优化 (NO) 多智能体 (MA) 组合的 (C) 其他 (O)
冲突探测维数	二维水平面 (HP) 二维垂直面 (VP) 三维 (3D)
轨迹预测	标称 (N) 最坏情况 (WC) 概率 (P) 飞行计划交换 (FP)
规避机动	速度变化 (SC) 转弯 (T) 高度变化 (AC)

以下部分描述评估模型。基于使用的冲突解决方法, 按照分组形式介绍这些模型。对于每种方法, 也有一张模型分类表。这些模型划分为以下类别, 每一类别在其相应章节进行描述。第 6.3.2 节包含基于规则的方法, 在该方法中预先描述了观察到的特定类型可能冲突的冲突解决机动。第 6.3.3 节对基于博弈论方法的算法进行评论, 在该方法中, 在搜寻自身机动时考虑了对应飞行器的所有可能机动。第 6.3.4 节介绍力场、势场和涡流场方法, 这些方法被用于建立当前飞行器的控制输入。第 6.3.5 节总结几何算法, 这些算法考虑了在搜寻躲避机动时碰撞情形的几何表示。第 6.3.6 节包含冲突解决算法, 这些算法被表示为使目标函数最小的最优化问题。第 6.3.7 节介绍结合了各种不同算法的碰撞规避方法。第 6.3.8 节总结现有的空中交通冲突解决的多智能体方法。第 6.3.9 节包含与空中交通管制

有关的所有其他方法, 这些方法不能明确地归属于之前的某一类别。

6.3.2 基于规则的方法

Schild[9] 设计了一组航路上空中交通的自主隔离规则。他的方法考虑了以下三个评价目标:

(1) 飞行器之间的安全隔离;

(2) 所用的机动次数最少;

(3) 增加的时间和提供的燃油效率最高。

这些规则源自于考虑这三个目标的最优化函数的很多最优化任务。因此, 这种方法的结果是一组规则, 每个规则都有一个确定的以飞行器彼此位置和方向所描述的激活条件。这些规则是针对两个飞行器而定义的。对于多个飞行器, 这些规则可继续应用, 并且作者验证了基于这一规则的系统稳定性。这种系统也可用于 UAV。

Hwang 等人[10,11]描述了对于多个飞行器冲突规避的、基于协议的 N 个飞行器的方法。该方法假设所有涉及的飞行器都可获得每个飞行器的位置、航向和速度, 飞行器的标称航迹是在恒定高度和航向上的, 所有飞行器在同一时刻启动冲突解决机动。在机动过程中速度也是恒定的。多架飞行器冲突解决可表征为精确冲突和非精确冲突。在第一种情形, 即精确冲突中, 所有飞行器的原始轨迹在某一点上相撞, 这有助于得到封闭的所需航向变化的解析解决方案。这种情形对于两架以上飞行器的情形是不现实的, 但可激发一般情形的解决方案。在第二种情形, 即非精确冲突中, 多架飞行器的冲突点是不一致的。对于非精确冲突应考虑速度的变化。

Hwang 等人在冲突四周构建了一个有限空域隔离区, 并且得到了解决每一隔离区内最坏情况冲突的协议。从而冲突处置方法被表示为一个规则, 该规则对于冲突中涉及到的所有飞行器都易于理解和执行。结果表明, 解决方法对于飞行器位置、航向、速度的不确定性具有鲁棒性, 而且对于飞行器不必同时改变其航向的不同步机动也具有鲁棒性。从所期望的轨迹偏差意义上说, 所得到的方法不是最优的。然而, 它可实时执行, 并总可保证安全的冲突解决。该方法仅需要很少的数值计算。

表 6.2 给出了按照定义的、基于规则方法的分类。虽然这些方法在规则设计阶段优化了解决方案, 但预先描述的这些规则随后被固化, 而且对共享空域中的所有飞行器都是相同的。不可能将某一特定飞行器的后续意图和需要集成到冲突解决的过程中。基于规则的方法主要优点是其简单性

和在飞行期间的快速执行性。该方法不需要或仅需极为有限的 UAV 之间的通信。

表 6.2 基于规则的模型

模型	解决方法	探测	轨迹预测	机动
Schild	RB	2D-HP	P	VC, T
Hwang	RB	2D-HP	P	VC, T

6.3.3 博弈论方法

Lachner[12] 研究了基于追逃微分对策的最坏情况方法[13]。躲避者 (正确的 UAV) 试图躲避迎面而来的、所有可能追逐者机动产生的碰撞。这种微分对策解决方案提供了一种策略，该策略保证了抵御所有不明敌方行为干扰的最好的可能控制。他提出了最优冲突解决策略和许多最优轨迹，利用最优冲突解决策略融合了以泰勒级数展开式表示的综合性冲突解决策略。

Zhang 等人[14]也将冲突解决问题表述为微分对策，他们采用 Lie-Poisson 减少特殊欧氏群的 Lie 代数对偶，然后推导出简化的汉米尔顿动态方程，并对此动态方程在时间上进行逆向显式积分。他们使用混合自动机描述简化动态方程的解，以及对策中飞行器的机动。计算出目标边界集的安全部分，该边界集的安全部分即为所得到的冲突解决方案。

随后，Bayen 等人[15]将表述两个飞行器碰撞规避问题的微分对策应用于高空空中交通冲突警报逻辑的推导。利用基于高度集的计算方法，计算出这种对策的三维解。利用该三维解可定义在相关空域中每对飞行器的非安全区域，这些区域用作是否会发生隔离丧失的指示度量标准。他们的方法考虑了基于飞行器运动学结构的最坏情况。表 6.3 给出了这些方法的分类。

表 6.3 博弈论模型

模型	解决方法	探测	轨迹预测	机动
Lachner	GT	HP	WC	SC, T
Zhang	GT	HP	N	—
Bayen	GT	HP	P	SC, T

6.3.4 场方法

Duong 等人提出了一种技术,在该技术中,侵入飞行器产生的力场生成了冲突解决行动,来自飞行计划的力产生了吸引作用。文献 [18] 对该项工作进行了扩展,提出了采用基于对称力场方法的解决算法来解决分布式冲突。利用相对简化的方程产生解决机动。然而,解决机动可能会有几个飞行器不能跟随的断点,而且不能证明多个飞行器机动的安全性。文献 [5] 对基于力场的空中冲突解决方案的不同方法进行了评述。

Hu 等人[19]通过将飞行器运动建模为含有可度量的、布朗运动摄动的确定性轨迹,计算出两个飞行器之间冲突的概率。作者仅考虑了两个飞行器都在同一高度上飞行时的二维情况。冲突概率可转化为布朗运动从时变安全区域逃脱的概率。布朗运动集成了每条路径的概率测度,其中大偏差路径的概率似乎比小偏差路径的概率小。他们的方法提供了一种考虑了有限和无限时间范围两种情况的近似封闭形式体系,使得其实现的计算成本较低,并能快速生成解决算法。

Eby 等人[20-22]提出了从势场模型推导出的分布式冲突解决方法。他们的自组织方法利用了力场的概念。飞行器用正电荷表示,飞行器的目的地用负电荷表示。由于异性电荷相互吸引,正电荷被拉向固定的负电荷。同时,由于同种电荷相互排斥,正粒子之间彼此会保持一定的距离。作者证明了他们的方法对于复杂的多个飞行器冲突具有鲁棒性。当修正飞行器和其目的地之间的距离相关时,算法会更为复杂。同样,也存在保证飞行器之间最小间隔的修正。他们还研究了通信失效和有一定限制的机动性约束条件。

Prandini 等人[23-25]研究了三维飞行器飞行中的安全性。在他们的研究中,基于随机模型预测飞行过程中飞行器未来的位置,该模型包含有关于飞行器飞行计划的信息,并将风的出现认定为飞行器运动中不确定性的主要来源。文献 [26] 对该方法进行了扩展,将飞行器运动的中期模型建立为随机过程,并用马尔可夫链进行近似。为了在有限的时间范围内,预测飞行器的位置,作者将风的干扰综合到飞行器的速度中。飞行器的距离对风干扰的空间相关结构起决定性作用,对于两个距离更近的飞行器,干扰与飞行器速度之间的相关性更强。利用马尔可夫链状态空间计算出冲突概率,马尔可夫链状态空间是通过对遭遇位置附近区域离散化而得到的。在文献 [27] 中,他们提出了转换扩散模型来预测正按照给定飞行计划飞行的飞行器的未来位置,该飞行计划采用了随机混合系统的模型化框架[28]。基于马尔可夫链切换扩散的弱近似被用来开发数值算法，以计算飞行器进入非安全区域或太靠近另一架飞行器的概率估计。

在文献 [29] 中，Prandini 等人提出了基于飞行器目标信息设计最优冲突解决机动的冲突解决方案。通过随机最优化方法，使得目标信息对影响飞行器未来位置的不确定性具有鲁棒性。采用该方法他们说明了影响飞行器运动不确定性的概率描述，并避免了纯蒙特卡罗随机优化方法的繁重的计算负担。表 6.4 总结了场方法，并按照分类方法给出了场方法的分类。

表 6.4 场模型

模型	解决方法	探测	轨迹预测	机动
Duong	F	3D	N	SC, T, AC
Hu	F	HP	P	T
Eby	F	3D	N	SC, T, AC
Prandini	F	3D	P	SC, T, AC

6.3.5 几何方法

Ota 等人[30]提出了基于飞行器与威胁之间的几何关系，在水平和垂直运动面上生成规避轨迹的方法。作者引入了 "威胁地图" 的新概念，用其将移动威胁描述为静态威胁。因此，动态威胁的运动规划可简化为规避静态威胁的路径规划。威胁地图是要定期更新的，而且要计算飞行器的速度方向以规避威胁。他们利用 "风险空间" 对威胁建模。规避风险空间的飞行器要与威胁保持安全间隔。

Chiang 等人[31]提出了基于计算几何的方法，该方法将飞行表示为 Delaunay 图[32]。在用图表示非交叉管路的结构时，他们的解决算法计算强度较大。

Bilimoria[33] 提出了关于飞行器冲突解决的几何最优化方法，其利用了当前的位置和速度矢量信息。它们将冲突解决所要求的速度矢量变化减至最小，从而与标称轨迹的偏差最小，就此而言，该解决方案是最优的。该方法利用了飞行器轨迹的几何特征以及直觉的推理，提供来自封闭解析解决方案的冲突解决机动。该算法为在水平面上的冲突解决，提供了航向和速度变化的最优组合。

结果表明，对于两个飞行器来说，解析解决方案是最优的。通过与数值计算解决方案比较, 该解析解决方案得到了验证, 其中的数值计算解决方案来自利用半正定规划方法的计算强度较大的最优化过程。多个飞行器冲突是循序地得到解决的, 即每个飞行器每个更新周期内解决最紧迫的冲突。正如文献 [10] 所阐明的, 依次应用成对飞行器的冲突解决方案, 不能保证多个飞行器冲突的安全性。

Hu 等人[34,35]设计了多个飞行器冲突解决方案的最优协调机动。他们提出了能量函数, 在所有的无冲突机动中选择最优的机动。它们的成本函数包含一种支持那些机动的优先权机制, 在该机制中, 具有较低优先权的飞行器在解决预测的冲突中承担更多的职责。解决机动同样包含航向、速度和高度的变化。对于两个飞行器的冲突, 他们提供了一种几何结构和一种计算最优解决机动的数值算法。对于多个飞行器的情况, 他们使用近似的方法来计算次优的解决方案。

Christodoulou 等人[36]将三维空中交通碰撞问题描述为混合整数非线性规划问题。最优化函数定义为所有的飞行器规避所有可能冲突的总飞行时间。他们仅仅考虑了涉及速度变化的机动。在文献 [37] 中, 他们利用神经网络来规避三维碰撞, 其中的神经网络通过非线性规划设置的样本来训练。然而, 这种扩展会对优化速度变化的速度机动产生影响。为规避即将发生的冲突, 神经网络要预测多个飞行器的最优速度变化。作者利用随机生成的冲突情形, 以及依照非线性最优化计算而生成的最优解决方案来训练神经网络。

Luongo 等人[38]提出了关于飞行器非合作碰撞规避的最优三维几何方法。作者依照基于几何方法建立的运动学最优化问题, 推导出解析解决方案。他们的方法考虑了所有的控制变量 (速度、航向和垂直的变化)。在成对飞行器的碰撞规避中, 为了保持被视为侵入者的另一个飞行器周围环境的安全性, 他们持续更新飞行器的速度。该算法没有考虑固定的障碍物和受限空域, 例如地面障碍、特殊用途空域。到目前为止, 他们的解决方案只能处理两个飞行器的碰撞。

Pappas 等人[39] 基于混合整数几何规划提出了一种方法, 以使一组飞行器通过测量的定位点。为了指挥固定点上的飞行器, 他们考虑从航空公司获得效用函数。

在文献 [40] 中, 作者描述了利用简单几何方法的 CDR 方法。两个 UAV 被视为具有恒定速度的质点。作者讨论了航路上的飞行器基于 ADS—B 更新资料建立的信息数据库。该算法能够计算 PCA (最近进近点), 并评估两个 UAV 之间最早的碰撞。该文献中提出了一种被称为矢量共享解决方案的解决机动逻辑。利用 PCA 中的脱靶距离矢量, 这种算法给出了两个 UAV 共享冲突区域的指令。根据这些指令, UAV 能够进行协调机动。表 6.5 给出了所提出的几何方法的分类。

表 6.5 几何方法

模型	解决方法	探测	轨迹预测	机动
Ota	G	3D	N	SC, T, CD
Chiang	G	3D	N	SC, T, CD
Bilimoria	G	HP	N	SC, T
Hu Ⅱ	G	3D	N	SC, T, CD
Christodoulou	G	3D	-	SC
Luongo	G	3D	N	SC, T, CD
Pappas	G	3D	N	SC, T, CD

6.3.6 数值优化方法

Durand 等人[41]提出了预先确定机动, 并构建多个飞行器冲突解决机动, 以解决航路上的冲突。作者在形式上将冲突定义为, 由于冲突解决而产生的时间延迟最小的约束最优化问题。他们的方法是, 使用一种基于随机优化技术和遗传算法的最优化问题解法来相继生成每一个解决机动。他们基于许多实验证实了该方法, 实验中的遗传算法是极为有效的, 并且能解决实时状况下的冲突。随后在文献 [42] 中, 他们利用遗传算法来训练神经网络, 并用于解决两个飞行器之间的冲突。

Menon 等人[43]提出了基于准线性化方法的冲突解决算法。他们使用集成了操作约束条件的非线性质点飞行器模型, 用两种不同的成本函数计算冲突解决轨迹:

(1) 将与原始轨迹的偏差视为与标称航迹偏差摄动的平方;

(2) 总飞行时间和燃料消耗的线性组合。

经过最优化处理生成了三维最优多飞行器冲突解决方案, 但最优化过程的计算强度通常是很大的。

Frazzoli 等人[44]使用随机搜索, 从所有可能的穿越模式中选择某一个模式, 并对所选择的穿越模式进行凸面最优化, 以获得解决机动最小的能量。他们说明了飞行器之中所有可能穿越模式的二维平面多飞行器冲突解决问题, 可转化为一个非凸二次约束规划问题。他们证明对于这种类型的问题存在有效的数值张弛。由这些张弛生成的随机搜索技术能够计算出可行的局部最优冲突解决策略。

Bicchi 等人[45]提出了关于飞行器动力学模型最优冲突解决方法的设计, 该飞行器在水平面上以恒定的巡航速度和曲率边界飞行。冲突解决被表示为飞行时间最小化的最优控制问题。该解决方法被用作飞行器移动智能体发展的离散化混合系统[46,47]。

Pallotino 等人[48,49]将多飞行器冲突解决的两种不同表征, 描述为混合整数线性规划。在第一种情况中, 仅考虑速度变化; 在第二种情况中, 仅考虑航向变化。相对于文献 [45] 中提到的非线性模型, 凭借现有的解法, 可快速求解出该问题的线性解。该方法的主要好处是其实时性的实现。作者证明, 当另一架飞行器可见时, 考虑到状态转换期间最坏情况的机动需求, 若有一定的前视距离, 则该算法可以进行分散化修改。

Raghunathan 等人[50]将多飞行器的最优合作三维冲突解决问题, 描述为严格的数值轨迹最优化问题, 在保持每一对飞行器之间安全间隔的同时, 使某一目标函数最小化。他们将飞行器建模为非线性质点的动力学模型。通过对有限元素的组配, 最优控制问题转变为有限维的非线性规划。通过使用包括行搜索方法在内的内质点算法, 对非线性问题进行求解。他们提出了一种具有可行解的可靠初始化策略。

Šišlák 等人[51]提出了用在飞行器之间不能通信时的非合作 CDR。这种情况是可能发生的, 例如, 当 UAV 上的通信设备损坏时或当其他飞行器 (敌方) 有意拒绝通信时。利用文献 [52,53] 中最优化算法的典型非合作碰撞规避, 可最优地解决仅与一个非合作式目标的冲突。对于多个非合作式目标, 这种方法则可能无效。因此, 作者设计了基于动态无飞行区域的方法。该方法利用路径规划中的 A* 算法[54], 可规划出一条与定义无飞行区域不相交的飞行路径。该算法负责所有操作的协调, 这些操作是规避 UAV 与表示非合作式目标物体可能的未来碰撞所需要的。触发冲突解决过程的事件是所获得的通报, 该通报来自于提供本地区域中不明目标位置的传感器 (雷达)。观测结果用来更新算法的知识库。依据当前 UAV 的飞行计划和所预测非合作式目标飞行轨迹的交叉点来定义碰撞点。该算法根据包含时间信息的两个最新位置和当前速度, 利用线性预测来估计未来目标的轨迹。预测提供了碰撞点的位置和时间信息。探测到的碰撞点位于动态无飞行区域内。所有的无飞行区域以二进制八分圆树形图的形式来实现[55]。

Šišlák 等人[56,57]利用所定义的最优化问题提出了一种分散式碰撞规避算法, 对最优化问题来说, 效能标准碰撞损失和飞行器任务被集成于目标函数中。UAV 最优控制是使目标函数最小化的一组动作, 同时能够解决碰撞。他们使用概率集合 (PC) 架构[58,59]作为最优化解法。PC 是一种使用概率算子优化变量空间的随机优化器。PC 优化器的主要好处是整个最优化过程可以分布于几个控制飞行器的控制器上, 这几部分可以同时执行。PC 使用并行优化和集中优化两种不同的实现方法。在第一种方法中,PC 优化过程是由一组 UAV 合作完成的。来自 PC 的每一个优化变量对应于一个 UAV。这种方法可充分受益于 PC 优化的并行执行, 但另一方面它需要复杂的协商协议。第二种方法需要收集优化输入, 选择一个主输入执行优化, 并且对所有涉及到的 UAV 分配解决方案。该方法采用了流程集成机制 (PIM)[60], 该机制利用 UAV 之间协调过程的转移, 自动地处理同步和通信问题。另一方面, 这种方法不能利用随机优化的并行优化。表 6.6 给出了这些方法的分类。

表 6.6　数值优化方法

模型	解决方法	探测	轨迹预测	机动
Durand	Nu	3D	N	T
Menon	Nu	3D	N	SC, T, CD
Frazzoli	Nu	HP	N	SC, T
Bicchi	Nu	HP	N	T
Pallotino	Nu	HP	N	T(SC)
Raghunathan	Nu	3D	—	—
Šišlák I	Nu	3D	N	SC, T, AC
Šišlák II	Nu	2D	N	T

6.3.7　组合方法

Pappas 等人[61,62]提出了一种基于混合系统的自动分散式冲突解决方案, 该混合系统包括两类: (1) 非合作式动态对策; (2) 基于预先确定控制律的协调解决。它们碰撞规避结构的基本组成部分是远程冲突预测部分。这个组成部分用于识别一组可能涉及到冲突的飞行器。一旦这组飞行器被识别, 他们的方法则假定在所有的冲突解决完之前, 不会有新的飞行器进入到这组飞行器中。如果新的飞行器进入, 则会形成包括该飞行器在内的扩展问题。

解决冲突的第一次尝试是完成飞行器之间没有协调的非合作式碰撞规避。在这种情况中,飞行器被视为非合作的、零和动态对策中的选手[63],每个飞行器知道其他飞行器可能的行动,将其他飞行器的行动视为干扰而进行建模。若对策的鞍点解存在,飞行器在假设最严重可能干扰的情况下选择最优策略。由此产生的解决方案包含不同操作模式之间的转换,并可表示为混合自动系统。每一架飞机的性能要求被编码在各种不同的成本函数中,一旦成本函数超过了特定的阈值,对策就成功了。性能要求是根据两个飞行器之间的距离进行编码的,这个距离永远不能低于被称为间隔间距的最小阈值。如果对策的鞍点解是安全的(成本函数超过了特定的阈值),飞行器则遵循鞍点解指定的策略,而不需要进行协调。

如果对策的鞍点解是不安全的,为了减少干扰集则使用飞行器之间的部分协调。在部分协调期间,同质飞行器交换它们的干扰集,从而得到对策的安全解。如果这些减少干扰集的交集是非空的,那么,简单地通过减少每架飞行器可能的行动就可规避碰撞。对于异质飞行器,每个飞行器按照特有的优先权进行排序,飞行器可选择它们自身的策略,只要其不妨碍排序更高的飞行器策略。若减少干扰集仍不能生成安全的解决方案,则要应用完全合作碰撞规避。在这种情况下,飞行器要遵循被证实是安全的预先确定的机动,例如右行规则。飞行器间的协调采用了预先确定的通信协议和管制规程的形式,这些形式都被证实是满足性能要求的。

文献 [61,62] 仅考虑了飞行器的航向控制。在文献 [64,65] 给出的这项工作的后续延展中,说明了前面所描述混合结构的非合作部分,在混合结构中通过有限的自动控制对对策建模,该自动控制基于微分方程,将经过安全设计的混合系统的每个状态和结果联系起来。所提供的实现恒定高度冲突解决的自动控制,考虑了依靠角速度(航向变化)的解决方案和依靠线速度(速度变化)的解决方案。文献 [66,67] 证实了可以用冲突解决机动的方法解决初始冲突并且是安全的。Kosecka 等人[68,69]使用势场和矢量场技术规划多个飞行器的运动。前文所介绍的混合系统技术,利用飞行器间的协调产生 2.5 维空间的解决方案,这些飞行器采用了一系列水平和垂直平面上的规避机动。

Krozel 等人[70]提出了最优控制理论[71],使短期冲突的脱靶距离最大化。他们的解决方案只考虑了确定背景下两个飞行器的短期冲突。他们引入了飞行器周围的战术警戒区,最优控制策略利用这个战术警戒区提供解决机动,该解决机动在经济的冲突解决策略基础上,考虑了安全性的约束。

该解决策略是使最近进近点最大化的最优函数的解。他们将欧拉 — 拉格朗日方程应用于最优控制。此外，最初仅考虑只提供航向或速度机动的二维情况。随后他们对该方法进行扩展[72]，给出了考虑高度机动的三维空间冲突解决方案。

在文献 [3, 73] 中，他们将此战术方法扩展到提供中期碰撞冲突解决的战略层面。通过引入冲突概率映射图，对具有非确定性分析的战略冲突探测进行建模。战略策略在保持强制安全性的同时，优化了经济状况。战略冲突解决策略分析了航向、速度和高度机动的几何学关系，并对这些机动的直接操作常数进行了估计。

Gross 等人[74] 将几何方法与地面机器人中熟知的碰撞锥方法相结合，应用于三维环境中两架飞行器的碰撞规避。对于最普遍的情况，他们利用数值优化技术推导出解析结果。他们的算法所提供的结果是最优的，因为他们致力于速度矢量的变化最小，从而使得与标称航迹的偏差最小并规避了冲突。类同于文献 [38] 所给出的，这种混合方法将速度、航向的变化和垂直的变化结合在一起。他们考虑了符合实际情形的空速和转弯速率的固有界限。

Šišlák 等人[76]提出了基于规则的冲突探测和解决方法，该方法利用多智能体架构建立了系统模型。基于规则的碰撞解决机制，是一种依赖于地理区域的算法。它基于 FAA 定义的目视飞行规则。飞行器周围空域被划分为四个区域。首先，基于有关飞行器投射到地面的方位矢量之间的夹角，识别飞行器之间的碰撞类型和探测特定的冲突类型。对于正面冲突，两个飞行器均向右转向从而彼此规避。对于背后碰撞，有两种情况：(1) 前面的飞行器较快，则这些飞行器不改变它们当前的飞行计划；(2) 后面的飞行器较快，则这些飞行器必须改变其预期的飞行计划，后面的飞行器在不危及前面飞行器的情况下从右侧超越过它。对于侧面碰撞，其中一个飞行器 (飞行器 A) 需要降低速度，以便它比另一个飞行器 (飞行器 B) 晚到达碰撞点。如果由于每一类飞行器所限定的最小飞行速度而不可能这样做的话，那么飞行器 A 应尽可能地减速并向右移动其预期的飞行计划点。这样两个飞行计划之间就不会出现交叉。对于侧面碰撞，飞行器 B 具有较低的交通优先权。飞行器 A 通过提高其飞行速度而改变其飞行计划，以便它在飞行器 B 之前通过碰撞点。飞行器 A 只是尽其所需地加快速度。

Angelov 等人[77]提出了被动式的冲突探测和解决方法。该方法仅基于飞行器的方位来探测碰撞。这种方法基于当前和过去的方位评价风险。风险评价器采用了高斯理论。一旦探测到碰撞，就启动基于最坏情形的机动。

在规避了碰撞后, 执行最优策略返回到预先计划的航路上。表 6.7 概括了所有的组合方法。

表 **6.7** 组合方法

模型	解决方法	探测	轨迹预测	机动
Pappas, Tomlin	C	HP	N	T
Kosecka	C	HP	N	SC, T
Krozel	C	3D	N	SC, T, AC
Gross	C	3D	N	SC, T, AC
Šišlák III	C	3D	FP	SC, T
Angelov	C	2D	WC	T

6.3.8 多智能体方法

Wangermann 等人[78-82]使用具有不同利益智能体之间有原则的协商, 通过时隙协商进行空中交通管理。在他们的方法中, 智能体生成选项并且确定出最适合于它们行动的建议, 从而每个智能体最优化其自身的行动。所有智能体的行动组成为公开的、程序上的、自发的行为模型。有原则的协商允许智能体搜寻其他方法不能获得的选项, 从而提高所有智能体的效用函数。

Rong 等人[84]描述了以约束满足为基础的合作式智能体解决方案。冲突的飞行器两两进行协商, 直至建立起彼此都可接受的解决方案。为便于飞行器搜寻多方都可接受的冲突解决方案, 建立了成对的、基于论据的协商方法。所提出的算法可能是失败的, 不能提供解决方案。基于地面的空中交通控制者总是包含在它们的系统中, 并起到高级监督者和协调者的作用。他有权批准或撤销来自任何飞行器的任何提议。如果协商失败, 中央控制器则强制执行其自身的冲突解决方案。

Wollkind 等人[85,86]定义了基于智能体到智能体协商的、完全分布式解决方案的各种不同的协议。他们提出了两个飞行器冲突的解决方案, 该方案采用了文献 [87] 中具有飞行器到飞行器数据链的单调让步协议。飞行器可预测未来 20 min 内的冲突。如果将要发生新的冲突, 飞行器开始与另一个飞行器协商。飞行器互相交换可选择的轨迹以及集成了飞行器选择权的效用情况。交换完成后，飞行器启动单调让步协议，以便从协商集中选择一种协议。

Resmerita 等人[88-91]将空域划分为在给定的时间仅被一个飞行器所占据的静态单元，通过找到经过这些单元的无冲突路径而实现冲突解决。如果两个飞行器在同一时间占据相同的单元，则两条飞行器的轨迹就是冲突的。这些单元为无向图的顶点，图的边缘为单元之间的路径。智能体 (飞行器) 轨迹是覆盖空域地图上的定向、定时图形。在一个飞行器进入该系统前，它将自身注册到保存了所有飞行器和它们轨迹清单的中央控制器中。然后中央控制器按照飞行计划对它们的要求分配资源，消除了智能体之间的任何通信。

当某个智能体所请求的资源已被分配出去之后，冲突解决就成为必不可少的问题。首先，智能体尝试交换路径。如果没有构建成可接受的路径，控制器就会要求正占据那一资源的智能体，通过选择它们自身的、可替代的路径而释放资源。如此的资源串行转移可以释放必要的资源或避免失败，并且飞行器根本不能进入到系统中。每个飞行器跟踪其中最优的一条路径；如果不能找到一条最优路径，它就不能进入。这种算法计算量极大，并依赖于具有完全知识的中央控制器。

Wangermann[78]、Resmerita[88] 和 Jonker 等人[92]都相应提出了与冲突解决有关的方法，但都没有采用自由飞行的概念，这种概念较当前 ATM 结构中的运行算法具有许多好处。该方法中有成对的协商，在每一个协商中可解决两个飞行器之间的冲突。

Šišlák 等人[51,93]提出了针对合作式 CDR 的、基于效能的点对点迭代算法。它是一种独立于空域的算法，但是机动实施是依赖于空域的。基于效能的规避机制提供了成对飞行器的解决方案。首先，参与的飞行器生成一组各种不同修正的飞行轨迹，并且使用效能值评估每一种变化。效能函数通常包括所提出的冲突解决方案中的飞行器意图。使用七个参数化的冲突解决机动来生成飞行器的飞行轨迹变化：直接机动 (飞行计划无变化)、右转、左转、爬升、俯冲、加速和减速。最好的可能冲突机动是可以用单调让步协议的变化来表示的[87]。

Hill 等人[94-97]使用了一种满意博弈论的方法[98,99]。满意博弈论是基于双重社会效能的概念：选择能力和拒绝能力。选择能力描述不考虑成本条件下达到目标的有效能力，拒绝能力描述消耗掉的资源总量。不同于传统博弈论建立自身利益最大化的度量模型，他们提出了一种飞行器要考虑其他飞行器选择权的满意扩展方法。他们的算法仅提供了航向的变化。每个飞行器按照特定的优先权将所有其他飞行器划分为小组。基于这些优先权,每个飞行器利用其自身的不完备知识,计算更高排序飞行器的完全选择能力。这种方法是非常复杂的。

因此,他们引入了一个简化模型,根据可能的航向变化将飞行器划分为五组。每组中的飞行器数量被视为这个组的权重。根据飞行器是风险规避还是风险搜寻而做出最终的决定。风险规避飞行器以最低拒绝能力效能选择选项,风险搜寻飞行器以最高选择能力效能选择选项。根据每个飞行器的选择能力效能和拒绝能力效能之间的差异来选择飞行器的模式。

Šišlák 等人[93,100]提出了以创建同时解决一个或多个冲突的飞行器组为基础的 CDR 方法。在密集空域,这种方法可提供更好的空域利用率。让我们想象一种情形,两个飞行器存在冲突,但由于其他飞行器就在它们附近,它们难以规避冲突。这种情形是如此的困难,以至于它们只有两个选择,要么急剧地偏离航线,要么只是略微偏离航线,但这样会造成它们的飞行计划与另一个飞行器的飞行计划相冲突。然而,它们可以与其他飞行器创建一个组来共同解决碰撞。从根本上说,两个冲突飞行器会要求其他飞行器为它们的躲避机动留出间隔。在所提出的多方算法背后隐含的基本理念是,搜寻飞行器飞行计划中可能应用躲避机动序列的状态空间。搜寻的目标是根据给定评估解决方案合理性的标准,解决多重冲突。该算法再次利用了 A* 算法[54]。多智能体方法的分类列于表 6.8 中。

表 6.8   多智能体方法

模型	解决方法	探测	轨迹预测	机动
Wangermann	MA	3D	P	SC, T, CD
Rong	MA	3D	N	SC, T, CD
Wollkind	MA	3D	N	3D
Resmerita	MA	3D	N	SC, T, CD
Šišlák IV	MA	3D	FP	SC, T, AC
Hill	MA	HP	N	T
Šišlák V	MA	3D	FP	SC, T, AC

6.3.9　其他方法

Erzberger 等人[101]提出了将确定性轨迹预测与随机冲突分析相结合的方法, 来实现可靠的冲突探测。冲突概率算法是先前算法的三维扩展[102]。他们将轨迹预测和估计冲突概率的误差模型表示为相遇几何的函数。然后, 他们使用运动方程生成四维轨迹, 以自动解决冲突概率约束条件下的冲突。

Viebahn 等人[103]提出了探测和规避飞行危险的方法, 这些危险结合了飞行器进入单一系统所有可能的外部威胁。他们的方法是以包含独立空间要素飞行器周围的空域模型为基础的。对于空间每一个要素, 自传感器的输出推导出威胁概率。利用概率分布预测出飞行器自身的位置。这种方法保证了在对最可能的飞行路径加权期间, 考虑了飞行器在不久将来所有的可能位置。冲突解决机动是在考虑飞行器周围所有可能的危险条件下而生成的。

Alliot 等人[104–106]通过为每一个飞行器相继地生成表示分配策略的解决机动, 来解决多飞行器冲突。每个碰撞对都得到解决, 从而后续的 5 min 内没有任何碰撞。他们使用 A* 算法, 从一组预先确定的机动中选择最优机动。当试图将成对飞行器的解决方案连续地应用于多个飞行器的冲突时, 可能会发生问题。性能主要取决于排序的质量, 得到最优排序是极其困难的[41,107]。

Burdun 等人[108]设计了支持自由飞行操作自动化冲突管理的人工智能知识模型。将一组可能冲突的飞行器表示为一个自主的过程, 这个过程利用了受到大自然启发的集体行为原理, 如鸟群、鱼群、昆虫群等。这些原理基于运动学和几何学的约束, 用于管理可能的冲突。除了这些原理之外, 其还集成了系统动力学的综合知识。因为仅靠群模型不足以规避碰撞, 他们将自组织和基于物理的预测结合在一起。根据特定的条件, 他们使用其中某种方法。

Hu 等人[109]利用辫子理论对多个飞行器的解决类型进行了分类。根据飞行器在联合时空坐标中的状态, 他们对飞行器遭遇的典型冲突解决类型进行分类。概率解决算法被集成为一个随机类型的选择器, 以便凭借随机解决方法解决组合优化问题。这种分类结果分配给相应的纯辫子组。他们通过求解凸面最优化问题, 使得对于给定的机动类型包括在成本函数内的轨迹总长度最小, 从而构建解决机动。

对于两个飞行器, 他们使用解析表达式构建最优解决机动。对于多个飞行器的情况, 他们利用凸最优化技术, 在每个分类的碰撞类型中寻找最佳的双重解决机动。当飞行器的数量增加时, 他们的解决方案在计算上变得复杂起来。由于随机算法的使用, 对于相同的冲突问题, 他们的方法可能会产生不同的解决方案。

Krozel 等人[110]描述了利用恒定速度且仅有航向变化的分布式算法。他们利用有限的时间范围, 解决成对出现的未来碰撞。之前的冲突解决方案可能会引起进一步的冲突, 这些冲突需要在下一次迭代中得到解决。利用两种不同的策略, 碰撞的飞行器可以超前或滞后与其相冲突的飞行器。近视策略通过选择要求航向改变最小的前侧或后侧机动, 确定了最有效的冲突解决方案。前视策略首先决定最有效的机动 (前侧或后侧), 然后核查该机动是否会在当前冲突之前产生新冲突。如果没有发现这样的冲突, 它执行所选择的机动 (类似于近视策略)。然而, 如果发现了这样的冲突, 则核查相反的解决方案, 看看是否是无冲突的。假如是这样的话, 则执行该解决方案。否则, 从初始变量开始, 在航向上以 2° 的增量搜寻机动, 直到搜寻到无碰撞的路径为止。这产生了在给定时间范围内的最小间隔间距。

Mao 等人[111-115]解决了两个垂直的飞行器交汇在一个固定点上的冲突解决问题。他们证明了, 基于最小航向变化的解决方案, 可以用进入空域时的航向变化机动来描述, 为这种冲突提供了稳定解, 这是他们前期工作的扩展[116]。进一步的工作是对多重交汇进行分析, 在此, 简单的分散式冲突规避规则可能无法处理所有交通状况[117]。冲突解决问题可以分解为一系列的子问题。每个子问题仅包含两个飞行器的交汇。实现该分解的策略是横向移动飞行器的航线, 从而它们可以两两交汇并且产生的冲突区域是非重叠的。他们将冲突区域定义为一个圆形区域, 其圆心在这一对航线的交汇点。他们系统阐述了使飞行器航线横向移动最小的最优化问题, 然后将非凸面问题转化为三个交汇航线的封闭解。

Bayen 等人[118]采用了基于分区的空中交通流量的理论模型, 该模型是利用混合自动机理论推导出来的。他们的模型以依赖于航迹的总数量为基础, 例如在部分空域中飞行器的平均数。利用空中交通管制系统为飞行器提供的有限简单指令集, 他们的模型试图达到分区可允许飞行器的最大数。这种系统非常接近当前基于预先确定航线的空中交通管制系统, 该系统主要控制这些航线上飞行器的分布。所定义的用于飞行器控制的混合自动机, 还集成了由捷径和绕道飞行所表示的航线变更。

Visintini 等人[119,120]将冲突解决问题定义为期望值标准的最优化问题, 他们的模型包括利用随机模拟器的不确定性等级[121], 基于马尔可夫链蒙特卡罗的迭代过程用于随机环境中的冲突解决。贝叶斯统计[122]对他们的方法起到了积极的作用，他们对考虑间隔的期望值解决标准进行了考虑。该方法选择最为有效的具有足够高安全概率的机动。他们将这样一个约束最优化问题，近似为一个带有期望值标准的最优化问题，因此最优的机动保证了高概率的约束满意度。这种方法在末端分区和进近分区都得到了验证。

Grabbe 等人[123]将工作车间调度问题应用于用户首选航路上，以减少轨迹的交叉点。对于特定的工作车间调度问题，他们利用 0 — 1 整数规划模型计算离场和航路的最优控制。用基于进度分配的试探法对模型进行改善，将原有模型转化为问题的子集。

Paielli[124] 提出了计算垂直解决机动[125]的算法，以解决随后 2 min 内的空中交通冲突。他使用了几个进程，包括高度修正拒绝、暂时高度、阶段高度和校平确认。

Grabbe 等人[126,127]提出了顺序优化方法，在空域容量不确定的条件下管理空中交通流量。他们通过集成确定性整数规划模型开发了决策支持系统，在航路容量约束下为飞行器分配延时，从而解决系统的不确定性。他们基于飞行计划、机场容量和空域容量的确定性估计，提出了对单独航班分配离场前延迟的离场控制模型。

Kim 等人[128]提出了利用三维质点飞行器模型的 CDR 实时算法。通过使用蒙特卡罗仿真来计算冲突概率，在给定的时刻将碰撞时间和飞行器之间的距离与给定的阈值相比较，以确定碰撞的概率。使用预先确定的机动来解决冲突。选择最佳的解决机动，并将加速指令转变成飞行器的推力、负荷和倾斜转弯角。

Gariel 和 Feron[129] 提出了通信、导航或监视系统故障情况下，出现不确定性时的三维冲突解决算法。作者们提出使用一组最小限度的机动，即航向变化、速度变化和飞行高度变化。使用混合整数规划确定用于冲突解决的那组机动。将不确定性简单地建模为安全区域范围的额外要求。

Kouzegharani 在他的论文中将 CDR 过程建模为一个混合系统[130]，即用于碰撞预测的飞行器连续动力学与离散冲突探测逻辑的相互作用。通过将随机定时输入输出自动机的元素与部分可观测的马尔可夫决策过程架构相结合，采用混合隐马尔可夫模型，进行随机飞行器状态的预测。

Van Daalen 在论文[131]中，介绍了利用穿越冲突区域边界的概率流的随机碰撞探测。实际的冲突探测是利用自适应数值积分计算得到的。冲突解决方法使用了带有随机路线图的吉纳动态运动规划算法。表 6.9 给出了所有的其他方法的分类。

表 6.9　其他方法

模型	解决方法	探测	轨迹预测	机动
Erzberger	O	3D	N	VC, T, AC
Viebahn	O	3D	P	VC, T, AC
Alliot	O	3D	N	VC, T, AC
Burdum	O	3D	P	VC, T, AC
Hu Ⅱ	O	3D	P	VC, T, AC
Krozel	O	2D-HP	N	T
Mao	O	2D-HP	N	T
Bayen	O	2D	N	—
Visintini	O	3D	P	VC, T, AC
Grabbe Ⅰ	O	3D	P	VC, T, AC
Paielli	O	2D-HP	N	AC
Grabbe Ⅱ	O	3D	P	VC, T, AC
Kim	O	3D	P	VC, T, AC
Gariel & Feron	O	3D	N	VC, T, AC
Kouzegharani	O	-	P	—
Van Daalen	O	3D	P	VC, T, AC

致谢

本章的研究得到了捷克教育部 (基金序号 6840770038), 捷克国防部 (基金序号 OVCVUT2010001) 和美国空军空军材料司令部空军科学研究办公室 (基金序号 FA 8655-06-1-3073) 的资助。本文中的观点和结论仅代表作者本人, 不能被视为美国空军科学研究办公室或美国政府的官方政策、认可、表达或者暗示。

参考文献

[1] W. H. Harman, 'TCAS: A system for preventing midair collisions,' Lincoln Laboratory Journal, vol. 2, no. 3, pp. 437–457, 1989.

[2] FAA, Document DOT/FAA/RD-91/5, Precision Runway Monitor Demonstration Report, February 1991.

[3] J. Krozel, M. Peters, and G. Hunter, Conflict detection and resolution for future air transportation management. Technical Report NASA CR-97-205944, April 1997.

[4] J. Kuchar and L. Yang, 'A review of conflict detection and resolution modeling methods,' IEEE Transactions on Intelligent Transportation Systems, vol. l, pp. 179–189, December 2000.

[5] K. Zeghal, 'A review of different approaches based on force fields for airborne conflict resolution,' in Proceedings of the AIAA Guidance, Navigation, and Control Conference (Boston, MA), pp. 818–827, August 1998.

[6] B. Albaker and N. Rahim, 'A survey of collision avoidance approaches for unmanned aerial vehicles,' in Technical Postgraduates (TECHPOS), 2009 International Conference for, 2009.

[7] R. Holdsworth, Autonomous In-Flight Path Planning to replace pure Collision Avoidance for Free Flight Aircraft using Automatic Dependent Surveillance Broadcast. PhD thesis, Swinburne University, Melbourne, Australia, November 2003.

[8] Kim, S. Sukkarieh, and S. Wishart, 'Real-time navigation, guidance, and control of a UAV using low-cost sensors,' in Springer Tracts in Advanced Robotics, 2006.

[9] R. Schild, Rule optimization for airborne aircraft separation. PhD thesis, Technical University Vienna, Vienna, Austria, November 1992.

[10] I. Hwang, J. Kim, and C. Tomlin, 'Protocol-based conflict resolution for air traffic control,' Air Traffic Control Quarterly, vol. 15, no. 1, pp. 1–34, 2007.

[11] I. Hwang and C. Tomlin, 'Protocol-based conflict resolution for finite information horizon,' in Proceedings of the American Control Conference, pp. 748–753, 2002.

[12] R. Lachner, 'Collision avoidance as a differential game: Real-time approximation of optimal strategies using higher derivatives of the value function,' in Proceedings of the IEEE International Conference on Systems, Man, and Cybernetics, vol. 3, pp. 2308–2313, October 1997.

[13] R. Isaacs, Differential Games. New York: R. E. Krieger, 1965.

[14] J. Zhang and S. Sastry, 'Aircraft conflict resolution: Lie-Poisson reduction for game on SE(2),' in Proceedings of the 40th IEEE Conference on Decision and Control, vol. 2, pp. 1663–1668, 2001.

[15] A. Bayen, S. Santhanam, I. Mitchell, and C. Tomlin, 'A differential game for-

mulation of alert levels in ETMS data for high-altitude traffic,' in Proceedings of the AIAA Guidance, Navigation, and Control Conference (Austin, TX), August 2003.

[16] V. Duong and K. Zeghal, 'Conflict resolution advisory for autonomous airborne separation in low-density airspace,' in Proceedings of the 36th IEEE Conference on Decision and Control, vol. 3, pp. 2429–2434, December 1997.

[17] V. Duong and E. Hoffman, 'Conflict resolution advisory service in autonomous aircraft operations,' in Proceedings of the 16th Digital Avionics System Conference (Irvine, CA), pp. 9.3.10–9.3.17, October 1997.

[18] K. Zeghal, 'Toward the logic of an airborne collision avoidance system which ensures coordination with multiple cooperative intruders,' in Proceedings of the International Council of the Aeronautical Sciences, vol. 3 (Anaheim, CA), pp. 2208–2218, September 1994.

[19] J. Hu, J. Lygeros, M. Prandini, and S. Sastry, 'Aircraft conflict prediction and resolution using Brownian motion,' in Proceedings of the 38th IEEE Conference on Decision and Control, vol. 3, pp. 2438–2443, 1999.

[20] M. Eby and W. Kelly, 'Free flight separation assurance using distributed algorithms,' in Proceedings of the IEEE Aerospace Conference (Snowmass, CO), pp. 429–441 , March 1999.

[21] W. Kelly and M. Eby, 'Advances in force field conflict resolution algorithms,' in Proceedings of the AIAA Guidance, Navigation, and Controls Conference (Denver, CO), August 2000.

[22] M. S. Eby, 'A self-organizational approach for resolving air traffic conflicts,' Lincoln Laboratory Journal, vol. 7, no. 2, pp. 239–254, 1994.

[23] M. Prandini, J. Hu, J. Lygeros, and S. Sastry, 'A probabilistic approach to aircraft conflict detection,' IEEE Transactions on Intelligent Transportation Systems, vol. 1, pp. 199–220, December 2000.

[24] M. Prandini, J. Lygeros, A. Nilim, and S. Sastry, LA probabilistic framework for aircraft conflict detection,' in Proceedings of the AIAA Guidance, Navigation, and Control Conference (Portland, OR), August 1999.

[25] M. Prandini, J. Lygeros, A. Nilim, and S. Sastry, 'Randomized algorithms for probabilistic aircraft conflict detection,' in Proceedings of the 38th IEEE Conference on Decision and Control, vol. 3, pp. 2444–2449, 1999.

[26] J. Hu, M. Prandini, and S. Sastry, 'Aircraft conflict prediction in the presence of a spatially correlated wind field,' IEEE Transactions on Intelligent Transportation Systems, vol. 6, pp. 326–340, September 2005.

[27] M. Prandini and J. Hu, 'Application of reachability analysis for stochastic

hybrid systems to aircraft conflict prediction,' in Proceedings of the 47th IEEE Conference on Decision and Control, pp. 4036–4041, December 2008.

[28] H. A. P. Blom and J. Lygeros, Stochastic hybrid systems: Theory and safely applications, volume 337 of Lecture Notes in Control and Informations Sciences. Berlin: Springer, 2006.

[29] M. Prandini, L. Piroddi, and J. Lygeros, 'A two-step approach to aircraft conflict resolution combining optimal deterministic design with Monte Carlo stochastic optimization,' in Proceedings the European Control Conference (Budapest, Hungary), August 2009.

[30] T. Ota, M. Nagati, and D. Lee, 'Aircraft collision avoidance trajectory generation,' in Proceedings of the AIAA Guidance, Navigation, and Control Conference (Boston, MA), pp. 828–837, August 1998.

[31] Y. J. Chiang, J. T. Klosowski, C. Lee, and J. S. B. Mitchell, 'Geometric algorithms for conflict detection/resolution in air traffic management,' in Proceedings of the IEEE Conference on Decision and Control, pp. 1835–1840, December 1997.

[32] S. Fortune, Handbook of Discrete and Computational Geometry, ch. Voronoi diagrams and Delaunay triangulations, pp. 377–388. Boca Raton, FL: CRC Press LLC, 1997.

[33] K. Bilimoria, 'A geometric optimization approach to aircraft conflict resolution,' in Proceedings of the AIAA Guidance, Navigation, and Control Conference (Denver, CO), August 2000.

[34] J. Hu, M. Prandini, A. Nilim, and S. Sastry, 'Optimal coordinated maneuvers for three dimensional aircraft conflict resolution,' Proceedings of the AIAA Journal of Guidance, Control and Dynamics, vol. 25, pp. 888–900, 2002.

[35] J. Hu, M. Prandini, A. Nilim, and S. Sastry, 'Optimal coordinated maneuvers for three dimensional aircraft conflict resolution,' Proceedings of the AIAA Guidance, Navigation and Control Conference, August 2001.

[36] M. A. Christodoulou and S. G. Kodaxakis, 'Automatic commercial aircraft-collision avoidance in free flight: The three-dimensional problem,' IEEE Transactions on Intelligent Transportation Systems, vol. 7, pp. 242–249, June 2006.

[37] M. A. Christodoulou and C. Kontogeorgou, 'Collision avoidance in commercial aircraft free flight via neural networks and non-linear programming,' International Journal of Neural Systems, vol. 18, no. 5, pp. 371–387, 2008.

[38] S. Luongo, C. Carbone, F. Corraro, and U. Ciniglio, 'An optimal 3D ana-

lytical solution for collision avoidance between aircraft,' in Proceedings of the IEEE International Conference on Mechatronics, 2009.

[39] J. Ny and G. J. Pappas, 'Geometric programming and mechanism design for air traffic conflict resolution,' in American Control Conference, 2010.

[40] J. Park, H. Oh, and M. Tahk, 'UAV collision avoidance based on geometric approach,' in SICE Annual Conference, 2008.

[41] N. Durand, J.-M. Alliot, and O. Chansou, 'An optimizing conflict solver for ATC,' Journal of Air traffic Control, vol. 3, 1995.

[42] N. Durand, J.-M. Alliot, and F. Medioni, 'Neural nets trained by genetic algorithms for collision avoidance,' Applied Artificial Intelligence, vol. 13, no. 3, 2000.

[43] P. K. Menon, G. D. Sweriduk, and B. Sridhar, 'Optimal strategies for free flight air traffic conflict resolution,' AIAA Journal of Guidance, Control, and Dynamics, vol. 22, no. 2, pp. 202–211, 1997.

[44] E. Frazzoli, Z. Mao, J.-H. Oh, and E. Feron, 'Resolution of conflicts involving many aircraft via semi-definite programming,' Journal of Guidance, Control, and Dynamics, vol. 24, pp. 79–86, February 1999.

[45] A. Bicchi and L. Pallottino, 'On optimal cooperative conflict resolution for air traffic management systems,' IEEE Transactions on Intelligent Transportation Systems, vol. 1, pp. 221–232, December 2000.

[46] E. Frazzoli, L. Pallottino, V. Scordio, and A. Bicchi, 'Decentralized cooperative conflict resolution for multiple nonholonomic vehicles,' in Proceedings of the AIAA Guidance, Navigation and Control Conference, August 2005.

[47] L. Pallottino, V. Scordio, E. Frazzoli, and A. Bicchi, 'Probabilistic verification of a decentralized policy for conflict resolution in multi-agent systems,' in Proceedings of the International Conference on Robotics and Automation (Orlando, FL), pp. 2448–2453, 2006.

[48] L. Pallottino, E. Feron, and A. Bicchi, 'Conflict resolution problems for air traffic management systems solved with mixed integer programming,' IEEE Transactions on Intelligent Transportation Systems, vol. 3, pp. 3–11, March 2002.

[49] L. Pallottino, A. Bicchi, and E. Feron, 'Mixed integer programming for aircraft conflict resolution,' in Proceedings of the AIAA Guidance, Navigation, Control Conference (Montreal, Canada), August 2001.

[50] A. Raghunathan, V. Gopal, D. Subramanian, L. Biegler, and T. Samad, 'Dynamic optimization strategies for three-dimensional conflict resolution of multiple aircraft,' AIAA Journal of Guidance, Control, and Dynamics,

vol. 27, no. 4, pp. 586–594, 2004.

[51] D. Šišlák, P. Volf, A. Komenda, J. Samek, and M. Pěchouček, 'Agent-based multi-layer collision avoidance to Unmanned Aerial Vehicles,' in Proceedings of International Conference on Integration of Knowledge Intensive Multi-Agent Systems (KIMAS) (Piscataway, NJ), pp. 365–370, IEEE, 2007.

[52] C. Tomlin, G. J. Pappas, and S. Sastry, 'Conflict resolution for air traffic management: A study in multi-agent hybrid systems,' IEEE Transactions on Automatic Control, vol. 43, pp. 509–521, 1998.

[53] S.-C. Han and H. Bang, 'Proportional navigation-based optimal collision avoidance for UAVs,' in Second International Conference on Autonomous Robots and Agents (S. C. Mukhopadhyay and G. S. Gupta, eds), pp. 76–81, Massey University, New Zealand, 2004.

[54] P. Hart, N. Nilsson, and B. Raphael, 'A formal basis for the heuristic determination of minimum cost paths,' IEEE Transactions on Systems Science and Cybernetics, no. 2, pp. 100–107, 1968.

[55] S. Frisken and R. Perry, 'Simple and efficient traversal methods for quadtrees and octrees,' 2002.

[56] D. Sislak, P. Volf, M. Pechoucek, and N. Suri, 'Automated conflict resolution utilizing probability collectives optimizer,' IEEE Transactions on Systems, Man, and Cybernetics – Part C: Applications and Reviews, vol. 41, pp. 365–375, May 2011.

[57] D. Šišlák, P. Volf, M. Pěchouček, N. Suri, D. Nicholson, and D. Wood-house, 'Optimization based collision avoidance for cooperating airplanes,' in Proceedings of the IEEE/WIC/ACM International Conference on Intelligent Agent Technology UAT) (Los Alamitos, CA), IEEE Computer Society, Conference 2009.

[58] C. F. Lee and D. H. Wolpert, 'Product distribution theory for control of multi-agent systems,' in AAMAS' 04: Proceedings of the Third International Joint Conference on Autonomous Agents and Multiagent Systems (Washington, DC), pp. 522–529, IEEE Computer Society, 2004.

[59] D. H. Wolpert, 'Information theory – the bridge connecting bounded rational game theory and statistical physics,' in Complex Engineered Systems (D. Braha, A. A. Minai, and Y. Bar-Yam, eds), (Berlin), pp. 262–290, Springer, 2006.

[60] K. M. Ford, N. Suri, K. Kosnar, P. Jisl, P. Benda, M. Pechoucek, and L. Preucil, 'A game-based approach to comparing different coordination mechanisms,' in Proceedings of the IEEE International Conference on Distributed

Human-Machine Systems (DHMS), IEEE, 2008.

[61] G. J. Pappas, C. Tomlin, and S. Sastry, 'Conflict resolution in multi-agent hybrid systems,' in Proceedings of the IEEE Conference on Decision and Control, vol. 2, pp. 1184–1189, December 1996.

[62] C. Tomlin, G. Pappas, J. Lygeros, D. Godbole, and S. Sastry, 'Hybrid control models of next generation air traffic management,' in Hybrid Systems IV Lecture Notes in Computer Science, pp. 378–404, Springer-Verlag, 1997.

[63] J. Lygeros, D. N. Godbole, and S. Sastry, 'A game theoretic approach to hybrid system design,' in Lecture Notes in Computer Science 1066, pp. 1–12, Springer-Verlag, 1995.

[64] C. Tomlin, G. J. Pappas, and S. Sastry, 'Noncooperative conflict resolution,' in Proceedings of the IEEE Conference on Decision and Control (San Diego, CA), pp. 1816–1821, December 1997.

[65] C. Tomlin, Y. Ma, and S. Sastry, 'Free flight in 2000: Games on Lie groups,' in Proceedings of the 37th IEEE Conference on Decision and Control, vol. 2, pp. 2234–2239, December 1998.

[66] C. Tomlin, I. Mitchell, and R. Ghosh, 'Safety verification of conflict resolution manoeuvres,' IEEE Transactions on Intelligent Transportation Systems, vol. 2, pp.110–120, June 2001 .

[67] C. Tomlin, G. Pappas, J. Kosecka, J. Lygeros, and S. Sastry, 'Advanced air traffic automation: A case study in distributed decentralized control,' in Control Problems in Robotics and Automation, pp. 261–295, Springer-Verlag, 1998.

[68] J. Košecká, C. Tomlin, G. Pappas, and S. Sastry, 'Generation of conflict resolution manoeuvres for air traffic management,' in Proceedings of the Intelligent Robots and Systems Conference, vol. 3, pp. 1598–1603, September 1997.

[69] J. Košecká, C. Tomlin, G. Pappas, and S. Sastry, '2-1/2 D conflict resolution maneuvers for ATMS,' in Proceedings of the 37th IEEE Conference on Decision and Control (Tampa, FL), pp. 2650–2655, 1998.

[70] J. Krozel, T. Mueller, and G. Hunter, 'Free flight conflict detection and resolution analysis,' in Proceedings of the AIAA Guidance and Control Conference (San Diego, CA), July 1996.

[71] A. Bryson and Y. Ho, Applied Optimal Control. New York: Hemisphere, 1975.

[72] J. Krozel and M. Peters, 'Conflict detection and resolution for free flight,' Air Traffic Control Quarterly Journal, 1997.

[73] J. Krozel and M. Peters, 'Strategic conflict detection and resolution for free flight,' in Proceedings of the IEEE Conference on Decision and Control (San Diego, CA), pp. 1822–1828, December 1997.

[74] J. Gross, R. Rajvanshi, and K. Subbarao, 'Aircraft conflict detection and resolution using mixed geometric and collision cone approaches,' in Proceedings of the AIAA Guidance, Navigation, and Control Conference (Rhode Island), 2004.

[75] A. Chakravarthy and D. Ghose, 'Obstacle avoidance in a dynamic environment: A collision cone approach,' IEEE Transactions on Systems, Man and Cybernetics, Part A: Systems and Humans, vol. 28, pp. 562–574, September 1998.

[76] M. Pěchouček, D. Šišlák, D. Pavlíček, and M. Uller, 'Autonomous agents for air-traffic deconfliction,' in Proceedings of the 5th International Joint Conference on Autonomous Agents and Multiagent Systems (AAMAS) (New York), pp. 1498–1505, ACM, 2006.

[77] P. Angelov, C. D. Bocaniala, C. Xydeas, C. Pattchett, D. Ansell, M. Everett, and G. Leng, 'A passive approach to autonomous collision detection and avoidance in uninhabited aerial systems,' in Tenth International Conference on Computer Modeling and Simulation, 2008. UKSIM 2008, 2008.

[78] J. P. Wangermann and R. F. Stengel, 'Optimization and coordination of multiagent systems using principled negotiation,' Journal of Guidance, Control, and Dynamics, vol. 22, no. 1, pp. 43–50,1999.

[79] J. P. Wangermann and R. F. Stengel, 'Principled negotiation between intelligent agents: A model for air traffic management,' Artificial Intelligence in Engineering, vol. 12, no. 3, pp. 177–187, 1998.

[80] J. P. Wangermann and R. F. Stengel, 'Optimization and coordination of multi-agent systems using principled negotiation,' in Proceedings of the AIAA Guidance, Navigation, and Control Conference (San Diego, CA), pp. 43–50, July 1996.

[81] J. P. Wangermann and R. F. Stengel, 'Principled negotiation between intelligent agents: A model for air traffic management,' in Proceedings of the ICAS, vol. 3 (Anaheim, CA), pp. 2197–2207, September 1994.

[82] K. Harper, S. Mulgund, S. Guarino, A. Mehta, and G. Zacharias, 'Air traffic controller agent model for free flight,' in Proceedings of the AIAA Guidance, Navigation, and Control Conference (Portland, OR), pp. 288–301, August 1999.

[83] R. Fisher and W. Ury, Negotiating Agreement Without Giving In. New

York: Penguin, 1981.

[84] J. Rong, S. Geng, J. Valasek, and T. R. Ioerger, 'Air traffic control negotiation and resolution using an onboard multi-agent system,' in Proceedings of the Digital Avionics Systems Conference, vol. 2, pp. 782–1–782–12, 2002.

[85] S. Wollkind, J. Valasek, and T. R. Ioerger, 'Automated conflict resolution for air traffic management using cooperative multiagent negotiation,' in Proceedings of the American Institute of Aeronautics and Astronautics Conference on Guidance, Navigation, and Control (Providence, RI), 2004.

[86] S. Shandy and J. Valasek, 'Intelligent agent for aircraft collision avoidance,' in Proceedings of the AIAA Guidance, Navigation, and Control Conference (Montreal, Canada), August 2001.

[87] G. Zlotkin and J. S. Rosenschein, 'Negotiation and task sharing among autonomous agents in cooperative domains,' in Proceedings of the 11th International Joint Conference on Artificial Intelligence (San Mateo, CA), pp. 912–917, Morgan Kaufmann, 1989.

[88] S. Resmerita, M. Heymann, and G. Meyer, 'Towards a flexible air traffic management: Dealing with conflicts,' in Proceedings of the 11th World Conference on Tranport Research (UC Berkeley), June 2007.

[89] S. Resmerita and M. Heymann, 'Conflict resolution in multi-agent systems,' in Proceedings of the IEEE Conference on Decision and Control, vol. 2, pp. 2537–2545, 2003.

[90] S. Resmerita, M. Heymann, and G. Meyer, 'A framework for conflict resolution in air traffic management,' in Proceedings of the 42nd IEEE Conference on Decision and Control, vol. 2, pp. 2035–2040, December 2003.

[91] S. Resmerita, A multi-agent approach to control of multi-robotic systems. PhD thesis, Department of Computer Science, Technion – Israel Instite of Technology, Israel, 2003.

[92] F. Jonker and J. Meyer, 'Achieving cooperation among selfish agents in the air traffic management domain using signed money,' in Proceedings of the Sixth International Joint Conference on Autonomous Agents and Multi-Agent Systems, May 2007.

[93] D. Šišlák, P. Volf, and M. Pěchouček, 'Agent-based cooperative decentralized airplane collision avoidance,' IEEE Transactions on Intelligent Transportation Systems, vol. 12, pp. 36–46, March 2011.

[94] J. K. Archibald, J. C. Hill, N. A. Jepsen, W. C. Stirling, and R. L. Frost, 'A satisficing approach to aircraft conflict resolution,' IEEE Transactions on Systems, Man, and Cybernetics, Part C: Applications and Reviews, vol. 38,

no. 4, pp. 510–521, 2008.

[95] J. C. Hill, F. R. Johnson, J. K. Archibald, R. L. Frost, and W. C. Stirling, 'A cooperative multi-agent approach to free flight,' in Proceedings of the 4th International Joint Conference on Autonomous agents and Multiagent systems (AAMAS) (New York), pp. 1083–1090, ACM Press, 2005.

[96] F. R. Johnson, J. C. Hill, J. K. Archibald, R. L. Frost, and W. C. Stirling, 'A satisficing approach to free flight,' in Proceedings of the IEEE Networking, Sensing and Control, pp. 123–128, March 2005.

[97] J. C. Hill, J. K. Archibald, W. C. Stirling, and R. L. Frost, 'A multi-agent architecture for air traffic control,' in Proceedings of the 2005 AIAA Guidance, Navigation, and Control Conference (San Francisco, CA), 2005.

[98] J. K. Archibald, J. C. Hill, F. R. Johnson, and W. C. Stirling, 'Satisficing negotiations,' IEEE Transactions on Systems, Man and Cybernetics, Part C: Applications and Reviews, vol. 36, no. 1 , pp. 4–18, 2006.

[99] W. C. Stirling, Satisficing Games and Decision Making: With Applications to Engineering and Computer Science. Cambridge: Cambridge University Press, 2003.

[100] D. Šišlák, J. Samek, and M. Pěchouček, 'Decentralized algorithms for collision avoidance in airspace,' in Proceedings of the 7th International Converence on Autonomous Agents and Multi-Agent Systems (AAMAS) (New York), pp. 543–550, ACM Press, 2008.

[101] H. Erzberger, R. A. Paielli, D. R. Jsaacson, and M. M. Eshow, 'Conflict detection and resolution in the presence of prediction error,' in Proceedings of the 1st USA/Euroupe Air Traffic Management Research Development Seminar (Saclay, France), June 1997.

[102] R. A. Paielli and H. Erzberger, 'Conflict probability estimation for free flight,' AIAA Journal of Guidance, Control, and Dynamics, vol. 20, pp. 588–596, 1997.

[103] H. von Viebahn and J. Schiefele, 'A method for detecting and avoiding flight hazards,' in Proceedings of the SPIE Meeting on Enhanced Synthetic Vision (Bellingham, WA), pp. 50–56, April 1997.

[104] J.-M. Alliot, N. Durand, and G. Granger, 'FACES: a Free flight autonomous and Coordinated Embarked Solver,' in Proceedings of the 2nd USA/EUROPE Air Traffic Management R&D Seminar, December 1998.

[105] N. Durand and J.-M. Alliot, 'Optimal resolution of en route conflicts,' in Proceedings of the Seminaire Europe/USA (Saclay, France), 1997.

[106] G. Granger, N. Durand, and J.-M. Alliot, 'Optimal resolution of en route

conflicts,' in Proceedings of Air Traffic Management, 2001.

[107] G. Granger, N. Durand, and J.-M. Alliot, 'Token allocation strategy for free-flight conflict solving,' in Proceedings of the Thirteenth Conference on Innovative Applications of Artificial Intelligence Conference, pp. 59–64, AAAI Press, 2001.

[108] I. Burdun and O. Parfentyev, 'AI knowledge model for self-organizing conflict prevention/resolution in close free-flight air space,' in Proceedings of the Aerospace Conference, vol. 2, pp. 409–428, 1999.

[109] J. Hu, M. Prandini, and S. Sastry, 'Optimal maneuver for multiple aircraft conflict resolution: A braid point of view,' in Proceedings of the 39th IEEE Conference on Decision and Control, vol. 4, pp. 4164–4169, 2000.

[110] J. Krozel, M. Peters, K. D. Bilimoria, C. Lee, and J. S. Mitchel, 'System performance characteristics of centralized and decentralized air traffic separation strategies,' in Proceedings of the 4th USA/Europe Air Traffic Management R&D Seminar (Stanta Fe, NM), December 2001.

[111] Z. H. Mao, D. Dugail, E. Feron, and K. Bilimoria, 'Stability of intersecting aircraft flows using heading-change maneuvers for conflict avoidance,' IEEE Transactions on Intelligent Transportation Systems, vol. 6, pp. 357–369, December 2005.

[112] D. Dugail, E. Feron, and K. Bilimoria, 'Stability of intersecting aircraft flows using heading change maneuvers for conflict avoidance,' in Proceedings of the American Control Conference, pp. 760–766, 2002.

[113] D. Dugail, Z. Mao, and E. Feron, 'Stability of intersecting aircraft flows under centralized and decentralized conflict avoidance rules,' in Proceedings of the AIAA Guidance, Navigation, and Control Conference, August 2001.

[114] Z. Mao and E. Feron, 'Stability and performance of intersecting aircraft flows under sequential conflict resolution,' in Proceedings of the 2001 American Control Conference, pp. 722–729, June 2001.

[115] Z. Mao and E. Feron, 'Stability of intersecting aircraft flows under decentralized conflict avoidance rules,' in Proceedings of the AIAA Guidance, Navigation and Control Conference, August 2000.

[116] Z. Mao, E. Feron, and K. Bilimoria, 'Stability and performance of intersecting aircraft flows under decentralized conflict avoidance rules,' IEEE Transactions on Intelligent Transportation Systems, vol. 2, pp. 101–109, June 2001.

[117] K. Treleaven and Z.-H. Mao, 'Conflict resolution and traffic complexity of multiple intersecting flows of aircraft,' IEEE Transactions on Intelligent

Transportation Systems, vol. 9, pp. 633–643, December 2008.

[118] A. Bayen, P. Grieder, G. Meyer, and C. Tomlin, 'Lagrangian delay predictive model for sector based air traffic flow,' in AIAA Journal of Guidance, Control, and Dynamics, vol. 28, pp. 1015–1026, 2005.

[119] A. L. Visintini, W. Glover, J. Lygeros, and J. Maciejowski, 'Monte Carlo optimization for conflict resolution in air traffic control,' IEEE Transactions on Intelligent Transportation Systems, vol. 7, pp. 470–482, December 2006.

[120] A. Lecchini, W. Glover, J. Lygeros, and J. M. Maciejowski, 'Air-traffic control in approach sectors: Simulation examples and optimization,' in Proceedings of the 8th International Workshop on Hybrid Systems: Computation and Control (Zurich, Switzerland), pp. 433–448, March 2005.

[121] W. Glover and J. Lygeros, 'A stochastic hybrid model for air traffic control simulation,' in Proceedings of the 7th International Workshop on Hybrid Systems: Computation and Control (Philadelphia, PA), pp. 372–386, March 2004.

[122] P. Muller, 'Simulation based optimal design,' Bayesian Statistics, vol. 6, 1998.

[123] S. Grabbe and B. Sridhar, 'Central East Pacific flight scheduling,' in Proceedings of the AIAA Guidance, Navigation and Control Conference and Exhibit, August 2007.

[124] R. A. Paielli, 'Tactical conflict resolution using vertical maneuvers in enroute airspace,' AIAA Journal of Aircraft, vol. 45, no. 6, 2008.

[125] R. A. Paielli, 'Modeling maneuver dynamics in air traffic conflict resolution,' Journal of Guidance, Control, and Dynamics, vol. 26, no. 3, pp. 407–415, 2003.

[126] S. Grabbe, B. Sridhar, and A. Mujkerjee, 'Sequential traffic flow optimization with tactical flight control heuristics,' in Proceedings of the AIAA Guidance, Nawgation, Control Conference (Honolulu, HI), August 2008.

[127] Grabbe, B. Sridhar, and A. Mujkerjee, 'Integrated traffic flow decision making,' in Proceedings of the AIAA Guidance, Navigation, and Control Conference (Chicago, IL), August 2009.

[128] K. Kim, J. Park, and M. Tahk, 'A probabilistic algorithm for multi-aircraft collision detection and resolution in 3-d,' in KSAS International Journal, 2008.

[129] M. Gariel and E. Feron, '3d conflict avoidance under uncertainties,' in Digital Avionics System Conference, 2009.

[130] A. N. Kouzehgarani, Mode Identification Using Stochastic Hybrid Models

with Applications to Conflict Detection and Resolution. PhD thesis, University of Illinois at Urbana-Champaign, 2010.

[131] C. E. van Daalen, Conflict Detection and Resolution for Autonomous Vehicles. PhD thesis, Stellenbosch University, 2010.

第 7 章
利用微分几何概念的无人机系统冲突探测与解决

Hyo-Sang Shin, Antonios Tsourdos, Brian White
Cranfield University, UK

7.1 引言

无人飞行器系统 (UAS) 的大规模军事应用, 正在形成未来可能得以应用的操作经验和技术。UAS 未来增长的重要推动力是在民用商务领域, 不久的将来它或许将成为最大的用户。UAS 的军事应用和民事商业用途大部分仍然限制在隔离空域中。将 UAS 融入非隔离空域是促使很多创新应用显著发展的关键。因此, 很可能把 UAS 融入非隔离空域将是对操作人员的具体要求。冲突探测和解决 (CD&R), 即感知与规避, 将是允许 UAS 融入非隔离空域进程中的重要一步。

自飞行器发展以来, CD&R 算法始终被视为重要的问题。而且在这方面已做了大量的研究和实现。因此绝大部分的 CD&R 算法已为地面站的空中交通管制 (ATC) 所执行[1]。然而, 基于地面站的空中交通管制在处理急剧增长的空中交通方面, 覆盖能力有限[2]。包含有自主 CD&R 算法, 由机载计算机操作的自由飞行, 可降低基于地面站的空中交通管制的负担[3]。由于机载计算机和传感器技术的发展, 这已成为一个可能纳入考虑的选择。

许多不同的方法已应用于 CD&R 问题[4]。自从 Khatib 首次研究以来[5], 利用势能函数的碰撞规避已有研究。其实, 这种方法利用了控制 UAS 运动的人工势场, 但由于预测最小相对距离存在困难, 不可能一直保证相对距离大于最小安全间隔距离。智能控制作为新的控制理论也已被提出[6], 并应用于 CD&R 算法中[7,8]。斯坦福大学和加州大学伯克利分校一直在研究基于混合系统的 CD&R 算法[2,9]。在这项研究中, 合作式飞行器是在假设所有信息都可完全传输的条件下, 通过诸如水平飞行、协调转弯或水平飞行以及协调转弯等特定机动来解决冲突。他们还开展了采用哈密尔顿—雅可比 — 贝兰方程的混合 CD&R 算法研究, 以及使用雷达的与地面障碍物的混合碰撞规避研究[10,11]。

自从配备机载飞行员的交通碰撞警告系统 (TCAS) 应用于民用航空以来, 在过去的几十年内, 开展了许多类似于 TCAS 的 UAS 的 CD&R 以及飞行测试的研究[12-14]。TCAS 以垂直机动命令形式提供解决通报, 这些通报基于各种不同的经验和强大的数据库, 并没有经过分析验证[2]。然而, 通过统计分析有可能保证 TCAS 的高可靠性。在飞行器没有配备 TCAS 的情况下, 对于 50 起可能的意外情况, 每年的事故率低于 1%[13]。UAS 战斗实验室已开始研究在高性能的 UAS 上开发 TCAS, 例如非军事空域中飞行的 "全球鹰"。Cho 等人[13]通过将 TCAS 的垂直命令转换为 UAS 自动驾驶仪的输入, 提出了 UAS 的 TCAS 算法, 并且通过数值实例分析了其性能。麻省理工学院林肯实验室在 2004 年发表了相关研究结果[15]。此外, 环境研究飞行器和传感器 (ERAST) 通过实验研究了基于 TCAS—II 和雷达的碰撞规避系统。作为碰撞规避的新概念, 空中飞行器利用 ADS—B 交互它们的信息。瑞典民用航空管理局 (SCAA) 在 2002 年完成了中空长航时 (MALE) UAS — "鹰" — 的飞行测试, "鹰" 是欧洲航空防务与空间公司 (EADS) 和以色列航空工业公司 (IAI) 生产的, 飞行测试内容是利用遥控驾驶方式基于 IFR (仪表飞行规则), 从一个民用机场降落到基律纳 (Kiruna) 外围的另一个机场[16]。"鹰"UAS 装备了标准的 Garmin ATC 询问机和 ADS—B VDLm 询问机[4]。然而, 很难解析地验证这些方法, 也难以考虑由物理和操作约束所引起的限制, 如相对低的俯冲、爬升或转弯速率。

CD&R 的主要问题是算法是否可以通过严格证明保证碰撞规避, 因为 CD&R 算法直接关系到空中飞行器的安全。在这项研究中, 对于 UAS 的单一和多个冲突情形均进行了考虑。利用微分几何概念提出了两种 CD&R 算法: 一种是仅控制航向角, 而另一种是通过地速来对其进行控制。所提出的算法使用了文献 [17] 第 14 章中符合 TCAS 的空中碰撞规避系统原理。此外, 使用严格的数学分析, 检验了它们的稳定性和可行性, 而不是像 TCAS 算法那样使用统计分析。为了设计算法, 我们首先使用和文献 [18,19] 相同的概念, 引入冲突、冲突探测和冲突解决的定义, 如最近进近距离 (CAD) 和最近进近点时间 (TCPA)。然后, 在得到几何条件后提出冲突解决指导来探测和解决冲突。所提出的算法是对作者先前完成研究成果的修正, 并在文献 [20,21] 中进行了介绍。

这项研究限于对非合作式 UAS 和侵入者的分析, 在本章中侵入者即

指飞行器, 因为在 CD&R 问题上这更具有挑战性。同样做如下假设:

    (1) 飞行器动力学用笛卡儿坐标系 R^2 中的质点来表示。

    (2) 碰撞规避时飞行器是非机动的。

    (3) 通过使用传感器、通信系统或估计器,UAS 可获得飞行器确定的位置和速度矢量。

这意味着 UAS 可以利用当前的位置和速度矢量以及它们的线性投影,来预测轨迹和未来的状态信息。注意这些假设是为了便于分析, 而不是这种方法的约束条件。

7.2 微分几何运动学

考虑如图 7.1 所示的情形, 一个 UAS 正按照规定的路径飞行, 一个飞行器正在穿越这个路径, 有可能会拦截到该 UAS。

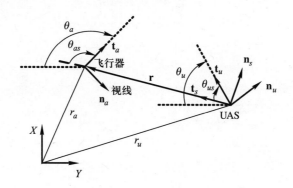

图 7.1   指导几何图 (源自文献 [21] 的修正内容)

UAS 感知到飞行器并建立其与飞行器之间的视线。若飞行器速度是已知的 (通常使用运动估计器), 则可确定运动几何。可定义几个坐标系。用切向和法向的基矢量集 $(\mathbf{t}_s, \mathbf{n}_s)$ 定义视线,用 $(\mathbf{t}_u, \mathbf{n}_u)$ 定义 UAS, 用 $(\mathbf{t}_a, \mathbf{n}_a)$ 定义飞行器。由图 7.1 可知, 视线距离矢量表示为

$$\mathbf{r} = r_a - r_u \tag{7.1}$$

如果假设 UAS 和飞行器的速度都是恒定的, 则可得到式 (7.1) 的微分方程

$$\dot{r}\mathbf{t}_s + r\dot{\theta}_s\mathbf{n}_s = v_a\mathbf{t}_a - v_u\mathbf{t}_u \tag{7.2}$$

该方程表示飞行器相对于 UAS 的速度分量。与视线平行和正交的相对速度分量可分别由其到基矢量 $\mathbf{t}_s$ 和 $\mathbf{n}_s$ 上的投影得到。因此有

$$\begin{cases} \dot{r} = v_a\mathbf{t}_s \cdot \mathbf{t}_a - v_u\mathbf{t}_s \cdot \mathbf{t}_u \\ r\dot{\theta}_s = v_a\mathbf{n}_s \cdot \mathbf{t}_a - v_u\mathbf{n}_s \cdot \mathbf{t}_u \end{cases} \tag{7.3}$$

对式 (7.2) 求导, 可得到 UAS 对于飞行器的相对加速度, 记为

$$\begin{cases} \dot{\mathbf{t}}_s = \dot{\theta}_s\mathbf{n}_s \\ \dot{\mathbf{n}}_s = -\dot{\theta}_s\mathbf{t}_s \end{cases} \tag{7.4}$$

可得

$$(\ddot{r}\mathbf{t}_s + \dot{r}\dot{\theta}_s\mathbf{n}_s) + (\dot{r}\dot{\theta}_s\mathbf{n}_s + r\ddot{\theta}_s\mathbf{n}_s - r\dot{\theta}_s^2\mathbf{t}_s) = (v_a\dot{\mathbf{t}}_a - v_u\dot{\mathbf{t}}_u) \tag{7.5}$$

UAS 和飞行器的 Secret-Frenet 方程可以改写为恒定速度轨迹的形式:

$$\begin{cases} \dot{\mathbf{t}}_i = \kappa_i v_i\mathbf{n}_i = \dot{\theta}_i\mathbf{n}_i \\ \dot{\mathbf{n}}_i = -\kappa_i v_i\mathbf{t}_i = -\dot{\theta}_i\mathbf{t}_i \end{cases}, \quad i = a, u \tag{7.6}$$

式中, κ_i 为轨迹的曲率; $\dot{\theta}_i$ 为 Serret-Frenet 坐标系关于双正交矢量 $\mathbf{b}_i$ 的瞬时旋转速率。正交矢量 $\mathbf{n}_i$ 为确定轨迹曲率方向的单位矢量 (图 7.1), 双正交矢量 $\mathbf{b}_i$ 与 $\mathbf{t}_i$ 和 $\mathbf{n}_i$ 标准正交, 形成了一个符合右手的三元数组 $(\mathbf{t}_i, \mathbf{n}_i, \mathbf{b}_i)$。因此有

$$(\ddot{r} - r\dot{\theta}_s^2)\mathbf{t}_s + (r\ddot{\theta}_s + 2\dot{r}\dot{\theta}_s)\mathbf{n}_s = v_a^2\kappa_a\mathbf{n}_a - v_u^2\kappa_u\mathbf{n}_u \tag{7.7}$$

与视线平行和正交的分量可分别由其到基矢量 $\mathbf{t}_s$ 和 $\mathbf{n}_s$ 上的投影所确定, 有

$$\begin{cases} (\ddot{r} - r\dot{\theta}_s^2) = v_a^2\kappa_a\mathbf{t}_s \cdot \mathbf{n}_a - v_u^2\kappa_u\mathbf{t}_s \cdot \mathbf{n}_u, \\ (r\ddot{\theta}_s + 2\dot{r}\dot{\theta}_s) - v_a^2\kappa_u\mathbf{n}_s \cdot \mathbf{n}_u - v_u^2\kappa_u\mathbf{n}_s \cdot \mathbf{n}_u \end{cases} \tag{7.8}$$

式 (7.8) 描述了相遇的加速度运动方程, 式 (7.3) 描述了速度运动方程。

7.3   冲突探测

7.3.1   碰撞运动学

为了开发冲突探测和解决算法, 首先研究碰撞条件。非机动飞行器与一个直线平飞 UAS 碰撞轨迹的几何和匹配条件如图 7.2 所示。

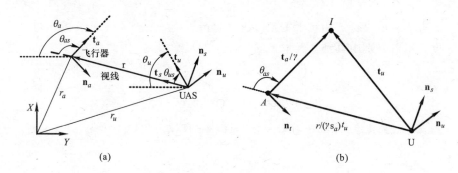

图 7.2 碰撞几何图 (源自文献 [21] 的修正)

(a) 指导几何图; (b) 匹配条件。

应当注意的是, 拦截三角形 AIU 的形状不会改变, 但会随着 UAS 和飞行器沿着它们各自的直线轨迹移动而收缩。UAS 与视线的夹角 θ_{us} 和飞行器与视线的夹角 θ_{as}, 在整个相遇过程中保持不变。如图 7.3 所示, 如果考虑 UAS 关于飞行器的相对速度, 则可形象解释这种情形。

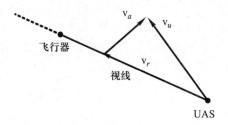

图 7.3 碰撞的相对速度 (来自文献 [21])

图 7.3 中, UAS 关于飞行器的相对速度记为 $\mathbf{v}_r$

$$\mathbf{v}_r = \mathbf{v}_u - \mathbf{v}_a \tag{7.9}$$

碰撞条件表明, 相对速度矢量应沿着视线的方向。这样确保视线不会改变方向, 而只会改变长度, 因此几何图随时间保持相同的形状。

由图 7.2(b) 中的拦截三角形可得

$$s_u \mathbf{t}_u = r \mathbf{t}_s + s_a \mathbf{t}_a \tag{7.10}$$

注意到

$$\frac{s_u}{s_a} = \frac{\mathbf{v}_u}{\mathbf{v}_a} = \gamma \tag{7.11}$$

可得

$$\mathbf{t}_u = \frac{1}{\gamma}\left[\frac{r}{s_a}\mathbf{t}_s + \mathbf{t}_a\right] \tag{7.12}$$

式 (7.12) 可以形象地表示为矢量加法, 如图 7.2(b) 所示。它是无量纲的形式, 因而可以表示 UAS 和飞行器之间所有距离范围内的解决方案。对整个解决方案, 比率 r/s_a 是固定的, 因此随着距离 r 的减小, 飞行器的弧长 s_a 也会减小。假定飞行器基矢量 $\mathbf{t}_a$、距离基矢量 $\mathbf{t}_s$ 和 UAS 方面基矢量 $\mathbf{t}_u$ 的几何形状是固定的。在式 (7.12) 中, 通过在图 7.2(b) 中应用余弦定理可求得比率 r/s_a。由图可得

$$\left(\frac{r}{s_a}\right)^2 + 2\cos(\theta_{as})\left(\frac{r}{s_a}\right) - (\gamma^2 - 1) = 0 \tag{7.13}$$

该二次方程可对 r/s_a 精确求解, 得到

$$\frac{r}{s_a} = -\cos(\theta_{as}) \pm \sqrt{\gamma^2 - \sin^2(\theta_{as})} \tag{7.14}$$

假定 $r > 0, s_a > 0$, 则对于任何满足

$$\gamma > |\sin(\theta_{as})| \tag{7.15}$$

的 γ, 式 (7.14) 的解存在。

由图 7.3 可以很容易确定碰撞的方向。这是因为, 当碰撞几何形状满足式 (7.13) 的运动学条件时, 也满足式 (7.12) 的几何条件, 几何形状是不变的, 式 (7.9) 定义的图 7.3 所示的相对速度 $\mathbf{v}_r$, 确定了进近方向。

7.3.2 碰撞探测

本节基于碰撞几何概念, 建立了探测碰撞危险的算法。如果在特定时间内,UAS 和飞行器之间的距离等于或小于最小间隔距离 d_m, 则 UAS 和飞行器就要进入失去最小间隔的冲突。虽然它自身并不意味着存在碰撞的危险, 但它代表了危险等级。在这项研究中, 最小间隔、CAD 和 TCPA 都用于探测 UAS 和飞行器之间的冲突。

视线几何图形如图 7.4 所示。

对于非机动飞行器,CAD d_c 可通过相对位置矢量沿视线的投影而得

$$d_c = r\sin(\theta) \tag{7.16}$$

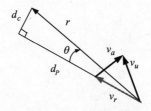

图 7.4 单一 UAS 和飞行器的视线几何图

式中: θ 为视线与相对速度矢量的夹角。因此 TCPAτ 可以表示为

$$\tau = \frac{d_p}{\mathbf{v}_r} \tag{7.17}$$

式中: d_p 为到达 CPA 的相对距离, 有

$$d_p = r\cos(\theta) \tag{7.18}$$

根据 CAD 和 TCPA, 冲突可定义为: 如果 CAD 严格小于最小间隔距离 d_m, 且 TCPA 大于零, 但小于前视时间 T, 则说 UAS 和飞行器是冲突的, 即

$$d_c < d_m, \quad \tau \in [0, T) \tag{7.19}$$

图 7.5 显示了 UAS 与飞行器之间存在冲突的情形。

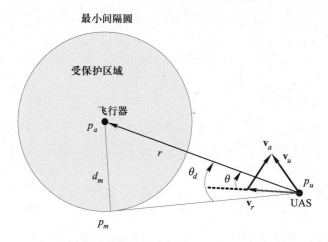

图 7.5 CD&R 几何图 (源自文献 [20] 的修正)

图 7.5 中, 飞行器受保护区域是一个虚拟区域, 定义为 $x \in R^2$ 中满足

以下条件的点集合 P_a, 即

$$P_a = \{\boldsymbol{x} \,|\, \|\boldsymbol{r}_a - \boldsymbol{x}\| < d_m \} \tag{7.20}$$

式中: $\boldsymbol{r}_a$ 为飞行器位置矢量, $\|\cdot\|$ 表示欧氏范数。受保护区域的边界定义为最小间隔圆。UAS 和飞行器的冲突还可以利用受保护区域来定义: 当 UAS 位置是或将是受保护区域 P_a 的元素时, 则说 UAS 与飞行器是冲突的。

现在, 我们考虑 UAS 与多个飞行器同时发生冲突的情形。在这项研究中, 如果 UAS 同时与不只一个飞行器丧失了隔离, 则定义这个 UAS 与多个飞行器产生了多重冲突。图 7.6 表明了一个 UAS 和两个飞行器在同一航线上, 正要同时达到规定距离的简单例子。

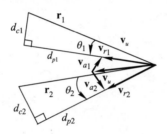

图 7.6 多重冲突情形示例

图 7.6 中, 带有下标 i 的相对运动信息表示第 i 架飞行器的信息, UAS 关于第一个和第二个飞行器的相对速度矢量可表示为

$$\begin{cases} \mathbf{v}_{r1} = \mathbf{v}_u - \mathbf{v}_{a1} \\ \mathbf{v}_{r2} = \mathbf{v}_u - \mathbf{v}_{a2} \end{cases} \tag{7.21}$$

每个飞行器到最近进近点的距离为

$$\begin{cases} d_{c1} = r\sin(\theta_1) \\ d_{c2} = r\sin(\theta_2) \end{cases} \tag{7.22}$$

如果在特定的时间 T 内最近进近点距离同时小于最小间隔距离时, 有

$$\begin{cases} d_{c1} < d_m \quad \tau_1 \in [0, T) \\ d_{c2} < d_m \quad \tau_2 \in [0, T) \end{cases} \tag{7.23}$$

则存在两个冲突, 即 UAS 与飞行器处于多重冲突。

7.4 冲突解决: 方法 I

本节提出了具有恒定速度的单个 UAS 的冲突解决算法。该解决算法应保证飞行器到 CAD 的 d_c 大于或等于最小间隔距离 d_m。可能同时会有许多解决速度矢量满足这一要求, 我们只考虑保证如下条件的矢量

$$d_c = d_m \tag{7.24}$$

如图 7.7 所示, 如果相对速度矢量 $\mathbf{v}_r$ 平行于 UAS 到最小间隔圆的切线, 那么 CAD 将等于最小间隔距离 d_m。

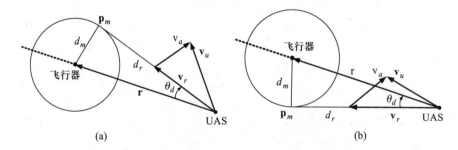

图 7.7　最小间隔的相对速度 (源自文献 [21] 修正)

(a) 顺时针方向的解决方法 (b) 逆时针方向的解决方法

如果存在不确定性, 或者飞行器正在机动, 或者两者皆有, 这种条件或许不适用于冲突解决。增加 d_m 可以解决这个问题, 因为它使得 CAD 大于最小间隔距离。然而, 我们将这个问题留作以后研究。

7.4.1 碰撞运动学

为了解决冲突, 相对速度矢量的方向 θ_r 应变为

$$\theta_r = \theta_m \equiv: \begin{cases} \theta_s + \theta_d & \text{顺时针解决方案} \\ \theta_s - \theta_d & \text{逆时针解决方案} \end{cases} \tag{7.25}$$

顺时针解决方案的解决几何图如图 7.8 所示。

推导出的匹配条件为

$$\begin{cases} \mathbf{v}_u = \mathbf{v}_r + \mathbf{v}_a \\ \mathbf{t}_u = \alpha \mathbf{t}_m + \dfrac{1}{\gamma} \mathbf{t}_a \end{cases} \tag{7.26}$$

式中, 视线基矢量集 $(\mathbf{t}_s, \mathbf{n}_s)$ 由间隔基矢量集 $(\mathbf{t}_m, \mathbf{n}_m)$ 所替代

$$\alpha \equiv \boldsymbol{v}_r / \boldsymbol{v}_u \tag{7.27}$$

计算比值 α 将确定解决几何的匹配条件。

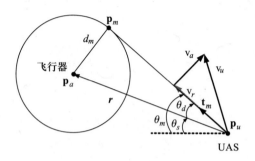

图 7.8　顺时针方向的冲突解决几何图

为了获得速度比 α, 通过修正碰撞几何得到图 7.9 中所示的解决几何。

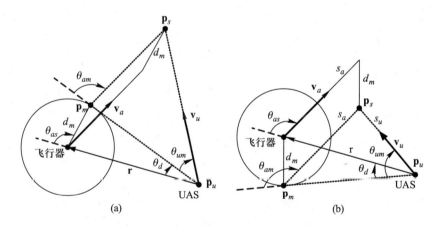

图 7.9　最小间隔的几何图 (源自文献 [21] 的修正)
(a) 顺时针解决方案 (b) 逆时针解决方案

图 7.9 显示了对于顺时针和逆时针解决方案, 原始的碰撞三角形被修改为由 $\{\mathbf{p}_u, \mathbf{p}_m, \mathbf{p}_s\}$ 所给定的解决三角形。该解决三角形将以类似于碰撞三角形的方式保持其方向和形状。顺时针和逆时针解决方案的匹配条件如图 7.10 所示。

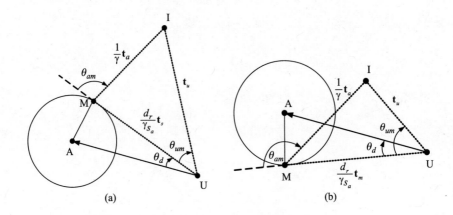

图 7.10 最小间隔的匹配条件 (源自文献 [21] 的修正)

(a) 顺时针解决方案 (b) 逆时针解决方案

由解决三角形 **MIU** 所计算的 UAS 矢量和得到匹配条件的形式为

$$\mathbf{t}_u = \frac{1}{\gamma} \left[\frac{d_r}{s_a} \mathbf{t}_m + \mathbf{t}_a \right] \tag{7.28}$$

由式 (7.26) 和式 (7.28) 可得

$$\alpha = \frac{d_r}{\gamma s_a} \tag{7.29}$$

对解决几何应用余弦定理得到

$$\left(\frac{d_r}{s_a} \right)^2 + 2 \cos \left(\theta_{am} \right) \left(\frac{d_r}{s_a} \right) - \left(\gamma^2 - 1 \right) = 0 \tag{7.30}$$

式中

$$\begin{cases} d_r = \sqrt{r^2 - d_m^2} \\ \theta_{am} = \theta_{as} \pm \theta_d \end{cases} \tag{7.31}$$

θ_d 表示视线与 UAS 位置到最小间隔圆切线之间的夹角。需要注意的是对于顺时针解决方案应减去 θ_d, 对于逆时针解决方案应加上 θ_d。这样就有

$$\begin{aligned} \cos(\theta_{am}) &= \cos(\theta_{as} \pm \theta_d) \\ &= \cos(\theta_{as}) \cos(\theta_d) \mp \sin(\theta_{as}) \sin(\theta_d) \end{aligned} \tag{7.32}$$

式中

$$\begin{cases} \cos(\theta_d) = \dfrac{d_r}{r} = \dfrac{\sqrt{r^2 - d_m^2}}{r} \\ \sin(\theta_d) = \dfrac{d_m}{r} \end{cases} \tag{7.33}$$

注意到关于视线的几何图不是固定不变的，但由于解决方案要求相对速度矢量平行于从 $\mathbf{p}_u$ 到 $\mathbf{p}_m$ 的切线，这条切线不会旋转。对于速度恒定的 UAS 和其他飞行器，这意味着三角形 $\{\mathbf{p}_u, \mathbf{p}_m, \mathbf{p}_s\}$ 在形状和方向上是固定不变的，但是会随着 UAS 和飞行器彼此接近而收缩。因此，比值 d_r/s_a 将有一个固定解，飞行器速度矢量和切线之间的夹角 θ_{am} 也将有一个固定解。因此，计算得到式 (7.30) 的解为

$$\frac{d_r}{s_a} = -\cos(\theta_{am}) \pm \sqrt{\gamma^2 - \sin^2(\theta_{am})} \tag{7.34}$$

在式 (7.34) 中，给定 γ 和 d_r/s_a，得到的速度比 α 为

$$\alpha = \frac{-\cos(\theta_{am}) \pm \sqrt{\gamma^2 - \sin^2(\theta_{am})}}{\gamma} \tag{7.35}$$

7.4.2 解决指导

由于 UAS 的航向角不等于式 (7.28) 中匹配条件所期望的航向角，因此有必要设计一种算法将航向角调整到期望的角度上。将期望的 UAS 切线矢量定义为 $\hat{\mathbf{t}}_u$，那么

$$\hat{\mathbf{t}}_u = \frac{1}{\gamma} \left[\left(\frac{d_r}{s_a} \right) \mathbf{t}_s + \mathbf{t}_a \right] \tag{7.36}$$

图 7.11 重新描述了式 (7.36) 的几何解释。

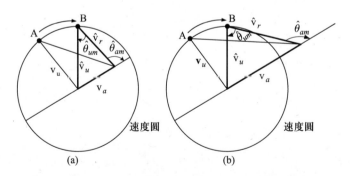

图 7.11　顺时针冲突解决方案的几何解释 (源自文献 [20] 的修正)

(a) 情形 1: $\mathbf{v}_u \geqslant \mathbf{v}_a$ (b) 情形 2: $\mathbf{v}_u < \mathbf{v}_a$

图 7.11 表明，当相遇几何由于 UAS 与飞行器切线矢量不匹配而变化时，解决矢量 $\hat{\mathbf{t}}_u$ 将变化并围着速度圆旋转。该图还表明，解决矢量 $\hat{\mathbf{t}}_u$ 的

旋转和视线矢量 $\hat{\mathbf{t}}_r(=\mathbf{t}_m)$ 的旋转是相关的。当从解决方案 A 移至解决方案 B 时, 解决方案的角度 $\hat{\theta}_{um}$ 就会增大。

通过调整航向误差 θ_e 可以满足最小间隔

$$\theta_e \equiv \hat{\theta}_{um} - \theta_{um} = \hat{\theta}_u - \theta_u \tag{7.37}$$

式中, $\hat{\theta}_u$ 和 θ_u 分别为所期望的 UAS 切线矢量 $\hat{\mathbf{t}}_u$ 的方向角和 UAS 切线矢量 $\mathbf{t}_u$ 的方向角。航向角的调整算法可利用一个简单的 Lyapunov 函数 V 来确定

$$V = \frac{1}{2}\theta_e^2 \tag{7.38}$$

Lyapunov 函数 V 的时间导数为

$$\frac{\mathrm{d}V}{\mathrm{d}t} = \dot{\theta}_e \theta_e \tag{7.39}$$

为了保证稳定性, 要求

$$\dot{\theta}_e \theta_e < 0 \tag{7.40}$$

由 θ_e 的定义可得

$$\dot{\theta}_e = \dot{\hat{\theta}}_{um} - \dot{\theta}_{um} \tag{7.41}$$

最小间隔匹配条件的一阶时间导数为

$$\dot{\hat{\theta}}_{um} = \frac{\cos(\theta_{am})}{\gamma \cos(\hat{\theta}_{um})}\dot{\theta}_{am} = \frac{\cos(\theta_{am})}{\sqrt{\gamma^2 - \sin^2(\theta_{am})}}\dot{\theta}_{am} \tag{7.42}$$

这意味着

$$-\frac{1}{\gamma}\left|\dot{\theta}_{am}\right| \leqslant \dot{\hat{\theta}}_{um} \leqslant \frac{1}{\gamma}\left|\dot{\theta}_{am}\right| \tag{7.43}$$

由 θ_{am} 的定义可知

$$\dot{\theta}_{am} = \dot{\theta}_a - \dot{\theta}_m \tag{7.44}$$

式中

$$\dot{\theta}_m = \dot{\theta}_s \pm \dot{\theta}_d \tag{7.45}$$

其中 θ_s 为视线角。对于非机动飞行器 $\dot{\theta}_a = 0$, 因此式 (7.44) 可转化为

$$\dot{\theta}_{am} = -\dot{\theta}_m \tag{7.46}$$

将式 (7.46) 代入式 (7.43) 得

$$-\frac{1}{\gamma}\left|\dot{\theta}_m\right| \leqslant \dot{\hat{\theta}}_{um} \leqslant \frac{1}{\gamma}\left|\dot{\theta}_m\right| \tag{7.47}$$

由解决几何可求得 $\dot{\theta}_m$ 为

$$\dot{\theta}_m = \frac{v_r}{\sqrt{r^2 - d_m^2}} \sin(\theta_d \mp \theta) \tag{7.48}$$

式 (7.47) 可改写为

$$-\frac{1}{\gamma} \frac{v_r}{\sqrt{r^2 - d_m^2}} \leqslant \dot{\theta}_{um} \leqslant \frac{1}{\gamma} \frac{v_r}{\sqrt{r^2 - d_m^2}} \tag{7.49}$$

所以, 得到的解决指导算法为

$$\dot{\theta}_u = \left(1 + \frac{1}{\gamma}\right) \frac{v_r}{\sqrt{r^2 - d_m^2}} \mathrm{sign}(\theta_e) + K\theta_e \tag{7.50}$$

$$K > 0 \tag{7.51}$$

$$\mathrm{sign}(\theta_e) = \frac{|\theta_e|}{\theta} \tag{7.52}$$

为使

$$\frac{\mathrm{d}V}{\mathrm{d}t} = \theta_e \left[\dot{\theta}_{um} - \frac{1}{\gamma} \frac{v_r}{\sqrt{r^2 - d_m^2}} \mathrm{sign}(\theta_e) + \dot{\theta}_m - \frac{v_r}{\sqrt{r^2 - d_m^2}} \mathrm{sign}(\theta_e)\right] - K\theta_e^2 \leqslant 0 \tag{7.53}$$

为负半定, 由式 (7.50) 可求得 UAS 的曲率 κ_u 为

$$\kappa_u = \frac{\dot{\theta}_u}{V_u} \tag{7.54}$$

7.4.3 分析和扩展

下面我们对提出的冲突解决算法进行分析。为研究冲突解决的可行性, 应对速度矢量进行考证。如果从 UAS 和飞行器速度矢量的组合可实现所期望的相对速度, 则解决算法就是可行的。否则, 它就是不可行的。根据式 (7.34), 分析恒定速度 UAS 的规避解决方案的可行性是可能的。

引理 7.1   如果 UAS 的恒定地速 v_u 大于或等于飞行器的地速 v_a, 则冲突解决算法是可行的, 且期望的相对速度 $\hat{v}_r$ 为

$$\hat{v}_r = -v_a \cos(\theta_{am}) + \sqrt{\lambda(\hat{\theta}_{am})} \tag{7.55}$$

式中

$$\lambda(\hat{\theta}_{am}) = v_u^2 - v_a^2 \sin^2(\hat{\theta}_{am}) \tag{7.56}$$

证明： 将式 (7.34) 两边同乘 v_a，得

$$\hat{v}_r = -v_a \cos(\theta_{am}) \pm \sqrt{\lambda(\hat{\theta}_{am})} \qquad (7.57)$$

假设 $v_u \geqslant v_a$，则对于任意角度值 $\hat{\theta}_{am}$，有

$$\begin{cases} \lambda(\hat{\theta}_{am}) \geqslant v_a^2 \cos^2(\hat{\theta}_{am}) \\ \sqrt{\lambda(\hat{\theta}_{am})} \geqslant v_a \left| \cos(\hat{\theta}_{am}) \right| \end{cases} \qquad (7.58)$$

由于 v_r 应是一个正值，对于 $v_u \geqslant v_a$，式 (7.55) 成立。因此，该解决算法是可行的。

引理 7.2 假设 UAS 的恒定地速 v_u 小于飞行器速度 v_a。

(1) 如果 $\lambda\left(\hat{\theta}_{ra}\right)$ 小于零，则不存在可行解，即期望的相对速度不能平行于两个切线矢量；

(2) 如果 $\lambda\left(\hat{\theta}_{ra}\right)$ 等于零，则仅存在一个可行解，即只有一个期望的相对速度矢量平行于相应的切线矢量；

(3) 如果 $\lambda\left(\hat{\theta}_{ra}\right)$ 大于零，则存在两个可行解，即两个相对速度矢量平行于两个切线矢量。

图 7.12 为只有一种可行规避解决方案的示例。

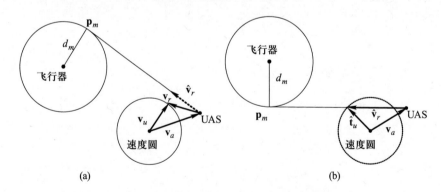

图 7.12　存在一种可行解决方案的示例

(a) 顺时针解决方案 (b) 逆时针解决方案

如图 7.12 所示，只有逆时针解决方案是可行的。注意，图中的速度圆表示恒定速度 UAS 的可能航向：它的半径是 UAS 的速度，圆心位于来自 UAS 位置的飞行器的速度矢量上。

可以由式 (7.36) 简单地计算出所期望 UAS 的航向角。由于可能有顺时针和逆时针两个可行解，所以我们需要确定 UAS 的转动方向。图 7.13 表示 $v_u \geqslant v_a$ 时的两个解决速度矢量。

图 7.13   冲突解决中 UAS 的速度几何图 (源自文献 [20])

图 7.13 中，$\hat{\mathbf{v}}_{uc}$ 和 $\hat{\mathbf{v}}_{ua}$ 分别表示顺时针方向和逆时针方向所期望 UAS 的切线矢量，δ 表示位于两个切线矢量之间的碰撞区域。注意，如果切线矢量位于碰撞区域内，并且 TCPA 小于给定的时间，那么 UAS 与飞行器就会冲突。另一方面，当切线矢量位于碰撞区域之外，则 UAS 与飞行器是不冲突的。如图 7.13 所示，朝向矢量 $\hat{\mathbf{v}}_{uc}$ 的转动形成了顺时针转动，而朝向矢量 $\hat{\mathbf{v}}_{ua}$ 的转动产生了逆时针转动。如果 UAS 朝向最近的矢量转动，那么就会产生单调增加的 CAD。为了确定转动方向，可能要考虑几种能满足要求的方法，例如遵守空中规则，或者在解决机动之后允许沿着更多的有效航线飞行。在这项研究中，朝向最近的矢量转动是所考虑的可能解决方案之一。

现在我们考虑 UAS 仅与两个飞行器处于多重冲突的简单场景。图 7.14 的(a), (b) 图分别为 UAS 关于第一个飞行器和第二个飞行器的速度圆。

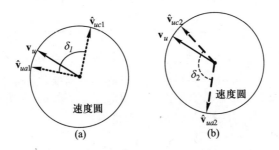

图 7.14   对于两个飞行器的速度圆

(a) 关于第一个飞行器 (b) 关于第二个飞行器

对于多重冲突解决方案的冲突区域 δ 是 δ_1 和 δ_2 两个冲突区域的并集

$$\delta = \delta_1 \cup \delta_2 \tag{7.59}$$

在这种场景中, 所期望的切线矢量为 $\mathbf{v}_{uc1}$ 和 $\mathbf{v}_{uc2}$。类似地, 对于 n 重冲突, 冲突区域为所有这些 n 个区域的并集

$$\delta = \delta_1 \cup \delta_2 \cup \cdots \cup \delta_n \tag{7.60}$$

可简单得到解决方案相对矢量的航向角为:

$$\theta_r = \theta_m \equiv \begin{cases} \max(\theta_{si} + \theta_{di}) & \text{顺时针解决方案} \\ \min(\theta_{si} - \theta_{di}) & \text{逆时针解决方案} \end{cases}, \quad i = 1, 2, \cdots, n \tag{7.61}$$

式中, n 为与 UAS 发生冲突的飞行器数量; 角度 θ_{si} 和 θ_{di} 分别为关于第 i 个飞行器的 θ_s 和 θ_d。可以将式 (7.42) 的满足条件选为多重冲突解决方案所期望的相对速度。然而改变方向的决定需要经过仔细地验证, 因为从当前的 UAS 速度矢量向最近的解决矢量转动可能会引起问题。图 7.15 进行了说明。

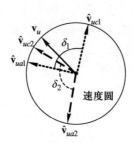

图 7.15　多重冲突解决方案的转动方向问题 (源自文献 [20] 的修正)

在图 7.14 所显示的情形中, UAS 首先尝试解决第二个冲突, 速度矢量将位于 δ_2 之外, 如图 7.15 所示。由于所建议的转动方向将使速度向 $\hat{\mathbf{v}}_{ua1}$ 转动, 在此情况下, UAS 和飞行器将再次发生多重冲突。因此, 这一问题可能会导致解决指令的抖动以及不安全的轨迹。为解决此问题, 提出了一种简单的决策。如果解决机动不能满足条件

$$\mathbf{v}_r \cdot r < 0 \tag{7.62}$$

则 UAS 保持转动方向不变。

7.5　冲突解决: 方法 Ⅱ

在上一节中, 假定 UAS 地速为恒定值来设计冲突解决算法。基于这一假定, 解决指导仅能控制航向角。这也限制了规避解决方案的可行性范围: 当飞行器的地速大于 UAS 地速时, 一些解决方案则不可行。图 7.16 为一种不可行解决方案情形的示例。

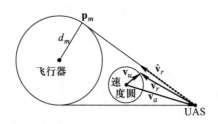

图 7.16　顺时针解决方案不可行的几何示例

速度圆可用来表示解决方案的可行性: 如图 7.16 所示, 无论 UAS 的航向如何, 所期望的相对速度 $\hat{\mathbf{v}}_r$ 都是不可实现的。于是我们提出了一种能够解决这一问题的算法。由于当冲突解决方案可行时, 提供恒定速度的解决算法是可用的, 所以本节我们仅考虑飞行器速度大于 UAS 速度的情况。

7.5.1　解决运动学和分析

如第 7.4 节所述, 为了解决冲突, 相对速度矢量应平行于两个切线矢量中的一个。通过 UAS 航向来控制其速度能够增大的可行性范围, 以便生成如图 7.17 所示的可行解决方案。

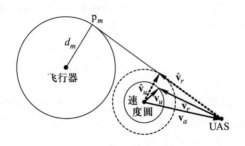

图 7.17　控制 UAS 航向和速度的概念

图 7.17 中, 实线的速度圆是当前 UAS 的速度圆, 虚线的速度圆是经过修正的速度矢量圆。正如前文所述, UAS 能够不以当前的速度而是以增加的速度实现所期望的相对速度 $\hat{\mathbf{v}}_r$。

当 UAS 速度可控时, 可能有多种规避解决方案。图 7.18(a) 为简单情形中的几个可能解决方案。

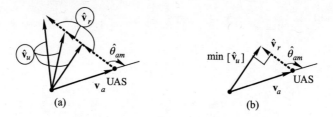

图 7.18 规避解决方案的速度关系

(a) 假想的解决方案 (b) 最小 UAS 速度的解决方案

为了确定规避解决方案, 我们来研究速度之间的关系。具有任意相对速度 $\hat{\mathbf{v}}_r$ 的速度关系为

$$\begin{aligned} \hat{\mathbf{v}}_u^2 &= \hat{\mathbf{v}}_r^2 + v_a^2 - 2\hat{v}_r v_a \cos(\pi - \hat{\theta}_{am}) \\ &= \hat{v}_r^2 + v_a^2 + 2\hat{v}_r v_a \cos\hat{\theta}_{am} \end{aligned} \tag{7.63}$$

式 (7.63) 可以改写为

$$\hat{v}_u^2 = (v_a \sin\hat{\theta}_{am})^2 + (\hat{v}_r + v_a \cos\hat{\theta}_{am})^2 \geqslant 0 \tag{7.64}$$

由式 (7.64) 可得到

$$\hat{v}_u = \sqrt{\hat{v}_r^2 + v_a^2 + 2\hat{v}_r v_a \cos\hat{\theta}_{am}} \tag{7.65}$$

对速度恒定的飞行器, 确定 $\hat{v}_r$ 可得到期望的 UAS 速度, 因而也确定了规避解决方案。可从如下的条件中推导出冲突解决的最小 UAS 速度

$$\frac{\mathrm{d}\hat{v}_u}{\mathrm{d}\hat{v}_r} = 2\hat{v}_r + 2v_a \cos\hat{\theta}_{am} = 0 \tag{7.66}$$

如果 $\cos\hat{\theta}_{am} \geqslant 0$, 则满足式 (7.66) 的最小 UAS 速度就是飞行器的速度。否则最小速度为

$$\min[\hat{v}_u] = \sqrt{v_a^2(1 - \cos^2\hat{\theta}_{am})} = v_a \sin\hat{\theta}_{am} \tag{7.67}$$

式 (7.67) 的几何解释如图 7.18(b) 所示: 产生最小 UAS 速度的相对速度为

$$\hat{v}_r = v_a \cos(\pi - \hat{\theta}_{am}) \tag{7.68}$$

正如前文所述, 只有当规避解决方案不可行时, 才执行控制速度和航向的解决算法。在这种情况下, 必须增加 UAS 速度以使解决方案可行, 如图 7.17 所示。因此, 在这项研究中, 规避解决方案是由最小 UAS 地速推导得到的, 最小 UAS 地速是在最小燃油消耗下与当前 UAS 速度偏差最小的速度。注意到, 对于特定的任务, 很有可能要选择 UAS 的速度, 因此根据最小 UAS 速度得到的解决算法也是完成任务所期望的。

如果在所期望的 UAS 速度中, 最小解决方案的速度大于 UAS 速度的最大边界, 则没有可行的冲突解决方案。在这种情况下, 最好的解决机动是最大限度地增大 UAS 的速度, 并使 UAS 的航向与所期望的速度矢量尽可能地接近。

7.5.2　解决指导

由于 UAS 的速度和航向不同于冲突解决所期望的速度和航向, 因此有必要开发在这项研究中被称为 "解决指导" 的解决算法。为了设计算法, 再次应用 Lyapunov 稳定性理论。可以选取一个简单的 Lyapunov 函数 V, 来证明冲突解决算法的稳定性

$$V = \frac{1}{2}(\theta_e^2 + v_e^2) \tag{7.69}$$

式中

$$\begin{cases} \theta_e = \hat{\theta}_{um} - \theta_{um} \\ v_e = \hat{v}_u - v_u \end{cases} \tag{7.70}$$

函数 V 对时间的导数为

$$\frac{\mathrm{d}V}{\mathrm{d}t} = \dot{\theta}_e \theta_e + \dot{v}_e v_e \tag{7.71}$$

为了保证稳定性, 解决指导必须满足以下条件

$$\dot{\theta}_e \theta_e + \dot{v}_e v_e \leqslant 0 \tag{7.72}$$

由式 (7.67) 可得 $\hat{v}_u$ 的导数为

$$\dot{\hat{v}}_u = v_a \dot{\theta}_{am} \cos \hat{\theta}_{am} \tag{7.73}$$

将式 (7.46) 和式 (7.48) 代入式 (7.73) 得

$$\dot{v}_u = \frac{v_a v_r}{\sqrt{r^2 - d_m^2}} \cos\hat{\theta}_{am} \sin(\theta_d \mp \theta) \qquad (7.74)$$

因此, 有

$$-\frac{v_a v_r}{\sqrt{r^2 - d_m^2}} \leqslant \dot{v}_u \leqslant \frac{v_a v_r}{\sqrt{r^2 - d_m^2}} \qquad (7.75)$$

由于期望的 UAS 速度等于飞行器的速度, 所以

$$\dot{v}_u = \dot{v}_a = 0 \qquad (7.76)$$

如图 7.18(b) 所示, $\hat{\theta}_{um}$ 是一个直角并且其一阶时间导数为零。因此, 解决指导算法可设计为

$$\begin{cases} \dot{\theta}_u = \dfrac{v_r}{\sqrt{r^2 - d_m^2}}\mathrm{sign}(\theta_e) + K_1\theta_e \\ \dot{v}_u = \dfrac{v_a v_r}{\sqrt{r^2 - d_m^2}}\mathrm{sign}(v_e) + K_2 v_e \end{cases} \qquad (7.77)$$

并保证

$$\frac{\mathrm{d}V}{\mathrm{d}t} \leqslant \theta_e\left[\dot{\theta}_m - \frac{v_r}{\sqrt{r^2 - d_m^2}}\mathrm{sign}(\theta_e)\right] + v_e\left[\dot{v}_u - \frac{v_a v_r}{\sqrt{r^2 - d_m^2}}\mathrm{sign}(v_e)\right]$$
$$- K_1\theta_e^2 - K_2 v_e^2 \leqslant 0 \qquad (7.78)$$

其中, $K_1 > 0$, $K_2 > 0$。UAS 的曲率 $\boldsymbol{\kappa}_u$ 可以由式 (7.54) 得到, 其切线加速度为

$$a_u = \dot{v}_u. \qquad (7.79)$$

7.6 CD&R 仿真

本节利用数值例子验证所提 CD&R 算法的性能和可靠性。对于非线性仿真, 假定 UAS 能够通过任何方式获得飞行器的以下运动信息。

(1) 位置矢量;

(2) 速度矢量。

此外, 前视时间 T 选择为 3 min, 最小间隔距离为 3 km。注意, FAA 在考虑了几个标准情况下, 对最小垂直和水平间隔距离进行了分类: 在航线环境中, 飞行器安全的最小水平间隔是 5 海里, 在末端环境中是 3 海

里; 飞行高度在 41,000 英尺以下, 最小垂直间隔通常是 1,000 英尺。UAS 朝向位置为 (20km,20km) 的航路点飞行,UAS 的初始位置和航向角分别是 (0km,0km) 和 0°。

7.6.1 仿真结果: 方法 I

对于检验第一种方法性能的数值例子, 考虑了两种情形。在这些情形中, 假定 UAS 的初始地速为 100 m/s, 表 7.1 给出了对于 UAS 的物理约束。

表 7.1 第一种解决方法中 UAS 的物理约束

最大转弯速率	最大加速度	最大地速	最小地速
5deg/s	40m/s^2	150m/s	70m/s

表 7.2 给出了侵入者 (飞行器) 的初始条件。

表 7.2 第一种解决方法中飞行器的初始条件

侵入者	位置/(km, km)	航向角/(°)	地速/(m·s^{-1})
飞行器 1	(9.5, −1)	180	50
飞行器 2	(10, 0.5)	180	50
飞行器 3	(19, 8)	165	60
飞行器 4	(15, −5.5)	90	55

在第一种情形中, 飞行器是非机动的, 而在第二种情况中飞行器是机动的, 其恒定转弯速率为

$$\left[\dot{\theta}_{a1}, \theta_{a2}, \dot{\theta}_{a3}, \dot{\theta}_{a4}\right] = [-0.2, -0.2, -0.2, 0] \tag{7.80}$$

第一种情形检验冲突探测和第一种解决算法的性能,同时第二种情形在非机动假定不再有效时检验它们的性能。注意冲突探测和第一种解决算法是以 UAS 速度恒定推导出来的。没有冲突解决的原始轨迹如图 7.19 所示。

图 7.19 中, 实线代表 UAS 的轨迹, 带有标记的实线和圆表示飞行器的轨迹和距 UAS 最小距离的最小间隔圆, (20 km, 0 km) 处的菱形表示 UAS 飞往的航路点。UAS 的状态由距离飞行器的最近点所描述, 因此如

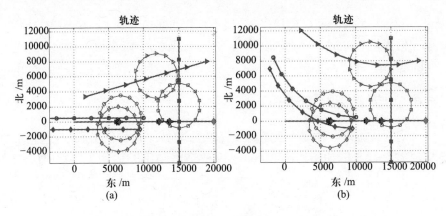

图 7.19 原始轨迹: 第一种解决方法

(a) 第一种情形 (b) 第二种情形

果任何 UAS 位于最小间隔圆内, 那么 UAS 就与飞行器冲突。在这两种情形中,UAS 与第一个、第二个和第四个飞行器冲突。如图 7.19 所示, 一个 UAS 与四个飞行器最初分布在 20 km × 10 km 的矩形空间中。因为仿真空间较假设冲突情形中的空间更为苛刻, 它可对提出的 CD&R 算法进行严格的性能评估。

为了解决多重冲突, 在 UAS 中执行冲突探测算法和第一种解决方法。UAS 和飞行器之间的最小距离总是大于如表 7.3 所列的 3 km 的最小安全间距, 因此提供的算法可有效地探测和解决冲突。

表 7.3 飞行器距 UAS 的最小相对距离: 第一种解决方法

侵入者	第一种情形	第二种情形
飞行器 1	4.2040 km	4.0679 km
飞行器 2	3.2297 km	3.1219 km
飞行器 3	3.0752 km	3.0220 km
飞行器 4	3.0680 km	3.0693 km

第一种情形的仿真结果如图 7.20 所示。

如图 7.20 (a)、(b)、(d) 所示, 第一种解决方法不仅可以规避碰撞, 而且还可使 UAS 的航向平滑变化。图 7.20 (c)、(e) 表明 UAS 的地速是恒定的。图 7.21 说明了在第二种情形中的仿真结果。

如图所示, 提出的算法解决了冲突, 并保持了恒定的地速。然而, 转弯

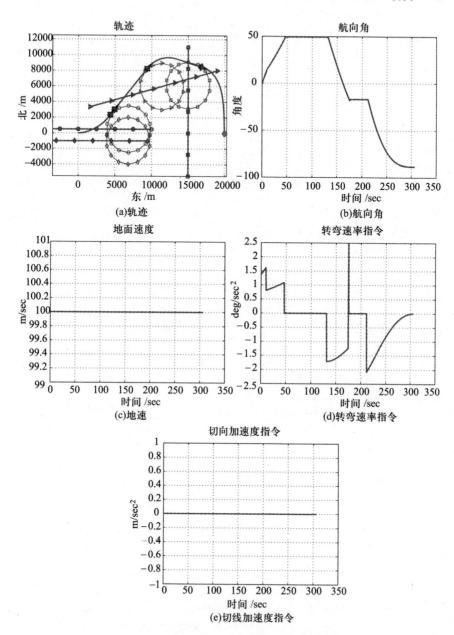

图 7.20　第一种情形中第一种解决方法的结果

速率指令是难以处理的, 因为得到的探测算法是针对非机动飞行器的: 飞行器机动将产生由改变飞行器航向而导致的冲突条件。

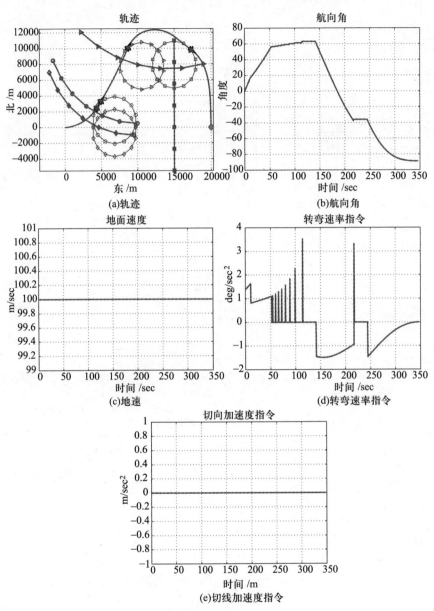

图 7.21 第二种情形中第一种解决方法的结果

7.6.2 仿真结果: 方法 Ⅱ

在第二种方法性能评价的数值例子中, 我们假设 UAS 的初始地速为 50m/s, 表 7.4 给出了 UAS 的物理约束。表 7.5 为飞行器的初始条件。

表 7.4 第一种解决方法中 UAS 物理约束

最大转弯速率	最大加速度	最大地速	最小地速
5 deg/s	30 m/s^2	85 m/s	30 m/s

表 7.5 第一种解决方法中飞行器的初始条件

侵入者	位置/(km, km)	航向角/(°)	地速 (m·s^{-1})
飞行器 1	(6.5, −1)	180	100
飞行器 2	(7.5, 0.5)	180	100
飞行器 3	(18, 0)	165	95
飞行器 4	(10, -15)	90	70

注意, 不同于第一种解决方法的数值例子,UAS 的速度小于飞行器的速度。每一种情形中的飞行器转弯速率与第一种解决方法中的相同。在这些情形中, 若没有解决算法, 则 UAS 与第一、第二和第四个飞行器之间存在冲突, 如图 7.22 所示。

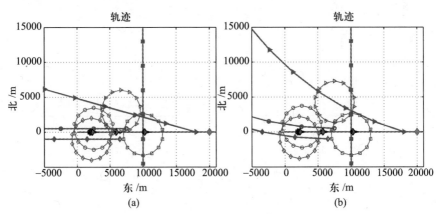

图 7.22 原始轨迹: 第二种解决方法

(a) 第一种情形 (b) 第二种情形

表 7.6 给出了 UAS 与飞行器之间的最小距离。由于这一距离大于安全距离, 它表明冲突探测和第二种解决方法的作用是有效的。

表 7.6 飞行器距 UAS 的最小相对距离: 第二种解决方法

侵入者	第一种情形	第二种情形
飞行器 1	3.5952 km	3.5689 km
飞行器 2	3.0096 km	3.0980 km
飞行器 3	5.2482 km	4.1128 km
飞行器 4	3.0177 km	3.0607 km

图 7.23 给出了第一个情形中的仿真结果。

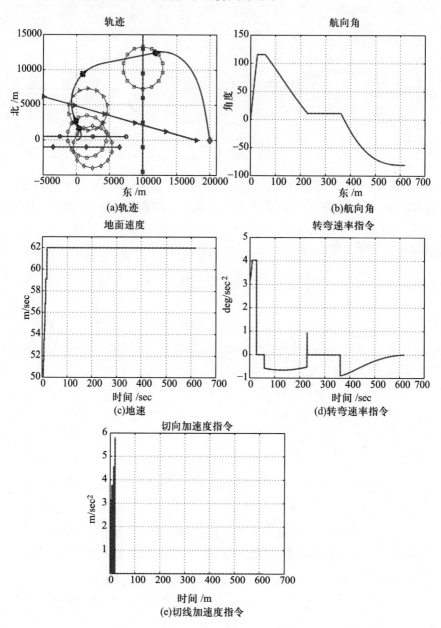

(a)轨迹

(b)航向角

(c)地速

(d)转弯速率指令

(e)切线加速度指令

图 7.23 第二种解决方法第一种情形的结果

由于在仿真开始时没有可行的规避解决方法, 该解决算法增加了 UAS

的速度。第二种情形被用来检验当非机动飞行器假设无效时的效果, 其结果如图 7.24 所示。

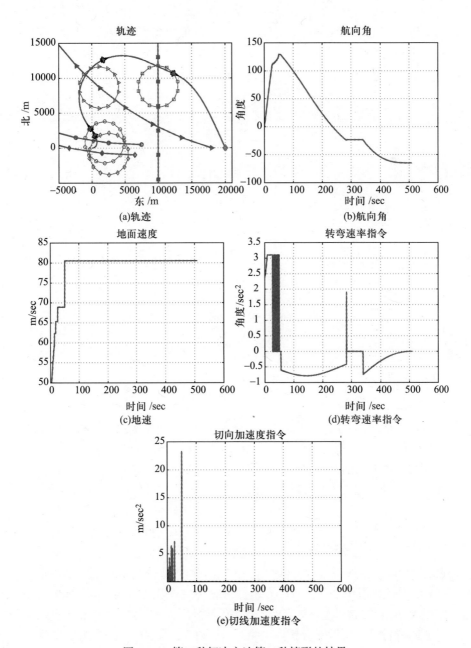

图 7.24 第二种解决方法第二种情形的结果

仿真结果表明, 第二种解决方法相继解决了冲突。在第二种情形中, 再次增加了 UAS 速度, 使不可实现的解决方法变得可行。此外, 类似于第二种情形中第一种解决方法, 飞行器机动导致了转弯速率指令的抖动。在图 7.23(e) 和图 7.24(e) 中, 切线加速度指令似乎也变得抖动。因此, 我们在更小的时间窗口内观察指令曲线, 如图 7.25 所示。

如图 7.25 所示, 切线加速度指令事实上没有抖动。

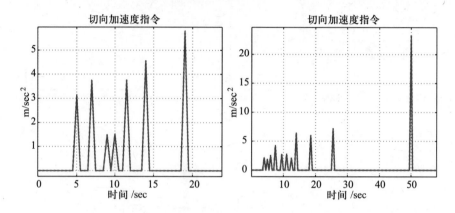

图 7.25   时间窗口内的切线加速度指令

7.7   结论

在本章中, 基于微分几何概念, 介绍了 UAS 冲突探测算法和两种解决算法。为了开发所有的算法, 假定飞行器是非机动的。最近进近距离 (CAD) 和到最近进近点的时间 (TCPA) 使得可以用探测算法来描述冲突。第一种解决算法仅控制 UAS 的航向, 第二种算法同时控制 UAS 的地速和航向。还对两种算法的可行性和性能进行了数学上的分析。如果飞行器速度大于 UAS 速度, 则 UAS 的恒定速度可导致解决方法不可行。第二种算法解决了这一问题, 因此通过控制 UAS 速度扩展了可行性范围。我们还将所提出的算法扩展到一个 UAS 与多个飞行器同时处于碰撞危险之中的多重冲突。还通过数值仿真说明和证实了探测和解决算法的性能。非线性仿真的结果表明, 提出的算法不仅有效地应用于非机动飞行器, 而且对于机动飞行器同样可行。所做的分析不包括 UAS 的动力学, 这一问题与所提算法向三维空间的扩展将是下一步研究的课题。

参考文献

[1] Han, S. C. and Bang, H. C., 'Proportional navigation-based optimal collision avoidance for UASs', Proceedings of the 2nd International Conference on Autonomous Robots and Agents, Palmerston North, New Zealand, 2004.

[2] Tomlin, C., Pappas, G. J., and Sastry, S., 'Conflict resolution for air traffic management: a study in multi-agent hybrid systems', IEEE Transactions on Automatic Control, 43(4), 509–521, 1998.

[3] RTCA TF 3, Final report of RTCA Task Force 3: Free flight implementation, RTCA Task Force 3, RTCA Inc., Washington, DC, 1995.

[4] Kuchar, J. and Yang, L., 'Review of conflict detection and resolution modeling methods', IEEE Transactions on Intelligent Transportation Systems, 1(4), 179–189, 2000.

[5] Khatib, O. and Burdick, A., 'Unified approach for motion and force of robot manipulators', IEEE Journal of Robotics and Automation, 3(1), 43–53, 1987.

[6] Passino, K. M., 'Bridging the gap between conventional and intelligent control', Control Systems Magazine, IEEE, 13(3), 12–18, 1993.

[7] Tang, P., Yang, Y., and Li, X., 'Dynamic obstacle avoidance based on fuzzy inference and transposition principle for soccer robots', Proceedings of l0th International Conference on Fuzzy Systems, Melboume, Victoria, Australia, 2001.

[8] Rathbun, D., Kragelund, S., Pongpunwattana, A., and Capozzi, B., 'An evolution based path planning algorithm for autonomous motion of a UAS through uncertain environments', Proceedings of IEEE Digital Avionics Systems Conference, 2002.

[9] Ghosh, R. and Tomlin, C., 'Maneuver design for multiple aircraft conflict resolution', Proceedings of American Control Conference, Chicago, 11, 2000.

[10] Kumar, B. A. and Ghose, D., 'Radar-assisted collision avoidance/guidance strategy for planar flight', IEEE Transactions on Aerospace and Eiectronic System, 37(1), 77–90, 2001.

[11] Sunder, S. and Shiller, Z., 'Optimal obstacle avoidance based on the Hamilton-Jacobi-Bellman equation', IEEE Transactions on Robotics and Automation, 13(2), 305–310, 1997.

[12] Kuchar, J., Andrews, J., Drumm, A., Hall, T., Heinz, V., Thompson, S., and Welch, J., 'A safety analysis process for the traffic alert and collision avoidance system (TCAS) and see-and-avoid Systems on remotely piloted

vehicles', Proceedings of AIAA 3rd 'Unmanned Unlimited' Technical Conference, Workshop and Exhibit, Chicago, IL, 2004.

[13] Cho, S. J., Jang, D. S., and Tahk, M. J., 'Application of TCAS- II for unmanned aerial vehicles', Proceedings of 2005 JSASS-KSASS Joint Symposium on Aerospace Engineering, Nagoya, Japan, 2005.

[14] Asmat, J., Rhodes, B., Umansky, J., Villavicencio, C., Yunas, A., Donohue, G., and Lacher, A., 'UAS safety: unmanned aerial collision avoidance system (UCAS)', Proceedings of the 2006 Systems and information Engineering Design Symposium, Charlottesville, VA, 2006.

[15] DeGarmo, M. T., Issues Concerning Integration of Unmanned Aerial Vehicles in Civil Airspace, MP 04W0000323, MITRE, November, 2004.

[16] Hedlin, S., Demonstration of Eagle MALE UAS for Scientific Research, Swedish Space Corporation Mattias Abrahamsson, Swedish Space Corporation, 2002. Available online at: http://www.neat.se/information/papers/ NEAT_paper_Bristol_2003.pdf.

[17] Kayton, M. and Fried, W. R., Avionics Navigation Systems, John Wiley & Sons, New York, 1996.

[18] Dowek, G. and Munoz, C., 'Conflict detection and resolution for 1, 2, ..., N aircraft', Proceedings of the 7th AIAA Aviation Technology, Integration and Operations Conference, Belfast, Northern Ireland, 2007.

[19] Galdino, A., Muñoz, C., and Ayala, M., 'Formal verification of an optimal air traffic conflict resolution and recovery algorithm', Proceedings of the 14th Workshop on Logic, Language, Information and Computation, 2007.

[20] Shin, H. S., White, B. A., and Tsourdos, A., 'Conflict detection and resolution for static and dynamic obstacles', Proceedings of AIAA GNC 2008, August 2008, Honolulu, HI, AIAA 2008–6521.

[21] White, B. A., Shin, H. S., and Tsourdos, A., 'UAV obstacle avoidance using differential geometry concepts', IFAC World Congress 2011, Milan, Italy, 2011.

第 8 章
利用公共信息网络感知与规避的飞行器隔离管理

Richard Baumeister[1], Graham Spence[2]

[1] *Boeing, USA*

[2] *Aerosoft Ltd., UK*

8.1 引言

实现所有飞行器, 包括无人航空系统 (UAS) 之间连续的安全间隔距离, 是管制类与非管制类空域内 UAS 与有人飞行器整合的关键要求。从历史上看, 通过地面控制者批准保守的安全空域和严格的飞行计划遵守规则, 已实现管制类空域内有人飞行器的连续安全间隔距离。如果管制类空域内所有飞行器始终能够被跟踪, 则可以确定对这些空域可能的侵犯。如果安全空域有被侵入者侵犯的危险, 则空中交通管制 (ATC) 人员可以请求飞行器调整航迹 (通常通过语音发布指令)。该人工过程可能需要几十秒到几分钟的时间, 这取决于(1) 人工控制者的工作量; (2) 可用的 ATC 服务; (3) 决策支持工具的可用性; (4) 雷达等监视设备的更新速率; (5) 冲突飞行器的数量; (6) 飞行员手动执行变化所花费的时间。这种相对较大的空中控制延时表明, 实现管制类空域内飞行器之间所期望的安全水平隔离间距, 需要相应较宽的航路。典型航路安全隔离值是 5 海里, 尽管该数值可能会从机场附近的几海里变化到横越海洋飞行时的几十海里。近年来, 开始使用作为控制者与飞行员之间数据链通信 (CPDLC) 的空地数据链, 来减少飞行员与 ATC 人员之间相对缓慢、例行的语音通信需求, 并使用数据链信息来替代 ATC 的飞行许可。然而, 通信和控制延迟的改善并没有对监视、人工决策和执行过程中固有的较大延迟产生作用。

航路上飞行器的管制类空域是相对稳定的, 飞行器按照预先申请的固定飞行计划飞行, 而偏离这些飞行计划只是特例。当由于天气或解除可能隔离丧失的冲突等不可预见的事件要求战术变化时, 系统可采用各种不同的方法进行调整, 比如限制新飞行器起飞、改变飞行器航线或限制特定区域航班的数量。

非管制类空域通常没有人工地面控制机构监控安全空域, 并且或许雷达也不能覆盖此空域。在这类空域, 飞行员遵守众所周知的安全规则, 自愿接受利用发现和规避的安全空域。对于非管制类空域中的 UAV, 飞行员发现和规避的作用将由感知和规避系统来实现。这些系统的标准仍处于研究和开发之中, 但是没有规定预期性能 (如符合规定的间隔最小值) 以及由感知与规避功能所产生的引导行为的明确标准。相对于管制类空域, 非管制类空域动态性更强, 不要求飞行机组人员申请并遵循规定的飞行计划。如果观测或感知到了威胁的飞行器, 飞行员可确定并执行避免突破隔离丧失 (LOS) 阈值, 并且避免可能的飞行器碰撞所必需的控制行为。

关于感知和规避 (SAA) 系统有两种大概的分类。在这里, 我们将那些采用机载传感器探测本地飞行器的感知与规避方法定义为直接感知。我们还定义了网络化感知或网络感知与规避, 它们具有通过外部通信数据链接收附近飞行器信息的平台。直接感知方法主要包括: (1) 飞行员视觉检测; (2) 光学传感器探测; (3) 长波/前视红外; (4) 机载雷达。这些传感器允许飞行器自动探测附近的飞行器。然而, 这些方法受到了包括传感器视场、有效探测范围等条件的限制, 而且, 对某些无人机系统, 可能会受到严格的机载空间和载荷的限制。业已证明, 当威胁飞行器非常靠近并且必须采取紧急行动以防止灾难性碰撞时, 很少有机载感知能对飞行器碰撞与规避机动产生效果[1]。

当经过外部通信通道持续地向平台 (飞行员、地面控制者和/或机载飞行管理系统 (FMS)) 提供环境感知和潜在威胁飞行器的数据时, 就产生了网络感知与规避。网络感知与规避的概念意味着存在一个保持飞行器通信链路和有权使用感兴趣区域内飞行器跟踪数据的自动化系统。该跟踪数据可被监视, 而且, 如果预测或探测到 LOS 突破, 则确定并上传飞行路径修正以确保安全间隔。除了飞行计划修改 (和可能的其他控制请求), 可容易向飞行器飞行员提供环境感知 (SA) 信息, 先进的 FMS 或远程的 UAS 操作员可根据其做出适当的规避举措。

通过直接向 UAS FMS 和/或 UAS 控制者提供隔离管理信息, 网络化感知与规避有助于将 UAS 融入管制类和非管制类空域。这样的感知与规避并不试图提供相当于人类的视觉系统, 而是提供了一个适用于有人和无人飞行器的集成环境感知和隔离管理系统。支撑测试网络化感知与规避的

基本原理在 "2009—2034 年无人系统集成路线图" (A.3.2.3, p.99) 中得到证明[2], 其声明 "因为 (发现和规避) 规则的目的是规避空中碰撞, 技术上努力的重点应该是解决与 UAS 相关的问题, 而不是试图模仿和/或复制避免空中碰撞的人类视觉"。

网络感知的一个关键优势在于, 它是直接面向使用 COTS 硬件设备通信网络中的网络飞行器。表 8.1 列出了与外部网络建立有持续通信链路的网络感知的优势以及感知与规避中直接感知方法存在的问题。

表 **8.1** 用于解决直接感知问题的网络感知技术

直接感知和规避的问题	网络感知的优势
包括供电、重量和占用空间的飞行器传感器硬件实现要求	飞行器通信硬件重量轻、耗能小和占用空间小, 包括卫星和移动收发器
包括威胁范围和接近方向的威胁检测问题	全范围和全方位跟踪飞行器
每个传感器的典型设计不具有与其他飞行器外部通信的能力	具有与其他飞行器和网络的连通能力

网络化感知与规避并不排除将机载目标探测传感器应用于 UAS, 这可增加安全程度。来自这些传感器的数据也可将网络增添为额外的信息源。

本章探讨了在使用公共信息网络 (CIN) 的非管制空域中, 利用网络化感知与规避(除非明确地说明, 否则本章简称为感知与规避) 得到有人和无人飞行器的安全隔离阈值。假设 CIN 为网络合作空域用户提供包括自动隔离管理过程的空域信息源。这里介绍的工作集中于非管制类空域的原因如下:

(1) 管制类空域具有得到确认的飞行器隔离规程, 该工作并非是管制类空域现有的 ATM 系统和规程的替代品。

(2) 许多未来民用和商务 UAS 操作可能发生在非管制类空域以及相对较低的高度, 比如在监视、测量、搜索和救援等领域。

(3) 通用航空飞行器更多的事故 (特别是空中碰撞) 发生在非管制类机场附近和视觉气象条件 (VMC) 下[3], 而这样的机场可能被商业 UAS 当作备用机场。

(4) 倘若未来 UAS 在非管制空域使用, 要确保所有空域用户的安全。

考虑非管制类空域的另一个原因是, 民用空域管理者已计划在管制类空域实现下一代 ATM 系统, 该系统可能包括类似于网络化感知与规避(文献 [4] 中的 NextGen 和文献 [5] 中的 SESAR) 的具体实现。尽管自动相关监视持续发展, 但目前尚未将 UAS 整合到这些未来的 ATM 系统中, 或对一般航空团体应用这些系统的统一方法。希望本章研究可对这些努力有所帮助。

本章将考虑非管制类空域, 在该空域中合作飞行器 (装备适当) 通过与自动隔离管理器 (SM) 进程相连接的网络, 实时共享它们的状态信息。假设非合作飞行器 (缺乏设备或具有非合作行为) 的位置能够被其他传感器 (如一次和二次监视雷达) 所跟踪, 而且也位于网络中, 但并不与 CIN 或 SM 进程相连。SM 通过为所有合作飞行器发送环境感知数据和提供的航路偏差, 来确保所有合作飞行器达到安全隔离阈值, 同时在所建议的航路偏差中考虑非合作飞行器。

本章以下章节安排如下: 第 8.2 节说明了 CIN 中飞行器信息流程的一般分解; 第 8.3 节描述了智能天空飞行测试计划过程的具体实现; 第 8.4 节给出了智能天空飞行测试的测试结果。最后第 8.5 节讨论了此方法可能的未来应用。

8.2　CIN 感知与规避要求

本节我们提出 CIN 中基于网络的感知与规避系统信息流的一般过程, 该过程持续监测飞行器轨迹, 发布 SA 信息, 并且如果有必要的话, 计算安全的飞行器轨迹修改信息。本章从头到尾仅限于考虑通过集中控制中心完成的使用自动飞行器隔离管理的感知与规避。换句话说, 控制中心为包括网络化飞行器的空域隔离管理系统组成部分提供了中心枢纽。这一假设使得感知与规避过程易于可视化, 并反映了作者完成的飞行测试系统。也可以类似的方式构建分散的网络化感知与规避系统, 但本章不予讨论。

以结构化的等级划分方式分解该信息处理过程和信息流是非常有利的[6]。图 8.1 说明了 CIN 中闭环感知与规避信息流的高级描述。该信息流程包含七个阶段。第 1 个阶段为用户数据源, 是对空中飞行器的当前状态数据进行估计, 并将其插入到 CIN 的过程。对于合作飞行器, 仅通过获取和发送 GPS 机载导航数据, 就可在飞行器上实现第 1 个阶段的过程。对于非合作飞行器, 通过获得来自地面雷达系统的飞行器跟踪轨迹, 可实现第 1 个阶段的过程。第 2 个阶段为跟踪捕获过程, 在该阶段中, 由第 1 个阶段发送的数据在 CIN 通信节点 (例如中继卫星、空中飞行器或地面站) 被捕获, 随后中继至控制中心。第 3 个阶段、第 4 个阶段和第 5 个阶段表示在中央感知与规避控制中心的过程和流程。第 3 个阶段为估计真实轨迹过程, 综合并推算从第 2 个阶段所有数据源接收到的数据。由于一架飞行器可能有多个状态数据源, 任何冗余数据源必须经过分析、比较和处理。第 3 个阶段主要输出被跟踪飞行器当前和未来轨迹的最佳估计。然后第 4 个阶段利用其输出确定控制进程, 其中包含实际的 SM 算法。在第 4 个阶段中, 估计所有飞行器之间的当前和预测距离, 以确定是否违反飞行器之间规定的 LOS 安全性阈值。如果未来发生任何违规行为, 则按 SM 计算的安全轨迹修正。一般来说, 应对未来 LOS 违规预测得足够远, 以便有足够的时间来发送和接收新的轨迹偏差, 并由飞行器来执行。然而, 在即将发生或已经发生 LOS 违规的情况下, SM 可以宣布紧急 (EMER) 状态并立即向飞行器发送安全 (后退) 机动指令。第 4 个阶段还包括包含飞行器状态的 SA 信息。第 5 个阶段为控制航路过程, 在该过程中, SM 确定向用户发送的环境感知数据和可能偏差的最佳通信路径。在第 6 个阶段中, 将这些消息传播给用户, 称为控制发布, 然后在第 7 个阶段中显示传播消息, 称为用户数据和显示。

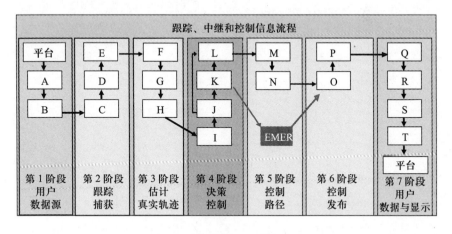

图 8.1　CIN 中 SAA 信息流程

图 8.1 所显示的信息流程表示一个实时闭环控制过程。跟踪、中继和控制 (TRAC) 阶段在高层定义了信息流程的各个子过程。这些 TRAC 阶段依次被分成由 A 到 T 标识的 20 个阶段功能, 再加上紧急行动 EMER 功能。表 8.2 列出了这些阶段和相关的阶段功能。分解的目的是定义和理

解 CIN 中信息流程中的关键组成部分，并确定关键需求。其中，一个关键需求是了解 CIN 中感知与规避的信息延迟，我们将信息延迟定义为信息从第 1 个阶段流动到第 7 个阶段所需要的时间。表 8.2 中的每个阶段功能都有其相应的延迟。如果我们保守假设流程是连续的，则总延迟是各个阶段功能延迟的简单累加。比较完全手动和完全自动信息流程延迟是很有趣的。图 8.2 针对包含几架必须被监视和安全分离飞行器的 LOS 情形，进行了时间延迟比较。在该图中，x 轴表示表 8.2 中所列的 A 到 T 阶段功能，y 轴表示与每一个阶段功能相关的估计延迟。在控制者和飞行员之间使用语音指令的人工控制是一项高强度的工作，某些情况下要花费数分钟时间。图 8.2 的上半部分表明导致时间延迟的主要成分为语音通信，预测

表 8.2 信息流程阶段功能

阶段	主要功能
1. 用户数据源： 准备和发送 AC 状态信息	A. 准备本周期发送的飞行器状态信息 B. 发送信息
2. 跟踪捕获： 飞行器信息到感知与规避控制中心的通信	C. 捕获飞行器状态信息 D. 处理数据流 E. 链接和中继数据流到地面中心
3. 估计真实轨迹： 从潜在的几个信息源推导飞行器预测状态	F. 收集本周期来自所有飞行器的信息 G. 集成、滤波和处理接收到的信息 H. 利用当前和以往信息预测飞行器状态
4. 决定控制： 评估隔离系统规定参数和实现隔离管理	I. 在合适的时间窗口评估本周期隔离系统规定参数 J. 确定实现安全隔离所需的控制，如果有必要的话执行 EMER 操作 K. 生成本地显示的环境感知信息 L. 准备发送的控制和 SA 信息
5. 控制路径： 确定到飞行器的通信路径	EMER. 准备和处理紧急信息 M. 建立本周期名义通信路径 N. 发送名义通信
6. 控制传播： 到飞行器的通信	O. 建立飞行器链接 P. 捕获控制中心信息
7. 用户数据与显示 飞行器接收 SA 和控制信息并执行适合的行动	Q. 接收 SA 和控制信息 R. 处理控制信息 S. 整合用于决定的所有信息 T. 执行本周期控制

和解决潜在 LOS 的能力, 以及这些新指令的执行 (阶段功能 B, H, I, J, Q, S)。该图下半部分显示了采用覆盖 CIN 的数据链和完成未来 LOS 和安全隔离偏差关键任务估计的计算机算法, 如何将此延迟减少到几秒的时间。注意, 在图 8.2 上图 (人工情况) 中 y 轴的范围是 $0 \sim 70\,\text{s}$, 而下图 (自动情形) 中 y 轴的范围则是 $0 \sim 0.4\,\text{s}$。人工情形中显著的延迟峰值在自动情形中变得微不足道。这些值是通过估计典型硬件、软件的性能和通信性能来获得的, 而且通信性能表明, 对于自动化 3\,s 左右或更少的延迟是可能的。

手动情形: 分钟级的总控制延时

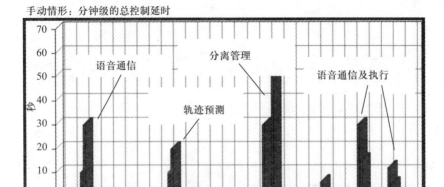

自动情形: 秒级的总控制延时

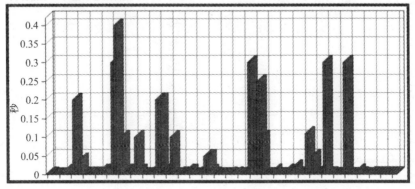

图 8.2 人工和自动信息流程的延迟比较。水平轴表示表 8.2 中列出的阶段功能

信息延迟 dt 直接关系到飞行器可被安全控制的隔离距离。从阶段功能 A (准备飞行器状态信息) 中飞行器状态信息被确定起, 直到其实现阶段功能 S 和 T (整合信息和开始控制行为) 中任何适当的操作时间内, 速度为 v 的飞行器将飞行大约 $dt \times v$ 的距离。在动态空域, 飞行器可在任意时刻实现状态改变, 因此未来状态预测总具有与此延迟相关的部分不确定

性。图 8.3 显示了飞行器三种速度下, 延迟距离、不确定性和信息延迟之间的关系。相对于 60 s 的延迟, 与自动信息流程相关的预期 3 s 的小延迟, 使得距离不确定性可以忽略不计。

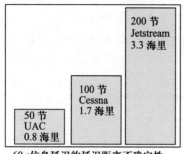
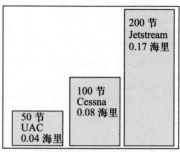

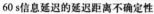

图 8.3　60 s (左) 和 3 s (右) 信息延迟的延迟距离不确定性对比

8.3　CIN 的自动隔离管理

8.3.1　自动飞行器隔离原理

自动飞行器隔离管理 (SM) 是基于 CIN 的感知与规避的重要组成部分。SM 是一个连续的过程, 计算机算法利用外部通信输入的信息, 估计所有被跟踪飞行器之间的当前和预测间隔, 以确保安全阈值约束得到满足。如果违反了 LOS 约束, 则该算法计算与计划轨迹之间的安全偏差, 以满足所有约束。这些轨迹修正经过 CIN 被发送到合作飞行器, 或被自动执行或提供给人工监管审批过程。

CIN 隔离管理的关键要素被封装在定义第 3、第 4 和第 5 阶段的阶段功能中 (表 8.2)。CIN 中来自所有用户的输入由阶段功能 F (聚集此控制周期来自所有飞行器的信息) 和 G(融合、滤波和按指定的路径发送接收到的信息) 所完成。这两个功能准备好从 CIN 接收到的信息供 SM 算法处理。相应的第 5 阶段功能确定将来自 SM 算法的数据发送给 CIN 中用户的最佳通信路径。

阶段功能 H (利用当前和历史信息估计飞行器状态), I (在此周期适当的时间窗口评估隔离约束) 和 J (确定实现安全隔离所需的控制, 如果有必要的话执行 EMER 动作) 是 SM 算法的关键要素。

状态数据用来预测飞行器的状态。对于管制类空域, 简捷的方法是假定飞行器以已知的速度, 沿着预先定义好的几何飞行计划简单地飞行。对于非管制类动态空域, 不能假定飞行器沿飞行计划飞行, 因此可以用参数估计方法预测未来状态, 如: 线性外推法; 假定恒速和恒转弯半径的封闭外推法; 数据估计滤波器和基于简化飞行器模型的轨迹预测。在理想情况下, 所有方法都应说明, 随预测未来时间增加而不可避免增长的预测误差。该误差取决于几个因素, 包括预测时间窗口、飞行器速度、可操作性、气象、状态数据误差和信息延迟。不久的将来所有可能的轨迹可以由机动锥简单表示, 机动锥是飞行器未来可能位置构成的一个近似锥形体。图 8.4 表明, 快速高机动性飞行器较慢速飞行的 UAS 具有更大的机动锥。两个锥形体相交部分表示可能的 LOS 情形。在规划分离机动时, SM 已知相互冲突飞行器各自的速度。该情形表明可导致最快回归到安全隔离的隔离策略, 将使快速飞行器离开 UAS 轨迹, 因为这样可以在较短的时间内实现隔离。

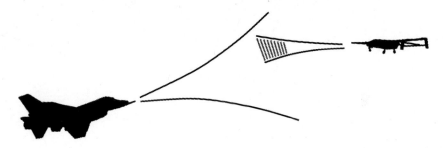

图 8.4　两个机动锥的相交

图 8.5 显示了处理不确定性圆锥体的概率统计方法。估计出每架飞行器位置 (表示为高斯分布, 但它通常是非高斯的) 的概率分布函数 (PDF)。每架飞行器的分布函数可看作是得到的低于任何期望阈值的 LOS 概率。两架飞行器的概率分布函数的卷积将给出在特定位置和未来时刻两架飞行器之间的 LOS 概率。

飞行器预测时间窗口是感知与规避成功的关键所在。时间窗口应大于信息延迟加上飞行器执行安全隔离操作所消耗的时间。窗口不应过大, 否则不可靠的预测会导致大量的错误隔离。包括 UAS 在内的通用航空飞行器的典型值范围是 10 s 至几分钟。

包括 LOS 预测和修正动作计算的 SM 组成部分是由第 4 阶段中的阶段功能 I (在适当的时间窗口估计本周期隔离约束) 和阶段功能 J (确定实现安全隔离所需的控制) 所完成的。SM 算法有很多分类[7]。由于我们仅

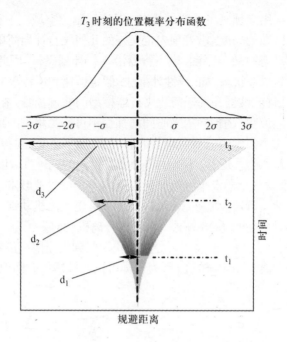

图 8.5 描述预测飞行器位置的概率分布函数

限于飞行器隔离的集中控制, 在此仅讨论三种自动隔离算法: 基于网格法、遗传搜索法和新兴系统。

8.3.2 基于网格的隔离自动化

基于网格算法的一个例子, 是一个由三维空间和一个时间维组成的四维网格。在离散时空流形中, 特定时刻的网格单元被标记为被占用或不被占用, 分别用值 1 或 0 表示。更先进的基于网格的方法可以选择性地以单元占有概率填充网格单元。被占用单元可以被视为可能威胁的飞行器或严格限制的飞行区域。未来网格状态可填充为特定预测未来窗口的轨迹预测。飞行器机动锥中未被占用单元表示潜在的未来安全和可到达的空域。基于网格算法的目标是, 在必要的时候, 确保任何合作飞行器仅仅穿越空置概率适当高的网格单元。这种算法还可采用附加的逻辑来确保应用适当的边界条件, 如选择使飞行器安全回归到原有路径的未被占用单元。文献 [8] 给出了此算法的有趣探讨和应用。一些传统算法已应用于路径规划问题, 如 A* 算法[9]。图 8.6 对此进行了说明。

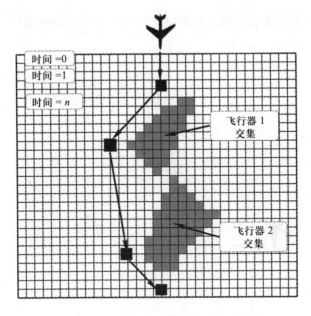

图 8.6 基于网格的飞行器隔离管理示意图

8.3.3 基于遗传的隔离自动化

自动隔离的另一种方法是使用搜索和优化技术, 如遗传算法 (GA)[10]。已应用于飞行器隔离的遗传算法的目标之一是[11], 对给定的隔离预测失败情形的无穷多解决方案进行离散化, 如图 8.7 所示。这是通过先前建立的机动数据库来实现的, 机动数据库包含由相对航向、高度和速度变化 (没有预先定义的几何航路点) 组成的大量轨迹修正。为应用遗传算法, 应采用适当的格式对 LOS 情形进行编码, 除被称为种群外, 随机生成了很多种可能的解决方案, 且每种方案对应着一条单独的染色体。每条染色体由包含 LOS 情形的每架飞行器轨迹修正分配组成。确定每种解决方案适应性是通过轨迹预测仿真实现的, 该仿真用来测试分配给每架飞行器飞行轨迹修正的可能适用性。每种解决方案的适应性是由轨迹预测期间所记录的地面跟踪后期分析决定的。每种解决方案适应性的影响因素包括轨迹预测期间每架飞行器之间彼此的间隔距离, 以及轨迹修正要求每架飞行器偏离轨道的严重程度。每一代中最不适合的解决方案 (近隔离距离和/或大的跟踪偏差部分) 被剔除, 而对剩余的解决方案进行基本选择、交叉、变异等遗传算法运算。这个过程重复特定的几代, 或在设定的时间限制后终止。虽然测试每一代的解决方案需要多个轨迹预测, 但整体趋向适应于一组无冲突的轨迹。

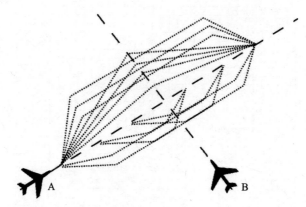

图 8.7　用于自动飞行器隔离的遗传算法 LOS 情形无穷的解决方案的离散化示例
虚线表示标称飞行路径, 点线表示飞行器 A 冲突规避机动

8.3.4　基于新兴系统的隔离自动化

自动飞行器隔离管理挑战引发的第三种方法是基于自组织系统的灵感。这些技术包括人工势场[12–15]和人工集群算法[16,17]。在最初检验时, 因为他们这些技术提供自适应动态解决方案, 看上去在提供简洁明了的自动飞行器隔离解决方案上非常理想。每个智能体 (飞行器) 遵循规定的规则从而实现系统秩序 (安全飞行器隔离), 由于系统中各智能体之间的相互作用, 形成了全面的解决方案。就势场而言, 每架飞行器将生成作用于所有其他飞行器的虚拟排斥力。理论上, 应出现整体秩序或安全的飞行器隔离, 其表现形式为相对于每架飞行器排斥力的总和。图 8.8 说明了每架飞行器产生的虚拟排斥力。在某些实现中, 利用与航路点 (菱形) 的吸引力提供飞行器引导。

在集群方法中, 每个智能体运用规则来使所有智能体保持在一起。当应用于飞行器隔离时, 势必生成反集群规则。就其自然形式, 这些技术或许是过于动态和不切实际的, 从而不能应用于飞行器隔离 (在密集空域情形下不切实际的飞行员工作负担)。如果没有修正, 系统趋向于振荡, 并且要求向每个智能体或飞行器频繁发送航向变化指令。作者对混合势场/反集群算法的限制性形式进行了测试[18]。该算法生成规避矢量 (取决于所涉及到飞行器引发的所有规避矢量总和) 来驾驶潜在冲突区域周围的飞行器,

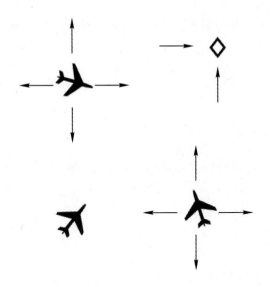

图 8.8　飞行器隔离势场方法的简要说明

该算法还包括简单的空中规则以限制解决方案的反复变化, 提供可预测的飞行器行为, 并允许超越机动。尽管算法的结果非常富有前景, 但是还需要进一步测试, 以及与典型飞行管理功能的集成。

8.4　智能天空实现

8.4.1　智能天空背景

第 8.2 节和第 8.3 节概述了基于 CIN 的感知与规避理论。本节讨论 CIN 中感知与规避的一个原型实现, 这是智能天空飞行测试工程已完成的一部分。智能天空工程 (智能天空) 是一项为期三年的合作研究和飞行测试计划, 研究日期自 2008 年 3 月至 2011 年 3 月。智能天空探索支撑有人和无人飞行器安全有效利用空域的未来技术。该工程将专家研究员们聚集在一起, 他们来自谢菲尔德大学下属的波音研究和技术 (BR&T) 中心, 澳大利亚波音研究和技术 (BR&T) 中心, 航空与航天自动化 (ARCAA) 澳大利亚研究中心; 联邦科学与工业研究组织 (CSIRO)ICT 中心与昆士兰科技大学 (QUT) 的合资企业。该工程的目标[19,20]是探索空域自动化关键技术发展, 其中之一就是基于 CIN 的自动感知与规避系统的原型设计。

智能天空的主要内容是在澳大利亚昆士兰州 (QLD) Kingaroy 镇附近的 Burrandowan 农庄进行的一系列综合飞行试验。这些飞行试验在非管制类空域中实际和有压力的操作条件下, 描述了预想的使用 CIN 的感知与规避性能。在此计划中, BR&T 建成了几个自动动态空域控制中心 (ADAC), 为感知与规避集中控制中心提供软件开发、测试和飞行测试支持。另外,ARCAA 工程师们开发并在所有测试飞行器上安装了定制的预测飞行管理系统 (pFMS), 使得这些飞行器通过 CIN 与 ADAC 通信。pFMS 实现了第 8.2 节描述的信息流程中关键的第 1 阶段(编译和发送飞行器状态) 和第 7 阶段(接收和响应环境感知以及控制数据) 的功能。pFMS 也通过向驾驶室提供交通信息显示和建议航路修正显示的数据来帮助飞行员环境感知。

8.4.2 飞行测试设备

用于智能天空测试的主要飞行测试飞行器包括:

(1) 一架 Cessna 172R 模型飞机, 这里称为机载系统实验室 (ASL)。这架定制改装飞机配备有 GPS-INS 真实数据系统、pFMS、定制的导航显示 (使飞行计划、飞行计划偏差、自 ADAC 接收到的其他信息可视化, 如环境感知数据) 和通信管理系统。ASL 能够进行常规人工驾驶控制或可选择的驾驶模式 (仅航路控制)。

(2) 一架小型自主固定翼 UAS, 称为 QUT UAS(QUAS)。QUAS 最大起飞重量为 20 kg, 有效载荷为 4 kg, 续航时间约为 1 h (满燃料和有效载荷)。机载系统包括:pFMS、COTS 自动驾驶仪、UHF、铱星及 3G 通信系统和一个基于视觉的感知与规避有效载荷。

(3) 一架小型自主直升机, 称为 CSIRO UAS (CUAS)。CUAS 最大起飞重量为 13 kg, 续航时间约为 45 min (满燃料和有效载荷)。机载系统包括: pFMS、定制设计的飞行计算机和自动驾驶仪、UHF 通信系统和位于 CUAS 地面控制系统的铱星及 3G 通信系统。

除描述的真实飞行测试飞行器之外, 许多虚拟飞行器也被用以增加涉及冲突情形的飞行器数量。谢菲尔德大学和 BR&T 联合开发的 pFMS, 允许 6 自由度自主驾驶和经 CIN 与 ADAC 通信的试验性飞行仿真。这些虚拟飞行器由试验性工程飞行模拟器[21,22], 或谢菲尔德大学的研究人员开发的单独全自主 6 自由度飞行仿真模型提供。这个单独的 6 自由度仿真可在低配置的个人计算机上运行, 并通过互联网与 ADAC 网络化连接。每个 6

图 8.9　智能天空飞行试验使用的飞行测试设备
自左上角顺时针方向分别为: ASL、CUAS、飞行仿真器和 QUAS

自由度模型使用简单的定制脚本语言来初始化和制订期望的飞行计划。利
用互联网或铱星收发器来驾驶工程飞行模拟器并连接到 CIN。从 ADAC
和被测试的隔离管理算法观点来看, 不同的测试飞行器 (有人或无人, 真
实的或仿真的) 之间没有区别。将模拟飞行器与真实飞行器及真实通信链
相结合, 为评估复杂的、可能的 LOS 情形提供了安全有效的测试环境。虚
拟飞行器可以安全地直接飞向真正的飞行器, 以迫使 SM 通过 CIN 来执
行感知与规避。表 8.3 总结了用于智能天空测试的测试空域阶段设备。

表 8.3　用于智能天空飞行测试的真实和虚拟飞行器

真实飞行器	自动化仿真	驾驶/飞行仿真器
ASL-Cessna 172	Cessna 172	Cessna 172
CUAS 直升机	Jetstream (使用双涡轮螺旋桨发动机)	Jetstream
QUAS Flamingo	Flamingo 仿真CUAS 仿真	

8.4.3　通信系统结构

智能天空 CIN 采用了两个独立的商业通信系统, 铱星 LLC RUDICS

系统和澳大利亚电信 Telstra Next G 蜂窝系统 (NextG)。这些卫星 (铱星) 和 3G 蜂窝 (NextG) 通信服务有效地使 ADAC 通过 TCP/IP 网络连接与所有真实和虚拟的飞行器建立数据连接。智能天空试验通信系统结构如图 8.10 所示。

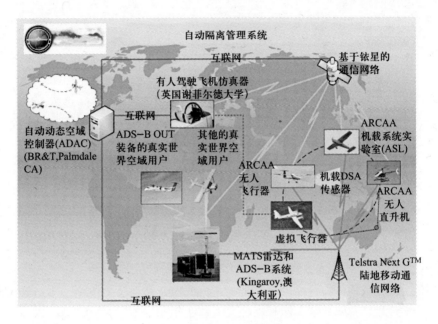

图 8.10　智能天空测试通信结构

　　使用双重独立通信信道改善了 CIN 的通信可靠性问题。根据常用的独立概率综合公式, P(A) + P(B) − P(A∩B), 可知两个独立的可靠性为 90% 的通道在组合使用时, 可得到 99% 的通信可靠性。

　　这种结构允许位于世界上任何地方可接入互联网的 ADAC, 连续地跟踪和控制多架飞行器[23]。注意, 尽管真实飞行器在澳大利亚昆士兰州飞行, 而主要的 ADAC 飞行测试却是在加州的 Palmdale 进行。虚拟飞行器仿真是分布在英国谢菲尔德和 Palmdale 之间实施的, 通过仿真补偿生成覆盖澳大利亚测试范围的地面轨迹。典型地, 所有测试飞行器按照可引起虚拟和真实飞行器各种 LOS 情形的预定飞行计划飞越测试范围。

　　ASL 测试飞行器可以按照合作或非合作模式飞行。部署在测试站点的移动空中跟踪系统 (MATS) 可以使用雷达和 ADS—B 接收机跟踪真实飞行器。波音公司澳大利亚研究和技术中心正在开发的 MATS 能够探测短期至中期范围内的非合作式飞行器。然后, 这些信息与其他监视源联网, 为地面控制站和/或 ADAC 提供环境感知信息。这使得 ADAC 能够跟踪测试范围内的非合作式飞行器[24]。注意, 并没有使用雷达来提供碰撞规避系统 (指最终的功能)。然而, 当生成战术航路修正时, 它能够用 SM 算法跟踪可能的目标。

图 8.11 给出了智能天空 ADAC 结构更详细的说明。该图说明了铱星卫星如何通过位于阿塞拜疆 Tempe 的商业网关连接到互联网。

ADAC 是由几个分布在局域网 (LAN) 内完成以下任务的计算机组成的:

(1) 通过被称为 ADAC 框架的信息传输系统与 ADAC 以外的用户交互信息;

(2) 飞行器隔离管理;

(3) 操作员环境感知显示。

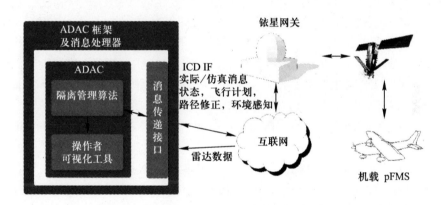

图 8.11　ADAC 组成部分和与铱星系统的连接

8.4.4　消息传输系统

ADAC 框架是以消息处理软件组件的方式而实现的, 此消息处理软件组件径由 LAN 与 SM 算法进行通信。SM 使用网络接口组件 (可通过动态链接库访问) 使得 SM 算法的开发和与 CIN 接口的细节无关。ADAC LAN 有一个连接到互联网的网关, 其允许与 CIN 中所有其他节点连接。CIN 的用户包括真实的和虚拟的飞行器。在这个原型系统中, ADAC 消息处理框架担当消息传输服务器的职责, 而合作式飞行器则为客户端。其他 ADAC

软件 (如 SM) 也可看作是与消息传输服务器相连的客户端, 这使得 ADAC 能够灵活配置。飞行器通过与消息传输服务器建立 TCP/IP 连接而接入网络, 并定期发送状态矢量信息和飞行计划信息。所有消息以二进制编码形式传输, 相对于单纯的 ASCII 码信息, 更有效地利用了数据链带宽。实际上, 一些传统通信系统要求额外的二进制编码数据, 以避免数据流中插入错误的控制字符。该项目已经采用了这个方法, 而且无论这些基本的通信系统是否需要编码, 所有数据通道均使用一致的编码方式来支持这种传统系统。在典型应用中, 机载 pFMS 以 1 HZ 的标称速率 (对于特定的测试实际速率也是一个变化的参数) 将二进制状态数据消息, 在此称为轨迹数组数据集 (TADS), 发送给 ADAC。TADS 消息包括特定时刻机载记录的飞行器位置、速度和高度等参数。包括消息字头在内的每条 TADS 信息大约有 80 个字节。

　　ADAC 向 pFMS 发送两条关键消息, ADAC 会定期发送一条包含给定地区附近所有已知飞行器的位置、航向和高度信息的环境感知消息。如果 SM 算法确定有必要进行规避 LOS 操作, ADAC 则将向 pFMS 发送飞行计划航路修正。在这个工程中, 我们将由 ADAC 发布的建议飞行计划修正称为指令 TADS(CTADS)。在智能天空实施过程中, 智能天空研究者们对于 CTADS 的生成和实施协商通过了以下指导规则。参与的真实和虚拟飞行器都遵守这些规则。

　　(1) 航路修正必须终止于与原来飞行计划航路点一致的导航方位或航路点上;

　　(2) CTADS 航路修正信息中的所有航路点都被视为是要经过的;

　　(3) 在飞过 CTADS 一组航路点时, 飞行员应该保持它们当前速度或更改速度以满足任一可能的航路点到达时间的约束;

　　(4) 当在 CTADS 定义的飞行计划航路之间进行转换时, 飞行员应尽力保持标准的转弯速率;

　　(5) 飞行员应尽量依次通过 CTADS 航路点和每个 CTADS 航程, 就像是一段跟踪方位 (TF) 的航程;

　　(6) CTADS 飞行计划修正应在执行第一次机动要求之前到达, ADAC 必须考虑通信延迟, 以及飞行员或自动化系统审验和接受飞行计划修正时可能产生的延迟。

　　飞行器执行这些规则以免与 ADAC 和机载 FMS 失去联系 (例如, 飞行计划创建中断或规划的路径远离飞行器的标称轨迹)。尽管飞行器由 ATC 引导时经常发生这种情况, 重返原有的飞行计划需要人工对航路点进行排序。要求 ADAC 生成的飞行计划修正, 使飞行器返回到原来飞行计划的某一航路点上, 从而降低对参与飞行器的位置和不久将来的计划估计的不确定性。关于将 UAS 集成于混合空域, 降低这种不确定性, 有助于提高系统安全感知能力。限制飞行器特殊的导航行为也会降低不确定性, 并提高隔离管理软件计算的轨迹预测精度。

通常飞行测试中的每架飞行器与消息处理服务器保持着端到端的连接。尽管保持着 TCP/IP 连接, 用于智能天空 CIN 实现 (铱星和 3G) 的通信链路性质, 意味着无线数据链的中断将破坏与服务器的连接。典型地, 物理数据链实现尽力保证连接开放, 即使在信号暂时丢失的情况下。然而, 系统必须补偿不可避免的连接损耗。在这种情况下, 消息处理服务器可能没有意识到数据链已中断。因此, 每架参与飞行器上的 pFMS 负责重新与消息处理服务器连接。为了感知与消息处理服务器僵尸连接的出现, 在 ADAC 和 pFMS 之间发送特定的 Ping 消息作为连接的 "启动器"。当服务器试图通过僵尸连接转发 Ping 消息时, 消息处理器意识到连接断开并释放之前分配的任何资源。Ping 消息的使用还允许 ADAC 持续地监测 CIN 所有节点上的延迟。图 8.12 给出了飞行测试期间测量到的典型延时。铱星系统端到端信息流程的延迟大约是 2.6 s, 而蜂窝 NextG 的延迟是 1.5 s。在每次测试中都观察到类似的结果。此外, 铱星延迟的标准差更大一些。

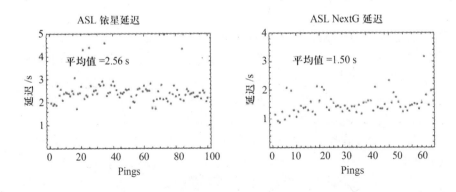

图 8.12 经卫星 (铱星) 和蜂窝 (NextG) 网络的 CIN 端对端延迟示例

该计划初期建立了详细列出这些消息内容的 ADAC/pFMS/CIN 接口控制文档 (ICD)。表 8.4 中列出了关键消息、长度和它们的典型传输速率。

表 8.4 用于 ADAC 与 pFMS 通信的关键消息

信息类型	长度 (字节)[①]	传输频率/Hz	备注
TADS (飞行器状态数据)	80	≥1	—
预期飞行计划	变量: 10 个航程点 160	一次	如果驾驶员修正则重新发送
CTADS (由飞行计划修正控制)	变量: 5 个航程点 128	需要时	由 ADAC 发送到要求隔离的合作飞行器
Ping	30	0.1	包括响应信息
应答	28	需要时	ADAC 或 pFMS 发送的分别对应于接收到的飞行计划或 CTADS
环境感知	变量: 4 架局部飞行器 178	0.1	ADAC 发送的为相邻飞行器提供的监视数据

注: ① 给出的所有消息长度包括含有时间标识和飞行器标识字的 26 个字节

8.4.5　自动隔离实现

在智能天空计划期间, ADAC 内测试的主要 SM 算法是由 BR&T 科学家 Regina Estkowski 博士研发的。该算法是第 8.3 节描述的基于网格方法的改进, 被命名为虚拟预测雷达 (VPR) 算法, 其所有权归波音公司。该算法被调整成满足智能天空飞行测试计划的需求, 并在工程期间进行了多次修改以实现新的要求, 成功管理和隔离了测试区域内 2 架到 50 架飞行器的 LOS 情形。也简单进行了利用前文描述的遗传算法冲突解算器 (第 8.3 节) 和势场算法的示例, 但得到的测试和结果更为有限。然而, 不同的飞行器隔离算法的切换能力是非常有益的。

8.4.6　智能天空实施概要

表 8.5 列出了在智能天空中实施的网络感知与规避的段级信息流程的分解。

表 8.5 智能天空信息流程阶段的实现

阶段	智能天空实现
1. 源飞行器数据	pFMS 通过双向通信链路,收集 GPS/INS 信息并发送给 CIN。飞行器包括 ASL、QUAS、CUAS 和虚拟六自由度手动模拟器。对所有真实合作飞行器的双向通信。由 MATS 跟踪非合作飞行器
2. 通信: 飞行器与感知与规避控制中心 (ADAC)	合作真实飞行器: 同步卫星 (铱星) 和蜂窝通过互联网到 ADAC 的网关传输 所有真实飞行器: 互联网到 ADAC 的雷达和 (或) ADS—B 传输 (如果可用的话)
3. 估计空域内飞行器预测状态	ADAC 信息处理器通过双向信道接收传输。如果可用的话,SM 选择主通道 (首选)。综合状态外推和飞行器计划 (飞行计划) 信息,在 SM 内完成轨迹预测
4. 评估隔离约束并执行隔离管理	波音 VPR 算法采用短期和长期隔离约束。当发生违规时,如果有必要的话,发布符合规则的合适的 CTADS
5. 选择与飞行器通信的路径	ADAC SM 选择任一良好通信链路 (蜂窝和卫星) 并请求 MH 使用所选通道
6. 通信: 感知与规避控制中心与飞行器	与第 2 阶段相同的路径
7. 飞行器接收 SA 和控制信息并执行适当行动	pFMS 接收信息,有人飞行器显示 SA 数据,利用提示或由横向自动驾驶仪自主控制航向的手工控制 ASL 的选择 真实 UAS 和实际飞行器自主执行来自 ADAC 的指令

8.5 基于 CIN 的感知与规避示例 —— 飞行测试结果

智能天空计划由八个单独的飞行阶段组成,每个阶段持续大约三天,两年内飞行测试超过 25 天。每次 ADAC 飞行测试,测试团队部署到昆士兰 Burrandowan (ASL、QUAS、CUAS 和 MATS 组) 和加州 Palmdale (ADAC 组) 的测试区,以及英国谢菲尔德的模拟器站点。在 2009 年进行的早期测试阶段,考虑的是相对简单的飞行器隔离情形, 如图 8.13 所示。

该图为试验的 ADAC 可视化工具 (SSBDO) 的一个截屏, 图中描述了: 两架飞行器, ASL (标注 AID6) 和一架虚拟的六自由度 Cessna 飞行器 (标注 AID 1); 它们冲突的椭圆形飞行计划轨迹; ADAC 自动发布能够实现安全隔离的 CTADS。对于图中所示的测试情形, 已形成标准的飞行计划, 从而在椭圆形的右边可能会发生迎面的 LOS。对于该特定情形, 模拟飞行器和接收 CTADS 的 ASL, 均定义期望最小隔离阈值为 1 km, 这表明每架飞行器共同分担隔离机动成本。当两架飞行器航行于 CTADS 航路修正时, 产生的最近接近距离 (DCA) 约为 1.7 km, 因此隔离是成功的。

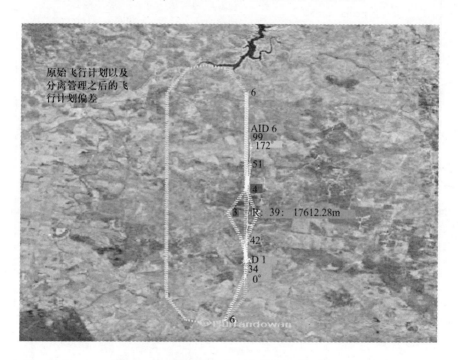

图 8.13　迎面隔离测试: ASL 和实际的 Cessna

2010 年研究了更复杂和操作的情形。根据飞行器类型、接近几何、速度和数据速率利用其他情形检查了 SM 的性能[25,26]。尽管没能报道所有的结果, 但图 8.14 给出了一个操作情形的示例。左图表示复杂的火场空投情形, ASL 和另外两架飞行器正沿轨迹飞行, 该轨迹使它们能将灭火剂空投到位于图下半部分的明火上。同时,QUAS(固定翼) 正在执行火情监视飞行任务,CUAS(小型直升机) 正在火场区模拟搜索和救援任务。右图为实际测试的 SSBDO 中可视化截屏。为进一步强调 SM, 可任意忽略所有飞行器间的高度差异, 仅考虑水平距离的隔离。大多数情形 (包括火场空投试验) 都计划有几个几乎同时的 LOS 事件, 可由图 8.14 右侧图中三个正在执行的有效轨迹修正看到。在这个特定情形中, 这五架飞行器在飞行测试前 800 s 内的计划和实际的彼此隔离距离如图 8.15 所示。在图 8.15 中, 每一条曲线表示参加测试的一对飞行器之间的水平距离与时间的关系 (单位为 km)。在此测试中,5 架飞行器产生出 10 条不同的彼此隔离曲线。水平虚线表示安全隔离阈值的上限和下限。在实际测试中, 除一个未解决外, SM 解决了其他所有的 LOS 事件。这个冲突发生在 CUAS 旋翼 UAS 和 Cessna 飞行器的六自由度仿真之间。这一结果表明, 能够以某种形式悬停和改变航向的旋翼飞行器的短期轨迹与固定翼飞行器有很大不同。在此次测试中所有固定翼飞行器之间的隔离都是成功的。

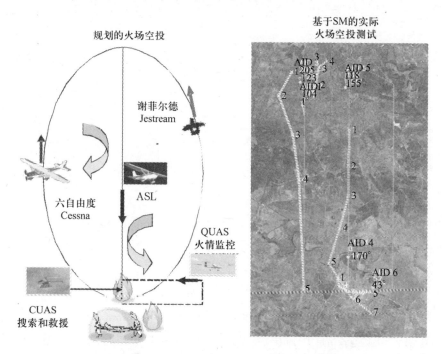

图 8.14　附带搜索和救援的火场空投情形; 计划的和实际的

2010 年还测试了另外超过 10 种的复杂情形[27], 在不同的高度上进行了包括 2 架到 50 架飞行器的测试。大约 10% 的测试涉及合作飞行器与非合作飞行器的混合情形; 剩余的约 90% 仅涉及合作飞行器。在该文发表时, 研究人员仍在评估测试结果。一些初步结果的高级描述列于表 8.6 中。

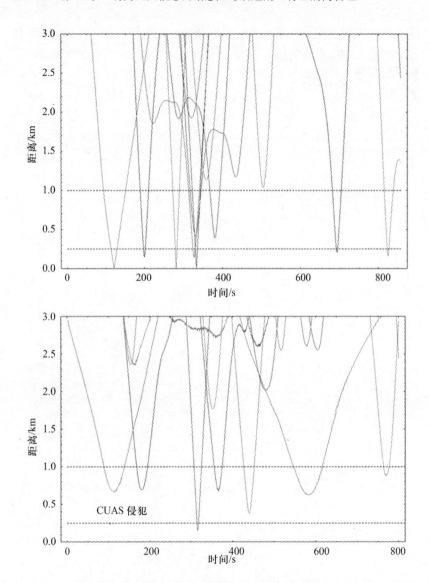

图 8.15 火场空投情形中, 所有飞行器彼此间最近接近距离相对于飞行试验时间的曲线, 计划飞行器 (上图) 和实际飞行器 (下图)

四个关键的 SM 测试参数是: (1) 空域的复杂性; (2) 平台信息内容; (3) 接收到的信息质量; (4) 操作员的响应服从。

空域的复杂性涉及飞行器类型、飞行器密度、飞行器机动性和隔离几何。平台信息内容是指 TRAC 流程第 1 阶段描述飞行器状态的信息。接收到的信息质量是指在经过 CIN 后飞行器接收到的第 7 阶段信息。操作员的响应服从是指飞行员或地面控制者如何利用诸如来自 SSBDO 或 SA 数据的信息来做出决策。

表 8.6 飞行测试总结

影响 SM 的变量		主要飞行测试结果	
1. 空域复杂性	A. AC 密度和 AC 类型: 大约 15 × 15nm² 的空域有 2 ~ 50 架 AC, 四种飞行器类型: 旋翼 UAS、固定翼 UAS、Cessna 和 Jetstream	B. 碰撞几何 (接近的角度): 各种接近角度加入爬升和俯冲情形中	C. AC 速度和机动性: CUAS: 0 ~ 10 节 QUAS:40 ~ 60 节 ASL: 80 ~ 120 节 Jetstream: 150 ~ 240 节
2. 平台信息内容	A. 4 维航线信息 vs 7 维航线信息: 估计的结果	B. 信息更新率: 高速率 (5 Hz) vs 低速率 (1 Hz) 0.5 ~ 1 Hz 铱星 1 ~ 2 Hz NextG	C. 非合作 AC (雷达) vs 合作 AC: 成功跟踪非合作 AC 和 MATS 雷达的轨迹并生成 CTADS
3. 接收到的信息质量	A. 好的通信质量: NextG, 低延迟 (小于 3 s), 无遗失铱星 NextG (首要) 和铱星 (备用) 正常状态	B. 临界通信质量: 铱星, 临界延迟 (3 ~ 10 s)。很少发生, 通常与机载硬件问题有关。如果一个链路失效, 另一个链路自动启用	C. 较差的通信质量: 铱星, 通信失败, 延迟大于 10 s。很少发生, 通常与机载硬件问题有关。如果一个链路失效, 另一个链路自动启用
4. 操作员的响应服从	A. 自主 vs 人工: 使用横向自动驾驶仪的 CTADS 是成功的, 驾驶仪相对于手动 SATADS 更容易	B. 4 维vs 7 维决策可视化: 4 维和 7 维BDO 显示被捕获以进行进一步分析	C. 任务成功 vs 安全性: 分离之后,SM 使 AC 返回飞行计划

关于这四个 SM 测试参数, (1) 对各种空域复杂性 SM 运行良好。(2) 合作飞行器传送的 TADS 信息集, 在 0.5 Hz 到 2 Hz 之间的数据速率下运行良好。(3) 现在仍在研究的问题是: 在什么条件下, 姿态加上位置的状态信息 (7 维信息) 比仅有位置信息具有优势 (4 维信息)? 一般来说, CIN 的信息延迟不到 3 s。(4) 当主信息通道失效时 (表现为长时间的信息到达延迟或数据访问断开), SM 切换到备份通道。图 8.16 给出了在主、副 CIN 通信信道之间 SM 切换的示例。使用商业通信系统会不可避免地导致这样的

实例, 装载于真实飞行器上信号质量差的通信软件接口失效, 造成极大的信息延迟 (大于 10 s)。一般来说, 使用具有自动化的横向自动驾驶仪并允许 ADAC 直接控制自动驾驶仪 (通过向上传输并检查的航路修正) 的 ASL 测试飞行员是非常舒适的。允许自动驾驶仪通过 ADAC 建议的轨迹修正操纵飞行器的主要好处之一, 是当在复杂情形中进行飞行器导航时, 因减少了向下低头的次数而降低了他们的工作强度。关于 SSBDO 操作显示器, 相信它将减少地面控制者的工作负担, 但是到目前为止, 尚未用实际的控制器输入进行量化。

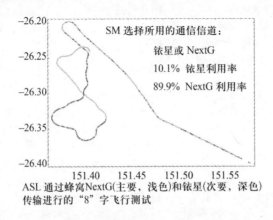

ASL 通过蜂窝 NextG(主要，浅色)和铱星(次要，深色)
传输进行的 "8" 字飞行测试

图 8.16 ASL 通过两个通信信道连接到 CIN 的示例。注意 SM 如何确定从哪个信道选择数据

8.6 总结和未来发展

成功的智能天空飞行测试项目证明了凭借具有所描述的测试结构的 CIN 实现网络化感知与规避的可行性。并给出了网络化感知与规避系统的描述和原型实现。智能天空飞行测试特意包含了融入 UAS 的空域情形, 这比在当前非管制类空域中期望遇到的场景复杂得多。此外, 由于假设 UAS 是完全融入 ATC (使用 ADAC 实现的) 的空域中的, 每类飞行器在空域管理过程中被视为是等同的。使用 COTS 通信网络来提供数据链是成功的。每个飞行设备都包括 pFMS 的实现, 这不仅能够传输飞行器的状态数据, 而且也提供了与各种不同自动驾驶仪和用于智能天空的 FMS 的多链路接口 (在这种情形中是铱星和 3G 蜂窝系统, 但可能包含其他系统)。建立了大致几秒钟的信息延迟 (数据采集、传送与接收和隔离控制初始化)。

飞行测试成功地证明了自动空域管理 (集成有 UAS 的), 以及可以使用直接来自 ADAC 的轨迹修正对飞行平台进行控制, 并通过飞行员 (机载的或在 UAS 地面站的) 来执行, 以避免飞行器之间的隔离丧失。此外, 在许多测试中, 试验性的 ASL 在整个飞行期间仍然是在自动驾驶仪和 pFMS 的控制之下 (标准飞行计划的横向导航和接收到的航路偏移), 仅速度和高度需要人类飞行员控制。一个重要里程碑是利用雷达数据将合作飞行器从非合作飞行器中分离出来, 并将此信息施加于 CIN。

尽管其他研究还在继续, 对于操作使用考虑和探索基于 CIN 的网络化感知与规避问题是合理的, 或者使用专用设备, 或者对于机载/直接感知与规避能力进行补充。显然, 任何操作系统都不得不考虑一些关键问题, 如: 可采购性; 与合作飞行器通信的可靠性; 对非合作飞行器的跟踪; 大量的飞行器以及安装在 GA 飞行器和 UAS 上的 FMS/自动驾驶仪设备。仍然存在着跟踪非合作飞行器的必要, 以及当 ADS—B 或雷达信息难以获得时, 无法得到非合作飞行器轨迹的可能性。当非合作飞行器的轨迹不可获得时, 系统将不得不依赖于当前的发现和规避规程。

如前所述, 先进的 ATM 概念, 比如使用来自控制中心的交通信息服务 (TIS—B) 和 ADS 协议, 可以作为基于 CIN 的感知与规避的一种实现。然而, UAS 的可采购性、GA 团体的使用、将一个解决方案强加于所有用户的影响等问题, 已引起了关于此方法的众多争论。理想情况下, 基于 CIN 的网络化感知与规避不应对大多数用户有所限制, 所以一种选择是 UAS 应当总是配备适当的和合作的, 而 GA 和其他用户可以选择退出, 尤其是如果它们正在使用可以间接施加于 CIN 的替代设备 (例如, ADS—B 类似的设备)。在这种情况下, 重点将是化解 UAS 冲突, 而其他空域用户可选择加入。允许 GA 用户选择加入或提供附近 UAS 环境感知的另一种方法, 是利用最近发展的智能手机和智能平板电脑。许多这些设备含内置的 GPS 接收机 (或连接到其他适合设备的能力) 和姿态传感器, 而且可以很低的成本通过蜂窝和卫星系统与用户通信。

操作系统还需要解决由可用的 FMS 多样性表现出的导航和制导行为中缺乏标准化的问题。在智能天空实现中, 所有飞行器和仿真设备都采用了严格的接口控制, 这对于操作系统是不可能的。目前, 各种各样的 FMS/自动驾驶仪系统被用于 GA 和 UAS 导航, 范围从仅有横向自动驾驶仪和简单的直接导航系统到完全四维轨迹管理计算机和商务运输飞行器 FMS 的改编版本。很可能这些系统将对由未来空中自动化系统上传的飞行计划修正产生大量各种各样的导航制导响应。在 UAS 可安全融入由半自动或全自动 CD&R 系统管理的非隔离类空域之前, 导航系统和算法必须产生对上传指令的可预测的响应[28]。一个可能的选择是强制 UAS 遵守基于性能的导航原则, 另外在执行上传的建议航路修正时遵守额外的通过协议的导航规则。

网络化感知与规避一个重要的方面是, 关于特定区域内所有空域用户的信息都是可以获得的。波音研究和技术中心正在研究一种方法, 此方法可将很多不同的格式和通信方法整合并转化为一个共同的接口, 来解决 CIN 中多种多样的平台和格式问题。通过多种网络、卫星和地面通信, 无疑有助于解决通信可靠性问题。该领域的其他研究项目还有待完成, 但基于蜂窝网络和铱星的初步结果是非常令人鼓舞的。

总之, 在过去十年间电脑硬件和通信网络的进步, 使得在不久的将来实现基于 CIN 的感知与规避是可行的。该系统将以几秒的延迟向驾驶室内的飞行员提供最完善的环境感知。这些额外的信息, 尽管不能保证是完整的, 但肯定会增强现有的发现与规避方法, 并提供额外的安全裕度。

致谢

感谢 Ted Whitley 先生在智能天空工程中指导 BR&T 所付出的努力。Ted 发展了 ADAC 的概念并长期支持自动空中交通管制。另外, 感谢 BR&T 科学家 Regina Estkowski 博士的众多贡献。Regina 提出了应用于智能天空工程中基本的隔离管理算法, 其作为智能天空工程小组的成员之一, 为此工程成功提供了宝贵的建议、观点和分析。我们还要感谢谢菲尔德大学 David Allerton 教授的建议和支持。此外, 我们还要感谢波音铱星支持和 Battlescape 开发团队成员详实的学科知识和技术支持。最后, 我们想要感谢智能天空团队的所有 ARCAA 成员。在 Rod Walker 教授带领下和 Reece Clothier 博士协助下, 智能天空团队为进行空中飞行试验, 在很短的时间内完成了惊人的工程设计和开发任务。此项目得到了昆士兰州政府智能州基金计划的部分资助。

参考文献

[1] S. Temizer, M. J. Kochenderfer, L. P. Kaelbling, T. Lozano-Pérez, and J. K. Kuchar, 'Collision avoidance for unmanned aircraft using Markov decision

processes', Proceedings of the American Institute of Aeronautics and Astronautics (AIAA) Guidance, Navigation, and Control Conference, Toronto, Ont., August 2–5, 2010.

[2] 2009–2034 Unmanned Systems Integrated Roadmap, US DOD, 2009.

[3] R. C. Matthews, 'Characteristics of U.S. midairs', FAAviation News, 40(4), 1, 2001.

[4] Joint Planning and Development Office, 'Concept of operations for the next generation air transportation system', Version 3.0, 2009.

[5] SESAR Consortium, Deliverable 3 – The ATM target concept, Document DLM-0612-001-02-00, 2007.

[6] The Boeing Company, US Patent 7, 212, 917: Tracking relay and control information flow analysis process for information based systems, issued and published May 1, 2007.

[7] J. K. Kuchar and L. C. Yang, 'A review of conflict detection and resolution modeling methods', IEEE Transactions on Intelligent Transportation Systems, 1(4), 2000.

[8] Watkins and J. Lygeros, 'Stochastic reachability for discrete time systems: an application to aircraft collision avoidance', IEEE Conference on Decision and Control, Maui, HI, 2003.

[9] N. J. Nilsson, Artificial Intelligence: A New Synthesis, Morgan Kaufmann, 1998.

[10] J. H. Holland, Adaptation in Natural and Artificial Systems, University of Michigan Press, 1975.

[11] G. T. Spence and D. J. Allerton, 'A genetic approach to automated aircraft separation', CEAS 2009, Manchester, UK.

[12] Z. M. Eby and W. Kelly, 'Free flight separation assurance using distributed algorithms', IEEE 1999 Aerospace Conference, March 14–18, 1999.

[13] W. Kelly and M. Eby, 'Advances in force field conflict resolution algorithms', AIAA Guidance, Navigation, and Controls Conference, Paper 2000–4360, Denver, CO, August 14–17, 2000.

[14] S. Lee and J. Park, 'Cellular robotic collision free path planning', 5th International Conference on Advanced Robotics, Vol. 1, pp. 539–544, 1991.

[15] O. Khatib, 'Real-time obstacle avoidance for manipulators and mobile robots', International Journal of Robotics Research, 5(1), 90–98, 1986.

[16] C. W. Reynolds, 'Flocks, herds and schools: a distributed behavior model', Computer Graphics, 21(4), 25–34, 1987.

[17] G. W. Flake, The Computational Beauty of Nature, The MIT Press, 1998.

[18] G. T. Spence, D. J. Allerton, R. Baumeister, and R. Estkowski, 'Real-time simulation of a distributed conflict resolution algorithm', ICAS 2008 26th Congress, Anchorage, September 2008.

[19] R. Clothier and R. Walker, The Smart Skies Project, AUVSI North America 2009, Washington, DC.

[20] R. Clothier et al., 'The Smart Skies Project', accepted for publication in IEEE Aerospace and Electronic Systems Magazine, 2011.

[21] D. J. Allerton, 'A distributed approach to the design of a real-time engineering flight simulator', 21st ICAS Congress, September 1998.

[22] D. J. Allerton, Principles of Flight Simulation, John Wiley & Sons, 2009.

[23] The Boeing Company, US Patent 7,457,690: Systems and methods for representation of a flight vehicle in a controlled environment, issued and published November 25, 2008.

[24] M. Wilson, 'A mobile aircraft tracking system in support of unmanned air vehicle operations', 27th International Congress of the Aeronautical Sciences, Nice, France, 2010.

[25] R. Baumeister et al., 'Evaluation of separation management algorithms in class G airspace', AIAA Modeling and Simulation Technologies Conference, Chicago, IL, AIAA-2009-6126, 2009.

[26] R. Baumeister et al., 'Test architecture for prototyping automated dynamic airspace control', CEAS European Air and Space Conference, Manchester, UK, 2009.

[27] R. Baumeister et al., 'Automated aircraft tracking and control in class G airspace', 27th International Congress of the Aeronautical Sciences, Nice, France, 2010.

[28] G. W. Flathers, D. J. Allerton, and G. T. Spence, 'FMS automation issues for future ATM integration', 27th International Congress of the Aeronautical Sciences, Nice, France, 2010.

第四部分　感知与规避应用

第 9 章

AgentFly—用于多重 UAV 仿真、设计和碰撞规避的可升级的高保真框架体系

David Sislak, Premysl Volf, Stepan Kopriva, Michal Pechoucek
Czech Technical University, Prague, Czech Republic

AgentFly 是为自主无人航空飞行器提供智能算法的软件原型。AgentFly 是按照运行 Aglobe 平台顶部[1]的、可升级的多智能系统方式来执行的, 其提供了灵活的中间结构, 以支持在不同的软件、硬件和人之间准确无误的相互作用。多亏 JAVA, AgentFly 轻而易举地占据具有不同操作系统的 UAV 或计算机的主导地位。多智能体方法[2]提供了简单易懂的映射关系 —— 每一个飞行器受控于一个智能体。智能体集成为自主 UAV 提供了基于协调控制的智能算法。在当前研究中, 仅使用完全分布于飞行器之中的算法。这些算法为 UAV 提供了真正的自主控制, 其不要求任何控制 UAV 群的中央单元 (地面站或主飞行器)。主要的好处是 UAV 群也可在缺少与中央单元或地面控制站之间固定通信链路的情况下进行操作。本章中的某些算法假定 UAV 装备了通信调制解调器, 其允许 UAV 基于彼此的位置, 动态地建立双向通信信道。因此, 飞行器利用由通信调制解调器所建立的移动专用无线网络[3]。这些算法提供了失去通信、飞行器损毁等危急情况下的鲁棒控制。

AgentFly 系统有着五年多的发展过程。最初建立 AgentFly 系统是为了对自主碰撞规避算法的各种方法, 进行基于仿真的验证和比较, 这些算法采用了自由飞行的概念[4]。随后, 用能够提供战术控制团队协调的高级控制对 AgentFly 进行了扩展。虽然开发 AgentFly 系统主要是为了仿真

的目的, 实际的 UAV 平台也利用了相同的智能体和算法。除 UAV 的应用外, 美国联邦航空局 (FAA) 支持将 AgentFly 系统用于未来民用空中交通管理系统的仿真和评估, 这是被称为下一代空中运输系统 (NGATS) 的大型研究计划中正在研究的内容[5]。AgentFly 系统利用民用飞行器的高保真模型进行扩展, 以支持基于人的空中交通管制。当前版本的 AgentFly 适合于几种使用实例模式: 经验分析工具、UAV 智能控制和混合仿真。混合仿真允许我们将实际飞行的 UAV 平台集成于虚拟情形中, 并完成危险情况下算法的最初验证 (不过仅对实际平台的验证可能会是非常昂贵的), 也可完成数千种 UAV 智能算法的可扩展性评估。

本章其余部分组织编排如下: 第 9.1 节介绍了 AgentFly 的总体多智能体结构。第 9.2 节描述了可扩展的层状 UAV 控制概念。第 9.3 节简要介绍了在轨迹规划部分中使用的算法和它们与其他现有的最先进方法的比较。第 9.4 节描述了向飞行器提供感知与规避能力的多层碰撞规避框架。第 9.5 节提供了与 AgentFly 集成的现有高级协调算法的描述。第 9.6 节介绍了关于 UAV 数量的 AgentFly 仿真分布和可扩展性。最后, 第 9.7 节纪实性地描述了 AgentFly 系统的运用和实际 UAV 平台所包括的算法。

9.1　基于智能体的结构

AgentFly 中所有的部分都是以多智能体中介软件 Aglobe 中的软件智能体形式来实现的[1]。Aglobe 像是一个为智能体提供运行时间环境的操作系统。它提供智能体封装、有效的智能体到智能体通信、向接收机传送具有确定地址和确定内容的大吞吐量信息、提供地址查询功能的黄页服务、迁移支持和智能体寿命周期管理。Aglobe 平台是经过选择的, 因为它胜过其他具有有限计算资源的现有多智能体平台, 并且操作效率非常高。此外, Aglobe 减轻了对通信不可达性和专用网络体系环境中不可靠性的建模困难。

图 9.1 高度概述了基于智能体的 AgentFly 结构。实际上, 在 AgentFly 中存在三种不同类型的智能体: (1) UAV 智能体; (2) 环境仿真智能体; (3) 矢量图绘制软件智能体。当 AgentFly 开始仿真模式时, 通常要使用所有这三种类型的智能体。另一方面, 当 AgentFly 直接运行在实际的 UAV 平台上时, 只有 UAV 智能体在运行 (每个 UAV 平台一个 UAV 智能体) 并且执行机构控制和感知能力都对应于实际的硬件。

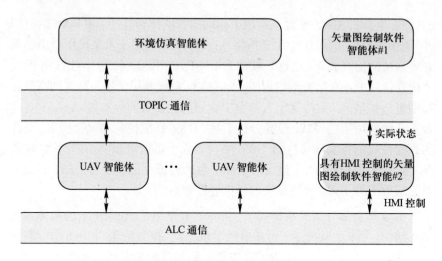

图 9.1　AgentFly 系统结构概述

9.1.1　UAV 智能体

AgentFly 中的每个 UAV 都是由一个 UAV 智能体来表示的。这一智能体提供了 UAV 的单元控制。UAV 的智能算法集成于这个智能体中。基于配置,它们提供高级功能,像轨迹规划、碰撞规避、发现和规避功能,以及 UAV 群的自主协调。AgentFly 通常集成了提供分散控制方法的算法。因此,算法的适当部分以分布式方式在几个 UAV 智能体内运行,并且它们可以利用 ACL 信息传送提供 UAV 到 UAV 的通信信道。如果实验设置要求使用需要某些集中式组件的算法,则生成另一个智能体,该智能体不与任一特定的 UAV 紧密关联。

9.1.2　环境仿真智能体

当 AgentFly 开始仿真模式时,就要使用环境仿真智能体。这些智能体负责 UAV 操作的虚拟环境仿真,并且替代通常在真实世界中发生的动作。它们提供虚拟 UAV(不是真正的 UAV 平台) 的物理行为仿真,彼此的物理相互作用 (物体的物理碰撞),影响 UAV 行为的大气模型 (气象条件),基于所使用无线仿真器的通信参数,以及在此情形中非 UAV 实体的仿真 (例如,人、地面单元)。通过仿真基础结构,这些智能体为 UAV 智能体提供感知能力。除仿真之外,存在仿真控制智能体,它们负责情形控制 (实体的初始化,参数设置等),以及在情形中所要研究的配置属性数据采集与分析。生成这些智能体, 以便它们支持大规模仿真, 这些仿真是由几个通过网络连接的计算机分布式重新开始的, 详见第 9.6 节。

9.1.3 矢量图绘制软件智能体

矢量图绘制软件智能体提供在三维或二维环境中内部系统状态的实时可视化。基于配置, 也可以不同方式显示许多与 UAV 有关的信息。在 AgentFly 中, 几个矢量图绘制软件智能体可同时连接在一起, 这些智能体提供来自不同视角的相同或不同的描述图层。AgentFly 的结构自动地优化数据收集和分布, 以便最佳利用网络基础结构。矢量图绘制软件智能体可被配置来为系统提供 HMI, 例如, 用户操作员可修改算法的目标。

9.2 飞行器控制概念

AgentFly 的 UAV 控制概念利用了层状控制结构, 见图 9.2。许多常见的碰撞规避方法广泛地应用于研究团体中[6-13], 提供基于适当的飞行器状态直接变化的控制, 例如航向改变控制。这些控制方法不能为复杂协议的 UAV 控制提供简单易行的方法, 因为没有关于未来飞行的详细信息, 这些信息对于从几种解决方案中选择适当的解决方案是所必需的。例如, UAV 群应尽可能快地完成一组任务。由于缺乏详细的飞行信息, 任务控制器不能向 UAV 分配与详细飞行信息有关的任务, 也不能向 UAV 分配与所要求时间标准有关的任务。应用于 AgentFly 的方法是以完整飞行轨迹描述为基础的。飞行轨迹是至关重要的要素, 其提供未来 UAV 意图的描述, 也包括了 UAV 按照其飞行时的不确定性。在 AgentFly 中, 假定 UAV 是操作于被称为操作空间的、共享的有限三维空域。操作空间的额外限制由距地面的间隔和确定为 UAV 禁飞空间的一组非飞行区域所给定。非飞行区域也被认为是民用空中交通中特殊的使用空域 (SUA)[14]。在运行期间, 这些非飞行区域可以是动态改变的 (例如, 有一个被另一个 UAV 所识别的空中防卫巡逻机)。除飞行轨迹之外, 使用了另一个称为任务的至关重要的结构。任务是一组有序的航路点, 其中每个航路点可指定地理与高度参数以及可选的组合参数: 时间约束 (例如, 不晚于、不早于)、飞行速度约束和方向约束。

AgentFly 中的飞行控制被分解为几个部分, 如图 9.2 所示。

(1) 飞行执行器 —— 飞行执行器保持当前被执行的飞行轨迹 (UAV

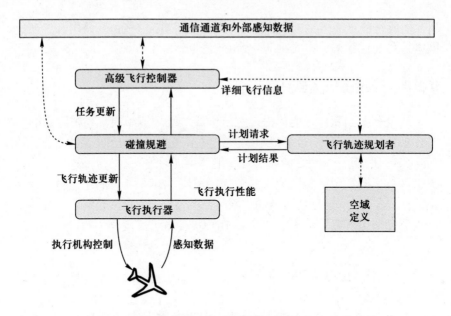

图 9.2　UAV 的控制结构: 控制框图和它们的相互关系

沿着其飞行)。为了尽可能精确地在飞行轨迹上跟踪要求意图, 飞行执行器执行自动驾驶仪的功能。这样的智能自动驾驶仪被认为是民用飞行器中的飞行管理系统 (FMS)[5]。飞行执行器和许多传感器与所有可利用的执行机构相连接, 它们被用于控制 UAV 平台飞行。

　　基于所接收的来自飞行器飞行传感器和所要求飞行轨迹的当前航空测量值, 自动驾驶仪为 UAV 执行机构提供控制。航空测量数据包括位置 (例如, 来自全球定位系统 (GPS) 或惯性导航系统 (INS)), 来自气压高度计的高度, 基于压力的空速和提供来自陀螺仪的 UAV 方向角的姿态传感器。依靠 UAV 的结构, 可以使用以下主要的执行机构: 副翼 (围绕纵轴的转动控制)、升降舵 (围绕横轴的转动控制)、方向舵 (重力补偿) 以及推进功率 (发动机速度控制)。大型 UAV 还可以装备改变它们飞行特性的辅助执行机构: 襟翼、前缘缝翼、扰流板或空中制动器。

　　飞行执行器 (自动驾驶仪) 的设计与 UAV 机身结构和其参数紧密相关。它的设计非常复杂并且也不属于本章的讨论范畴。控制结构包括主要受大气条件 (例如, 风向和风速) 变化影响而变化的飞行特性。控制结构假定飞行轨迹在确定的横向和纵向偏差范围内执行。这些偏差包含传感器精度和不精确的飞行执行。飞行执行器察觉到这些偏差并作为其输出提供当前的飞行精度。第 9.7 节包括 AgentFly 运用于 Procerus UAV 平台的描述。

当前飞行执行性能受到飞行执行器的上层监视, 如果该性能超出包括被执行飞行轨迹中的预测性能范围, 就调用重新规划进程。这就是 Agent-Fly 如何对实际 UAV 平台中出现基于位置的不确定性产生作用的。

(2) 飞行轨迹规划器 —— 飞行轨迹规划器是 UAV 控制结构中专有的部分, 它负责生成所有的飞行轨迹。飞行规划可以看作是航路点序列到详细飞行意图描述的转换过程, 飞行意图描述考虑了 UAV 模型约束 (飞行动力学) 和空域定义。第 9.3 节提供了有关飞行轨迹规划器更多的信息。

除飞行规划 (通常仅用于 UAV 开始之前) 之外, 它也能够重新规划 (修改现有的飞行轨迹)。就重新规划来说, 规划请求包含唯一的位置标识符, 由于该标识符必须修改飞行规划。这个唯一的标识符被认为是不可改变的标志。当 UAV 已经正在飞行并且想要改变其当前所执行的飞行轨迹时, 对于这种情况, 在重新规划中存在不可改变标志是必要的。所有用于 UAV 控制的智能算法都是运行在基于它们复杂性的非零时间内。而且, 在正在进行重新规划进程的同时, UAV 仍然在飞行。飞行轨迹只有在将来才可改变, 否则就不能为飞行执行器所接受 (因为它与包括其位置的当前 UAV 状态是不一致的)。碰巧的是对于规划请求 (不可改变的标志和航路点序列), 规划器不能提供飞行轨迹 (例如, 航路点位于操作空域之外或不满足任一可选的约束)。在这种情况下, 作为规划的结果飞行轨迹规划器回报失败。

(3) 碰撞规避 —— 碰撞规避部分负责执行 UAV 的感知与规避功能。在 AgentFly 中, 采用了使用增加控制航路点的方法, 增加的控制航路点被插入到当前任务航路点序列中。注入这些控制航路点, 以便使最终的轨迹与其他 UAV 或在同一空域操作的有人驾驶飞行器不会碰撞。对于所选择的飞行器参数选择和最优化标准, 碰撞规避部分选择适当的碰撞修改。利用飞行轨迹规划器, 每一个这样经过考虑的修改在飞行轨迹中被转变。

由智能技术中心执行 AgentFly 中的碰撞规避算法, 利用了基于自由飞行概念的分散式方法[4], 所谓自由飞行概念是指 UAV 根据其自身的优先权可自由地飞行, 但仍要考虑来自邻近区域其他飞行器的间隔要求。这就意味着没有集中式组件负责为在同一共享空域中操作的 UAV 提供无碰撞飞行轨迹。集成在这个组件中的智能算法, 可利用由机载无线数据调制解调器提供的通信信道, 可提供有关在其周围物体信息的感知数据 (大型 UAV 平台可装备机载雷达系统, 较小的 UAV 平台可利用询问机的接收机来应答或接收来自地面雷达系统与 AWACS 雷达系统类似雷达的数据)。

通过向飞行执行器传送飞行轨迹更新, 碰撞规避执行所选择的飞行计划。在搜寻 UAV 无碰撞轨迹时, 碰撞规避利用飞行执行性能 (在飞行执行中的不确定性) 调整所用的算法间隔。碰撞规避监控来自较高层的 UAV 任务修改, 并且还探测超出在当前执行的飞行轨迹中所预测的执行性能。在这种情形中, 碰撞规避请求具有新偏差的重新规划, 并且在新的条件下重新开始冲突探测和隔离过程。第 9.4 节提供了有关 AgentFly 中碰撞规避算法的更为详细信息。

(4) 高级飞行控制器 —— 高级飞行控制器为 UAV 提供面向目标的控制。这个部分包括为小组协调和团队行动规划 (对特定的 UAV 分配特定的任务) 的智能算法。依靠配置算法, 高级飞行控制器利用通信信道、感知能力 (例如预处理摄像机输入), 以及飞行轨迹规划器来决定哪些任务应由 UAV 完成。随后将 UAV 的工作规划成传送到碰撞规避组件的任务。飞行期间, 高级飞行控制器接收关于当前执行飞行轨迹的更新, 包括由碰撞规避所引起的修改。高级飞行控制器可确定飞行轨迹的属性已无法满足当前任务。在这种情况下, 高级飞行控制器调用算法来重新协商和调整 UAV 的任务分配, 从而修改当前的 UAV 任务。第 9.5 节给出了高级飞行控制算法的实例。

如果没有高级算法可用, 可以进行这一组件的简单实现, 它仅仅为 UAV 提供一个最初的飞行任务, 最初的 UAV 飞行任务由一系列航路点组成, 这些航路点来自出发位置、飞行定位点 (UAV 应该飞过的地方) 和必须着陆的目的地区域。

9.3 飞行轨迹规划器

飞行轨迹规划器是以前章节中所介绍的控制结构中非常重要的组成部分。它是唯一负责 UAV 飞行轨迹准备的组件。无论何时当其他组件请求准备新版本的飞行轨迹时, 它们就以适当的规划请求呼叫规划器, 该规划请求包含不可改变的标志和航路点序列。这一组件的效率影响着总体系统性能。例如, 当智能算法搜寻 UAV 中已确定碰撞的最优解决方案时, 规划器要被多次呼叫, 即使最终只有一条轨迹被选择和被申请执行。这种机制允许其他层评价考虑到其可行性、特性以及关于未来航路点约束的各种不同的飞行轨迹。类似地, 在评价任务分配时, 高级飞行控制器可多次请求飞行轨迹规划器, 轨迹规划器响应应足够得快。现有许多已知的轨迹规划方法, 源自机器人规划领域。应在路径规划器的最优性和其性能之间进行权衡。

AgentFly 使用基于最佳的飞行轨迹规划器, 该规划器建立在经典 A* 算法基础上[16]。飞行轨迹规划器搜寻有效的三维飞行轨迹, 该轨迹对给定的标准函数成本最低。在连续空间中的搜索转换为在动态生成的状态空间中的搜索, 该状态空间中的状态由基于 UAV 模型的运动要素生成。飞行轨迹必须考虑对 UAV 模型所规定的所有动态约束, 如飞行轨迹必须是平滑的 (平滑转弯)、飞行速度的限制和飞行加速等。存在一组确定的 UAV 可能控制模式 (飞行要素), 它包括 UAV 的全部机动性。基本控制模式由直飞、水平转弯、垂直转弯和盘旋等要素组成。这些要素可组合在一起并被参数化, 以便生成在连续三维空间中定义 UAV 运动的非常丰富的状态空间。在二维空间中样本生成的示例如图 9.3 所示。在这样的动态生成状态空间上, 使用原始的 A* 算法是合适的, 但其性能受到状态空间迅速发展规模和 UAV 操作空间规模的极大限制。

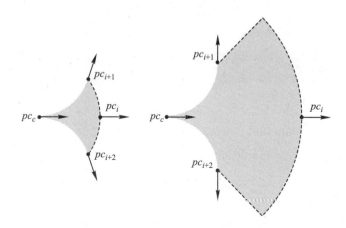

图 9.3 二维空间中来自当前规划配置的新样本生成实例

为了提高搜寻性能, 已开发加速 A* (AA*) 算法[17]。算法 9.1 提供了 AA* 算法的简化伪代码。AA* 算法将原始 A* 算法扩展成可在大规模环境中使用, 同时还提供一定等级的搜索精度。AA* 算法通过引入自适应采样参数取消了速度和搜索精度之间的折中, 自适应采样参数用于生成基于到最近障碍物 (操作空间边界或非飞行区域) 距离所决定的要素。如果状态远离任一障碍物, 那么参数就较大, 因此产生的飞行要素也越多, 反之亦然。当生成要素 (第 9 行) 时, 这种自适应参数化包含在每个状态中。采样参数化随后用于扩展函数中 (第 7 行)。自适应采样导致可变的样本密度, 如图 9.4 所示。当它们远离障碍物时样本是稀疏的, 而当它们更靠近障碍物时样本则越密集。

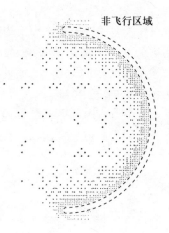

非飞行区域

图 9.4　二维空间中自适应采样实例

算法 9.1 AA* 算法伪代码。

[1] AA Search

[2] intialiae OPEN,CLOSED;

[3] while OPEN$\neq$ Φ do

[4] Sc←RemoveTheBest(OPEN);

[5] Insert (Sc,CLOSED);

[6] if SmoothToEnd(Sc)then return Reconstruct PathToEnd(Sc);

[7] foreach fpi∈Expand(Sc) do

[8] pcN←EndConfiguration(fpi);

[9] ξN←DetectSamplingStep(pcN);

[10] if Contains(pcN,CLOSED,ξN)then

[11] continue

[12] if not IsValid(fpi)then continue;

[13] SN←CreateNewState(pcN,ξN,Sc);

[14] InsertOrReplaceIfBetter(SN,OPEN);

[15] end

[16] end

[17] return failure;

[18] end

当新的状态产生时 (第 11 行和第 14 行), AA* 算法中的自适应采样要求一个相似测试, 取代遍历 OPEN 和 CLOSED 列表的相等测试。由于自适应采样步长、相等测试的使用将产生大量的状态, 引起在远离任一非飞行区的区域中状态密度大。这是由在相反方向上生成状态是不相同的这一事实引起的, 因为到最近的非飞行区域的距离不同, 那些状态通常具有不同的采样参数。AA* 算法使用基于搜索精度二次幂的采样参数 (最小采样参数)。如果它们的距离小于采样步长的一半, 两个状态被看作是相同的。当它也考虑状态中不同的方向时, 算法会更为复杂, 详细描述见文献[17]。

由于上述所描述的采样机制, 由一连串飞行元素构建的路径可能会比必需的路径更为弯曲。为了去掉这一规划器, 在搜寻期间 (第 13 行) 生成的每条备选路径应是平滑的。在 AA* 算法中的平滑是寻找状态新父代的过程, 对于该过程, 从开始到当前状态路径成本低于经原始状态父代的当前路径成本。在来自 CLOSED 的所有状态中搜寻这样的父代备选路径。只有当新的轨迹仅进入到 UAV 的操作空间, 并且考虑由其飞行动力学所确定的所有约束时, 父代的替代品才可被接受。

已进行 AA* 算法特性的研究, 并将该特性与现有最先进的规划方法进行比较, 该规划方法利用了对很多算法都是常见的修正搜索区域。修正区域被认为是任意角度基于栅格的规划[18], 如图 9.5 所示。在这样的规划问题中, 如果连线没有横穿任何方框单元, 就允许任意两个顶点连接。这一问题接近于上述所描述的规划。二维任意角度规划可被视为对 UAV 的规划, 该 UAV 被限定飞行在某一高度, 并且水平转弯半径限制到零。这意

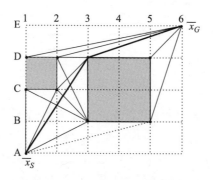

图 9.5　栅格中规划的任何角度路径

味着 UAV 不能有任何过渡转弯 (改变其水平方向)。对于这样简化的规划问题, 有一种 AA* 算法次优化的数学分析方法。结果证明 AA* 算法提供的所有解决方案总是在最优解决方案的一定偏差范围内。次优化范围可唯一地由栅格结构来获得, 详细情况见文献 [19]。

选择几种现有的规划算法, 用于与 AA* 算法进行比较: 适用于基于栅格的任何角度规划的原始 A* 算法[16], θ* 算法[20], 具有一个探测树的非常流行的快速探测随机树 (RRT) 技术[21], 以及具有两个探测树的动态域 RRT 算法[22]。两种 RRT 技术与应用于它们结果的后平滑相结合[23], 消除了由 RRT 随机性所给定的结果路径中不希望的影响。不包括场 D* 算法[24], 因为已经表明 θ* 算法, 在类似的测试中以更少的时间搜寻更短的路径。实验提供了数千个生成的栅格与随机方框单元的比较。对三种不同方框单元的密度进行了测试: 5%、10%、20%, 占到了整个栅格方框单元的30%。起点和目标的顶点也是随机选择的。用最新生成的方框单元、起点与目标的顶点, 对每种不同的障碍物密度测试 500 次。测试结果如表 9.1 所列, 表示对于同一密度的所有重复测试的平均值。每个规划任务最初要经过原始 A* 算法的验证, 以确保在开始和目标顶点之间存在路径。然后用θ* 算法、AA* 算法和两种 RRT 算法依次地执行所生成的相同规划任务。

表 9.1 随机生成的栅格中各种不同的方框单元密度的路径长度和运行时间 (圆括号内), 每行包含来自 500 个生成的规划任务的平均值

算法	方框单元密度			
	5%	10%	20%	30%
A*	54.210(10.084)	53.190(11.896)	53.301(18.476)	53.206(31.493)
θ	54.345(0.023)	53.428(0.026)	53.623(0.036)	53.611(0.049)
AA*	54.210(0.079)	53.190(0.082)	53.301(0.101)	53.206(0.129)
RRT	73.834(0.003)	79.588(0.013)	85.207(0.032)	85.344(0.077)
动态域双向 RRT	73.411(0.0004)	75.896(0.0015)	78.030(0.0037)	81.566(0.0089)

正如表 9.1 所列, AA* 算法搜寻的最短路径与原始 A* 算法搜寻的最短路径相同, 为每个规划任务提供最优解决方案。θ* 算法搜寻比最优路径更长一些, 但仍然是非常接近最优路径的, 它们仅比最优路径大约长 1%。由基于 RRT 的两种规划器搜寻的路径要长 36%。动态域双向 RRT(ddbi-RRT) 算法较单向 RRT(RRT) 算法提供更短的路径, 然而要稍微慢一些。另一方面, 两个基于 RRT 的算法是非常快的, 与大约是 100 毫秒的 AA*

算法相比, 大约是几个毫秒。然而, AA* 算法比原始 A* 算法要快许多倍 (从 5%密度的 127 倍到 30%密度的 244 倍), 同时它提供了所有 2000 次实验中的最优路径。对于方框单元更高的密度, 它提供了更大的加速度, 因为其运行时间几乎不依赖于方框单元的数量。另一方面, 方框单元的数量与原始 A* 算法的运行时间成正比。θ* 算法比 AA* 算法快大约 3 倍, 但不能保证 θ* 算法的次优限制。AA* 算法的加速度主要得益于生成状态数量的减少。因此, AA* 算法另一个主要好处是在其运行期间较低的存储器要求。文献 [25] 给出了在其他栅格内的比较情况。

前文描述的 AA* 算法使规划算法可用于大规模的状态环境中, 因为它在远离任何障碍物 (非飞行区域, 或操作空间边界) 的开放区域内动态地加快了搜寻。搜寻的运行时间受确定障碍物数量的影响。即使利用基于树状的结构进行索引, 更多的障碍物数量减慢了距任何障碍物最近距离的识别, 并且也降低了交叉测试的速度。AA* 算法已运用于含有 5000 多个非飞行区域 (每一个都定义为一个复杂的三维物体) 的操作空间, 在此情况下其性能会受到如此多障碍物数量的影响。在 AgentFly 中, 引入了另一个称之为迭代加速 A*(IAA*) 算法的搜寻扩展方法。为了应用于具有大量复杂障碍物的大规模空域中, IAA* 算法扩展了 AA* 算法。通过利用有限的障碍物子集, 反复执行搜寻, IAA* 算法进一步增加了快速精确路径规划的限制。IAA* 算法选择障碍物子集, 这些障碍物子集位于来自之前迭代的轨迹周围特定的限制范围内。对于第一次迭代, 从开始到目标最短连接的周围选择障碍物子集, 仅是 AA* 算法随后迭代所用的一组障碍物子集被扩展, 而之前没有被考虑的障碍物则被去除掉。障碍物被选择轨迹周围的范围就是由轨迹长度动态得到的配置率。在每次 IAA* 算法迭代后, 对结果路径与所有障碍物进行交叉检查, 如果没有与任何障碍物交叉, 这次迭代的结果就是规划任务的结果。对于另一种情况, 当任何 AA* 算法迭代失败时 (没找到解决方案), 这意味着没有规划任务的解决方案。文献 [26] 给出的实验表明, IAA* 方法显著降低了障碍物的数量, 从而降低了在计算上昂贵的操作量。IAA* 算法精确地提供了所有 60000 个规划任务的结果, 这与 AA* 算法相同, 并且提供结果平均比 AA* 算法快 10 多倍。

9.4 碰撞规避

本节包含 AgentFly 中自主碰撞规避主要算法的描述。所有这些算法采用基于自由飞行概念的分散式自主方法[4]。在自由飞行的方法中, UAV 可根据它们自身的优先权自由地飞行, 但仍要通过执行自主感知与规避能力而考虑与其他飞行器的间隔。换句话说, 没有为共享空域中操作的 UAV 提供无碰撞飞行路径的中央单元。AgentFly 中碰撞规避的所有算法, 都应考虑对搜寻无碰撞飞行轨迹所要求的非零时间。在碰撞规避算法正在运行或执行飞行轨迹重新规划时, UAV 仍在继续飞行, 并且飞行轨迹改变的时间是有限的。

在 AgentFly 中, 全部碰撞规避算法形成了两类: 合作式的和非合作式的。合作式碰撞规避算法是一个探测的过程, 并且在两个或多个合作飞行的 UAV 中寻找彼此都可接受的碰撞规避机动。假定 UAV 装备了通信调制解调器, 以便它们在彼此接近时可建立双向的数据通道。UAV 没有任何像共享黑板结构的常见知识系统, 它们只能利用由自身传感器或与其他 UAV 协商所采集的信息。本章为描述简单化, 将假定 UAV 提供完全可信的信息。基于配置, 它们优化其自身利益 (例如, 燃料成本增加或延迟) 或整体 UAV 群的社会利益 (所有参与者的成本总和)。另一方面, 非合作式碰撞规避算法不能依靠双向通信以及任何有关其他 UAV 所使用算法的背景信息。当由于通信调制解调器发生故障或由于所考虑的 UAV 合作式系统不兼容而不能建立通信通道的时候, 要采用这种非合作式碰撞规避法。非合作式算法仅凭传感器提供的、类似雷达数据的信息就可工作。本节其他部分简要介绍所有主要的算法。文献 [7] 提供了详细的正式描述。文献 [19] 给出了这些算法的很多实验评估特性, 以及与其他最先进方法的比较。

9.4.1 多层碰撞规避结构

在 AgentFly 中, 第 9.2 节所介绍的碰撞规避部分可用称为多层碰撞规避框架的复杂结构来描述, 如图 9.6 所示。这种结构依靠各种不同碰撞规避方法的组合, 探测和解决未来碰撞。它通过具有不同时间要求和提供不同解决方案特性的算法组合, 提供具有鲁棒性的碰撞规避功能。这种结构考虑了算法的时间。基于到最早碰撞的剩余时间, 它为其解决方案选择适当的方法。这种结构是模块化的, 从这种特性来看, 域是不依赖于模块的。因此, 它可运用于不同的自主飞行器, 例如 UGV。碰撞规避算法和它们的探测器部分被集成为即插即用形式, 称作碰撞解决模块。

除了碰撞解决模块外, 还有碰撞解决管理器 (CSM) 即主控制器, 它负

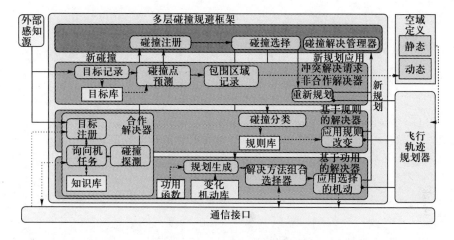

图 9.6 多层碰撞规避结构

责选择用于特定碰撞的解决模块。每个解决模块都有负责探测可能未来碰撞的探测部分。就合作式解决模块来说,这个探测器通过利用本地数据通道,使用为 UAV 所共享的飞行意图信息。就非合作式解决模块来说,这个探测器是建立在未来轨迹预测基础上的,其中未来轨迹预测基于来自其周围区域类似雷达数据的观察结果。然后将每个可能的未来碰撞注册在 CSM 中,通过一个或几个碰撞解决器可探测同一个碰撞。

依靠配置的优先权, CSM 给每一个注册的碰撞解决分配时间时隙 (考虑到碰撞的时间),相应的解决器将该时隙用于其解决方案。通常,优先权是预先设定好的,但是在运行期间它们容易被改变。在任一时刻,CSM都拥有关于所有报告碰撞的完整信息,这些碰撞都是与时间轴关联的。因此,CSM 可执行各种不同解决器中面向时间的转换。碰撞解决器的精密转换是不可避免的,因为解决器具有不同的特性。不同的解决器提供不同特性的无碰撞解决方案,要求搜寻这种解决方案的时间也不同。特别是基于协商的解决器,由于它们的协调较非合作式解决器,可提供更好的解决方案,但它们通常消耗更多的时间,因为它们需要通过通信调制解调器进行协商。在多层碰撞规避结构中,碰撞时间是非常重要的参数。早期冲突的解决方法影响此冲突之后的飞行轨迹,在早期碰撞之后的当前已确认的碰撞会受到该解决方案的影响。碰撞规避框架的操作是永久性的,无论何时,当解决器识别到一个新的更为重要的碰撞时,当前解决某个冲突的解决方案就会被终止。

9.4.2 合作式碰撞规避

AgentFly 集成了三种核心的、基于协商的合作式碰撞规避算法: (1) 基于规则的; (2) 迭代对等的; (3) 多方碰撞规避。所有这三种算法都是分散式的, 这意味着碰撞是被作为局部碰撞规避问题而得到解决的。同时, 也可能有几种 (不同的) 正在运行的算法, 这些算法在不同的局部区域解决各种不同的冲突。局部问题受到所确定时间范围的限制。在许多应用中, 我们使用 15 min 的时间范围, 它使得中期碰撞探测符合于民用空中交通管理所熟知的解决方案。从理论上说, 这个时间范围可设置为一个非常大的值, 它意味着算法搜寻全部的碰撞规避解决方案。所有三种方法都使用了相同的探测器, 该探测器是以共享 UAV 的局部意图为基础的。这些意图利用预订/告知协议的方式被共享, 并且形成它们轨迹的限制性部分。UAV 从当前时刻起, 在所确定的时间范围内共享飞行轨迹。通过接受预订协议, 每个 UAV 承诺, 一旦它的当前飞行轨迹被修改 (例如, 由于在其任务中的其他碰撞或改变) 或已提供的部分不足以覆盖所确定的时间范围, 那么它将提供其飞行轨迹的这一限制性部分的更新。这种关于飞行意图的共享信息仅用于描述那一个时间范围的飞行轨迹, 不包含任何关于未来航路点和它们约束的详细信息。因此, 即使 UAV 合作地共享其飞行意图, 它也不能向其他飞行器表明其任务。利用这种机制, UAV 构建了含有其周围其他 UAV 局部意图的知识库。每个飞行意图包含与飞行执行性能 (不确定性) 有关的信息, 然后这些信息连同间隔要求一起用于冲突情形的探测 (在任意时刻, 任意两个 UAV 的位置不能及时满足所要求的间隔距离)。这种机制具有鲁棒性, 因为至少有两个 UAV 对交叉冲突进行检查。

所有这三种算法依据重新规划任务的定义, 利用轨迹规划器修改飞行路径。飞行轨迹的修改是由依据请求的航路点序列修改所给定的。可以插入新的航路点、修改已有的航路点或去除控制航路点。请注意碰撞规避不能更改任一航路点, 这些航路点是由高级飞行控制器所确定的 UAV 任务中已经被确定了的航路点。存在一组确定的躲避机动, 这些躲避机动可应用于使用特定参数的特定位置。通常, 躲避机动是利用飞行轨迹中的时刻进行定位的, 其参数确定了实施机动的强度。七个基本的躲避机动定义为: 左转、右转 (图 9.7)、爬升、俯冲、加速飞行、减速飞行和听其自然的规避机动。每个机动的名称由其产生的修改来给定。可在同一个地方顺序地应用机动, 以便这一组基本机动能够产生所有改变。每个 UAV 可配置成仅使用这些机动的子集或指定某些机动的优先权。例如, 一个 UAV 可配置为仅通过水平上改变 (没有高度变化) 来解决冲突。机动集合内包括听其自然的规避机动,以使其简化所有的算法,因为它们可容易地将未修改的飞行轨迹认为是选项之一。

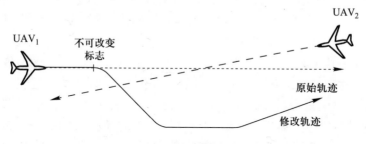

图 9.7　右转躲避机动的应用

9.4.2.1　基于规则的碰撞规避 (RBCA)

RBCA 受到了 ICAO 定义的目视飞行规则的推动[28]。每个 UAV 应用预先确定步骤的碰撞规避机动方法。首先,要确定 UAV 之间的碰撞类型。根据冲突时间 UAV 方向矢量之间的角度到地平面上的投影,进行碰撞类型识别。依靠碰撞类别和针对碰撞类型定义的规则,每个 UAV 应用适当的冲突解决方案。利用与碰撞和角度有关的信息对机动进行参数化,以便解决方案适应所识别的冲突。两个有关的 UAV 进行解决机动应用。这个算法非常简单,并且在适当的碰撞类型解决的选择和应用过程中不需要任何协商。这种算法通过更新的飞行轨迹仅使用间接通信。此外,碰撞规避搜索期间,这种算法没有明确地使用包括飞行器意图的成本函数,但 UAV 的优先权已包括在应用期间所使用飞行规划器的设置中,预先确定的躲避机动已包括在规则中。多于两个 UAV 的冲突是迭代解决的,并且通过所使用的规则得到了稳定解的收敛性。

9.4.2.2　迭代对等的碰撞规避 (IPPCA)

IPPCA 凭借一组考虑到有关 UAV 计算成本值的组合协商,扩展了成对冲突解决方案。首先,参与的 UAV 利用配置的躲避机动和它们最低约束条件,生成一组新的飞行轨迹。仅生成那些不能与任一已知的飞行轨迹引发早期碰撞的飞行轨迹。对每一条飞行轨迹进行评价,并用标记其应用成本。然后,交换所生成的一组变量 (也包括原始未修改的轨迹)。在此交换期间,UAV 仅提供考虑到配置时间范围的有限的未来轨迹部分,该时间范围与冲突探测器中所用的时间范围相同。然后,利用自身的一组变量和接收的一组变量建立可用于解决冲突的轨迹组合。由于某些变量被除掉, 恰巧没有搜寻到这种组合, 因为它们导致与其他的飞行器早期冲突, 而且其余的飞行器不能解决冲突。在这种情况下, UAV 利用更高的约束条件, 扩展它们具有修正的新飞行轨迹集, 直到搜寻到某些轨迹组合。去除引起早期碰撞变量的条件是至关重要的。没有这个标准算法就会陷入无限循环的迭代之中, 也可能生成太接近, 以致不能得到解决的新冲突。

UAV 基于配置策略, 从一组适当的飞行轨迹组合中选择最好的组合。UAV 可被配置成使整体成本最优 (来自两个 UAV 的成本总和最小), 或它们按照 UAV 自身利益进行配置。在这种情况中, 它们试图减少由它们碰撞所引起的损失。那么, 通过单调让步协议[29]的变化来识别最可能的碰撞规避对, 该协议用于自动化的智能体到智能体的协商。该算法利用扩展的 Zeuthen 策略[30]替代除协商集之外的迭代让步, 该策略提供了一步式协商均衡, 并且不会有诱发违背该策略的智能体。

9.4.2.3　多方碰撞规避 (MPCA)

对于多重碰撞情形, MPCA 从 IPPCA 中去除了迭代。所谓多重碰撞情形是指两个以上的 UAV 在它们的飞行轨迹上未来会彼此发生碰撞。MPCA 引入了多方协调器, 其负责状态空间扩展和搜寻多方碰撞情形的最优解决方案。多方协调器是一个智能体, 它的作用是在考虑有限的时间范围内, 为整个碰撞的 UAV 组搜寻一组无碰撞的飞行轨迹。协调器保持 UAV 组和状态空间的相关信息, 它挑选哪个 UAV 将被邀请到 UAV 群中, 并且要求 UAV 生成它们的轨迹更改。对于多方组中的每一个 UAV, 每个状态包含了一条飞行轨迹。最初, UAV 组由两个已确认它们未来轨迹上会出现冲突的 UAV 构成, 后来, 该组被扩大, 加入了那些它们之间存在冲突的 UAV, 也加入了那些与状态空间中任一个所考虑的飞行轨迹存在可能冲突的 UAV。类似于 IPPCA, 除其部分未来飞行轨迹外, UAV 提供所考虑的碰撞规避机动的成本值。

协调器一直搜索, 直到找到这样一个状态, 此状态是在考虑有限时间范围内不会有任何碰撞。它的内部操作可以描述为基于 OPEN 列表和状态的搜索循环, 依靠所使用的最优化标准 (例如, 成本总和, 最低的为第一) 对 OPEN 中的状态进行排序。在每次循环中, 协调器接受第一个状态并检查是否存在某些碰撞。如果没有碰撞, 在该状态中的轨迹就是解决方案; 如果任一轨迹与没包括在多方群组中的其他 UAV 有冲突, 该协调器则邀请该 UAV, 并用被邀请 UAV 的原始飞行轨迹扩展所有状态。然后, 它从那个具有最早彼此碰撞的状态中选择一对 UAV，并要求它们提供飞行轨迹的修改，以便消除该碰撞。这个步骤类似于 IPPCA，从作为结果的选项集中，生成新的子状态。

正如上文所述，在它们轨迹上被识别的冲突，动态地决定了在多方算法中 UAV 的参与。因此，两个独立的多方算法可运行在不关联的 UAV 群组中。一个已参加某个多方运行的 UAV 可被邀请加入另一个多方运行中。在这种情况下，基于通过适当的多方运行解决最早的碰撞，UAV 决定哪一个具有更高的优先权以及它将在哪里活动。第二个是暂停直到第一个得到解决。请注意，多方算法的运行时间也受到多层碰撞规避框架的监控。由于时间不足该框架可终止参与，并选择另外一个解决器来解决碰撞。

图 9.8 给出了超级冲突情形[13]中，提出的三种算法所提供的不同结果。超级冲突情形是指，UAV 在一个圆上均匀间隔分布，每个 UAV 都有在该圆对面的目的地航路点，以便最初的飞行轨迹通过该圆圆心。RBCA被配置成仅利用预先确定的规则而不改变高度。在比较解决方案的特性时，MPCA 提供来自这三种算法的最好解决方案。另一方面，考虑到时间，MPCA 需要最大的解决方案搜索时间。文献 [27] 给出了详细的结果和其他实验。

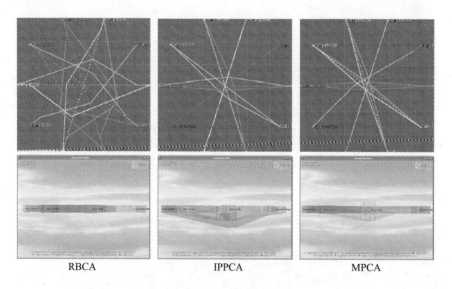

| RBCA | IPPCA | MPCA |

图 9.8　在超级冲突情形中三种合作碰撞规避方法的结果

9.4.3 非合作式碰撞规避

AgentFly 也集成了碰撞规避算法, 该算法不需要为了冲突探测和解决的双向通信通道。在这种情形中, 仅利用了与其周围目标有关的、像雷达信息一样的信息。在 AgentFly 中使用的方法是建立在非飞行区域动态创建基础上的, 然后飞行轨迹规划器利用它们来避免可能的冲突。这种方法允许我们同时将合作式的和非合作式的方法结合在一起。当飞行轨迹规划器被合作解决器呼叫而请求应用规避机动时, 那么就需要考虑动态地创建非飞行区域。

非合作式算法部分如图 9.6 所示。算法的探测部分始终是起作用的, 它接收在周围区域中目标的位置信息, 观测用于更新算法知识库。如果可获得足够的历史信息, 就开始可能碰撞点的预测过程。碰撞点被认作是当前 UAV 飞行轨迹和目标预测飞行轨迹的交叉点, 为了生成目标预测飞行轨迹, 算法接收雷达的更新数据。各种不同的预测方法可集成到这个部分中: 估计包括当前速度在内的、未来目标轨迹的简单线性预测, 它需要带有时间信息的两个最后的位置, 或基于更长时间经历的更复杂跟踪和预测方法, 它也能够跟踪弯曲的轨迹。碰撞点预测的结果是一组具有冲突概率的可能碰撞点。对于许多情况, 恰巧没有发现这样的碰撞点, 那么就取消之前在碰撞解决管理器中注册过的冲突。

在相反的情形中, 具有比设置阈值更高概率的碰撞点被动态非飞行区域所包围。动态非飞行区域的形状来源于一组可能的碰撞点位置。图 9.9 给出了动态非飞行区域形状的实例。预测的动态非飞行区域被添加到 UAV

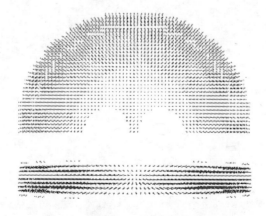

图 9.9　动态非飞行区域形状的实例

的空域定义数据库中。当轨迹规划器被任何其他部分 (合作式碰撞规避算法或高级飞行控制器) 请求时, 轨迹规划器就利用这个动态非飞行区域。关于预测未来碰撞的信息也注册到碰撞规避管理器中, 碰撞规避管理器将在考虑碰撞时间条件下决定什么时候解决碰撞。一旦非合作式解决器被要求解决碰撞时, 通过呼叫飞行轨迹规划器, 来请求重新规划当前的飞行轨迹。飞行轨迹规划器仅保持不包括所有非飞行区域操作空域内的飞行轨迹, 然后修正后的飞行轨迹将被申请执行。

9.5　团队协调

在提出的飞行器控制结构中, 提供多重 UAV 协调的算法被集成到高级飞行控制器部分中。高级飞行控制器的输出被表示为任务的详细说明, 其随后被传送到执行该任务说明的碰撞规避模块。团队协调是一个连续的过程。基于当前的状态, 协调算法可修改之前提供的任务。在 AgentFly 中, 有控制一组自主 UAV 完成支持战术任务信息收集的综合智能算法。要强调的是, 在真实世界信息收集任务中出现的所选择关键方面的精确建模, 尤其是 UAV 轨迹的物理约束、有限的传感器距离以及发生在复杂空间环境中的传感器闭塞。特别地, 算法是以获得和保持有关战术和操作的最新信息为目标的。来自这一领域的算法主要说明了探测、监视和跟踪问题。未知环境的多重 UAV 探测问题是寻求穿过此环境的安全飞行轨迹, 共享有关已知区域的信息和寻找未探测的区域。探测的结果是最初未知环境的立体空间图。相比之下, 监视是一个提供区域持续监视的任务。通常, 所有 UAV 的传感器覆盖范围不足以同时覆盖整个区域, 并且 UAV 必须定期探视所有的地方, 最大程度地减小对同一区域探测的时间间隔。最后, 跟踪任务包括这样一种 UAV 的控制, 即不能从它们传感器的视野中丢失所跟踪的目标。基于不同的 UAV 速度和跟踪目标以及 UAV 与目标的数量, 有很多不同的跟踪任务。

图 9.10 显示了用于测试信息收集算法情形的实例。在该模型中, 城市有三百多个不同高度的建筑物和各种不同宽度的街道。图 9.10 中右上方图形表示, 一旦 UAV 群完成对未知区域的最初探测, 它们所掌握的信息, 白色建筑物是最高的, 黑色建筑物是最低的。最初, UAV 只有从卫星图像得到该区域的平面信息, 但它们没有完整的三维信息, 这些信息是完成这一区域内最优信息收集所必需的。每个 UAV 都装备有一个朝下的机载摄

像机传感器。除 UAV 外, 还有模拟在城市内地面上走动的人。创建了人的简单行为, 以便他们在城市内聪明地行走, 他们对正在飞行的 UAV 和其他行为做出反应。城市区域的三维表征在这个情形中起着关键的作用。当 UAV 正在城市上空飞行时, 其摄像机传感器只能看到靠近建筑物墙体的未被阻隔区域。UAV 必须仔细地规划它们航迹, 以便它们在执行持续监视任务时, 能够看到城市中每一个重要的地方。仿真中的提取假定, 配备有传感器的图像处理软件具有从所获得的数据中提取高级信息的能力。因此, 被测试的智能算法不能处理原始图像, 而处理符号表示的信息。假定摄像机传感器能够探测建筑物的边缘和确定建筑物的高度以及发现地面上的人。图 9.10 生动地显示了 UAV 摄像机传感器的覆盖范围。

图 9.10 用于多重 UAV 协调算法的复杂的城市场景

可将持续仿真任务表示为一个最优化问题, 即最小化目标函数。在这种情况中, 目标函数被构建为应执行监视任务区域上的信息熵的总和。换句话说,UAV 试图保持该区域中任一位置的尽可能新的信息。探测任务恰好是一种特殊的情形, 这个区域中的某些位置具有无穷大的熵, 它反过来使算法不止一次地显示传感器覆盖范围内的每一个位置。在探测期间, UAV 更新它们关于那个区域的未知信息并重建覆盖地图。图 9.11 显示了覆盖地图的实例。覆盖地图提供了考虑传感器参数条件下, 所有感兴趣的地面上的点到空中导航点 (航路点) 的映射。多重 UAV 仿真任务然后搜

寻飞行轨迹模式 (每一个 UAV 的环形轨迹), 该轨迹可在最小的时间内移动, 以便在那些循环周期中覆盖所有感兴趣的点。用于持续监视的智能算法搜寻这样的轨迹, 并将它们分配给可用的 UAV。当确定了几个监视区域时, 情形就变得更为复杂, 并且为了在此期间内保持目标函数最小化, 必须将飞行器分配到特定的区域, 或者飞行器不得不在区域之间循环飞行。文献 [31] 给出了在 AgentFly 中执行的信息收集算法产生结果的详细情况。

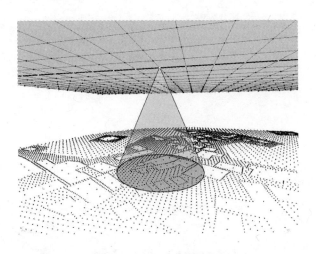

图 9.11　城市区域覆盖地图

跟踪任务要求在整个时间内地面目标被 UAV 的传感器所覆盖。因此, 它应提供关于所指定目标的不间断图像数据流。由于缺乏目标未来规划的信息和 UAV 的运动约束, 跟踪是一个具有挑战性的任务。在 AgentFly 中, 循环模式导航算法被集成于正在跟踪目标的 UAV, 如图 9.12 所示。在被跟踪的目标之上构建了虚线圆, 圆的半径来自于 UAV 的运动约束, 其应尽可能小, 以保持 UAV 接近被跟踪的目标。UAV 试图停留在这个圆形轨迹上, 因为这是保持其摄像机传感器覆盖被跟踪目标的最佳轨迹。在被跟踪的目标正在运动的同时 (在我们的例子中, 它的运动速度低于 UAV 最大飞行速度), 虚线圆也随其运动。正如第 9.2 节所描述的, 算法必须以一组航路点的形式为 UAV 提供一项任务。考虑到当前的位置和最佳的虚线圆, UAV 基于当前位置的切线投影计算航路点的位置, 然后它准备虚线圆附近的下一组航路点。一旦它得到了被跟踪目标的最新位置, 算法就会被调用。在这种情况中, 如果有必要的话, 跟踪算法调整计算的航路点位置。当一个 UAV 同时跟踪一群地面目标时, 算法就变得更复杂。在这种情况下, UAV 利用一个一般的轨道轨迹而不是虚线圆。

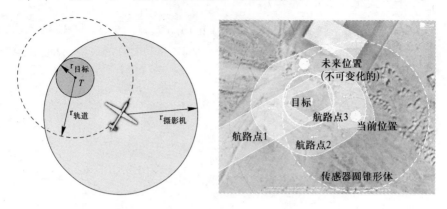

图 9.12 地面实体的跟踪任务

图 9.13 提供了与系统交互作用的界面视图。这个界面由执行混合指令的智能体和完成信息收集任务的控制系统提供。通过这个智能体, 人工操作员可对整个 UAV 群指定信息收集任务并检查操作结果。该智能体自

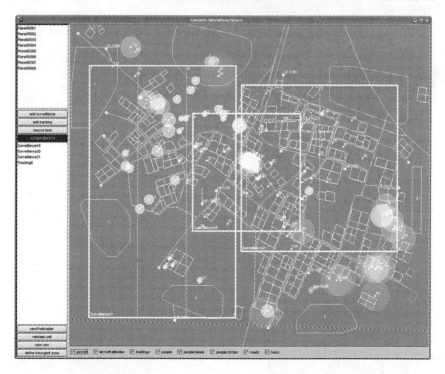

图 9.13 AgentFly 中指挥和控制面板

动地收集有关区域的信息并把它提供给操作员。不对特殊的 UAV 明确任务而是将任务指定为整个 UAV 群的目标。因此,为在 UAV 群中最优分配同时发生的信息收集任务,对多智能体分配算法进行综合。在这种系统中没有中央组件,指挥和控制系统采用鲁棒性解决方案,这意味着在任何时候 UAV 群都要同步,并将部分信息融合在一起,它们可以相互通信。如果任何一个 UAV 发生故障,UAV 组只是失去了 UAV 群中没有同步的信息,并且重新组织信息收集任务,以便在考虑配置的最优化目标函数条件下,剩余的 UAV 完成所要求的任务。类似地,当一个新 UAV 增加到 UAV 群时,并且当它与 UAV 群内任何一个其他的 UAV 建立通信时,它会变得同步了。指挥和控制智能体仅需与 UAV 群内的一个 UAV 建立联系。

9.6　可升级的仿真

　　由于使用基于智能体的方法,AgentFly 可提供对复杂系统进行建模和研究的仿真环境,该系统具有大量处于某种状况的实体,它们的推理和相互作用高度复杂。对于如此复杂的系统,不可能在单一计算机上运行整个仿真系统。AgentFly 提供了一个有效的分配方案,其将工作量划分给通过快速网络基础结构连接的异质计算机上。在 AgentFly 仿真环境中,不仅能够仿真 UAV 或民用飞行器,而且能够仿真任何一种处于某种状况的实体。就处于某种状况的实体来说,我们打算将实体嵌入到一个三维物理空间的综合模型中。AgentFly 提供高保真 (关于确定物理性质的精确仿真,不使用细节层面下的仿真)、可升级的 (关于仿真实体的数量和虚拟世界的维数) 和快速的 (在最少可能的时间内产生仿真情形的结果) 仿真平台。最初是美国国家空域中完整民用空中交通仿真的需要,推动了这种功能的发展,该仿真平台有很多的细节等级。此外,在极为复杂环境中操作的 UAV 智能算法验证也是其发展的推动力,所谓极为复杂环境,指的是除大量的 UAV 外,还有对地面车辆和在场景中具有重要作用的人的运动模型的仿真。

　　AgentFly 仿真支持被动的 (它们的行为仅是由其物理性质所确定) 和自主的 (积极主动,面向目标的行为) 处于某种情形的实体,这些实体在逼真的、典型的大规模虚拟世界中操作和相互作用。基于评估情形的需要,在仿真运行期间可动态地引入或去除实体。每个处于某种情形的实体携带一个状态,这个状态或是可观测的 (公共的) 部分或是隐藏的 (秘密的、内部的) 部分。实体可观测状态的基本部分是其在虚拟世界中的位置和方向 (例如 UAV 的位置)。实体状态的演变受所确定的实体物理特性的控制，例如实体的运动受其运动动力学的驱动，典型地是由一组也可表示实体隐性状态部分的微分方程所确定。物理性质分为实体内部物理性质和实体间物理性质两部分。实体内部物理性质俘获那些完全归属于单一实体的物理动力学特性。尽管实体内部物理性质方程可能涉及仿真世界中的任何一个状态 (例如气象状况)，但它们仅控制那些由其各自实体所承载的状态。相比之下，实体间物理性质俘获那些同时影响多个实体并且在它们之间不能被完全分解 (例如，两个 UAV 的物理碰撞的效果) 的动力学特性。除物理相互作用外，自主实体也可通过通信相互作用和利用传感器来感知它们周围的虚拟环境。实体之间的通信受到仿真所要求通信媒介 (例如无线网络) 的实体间物理性质的限制。类似地，每一个传感器都有其确定的能力，这可能限制可观察到的状态，通常基于传感器位置 (例如雷达、机载摄像机) 的距离，它仅可以对确定的子集进行感知。

AgentFly 中每个处于某种情形的实体 (例如 UAV) 被分为多达三个组成部分: (1) 本体; (2) 反应控制; (3) 审议控制。本体囊括实体的内部物理性质，它根据其他的、可能的外部状态 (例如，由所用的运动模型给定的 UAV 飞行动力学，其中的模型是受当前大气状况影响的)，控制自身状态的演变。反应控制部分包含实体的实时环路反馈控制，基于其他状态的观测影响其状态 (例如，集成有 UAV 自动驾驶仪功能的飞行执行器部分)。审议控制部分包含复杂的智能算法，该算法使用了规划、感知观察结果，以及与其他部分的通信 (飞行轨迹规划器、碰撞规避框架和 UAV 控制结构中的高级飞行控制器)。审议控制的输出通常反馈到实体的反应控制模块中，并为实体提供新的控制 (UAV 当前飞行轨迹的更新)。本体和反应控制部分在它们的环路反馈方法上是类似的，共同地称为实体状态更新器。

正如第 9.1 节中所描述的，AgentFly 是作为具有环境仿真智能体和 UAV 智能体的多智能体系统而实现的，其中 UAV 智能体包含智能审议算法。图 9.14 表示将每个 UAV 组成部分分解为软件智能体。由于使用 Aglobe 多智能体结构，每个计算机节点可管理一个或者多个智能体，并可获得有效的通信基础结构。在仿真结构内，每个实体的审议控制器和状态更新器都被解耦并被集成到不同的智能体内。各自的一对状态更新器和审议控制器通过一条信号信道连接，通过这条信号信道向反应控制传送感知信息 (一路) 和控制指令 (另外一路)。

AgentFly 使用时间步长仿真方法，也就是驱动动态仿真过程的虚拟仿

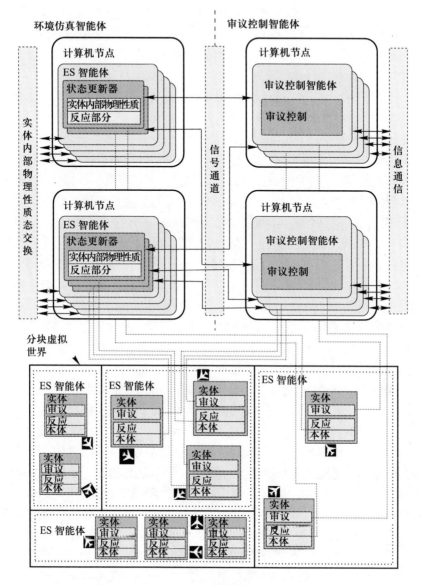

图 9.14　AgentFly 中分布式仿真方法

真时间, 在每个仿真周期内以恒定的时间步长一致地增加。为了提供虚拟世界的协调发展, 必须对所有实体的所有物理性质和反应部分同步进行评估。同步评估意味着一旦基于以前状态计算出所有的物理特性, 状态就会被更新。按照外部时钟或以尽可能快的方式定期地实施虚拟时间步长, 以及如此方式的状态更新。当 AgentFly 作为混合仿真 (仿真部分情形, 用实际的硬件表示某些实体) 运行时, 必须使用第一种模式。在仿真模式中, 为了在尽可能短的时间内获得仿真结果, 使用尽可能快的模式, 也就是在前一个仿真周期完成后立即开始下一步 (仿真周期)。

仿真期间, 环境仿真和审议控制智能体都被分布到多个计算机的节点中。整个虚拟仿真世界在空间上被分成许多分区, 除了分区边界附近较小的重叠区域外, 各分区都是相互分离的。每个分区都有唯一指定的环境仿真智能体 (ES 智能体), 其负责更新符合于位于其指定分区中的所有实体的状态 (例如使用相关的微分方程)。运行在一个计算机节点上的 ES 智能体数量受到在该节点上处理核数量的限制。物理性质的应用可能需要多个分区之间的状态信息交换, 假使虚拟实体不是位于同一个分区之中。对比于状态更新器, 实体的审议控制部分被配置到计算机的节点上, 而不考虑虚拟世界中的各个分区和对应的实体位置。所描述的世界分割意味着, 无论何时实体改变位置, 以致实体移动到一个新的分区, 实体的状态更新器需要被迁移到各自的 ES 智能体中。实体控制和其审议控制模块之间的信号通道显然是可重新连接的, 它保证了迁移期间不会失去信号传输。引入分区边界附近小的重叠区域, 阻止邻近 ES 智能体之间状态更新器的振荡迁移, 以免相应的实体非常接近地沿着分区边界移动。

在整个仿真期间, 为了提供最高的性能, 所提出的结构实现应用环境仿真智能体和审议控制智能体的负荷平衡方法。仿真期间虚拟世界分区分解不是固定不变的, 而是依据计算机节点管理环境仿真智能体的负荷动态更新。基于处理仿真周期所要求的时间, 虚拟世界被重新分配, 以便属于分区的实体数量正比于测量时间。较快的 ES 智能体被分配到具有更多实体的更大区域, 反之亦然。不是在每个仿真周期都执行重新分配, 而是只有当仿真周期中, 各种不同 ES 智能体的计算差异超过了预先确定的阈值时。每当有新的计算机节点被指定于仿真时, 也会引发重新分配。类似地, 基于那些计算机的负荷, 在计算机的节点中也会进行审议部分的分割。

图 9.15 显示了仿真性能与计算机节点数量之间关系的研究结果。在这项实验中, 对所有配置相同数量的 UAV 进行了仿真。在一天之内对超过两万个执行各种不同飞行操作的 UAV 进行了仿真。在同一时刻大约两千个正在飞行的 UAV, 在这种情形中同时飞行的 UAV 的数量只有微小的变化。

图 9.15 上图表示完成整个情形的时间与环境仿真中可用的计算机节点数量 (因此也是分区和 ES 智能体的数量) 之间的对应关系。在每一个

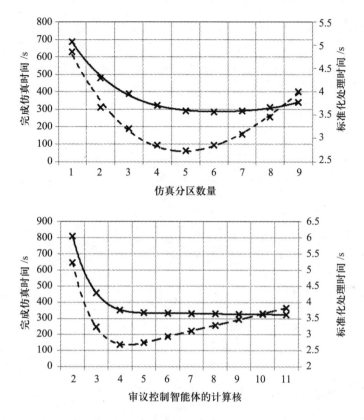

图 9.15   仿真可用的计算节点数量变化的结果

配置中 UAV 智能体都是运行在相同数量的计算机上。我们可观察到有三个可利用的区域: (1) 超载; (2) 最佳负荷; (3) 欠载。在图的左边 (第 1、第 2 和第 3 分区), 随着分区数量增加, 标准化处理时间[①] (通过计算实体内部物理性质, 几乎没有 ES 智能是超载的) 显著减少。对于中间部分 (第 4 和第 5 分区), 标准化处理时间几乎是不变的, 这是由于提高了分区到分区的协调要求。甚至增加更多的计算资源 (因此更多的分区) 导致标准化处理时间的减少, 仿真是欠载的, 即同步开销对并行处理具有决定性影响。图 9.15 下图研究的是可得到的审议控制智能体 (UAV 智能体) 计算资源的变化情况。在这种情形中, 使用固定的分区数量。类似于之前的情况, 在图的左边, 重型智能体执行的并行化引起显著加速, 并且由于较低的计算能力, 所有的 CPU 都是超载的, 仿真速度较慢。由于增加资源, 完成仿真

_____

① 标准化处理时间表示仿真中每个 UAV 计算的实际时间 (壁钟)。

的时间几乎不变。在这种情形中, 总体仿真的瓶颈不是 UAV 智能体的效率, 而是在于环境仿真的限制。由于处理时间的增加, 越来越多的资源 (第 6、第 7 分区和更多的分区) 被浪费, 因此标准化处理时间也增加了。相对于上图, 审议控制器智能体更多资源的增加没有降低整个仿真速度 (没有引起仿真中的协调开销)。

9.7　在固定翼 UAV 的应用

　　AgentFly 应用于包括四旋翼直升机在内的各种不同 UAV 平台。本章介绍了在被称为 Procerus UAV 的固定翼飞行器中的应用, Procerus UAV 如图 9.16 所示。使用这个小型 UAV, 因为可容易地进行实验并且不受任何管理的限制。一旦 AgentFly 能够对小型 UAV 提供所有的智能算法, 那么它就可成功地应用于任何较大型和装备更多设备的 UAV 中。这种飞行器基于 EPP 泡沫材料的独角兽机身, 翼展为 72 英寸, 它是一个全自主式 UAV, 安装了四块锂聚合物电池、Kestrel 机载自动驾驶仪、具有天线的数据通信调制解调器、GPS 单元、具有必要功率调节器的电动发动机和通用传感器、副翼伺服系统、电动万向摄像机 (安装在底部内)、带有天线的视频发射机和机载 AgentFly 中央处理单元。UAV 平台满负荷重量约 3 kg,

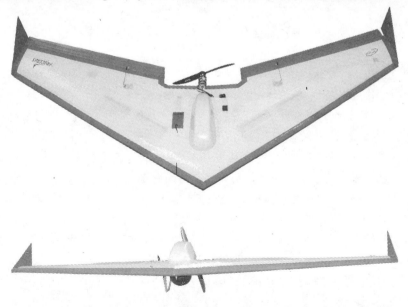

图 9.16　Procerus UAV–固定翼飞行器

取决于起飞、爬升次数和机载摄像机系统使用, 它能以每小时 40 ～ 65 英里的速度飞行高达 60 min。现在我们主要将这些 UAV 用于所描述的感知与规避自主算法的试验。因此, 摄像机系统没有连接到机载处理器, 但是将视频传播到地面站, 如图 9.17 所示。万向摄像机系统是电动可收回的 (通常在着陆前收回), 操作员可控制摄影机的镜头偏转、倾斜和变焦。即使通信调制解调器能保持几英里的通信连接, UAV 能够在不与地面站通信的情况下自主飞行, 因为 AgentFly 系统是在机载上工作的。

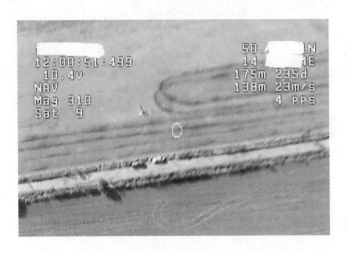

图 9.17　摄像机向地面站传输的屏幕截图

　　机载自动驾驶仪板集成有三轴陀螺仪、加速度计、磁力仪、高度/空速绝对和差分压力传感器, 还集成有补偿温度变化引起传感器漂移的温度传感器。自动驾驶仪利用 GPS 装置为其导航, 并且估计风速和航向, 这些有助于它实现更好的控制。AgentFly CPU 板通过串口与自动驾驶仪连接, 以便它可读取包括来自 GPS 位置数据的当前飞行状况, 并向自动驾驶仪提供控制反馈。AgentFly CPU 板是一个 Gumstix 计算机模块, 其带有在 JAVA 中运行 AgentFly 的 ARM Cortex — A8 CPU(RISC 结构)。我们使用与用于仿真模式中相同的 UAV 控制的实现方法, 仅是接口有变化, 以便传感器、通信信道和飞行执行器被映射到适当的硬件上。自动驾驶仪能够控制无人机, 并引导它通过所提供的航路点。它也支持辅助自主起飞 (UAV 从手上抛出或从起动器发射; 当 UAV 达到适当的速度阈值时调用其自主起飞程序) 和在规定的区域自主着陆, 如图 9.18 所示。自动驾驶仪不能跟踪如第 9.2 节所描述的飞行轨迹意图。因此, 来自飞行执行器的部分功能在 AgentFly CPU 板上运行。基于 UAV 的参数, 飞行执行器将飞行轨迹意图转化为一组低等级的导航航路点, 这些航路点通过串口连接传送到机载自动驾驶仪板。选择这些导航航路点, 以便 UAV 平台尽可能精确地沿所请求的轨迹飞行。另一方面, 飞行执行器包含监视模块, 它持续处理飞行状况 (包括 GPS 位置和风的估计) 并检查飞行是否执行在规定的偏差范围之内。监视模块调用重新规划和调整飞行性能预测。对于某些未来情形, 可集成某一个模块, 该模块通过飞行轨迹规划器, 自动调整 UAV 模型预先配置的参数。当预先配置参数不能很好满足当前状况时, 这将最大限度地减少重新规划的数量。

图 9.18　辅助自主起飞 (左) 和着陆 (右)

运行在 AgentFly CPU 板上的智能体, 可与其他 UAV 通信, 也可通过连接到自动驾驶仪的数据通信调制解调器与地面系统通信。现在, 我们还没有任何像雷达信息一样的关于在 UAV 周围区域目标信息的来源。我们仅是利用合作式碰撞规避算法来工作, 该算法利用了如同在第 9.4 节中所描述的基于协商的冲突识别。无论是真实的还是仿真的, 所有的 UAV 都是飞行在相同的大地坐标系中。

致谢

　　AgentFly 系统得到捷克教育部资助, 资助号为 6840770038, 也得到联邦航空局资助, 资助号为 DTFACT–08–C–00033 和 DTFACT–10–A–00033。可升级的仿真和轨迹规划部分地得到 CTU 内部资助, 资助号为 SGS10/191/OHK3/2T/13。基础的 AgentFly 系统和自主碰撞规避方法得到空军科学研究办公室、空军物资司令部和美国空军的支持, 资助号为 FA8655–

06–1–3073。AgentFly 系统运用于固定翼 UAV 得到捷克国防部资助, 资助号为 OVCVUT2010001。在此的观点和结论都是作者的观点和结论, 不应视为代表官方的政策或认可, 也不代表联邦航空局、空军科学研究办公室或美国政府的表述或暗示。

参考文献

[1] M. Šišlák, M. Rehák, M. Pěchouček, M. Rollo, and D. Pavlíček. AGLOBE: Agent development platform with inaccessibility and mobility support. In R. Unland, M. Klusch, and M. Calisti (eds), Software Agent–Based Applications, Platforms and Development Kits, pp. 21–46, Berlin Birkhauser Verlag, 2005.

[2] M. Wooldridge. An Introduction to MultiAgent Systems. John Wiley & Sons Inc., 2002.

[3] P. Santi. Topology Control in Wireless Ad–hoc and Sensor Networks. John Wiley & Sons Inc., 2005.

[4] R. Schulz, D. Shaner, and Y Zhao. Free-flight concept. In Proceedings of the AIAA Guidance, Navigation and Control Conference, pp. 889–903, New Orleans, LA, 1997.

[5] National Research Council Panel on Human Factors in Air Traffic Control Automation. The future of air traffic control: Human factors and automation. National Academy Press, 1998.

[6] G.J. Pappas, C. Tomlin, and S. Sastry. Conflict resolution in multi–agent hybrid systems. In Proceedings of the IEEE Conference on Decision and Control, Vol. 2, pp. 1184–1189, December 1996.

[7] K.D. Bilimoria. A geometric optimization approach to aircraft conflict resolution. In Proceedings of the AIAA Guidance, Navigation, and Control Conference, Denver, August 2000.

[8] J. Gross, R. Rajvanshi, and K. Subbarao. Aircraft conflict detection and resolution using mixed geometric and collision cone approaches. In Proceedings of the AIAA Guidance, Navigation, and Control Conference, Rhode Island, 2004.

[9] A.C. Manolis and S.G. Kodaxakis. Automatic commercial aircraft-collision avoidance in free flight: The three–dimensional problem. IEEE Transactions on Intelligent Transportation Systems, 7(2):242–249, June 2006.

[10] J. Hu, M. Prandini, and S. Sastry. Optimal maneuver for multiple aircraft conflict resolution: A braid point of view. In Proceedings of the 39th IEEE

Conference on Decision and Control, Vol. 4, pp. 4164–4169, 2000.

[11] M. Prandini, J. Hu, J. Lygeros, and S. Sastry. A probabilistic approach to aircraft conflict detection. IEEE Transactions on Intelligent Transportation Systems, 1(4): 199–220, December 2000.

[12] A. Bicchi and L. Pallottino. On optimal cooperative conflict resolution for air traffic management systems. IEEE Transactions on Intelligent Transportations Systems, 1(4):221–232, December 2000.

[13] L. Paillottino, E.M. Feron, and A. Bicchi. Conflict resolution problems for air traffic management systems solved with mixed integer programming. IEEE Transactions on Intelligent Transportation Systems, 3(1):3–11, March 2002.

[14] Federal Aviation Administration. Aeronautical Information Manual. Federal Aviation Administration, US Department of Transportation, 2008.

[15] C.R. Spitzer. Avionics: Elements, Software and Functions. CRC, 2006.

[16] P. Hart, N. Nilsson, and B. Raphael. A formal basis for the heuristic determination of minimum cost paths. IEEE Transactions on Systems Science and Cybernetics, (2): 100–107, 1968.

[17] 7. D. Šišlák, P. Volf, and M. Pěchouček. Flight trajectory path planning. In Proceedings of the 19th International Conference on Automated Planning & Scheduling (ICAPS), pp. 76–83, Menlo Park, CA. AAAI Press, 2009.

[18] P. Yap. Grid–based path-finding. In Proceedings of the Canadian Conference on Artificial Intelligence, pp. 44–55, 2002.

[19] D. Šišlák. Autonomous Collision Avoidance in Air–Traffic Domain. PhD thesis, Czech Technical University, Prague, February 2010.

[20] A. Nash, K. Daniel, S. Koenig, and A. Felner. Theta*: Any–angle path planning on grids. In Proceedings of the AAAI Conference on Artificial Intelligence (AAAD, pp. 1177–1183, 2007.

[21] S.M. LaValle and J.J. Kuffner. Rapidly exploring random trees: Progress and prospects. In B.R. Donald, K.M. Lynch, and D. Rus (eds), Algorithmic and Computational Robitics: New Directions, pp. 293–308, A.K. Peters, Wellesley, MA, 2001.

[22] A. Yershova, L. Jaillet, T. Simeon, and S.M. LaValle. Dynamic-Domain RRTs: Efficient exploration by controlling the sampling domain. In Proceedings of the IEEE International Conference o Robotics and Automation, pp. 3867–3872, 2005.

[23] A. Botea, M. Muller, and J. Schaeffer. Near optimal hierarchical path–finding. Journal of Game Development, 1(1):7–28, 2004.

[24] D. Ferguson and A. Stentz. Using interpolation to improve path planning:

The field D* algorithm. Journal of Field Robotics, 23(1):79–101, 2006.

[25] D. Šišlák, P. Volf, and M. Pěchouček. Accelerated A* trajectory planning: Grid–based path planning comparison. In Proceedings of the l9th International Conference on Automated Planning & Scheduling UCAPS), pp. 74–81, Menlo Park, CA. AAAI Press, 2009.

[26] Š. Kopřiva, D. Šišlák, D. Pavlíček, and M. Pěchouček. Iterative accelerated A* path planning. In Proceedings of 49th IEEE Conference on Decision and Control, December 2010.

[27] D. Šišlák, P. Volf, and M. Pěchouček. Agent-based cooperative decentralized airplane collision avoidance. IEEE Transactions on Intelligent Transportation Systems, 12(1):36–46, March 2011.

[28] M.S. Nolan. Fundamentals of Air Traffic Control, 4th edn. Thomson Brooks/Cole, Belmont, CA, 2004.

[29] G. Zlotkin and J.S. Rosenschein. Negotiation and task sharing among autonomous agents in cooperative domains. In Proceedings of the 11th International Joint Conference on Artificial Intelligence, pp. 912–917, San Mateo, CA. Morgan Kaufmann, 1989.

[30] F.L.B. Zeuthen. Problems of Monopoly and Economic Warfare. Routledge and Sons, 1930.

[31] E. Semsch, M. Jakob, D. Pavlíček, M. Pěchouček, and D. Šišlák. Autonomous UAV surveillance in complex urban environments. In C. McGann, D.E. Smith, M. Likhachev, and B. Marthi (eds), Proceedings of ICAPS 2009 Workshop on Bridging the Gap Between Task and Motion Planning, pp. 63–70, Greece, September 2009.

第 10 章

利用机载计算机视觉的发现与规避

John Lai, Jason J.Ford, Luis Mejias, Peter O'Shea, Rod Walker

Australian Research Centre for Aerospace Automation, Queensland University of Technolg, Australia

10.1 引言

10.1.1 背景

将无人飞行器集成于民用空域是一个复杂的问题。一个关键问题是无人飞行器能否像有人飞行器一样安全地飞行。在无人飞行器中没有人类飞行员无疑存在着这样一种缺陷 —— 即缺乏固有的发现与规避能力。迄今为止，管理者强制要求在允许 UAV 在民用空域中常规操作前，应证实 "等效安全等级"。本章提出了描述 "感知与规避" 系统的技术、方法和硬件集成，该系统被设计用来解决无人航空飞行器 (UAV) 中缺乏发现与规避能力的问题。

10.1.2 感知与规避问题概述

UAV 非合作式碰撞规避 (或感知与规避) 已被视为无人飞行器集成于国内空域所面临最重要的挑战之一[1,2]。这里，"感知" 一词与使用自动探测可能飞行器冲突的传感器信息有关，同时 "规避" 一词与用以避免任何探测到碰撞的自动控制动作有关。许多以前关于感知与规避问题的研究成果都是以 "感知" 或冲突探测为重点的。感知与规避问题粗略解释为，一旦 "感知" 到冲突，按常规通过任何一个飞行器从根本上改变航向来实现 "规避"[3]。

10.1.2.1 碰撞过程几何

很多作者研究了当两个恒速飞行的飞行器以不变姿态向一点聚集时发生的空中碰撞[4,5]。这种方位状况如图 10.1 所示。

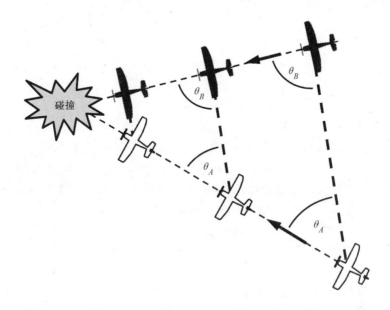

图 10.1　导致碰撞的飞行器之间的恒定方位

从图中黑色飞行器飞行员的视角看去, 穿透挡风玻璃看到淡色飞行器似乎是静止不动的, 反之亦然。碰撞警告系统利用这种独特的动力学特性, 来识别位于可能碰撞路径上的飞行器。例如, 基于视觉的警告系统将碰撞进程中的物体感知为在图像平面上相对静止不动的物体。正在快速跨越图像平面的物体可能不被视为真正的威胁。本章重点研究利用碰撞过程中飞行器的这种恒定方位特性, 进行目标探测、跟踪和规避的技术。

10.2　技术发展现状

自动感知与规避系统是空中飞行器所期望的, 以保护它们免于与其他飞行器可能碰撞。如下回顾讨论了一些已用于解决这种需要的现有技术, 也对通过基于视觉方法解决感知与规避问题正在形成的技术进行了概述。

有许多各种不同的可能 "感知" 选择, 这些选择通常分为合作式方法和非合作式方法。合作式感知方法是那些位置信息彼此共享的方法, 如同交通警报和碰撞规避系统 (TCAS) 的询问机中位置信息彼此共享一样[7]。另一方面, 非合作式方法直接感知其他飞行器, 不考虑其他飞行器被感知的要求。如同 TCAS 的合作式方法, 它不是完全令人满意的感知与规避问题的解决方法, 因为这种方法提供的保护, 取决于其他飞行器共享信息的要求和能力。自从 2003 年 1 月, 国际民用航空组织 (ICAO) 逐步强制执行在各种不同类型的飞行器上安装 TCAS 设备, 包括国际商务空中运输中大部分使用涡轮发动机的客机和货机[8]。然而, TCAS 设备[9]的高成本不为较小普通航空飞行器所接受, 极大地限制了基于 TCAS 的感知与规避解决方法的效能。

在非合作式方法中, 将发射射频 (RF) 能量作为感知部分 (例如雷达) 的方法通常被称作主动式方法; 相反地, 那些不发射射频能量的方法被称作被动式感知方法[10]。传统上, 在像雷达一样的主动式感知领域, 人们已付出了大量心血, 但是最近人们对感知与规避领域中被动式传感器进行了相当多的研究 (见文献 [11-13] 和其中的参考文献)。被动式传感器研究建立在导弹制导背景下基于红外线 (IR) 空中目标探测的基础上, 这种空中目标探测的研究已经有几十年了。同时导弹制导的早期研究提供了一些重要的背景信息, 导弹制导问题和感知与规避问题有着重要的差异。在红外制导导弹问题中, 假定目标占有数十到数百个像素[14], 因此, 空间特征可被用于辅助目标跟踪。富有挑战性的探测问题, 关系到通过方位的改变保持持续的目标跟踪, 具有通过考虑目标识别特征而实现的先进抗诱骗/抗闪光功能。相反, 当可能的目标具有亚像素维数而没有辅助目标或假目标识别的空间特征时, 感知与规避问题通常涉及试图探测感知极限附近的冲突。

像雷达一样的非合作主动式传感器方法适合于许多大型平台, 这些主动式感知解决方法却 (仍然) 不适合于小型到中型飞行器 (包括许多无人飞行器系统 (UAS))[16]。由于上述及相关原因, 计算机视觉方法作为最有希望解决碰撞规避 "感知" 和 "规避" 的方法应运而生, 对于普通航空和小型到中型 UAS 来说, 它是一种有争议的、最为可行的非合作式解决方法[17,18]。然而正如在后文可以看到的, 在将计算机视觉成为目标探测和跟踪普遍手段之前, 还有许多必须克服的困难[19]。

由于飞行器飞行速度通常相当高, 从理想角度看, 当目标仍然在很远处时, 感知与规避系统就必须探测到目标; 对于基于视觉的系统, 这转化为探测看似点状的小型物体的问题。过去的几十年, 对从图像数据中探测模糊不清的、小物理尺寸目标的计算机视觉技术进行了相当多研究, 其中的图像数据包括可见光谱和 IR 图像[20−23]。所提出的技术全部设计用于增强可能的目标特征, 同时抑制背景噪声和杂波。在这类文献中出现了两种截然不同的方法: (1) 帧内增强; (2) 帧间增强。

帧内处理技术用于单一图像帧。因此, 它们适合于利用从噪声和杂波中识别目标的瞬时特性 (例如在特定帧中目标的大小、形状、亮度)。最大平均和最大中值减法滤波器是帧内图像增强工具的实例, 已应用于小型目标探测问题[24]。另一类帧内滤波工具在模糊小尺寸目标探测上显示出极大的发展前途, 其中这些目标具有其数学形态学的基础[25]。针对 IR 图像[26−29]和可视范围图像[11],[22],[30]的小型目标探测, 提出了很多基于形态学的滤波器。

相对于帧内技术, 帧间处理方法是被设计用于处理一组图像帧。这些方法利用了目标的暂态或动态特性, 可从噪声和杂波 (例如目标的尺寸、形状、位置、亮度随时间的变化) 中将此目标区别开来。两种特殊的帧间或暂态滤波方法在很多文献中都有提及: 文献 [20, 21, 23, 31, 32] 中基于维特比的递归专用方法和文献 [31], [33–35] 中基于贝叶斯的方法。顾名思义, 很多基于维特比的专用方法具有的特性, 类似于标准维特比跟踪算法的某些特性, 该跟踪算法是无需明确列举所有路径可能性, 就可有效确定最优目标路径的动态规划方法[36]。另一方面, 贝叶斯滤波方法是基于已确立的概率理论形式体系, 其可通过概率分布及时生成目标探测特性和不确定性。

10.3　电光视觉空中碰撞探测

尽管帧内和帧间处理都有它们自身强大的效能, 当它们协同使用时具有更为强大的效能。因此, 有很多将帧内和帧间图像处理技术相结合以提高探测性能的目标探测方案[11,23,30]。

通过在澳大利亚航空航天自动化研究中心 (ARCAA) 的工作, 作者完成了被动式感知与规避方面重要的飞行员活动研究。在 2009 年至 2011 年期间, 他们研究了自动化飞行器隔离管理技术和基于电光视觉的空中碰撞探测技术[11],[15],[37]。

这种基于电光视觉的碰撞探测研究, 为在真实感知环境中利用空中成像传感器探测其他飞行器的挑战提供了重要观点。特别地, 它强调了从杂波背景中辨别碰撞威胁的难度 (见文献 [13]), 通过帧间处理技术稳定图像以减轻目标探测的困难,以及由光的可变性和特有的传播特性所带来的困难。

尽管存在这些挑战,碰撞探测研究导致了基于电光视觉警告技术的发展,该技术能够在适合于碰撞规避的距离上探测实时的冲突[11]。所提出的感知与规避系统的基本组成部分如图 10.2 所示,系统包含有图像捕获设备、图像稳定性处理、目标探测与跟踪系统和规避控制算法。

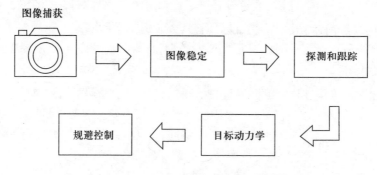

图 10.2　基于计算机视觉的感知与规避系统组成

在后续章节中将对系统的各个组成部分进行探讨。

10.3.1　图像捕获

作者利用了许多不同的图像捕获系统来数字化和记录实地的图像测量值。"在感知与规避系统中应使用哪种图像捕获系统呢?",所使用的飞行器平台对这一问题的答案有很大影响。例如,一些 UAV 平台内安装有大量捕获图像的硬件。因此,在系统硬件冗余的背景下描述图像捕获系统是合适的。本章第 10.7 节随后对此进行探讨。

为了有助于数字化图像测量值的处理,应用了将三维场景要素与其二维图像表示联系起来的模型。下面详细探讨这种摄像机模型。

10.3.2　摄像机模型

利用从三维场景到二维图像映射的一阶近似对光学传感器建模,即建模为针孔摄像机模型[38,39]。这种模型在大多数情形中都是适合的,提供 (1) 说明已知模型失真的适当校准; (2) 可应用于图像的适当坐标转换。如果使用了高质量图像设备,可以忽略其他足够小的影响。

利用针孔摄像机模型,使用如下关系可以将以摄像机坐标系为参考的三维空间中的点 $P(X, Y, Z)$ 映射到二维图像平面上的点 $p(x, y)$:

$$\begin{bmatrix} x \\ y \\ 1 \end{bmatrix} = \frac{f}{Z} \begin{bmatrix} X \\ Y \\ Z \end{bmatrix} \tag{10.1}$$

式中: f 为焦距, $f > 0$。

很多成熟的摄像机模型可能考虑了摄像机所有的固有参数,例如关键点坐标和像素容积率。如果主要关心毫米或子像素精度,推荐使用这些更复杂的模型。

10.4 图像稳定性

10.4.1 图像抖动

图像抖动是由于图像传感器相对于场景中物体的运动所引起的不期望的结果。因此,当图像传感器安装在移动平台上时,所观测到的图像抖动主要归咎于平台的运动。

当出现图像抖动时,摄像机视场内的物体可能看上去是运动着的,而实际上它们在环境中却是静止的。对于利用在图像帧中目标运动动态特性的探测和跟踪的算法,图像抖动引起的运动失真会严重影响性能。对于窄视场透镜来说这种问题是特别重要的,其会加剧图像抖动的影响。

有两种主要方法来消除图像抖动。第一种方法通过物理装置,如被动式运动抑制装置或主动式稳定底座,使图像传感器自身的运动最小来解决图像抖动的问题。然而,这种方法不能完全消除图像抖动,特别是在持续运动和遭受如阵风不可预计干扰的空中平台上。另一种可选择的或补充的方法是应用图像处理技术,该技术基于图像特征或平台运动的直接测量值,试图重新调整受到抖动影响的图像帧。

10.4.2 抖动补偿技术

抖动补偿是生成补偿图像序列的过程,在此过程中从原始输入中消去任一或所有有害的摄像机运动。抖动补偿过程可以划分为两个部分: (1) 运动估计; (2) 运动修正。运动估计是基于图像补偿系统的主要组成部分。可以仅基于运动估计模块的性能来评估抖动补偿系统, 在此情形中, 帧间运动已知情况下可以使用合成或校准序列。文献给出了两种截然不同的运动估计方法: (1) 基于特征运动估计[40,41]; (2) 基于整体强度运动估计[42,43]。抖动补偿的有效性与局部运动矢量的探测精度紧密关联, 局部运动矢量是为了产生正确的全局运动矢量。在此提出了应用于感知与规避系统的三种稳定性技术。

10.4.2.1　光流

光流技术获得当前图像帧中每一像素的局部速度矢量。然后借助于运动动态模型和最小二乘估计, 这些矢量被用于确定整体平移和旋转运动。文献 [44] 给出了光流技术的详细描述。光流的输出是一个速度值, $V(i,j) = (u(i,j), v(i,j))$, (i,j) 是每个像素的位置。这是用于计算整体旋转和平移运动的局部运动值。考虑到图像帧序列完全是以角速度 ω 关于特定旋转中心 (i_0, j_0) 的旋转。描述点 (i,j) 关于中心点 (i_0, j_0) 运动的旋转速度矢量 $V_r(i,j) = (u_r(i,j), v_r(i,j))$ 可以分解为

$$u_r = |V_r| \cos\theta = \omega r \cos\theta = \omega(j - j_0)$$
$$v_r = -|V_r| \sin\theta = -\omega r \sin\theta = -\omega(i - i_0)$$

可得

$$(u_r, v_r) = (\omega(j - j_0), -\omega(i - i_0)) \tag{10.2}$$

式中: θ 为点 (i_0, j_0) 与点 (i,j) 的连线关于水平参考轴的矢量夹角。对于平移和旋转运动均出现的情形, 设坐标系在旋转中心分别具有对应于垂直和水平方向的平移速度 u' 和 v'。那么包括平移和旋转分量的任意点 (i,j) 上的速度 $(u(i,j), v(i,j))$ 为

$$u(i,j) = u' + \omega(j - j_0) \text{ 和 } v(i,j) = v' - \omega(i - i_0) \tag{10.3}$$

为了确定利用许多局部速度按照公式 (10.3) 估计出的整体速度, 采用了最小二乘方法。一旦估计出运动, 修正步骤则是用与估计的平移和旋转成比例的值来替代像素的位置。

10.4.2.2　图像映射相关

映射相关 (PrC) 算法的简单性, 使其成为具有吸引力的实时图像稳定的选择方法, 特别是相对于计算强度更大的块匹配方法[45]。PrC 算法力图通过称为图像行和图像列映射的更简单的一维信号来描述二维图像帧。通

过图像帧每一行像素的灰度值求和而形成行映射; 类似地, 通过图像帧每一列像素的灰度值求和而形成列映射, 如图 10.3 所示。两个图像帧之间的平移量则由映射之间的相关峰值所确定: 行映射用于估计垂直运动, 而列映射用于估计水平运动。已提议对上述的基本技术进行增强和变更, 包括提高精度的方法。这些变化包括相关前, 将映射通过凸余弦滤波器的滤波和允许图像旋转估计的修正[46]。文献 [45] 还给出了图像映射和块匹配方法相结合的混合技术。

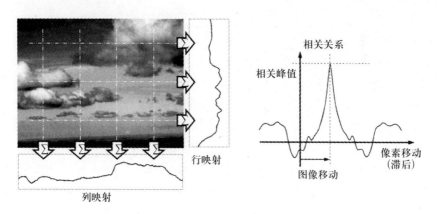

图 10.3　映射相关技术的说明

10.4.2.3　惯性测量

相对于前面两种基于图像的补偿技术, 基于惯性的方法对于可能在空中环境中遇到的 "蓝天" 状况特征是鲁棒性的。基于惯性的图像稳定技术, 通过使用运动传感器 (典型地, 包装在惯性测量单元 (IMU) 中的陀螺仪和加速度计) 探测摄像机运动来补偿图像序列。摄像机运动的测量值可转化为等效的像素位移, 然后用于将图像帧排列成行。这类图像稳定技术依赖于硬件, 并且要求精准定时和 IMU 测量值与捕获图像帧之间的相关。

使用 IMU 测量的运动被转化为基于如下的像素运动。设 f 为摄像机焦距长度, $\Delta\phi_k = \phi_k - \phi_0$ 为在 k 时刻倾斜角位移, 即瞬时 IMU 倾斜角测量值 ϕ_k 和固定参考角 ϕ_0 之差。那么, 由摄像机倾斜运动所引起的垂直像素位移为 $\rho_{i,k} = f\tan\Delta\phi_k$。对于摄像机偏航运动也存在类似的关系; 也就是 $\rho_{j,k} = f\tan\Delta\psi_k$, 这里 ψ_k 为在 k 时刻航向角位移。通过将图像垂直和水平地移动特定的像素数量, 对摄像机旋转运动进行图像帧的修正, 移动像素数量分别与 $\rho_{i,k}$ 和 $\rho_{j,k}$ 的值成比例关系 (注意比例常数取决于诸如图像分辨率、视场等摄像机的参数)。通过应用将图像帧旋转 $\Delta\xi_k = \xi_k - \xi_0$ 度的基本几何转换,直接对摄像机滚动运动进行补偿,这里 ξ_k 为瞬时 IMU 滚动测量值, ξ_0 为固定的参考角度。

10.5　探测与跟踪

10.5.1　两阶段探测方法

两阶段探测模式成为过去几十年对模糊、像素大小碰撞目标探测的主流[11],[20~23]。这种探测模式关注这样一种事实,碰撞威胁趋向于没有空间范围的小型物体,并且它们在图像帧中持续或缓慢地移动。这两种特性分别适用于不同类型的信号处理,因此促使产生两阶段处理方法。这两个阶段是: (1) 强调没有空间范围的点目标 (通常包括形态学滤波) 的图像处理阶段 (帧内); (2) 强调场景中持续特征的暂态滤波阶段 (帧间)。

正如早期所观察到的,帧内和帧间处理阶段可协调工作,来提高和促进持续像素大小目标特征的探测,同时抑制具有较大空间范围 (例如云状物物体) 的特征或仅可暂时观测到的特征。

10.5.1.1　阶段 1: 形态学图像预处理

形态学图像处理是帧内图像增强工具,产生于 Georges Matheron 和 Jean Serra 对稀薄地质横截面矿物质组成分析方面的创造性工作[47]。他们获得了许多最终应用于实际图像处理领域的数学方法,其中的一项应用就是飞行器探测。

图像形态学方法有助于从可引起虚警的 "疑似目标" 的人为图像中识别出真正的侵入飞行器。一般的形态学滤波方法包括顶层转换、底层转换和闭–开转换方法[48,49]。通常,顶层转换方法可用于识别正对比特征 (特征比本地背景明亮),而底层转换方法可用于突出负对比特征 (特征比本地背景暗)。闭–开(CMO) 转换方法结合了顶层转换和底层转换方法的功能,同时突出正和负对比特征。

飞行器视觉传感器捕获的飞行器图像数据分析表明,遥远的飞行器主要显现为负对比特征,认为它是飞行器的影子 (而不是反射的光),是形成明显对比的原因[50]。因此,底层滤波方法特别适用于在感知与规避应用中识别远距离碰撞过程中的飞行器。

设 $Y \oplus S$ 和 $Y \ominus S$ 分别表示灰度等级图像 Y 对形态学结构元素 S 的扩张和损耗 (有关扩张和损耗运算详见文献 [25], [51])。结构元素 S 的作用像是一个滤波出特征的界定参数, 这些特征因数量过大而不被感兴趣。底层转换被定义为 $BH(Y, S) = [Y \oplus S \ominus S] - Y$。图 10.4 显示了侵入飞行器被突显的例子, 同时经过底层滤波方法使人造图像受到了抑制。

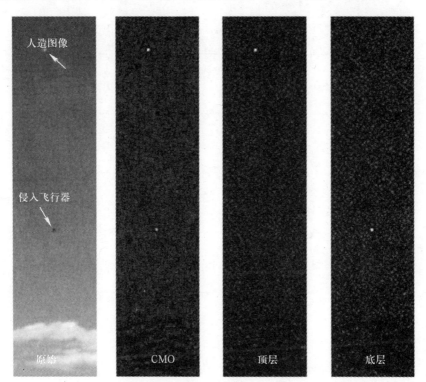

图 10.4   三种常见形态学方法对空中图像样本处理的图示说明

10.5.1.2   阶段 2: 探测前跟踪暂态滤波

假定图像抖动已得到充分补偿, 可能的碰撞威胁可建模为跨越摄像机图像平面的离散时间过程, 逐渐地跨越像素 (或停留在同一像素上)。这些像素转移特性与所期望的碰撞威胁运动有关。例如碰撞威胁典型地表现为在图像帧中缓慢运动的物体, 因此, 碰撞威胁最极有可能停留在同一像素上, 或运动到邻近的像素上。图 10.5 生动形象地描述了这种情形。研究发现两种类型的帧间或暂态滤波方法, 对于识别持续目标是非常有用的: 基于维特比的递归专用滤波方法和隐性马尔科夫模型 (HMM) 滤波方法。以下对两者进行探讨。

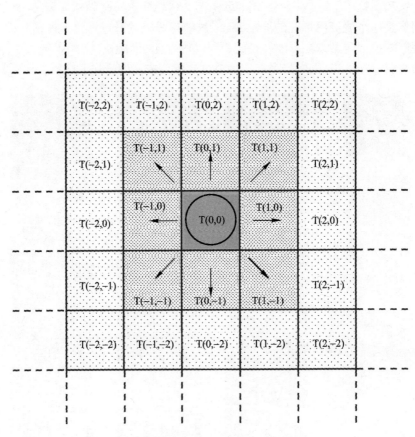

图 10.5 在连续图像帧上可能的目标看似几乎停留在同一像素上或移动到一个临近的像素上

隐性马尔科夫模型滤波法

HMM 滤波器是离散时间过程的最优滤波器, 其与一组可能离散位置之间的随机转移有关。如果认为图像中每个像素是可能存在碰撞威胁的位置, 并且目标随机跨越像素位置, 那么可使用 HMM 滤波器在图像中跟踪 (或探测) 目标的运动[11]。

影响探测性能的两个主要滤波器设计特性是: (1) 当目标出现在该像素上时的像素密度模型 (以形态学输出的形式), 记为 $B(\bullet)$; (2) 目标在像素之间如何转移的模型, 记为 $A(\bullet)$。

目标在像素之间如何转移的模型可以表示为图 10.5 所示的一步目标移动区域。$T(a, b)$ 表示一种可能的移动, 即目标在垂直方向上移动 a 个像素、在水平方向上移动 b 个像素 (注意在这一特定区域 $a \geqslant -2, b \leqslant 2$)。给定了移动区域, 可以评估帧与帧之间所期望目标移动的均值和方差。期望移动均值 $[\mu_a, \mu_b] = \sum_{\text{所有的}\ a, b} [a, b] P(T(a, b))$, 而期望移动方差等于 $\sum_{\text{所有的}\ a, b} ([a, b] - [\mu_a, \mu_b])^2 P(T(a, b))$。

在目标存在的假设条件下, HMM 滤波器基于测量序列, 计算假设条件下目标位置的平均估计 (见文献 [52] 中关于 HMM 的详细描述)。然而, 在碰撞探测问题中, 相对于最初关心的 "会出现碰撞威胁吗?" 来说, 目标位置信息可能是次要的。标准 HMM 滤波器中的中等标准化因子与目标出现的概率成正比, 因此该因子可以用作探测测试统计的依据。也就是说, 可以估计概率 P (图像帧中目标 | 测量值), 而且作为反映特定碰撞危险偏差的阈值测试的度量标准。

考虑高度为 H 个像素、宽度为 W 个像素的输入图像帧, 在第 k 个时间步长的图像记为 Y_k。HMM 滤波器的输出是另外一个图像。设 $\alpha_k, (i, j)$ 表示在第 k 个时间步长像素 (i, j) 的输出。基本的 HMM 滤波器方程如下。

算法 10.1: HMM 滤波器。

对于 $1 \leqslant i \leqslant H$, $1 \leqslant j \leqslant W$ 和所有的 k,

1. 初始化: 在第 0 步, $\alpha_0(i, j) = 1/(HW)$ (假设没有先验目标信息)。

2a. 递归:

$$\overline{\alpha_k}(i, j) = \left[\sum_{m=1}^{H} \sum_{n=1}^{W} \alpha_{k-1}(m, n) A(i, j)\,|(m, n) \right] B(Y_k\,|(i, j)),$$

式中: $A((i, j)\,|(m, n)) = P(T(i - m, j - n))$; $B(Y_k\,|(i, j))$ 是假定目标在像素 (i, j) 上观测测量 Y_k 的概率。

2b. 标准化:

$$\alpha_k(i, j) = N_k \overline{\alpha_k}(i, j),$$

式中: $N_k = 1/\sum_{i=1}^{H} \sum_{j=1}^{W} \overline{\alpha_k}(i, j)$。

3. 测试统计:

$$\gamma_k = \beta \gamma_{k-1} + (1 - \beta) \ln(1/N_k)。$$

式中: β 是在 0 和 1 之间的标量加权系数, 注意 $\gamma_0 = 0$。

说明目标出现的测试统计 γ_k 是加权系数为 β、以加权指数形式移动的平均数 (实验上, 发现 $\beta = 0.9$ 的加权可产生良好的探测结果)。当 γ_k 超过预先确定的阈值时 (对应于特定的目标出现概率), HMM 滤波器算法认为目标出现在图像帧中。注意探测阈值是可以选择的, 以实现探测概率和虚警率之间特定的设计折中 (当滤波器错误地声明目标出现时就发生了虚警事件; 也就是说, 测试统计 γ_k 超过了阈值, 但并没有目标)。较高的阈值降低了虚警发生率, 但也降低了探测概率。系统设计目标是选择 $A(\bullet)$ 和 $B(\bullet)$, 以便对于给定的虚警率使探测概率最大 (或者相当于对于给定的探测概率使虚警率最小)。

文献 [11, 15] 详细给出了 HMM 滤波器众多实现的详细情况。

基于维特比的专用滤波法

碰撞探测问题的一个难题是探测滤波器必须能够探测图像平面中任一航向上的碰撞威胁。然而, 任一特定的碰撞威胁可能具有几乎不变的航向。因此, 如果 HMM 滤波器被设计用来探测任一可能航向上目标的话, 那么, 相对于具有目标特定航向信息的 HMM 滤波器设计来说 (也就是说, 能选择对应于目标实际航向的区域和航向上的变化非常微小), 它的探测性能就会降低。

因为如此 (或许还有其他原因), 一些研究人员提出了一个不同的滤波方法, 这种方法是以任何特定的碰撞威胁可近似为一个具有恒定航向的、缓慢移动的目标为前提条件的。支撑这个可选择探测方法的基本原理是, 关于目标方向的不确定性可以通过利用滤波分支库 (罗盘四个方向中的每一个方向的分支) 进行处理。这样, 如果目标出现了, 那么它一定是, 至少部分是在滤波器分支的某一个分支中被探测的。如果以适当方式综合滤波器分支输出, 那么就可实现任一航向的目标探测。

非常有趣的是, 注意在这种专用方法中, 在描述可能的目标航向范围上, 一套滤波分支替代了移动概率区域的作用。

不幸的是, 不像 HMM 滤波器, 滤波器输出和出现碰撞威胁的概率之间没有单纯的联系。然而, 直觉认为滤波器返回的强度与目标出现的可能性是紧密关联的, 因此滤波器输出可以再次用作为测试统计 (即使与碰撞危险的联系不是简洁明了的)。

设 $\alpha_k^r(i,j)$ 为滤波器分支 r 在像素 (i,j) 上的输出, 设 $Y_k(i,j)$ 为像素 (i,j) 在输入图像中的灰度电平, 那么基本的专用维特比滤波器方程如下。

算法 10.2: 专用维特比滤波器。

对于 $1 \leqslant i \leqslant H, 1 \leqslant j \leqslant W, 1 \leqslant r \leqslant 4$ 和所有的 k,
1. **初始化:** 在第 0 步, $\alpha_0^r(i,j) = 0$。

2a. 递归:

$$\alpha_k^r(i,j) = \beta \max_{1 \leqslant m \leqslant H, 1 \leqslant n \leqslant W} \left[\alpha_{k-1}^r(m,n) A^r((i,i,j|(m,n))) \right] + (1-\beta) Y_k(i,j)$$

式中: $A^r((i,j)|(m,n))$ 为特定分支的像素转移函数, 用 1 或 0 表示是否允许从像素 (m,n) 到像素 (i,j) 的移动; β 是一个在 0 和 1 之间的标量 "遗忘" 因子。

2b. 分支组合:

$$\alpha_k^r(i,j) \max_{1 \leqslant r \leqslant 4} \left[\alpha_k^r(i,j) \right]。$$

3. 测试统计:

$$\gamma_k = \max_{1 \leqslant i \leqslant H, 1 \leqslant j \leqslant W} \left[\alpha_k(i,j) \right]。$$

当 γ_k 超过预先确定的阈值时, 专用维特比滤波器算法认为目标出现在图像帧中。实验上, $\beta = 0.75$ 的遗忘因子会产生合理的探测结果[30]。

滤波器库方法

基于维特比的专用滤波器主要缺陷是没有调整滤波器参数的系统方法。最近, 研究人员提出探测前跟踪技术, 其集维特比专用滤波器的最优特征和 HMM 方法于一体。在文献 [15] 中, 提出了新的 HMM 滤波器库方法, 它允许滤波分支对一组截然不同的行为是最优的, 同时可设计总的滤波器库系统来优化探测性能。例如, 可设计具有四个分支的 HMM 滤波器库, 每一个分支是一个具有唯一转移模型 A 的 HMM 滤波器。这样, 所有的分支被设计成表示某一特定方向上的运动 (系统的方式较专用维特比方法更为灵活、性能更好)。凭借这种与冲突危险紧密相关的方法, 也可以设计测试统计。

基本的 HMM 滤波器库方程如下。

算法 10.3: HMM 滤波器库。

对于 $1 \leqslant i \leqslant H$, $1 \leqslant j \leqslant W$, $1 \leqslant r \leqslant 4$ 和所有的 k,

1. 初始化: 在第 0 步, $\alpha_0^r(i,j) = 1/(HW)$ (假设没有先验目标信息)。

2a. 递归:

$$\bar{\alpha}_k^r(i,j) = \left[\sum_{m=1}^H \sum_{n=1}^W \alpha_{k-1}^r(m,n) A^r((i,j)|(m,n)) \right] B(Y_k|(i,j)),$$

式中: $A^r((i,j)|(m,n))$ 为特定分支从像素 (m,n) 到像素 (i,j) 的转移概率, $B(Y_k|(i,j))$ 为假定目标在像素 (i,j) 上观测测量 Y_k 的概率。

2b. 标准化：

$$\alpha_0^r(i,j) = N_k^r \bar{\alpha}_k^r(i,j),$$

式中：$N_k^r = 1 \Big/ \sum_{i=1}^{H} \sum_{j=1}^{W} \bar{\alpha}_k^r(i,j)$。

3. 测试统计：

$$\gamma_k = \max_{1 \leqslant r \leqslant 4} [\gamma_k^r],$$

式中：$\gamma_k^r = \beta \gamma_{k-1}^r + (1-\beta)\ln(1/N_k^r)$，$\beta$ 为 0 和 1 之间的标量加权系数。注意 $\gamma_0^r = 0$。

研究表明 HMM 滤波器库系统较其他 HMM 滤波器，提供了优良的模糊目标探测性能。就是说，对于特定的虚警率，它们具有更高的探测概率[15]。此外，对抽样目标图像序列的研究认为，HMM 滤波器库较专用维特比滤波方法具有更好的虚警抑制性能 (尽管它们可能对图像抖动更为敏感)[11]。

10.5.2 目标跟踪

在发生探测后，目标位置估计就传递到高级目标跟踪滤波器 (例如扩展的卡尔曼滤波器)，如图 10.6 所示。目标跟踪是一个具有相当研究历史的、非常成熟的研究领域，有很多备选跟踪方法，可应用于感知与规避问题的目标跟踪阶段。因此，本章将不再详细探讨特殊的目标跟踪方法，文献 [53] 提供了更为详细的信息。

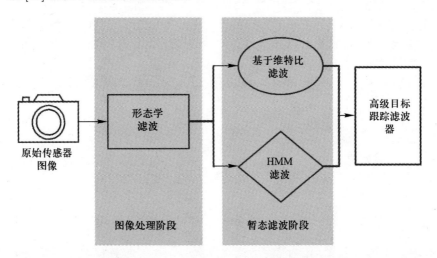

图 10.6 基于计算机视觉的探测和跟踪过程

为处理多重探测的目标，一种可行方法是每一个可能目标都具有一个专用的扩展卡尔曼滤波器，并且使用跟踪文件管理器解决数据关联问题[54]。数据关联过程解决这样一个问题，即新的探测目标是对应于新的目标还是对应于现有的目标。在后面这种情况中，要求另外确定出是否存在多个现有的目标。跟踪文件管理器甚至有助于确定哪些物体是真正碰撞威胁的高级决策。如果某个可能的目标被认为是真正的碰撞威胁，来自相应跟踪文件的目标图像位置则会被用于感知与规避任务的下一个阶段 ——也就是目标动力学特性描述和规避控制。

10.6 目标动力学和规避控制

10.6.1 目标方位估计

正如第 10.3.1 节所探讨的，首先必须将图像从三维空间 (以 X, Y, Z 坐标系所描述的) 变换成二维空间 (仅以 x, y 坐标系所描述的)。基于图 10.7 所描述的几何图形，可以提取出目标关于摄像机的两个重要参数，也就是目标方位角 λ 和俯仰角 δ。目标方位角表示矢量 $\mathbf{q}_{xz}$ = ($\mathbf{q}$ 在 $x - z$ 平面上的投影) 与 z 轴的夹角，俯仰角是矢量 $\mathbf{q}_{yz}$ = ($\mathbf{q}$ 在 $y - z$ 平面上的投影) 与 z 轴的夹角。

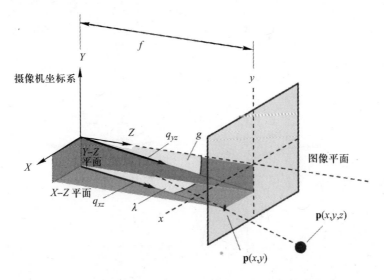

图 10.7   用于方位角和俯仰角估计的摄像机模型和目标几何

目标相对方位角和俯仰角估计如下:

$$\lambda = \tan^{-1}\left(\frac{x}{f}\right) \quad 且 \quad \delta = \tan^{-1}\left(\frac{y}{f}\right) \tag{10.4}$$

式中: $f > 0$ 为摄像机的焦距。

分别利用方位角和俯仰角速率 $\dot{\lambda}$ 和 $\dot{\delta}$, 可在图像平面推断目标运动。在确定目标是否表示可能的碰撞威胁时 (零或低角速率表示目标处于碰撞进程中), 这种类型信息是很有用的。

10.6.2 基于方位的规避控制

支撑所提出规避策略的基本原理是使执行机构 (摄像机或飞行器) 远离特征 (目标)。这是通过二维和三维基于视觉控制的组合来实现的[55,56]。设 Φ_{max} 为最大航向命令, λ 为当前目标方位角, $\hat{\lambda}$ 为最小期望的目标方位角, c 相当于正增益, 那么可定义指数误差函数 $\Gamma = [\Gamma_\lambda, \Gamma_\delta]'$, 式中

$$\Gamma_\lambda = \begin{cases} -\Phi_{max}e^{c(\lambda-\hat{\lambda})}, & \lambda - \hat{\lambda} < 0 \\ \Phi_{max}e^{c(\lambda-\hat{\lambda})}, & \lambda - \hat{\lambda} \geqslant 0 \end{cases} \quad 并且 \ \Gamma_\delta = 0。 \tag{10.5}$$

当 $\lambda = \hat{\lambda}$ 时该误差函数将为最大值, 当 λ 远离 $\hat{\lambda}$ 时误差函数将以指数形式急剧减小, 如图 10.8 所示。

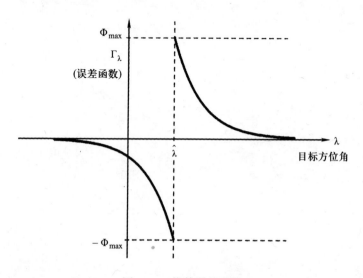

图 10.8　指数误差函数

设 $\hat{\lambda} = 0$ 相当于试图驱使目标到达图像帧的左侧或右侧边缘 (或保持目标远离图像中心) 的控制策略。

基于误差函数 Γ, 可形成控制律 $\Omega = -\eta L^+ \Gamma$, 这里 η 是正增益, 而 L^+ 是相关矩阵 L 的伪逆变换, 其中矩阵 L 将三维空间中的速度与二维图像平面上的运动联系起来, L 取决于摄像机的固有参数[57]。上述控制律可用于实现如图 10.9 所示的规避行为, 在此根据侵入飞行器的探测, 可产生和跟踪在方位角 $K \propto \Omega$ 上的规避航路点以防止碰撞。

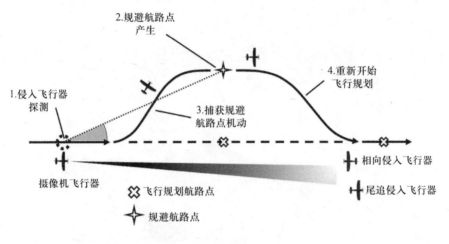

图 10.9 碰撞规避控制策略说明

10.7 硬件技术和平台集成

将航空电子设备和传感器硬件集成到各种不同的飞行器平台, 以减轻所提出的感知与规避系统的测试和评估难度。这类工作的主要方面包括进行非合作式碰撞进程飞行器角色的目标/侵入者平台的开发, 以及为在线或离线后处理捕获图像数据的摄像机平台的开发。指导平台结构设计的主要原则包括制造子系统模块、可重复使用性以及尽可能利用商用货架产品 (COTS) 组件。

平台结构中的主要创新是关于如下内容的方法: (1) 捕获的图像数据与相应图像捕获时刻测量的飞行器状态信息的精确结合; (2) 实时图像处理。

10.7.1 目标/侵入者平台

目标平台的主要功能是用作在碰撞情形中"所规避的飞行器"以及精确记录其自身状态信息。使用了两种不同类型的目标平台: (1)Boomerang UAV; (2) 有人驾驶 Cessna 182 轻型飞机。

10.7.1.1 Boomerang UAV

该 UAV 目标平台是 Phoneix Models 制造的 Boomerang 60 型飞机, 该平台照片如图 10.10 所示。这种型号飞机机身长 1.5 m、翼展 2.1 m, 动力是 OS 90 FX 发动机, 它驱动一副 15×8 英寸的螺旋桨。

图 10.10　Boomerang UAV 目标平台

系统结构

Boomerang 具有图 10.11 所示的高度模块化 UAV 基本系统结构。它依靠 MicroPilot 2128's 型自动驾驶仪和一套用于飞行控制和导航的机载传感器。这种 UAV 可自主飞行或手动无线电控制 (RC) 飞行。Boomerang UAV 具有基本的无人飞行能力, 系统组成详见表 10.1。

表 **10.1**　Boomerang UAV 系统配置

系统组成	硬件选择
惯性测量传感器	MicroPilot^R MP2128 陀螺仪
飞行控制器	MicroPilot^R MP2128 控制系统
GPS 传感器	MicroPilot^R MP2128 GPS 导航
与地面站通信	Microhard 系统光谱 920A 无线调制解调器
与地面飞行员通信	Spektrum AR9000 SM2 9 通道遥控接收机

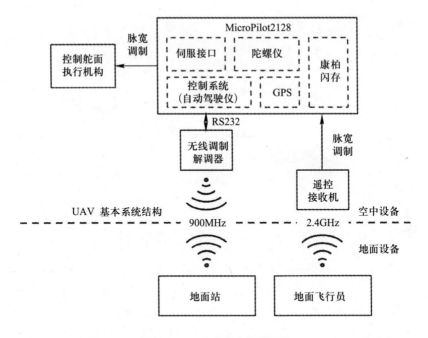

图 10.11　UAV 基本系统结构

10.7.1.2 有人驾驶 Cessna 182 轻型飞机

轻型飞机目标平台是一个标准的 Cessna 182 飞机。在飞行测试期间它装载用于记录飞行器状态信息的 NovAtel DL–V3 GNSS 接收机。

10.7.2 摄像机平台

摄像机平台有两个截然不同的作用: (1) 图像数据采集; (2) 机载实时感知与规避处理。配备 UAV 摄像机平台仅完成数据采集任务,而轻型飞机摄像机平台则具有全部飞行中数据采集和闭环感知与规避测试能力。

10.7.2.1 "火烈鸟" UAV

UAV 摄像机平台是 Silvertone 制造的 "火烈鸟" UAV[58],动力是驱动一副 16 × 6 英寸螺旋桨的 26cc 两冲程内燃发动机,如图 10.12 所示。

系统结构

"火烈鸟" 系统设计利用一般飞行控制的 Boomerang 目标平台的基本系统结构。另外,它具有用于数据捕获独立的视觉有效载荷系统 (但是没有机载图像处理能力),如图 10.13 所示。视觉有效载荷系统使用专用的

图 10.12 "火烈鸟" UAV 摄像机平台

高质量惯性导航系统和位置传感器, 来提供及时 (高更新速率) 和精确的状态信息, 这些信息对图像稳定性是非常关键的。定制的实时操作系统保证在摄像机被触发时, 记录的图像帧与飞行器状态数据在精确的时刻上相互关联。特别是, 根据全局触发脉冲形成了多重数据源同步过程, 来协调同时发生的图像捕获、全球定位系统 (GPS) 和 IMU 数据。系统可记录 1024×768 像素图像帧 (每个像素位长为 8 位), 并以最高达每秒 15 帧的速率 (大约 12Mb/s 持续写入磁盘) 将状态信息与固态状态驱动联系起来。此外, 地面站可以遥控激活或关停视觉有效载荷系统。表 10.2 给出了详细的系统组成。

表 10.2 "火烈鸟" UAV 系统配置

系统组成	硬件选择
视觉传感器	Basler 视觉技术侦察系列 scA300–32fc 面扫描摄像机
惯性测量传感器	"大西洋" 惯性系统 SilMU04®
飞行控制器	MicroPilot® MP2128 控制系统
GPS 传感器	NovAtel OEMV–1
与地面站通信	Microhard 系统光谱 920A 无线调制解调器 (×2)
与地面飞行员通信	Spektrum AR9000 SM2 9 通道遥控接收机
飞行计算机	数字逻辑 SM855 PC/104; 英特尔奔腾 M 1.8 GHz 处理器; 1 GB SODIMM DDR RAM; 具有实时处理定制内核的 Linux Debian 操作系统
图像数据存储	OCZ 技术 SATA Ⅱ 2.5 英寸固态驱动 120 GB

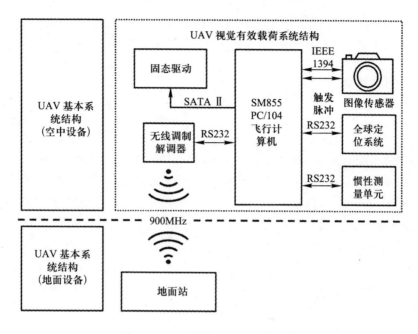

图 10.13　"火烈鸟" UAV 系统结构

10.7.2.2　有人驾驶 Cessna172 轻型飞机

　　轻型飞机摄像机平台是一架定制的 Cessna 172 轻型飞机, 如图 10.14 所示。文献 [59] 详细说明了这种高效费比飞行测试平台的设计、制造、维修和操作。Cessna 172 装备了机载数据捕获和实时图像处理功能的设备, 形成了适合于完成闭环感知与规避测试的系统, 也就是说具有自动化能力

图 10.14　轻型飞机摄像机平台

的系统: (1) 探测侵入飞行器; (2) 发布规避控制指令; (3) 执行控制指令, 完全无需外部飞行员或地面站的干预。

基本系统结构

Cessna 172 上的数据捕获系统基于 "火烈鸟" 的视觉有效载荷系统。引入了如图 10.15 所示的图像处理单元 (GPU) 硬件, 其提供了 "火烈鸟" 所不具备的实时图像处理能力。诸如图像稳定性和目标探测等计算强度大的任务全部由 GPU 来处理, 允许以高达每秒 15 帧的速率处理 1024×768 像素图像帧 (每个像素位长为 8 位)。其他处理任务分配给两台飞行计算机, 其中一台计算机直接与自动规避控制的飞行器飞行控制器连接。一套紧密耦合的 GNSS 和 INS 传感器提供高质量的飞行器状态信息, 通过简洁的个人数字辅助 (PDA) 界面, 对整个感知与规避系统进行管理和监视。利用认证的定制支架将图像传感器安装在飞行器的机翼支杆上。表 10.3 给出了该系统的详细组成。

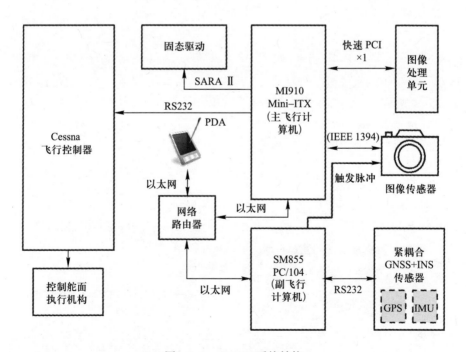

图 10.15　Cessna 系统结构

表 10.3 有人驾驶 Cessna 172 轻型飞机系统配置

系统组成	硬件选择
视觉传感器	Basler 视觉技术侦察系列 scA300–32fc 面扫描摄像机
惯性测量传感器	iMAR IMU–FSAS*
GPS 传感器	NovAtel OEMV–3*
主飞行计算机	底板系统技术 MI910 Mini–ITX; Intel 双核 Duo 2.4 GHz 处理器; 2GB SDRAM; Linux Debian 操作系统
副飞行计算机	数字 — 逻辑 SM855 PC/104; 英特尔奔腾 M 1.8 GHz 处理器; 1 GB SODIMM DDR RAM; 具有实时处理定制内核的 Linux Debian 操作系统
图像处理 GPU	Gigabyte^{TM} NVIDIA® 9600 GT; 512 MB GDDMIR3 RAM
图像数据存储	OCZ 技术 SATA Ⅱ 2.5 英寸固态驱动 120 GB

注: * 此传感器是以 Propack-V3 形式封装的 Nov Atel SPAN (同步的位置、高度和导航) 产品 (紧密耦合的 GNSS+INS 传感器) 的一部分

视觉传感器吊舱结构

已开发各种不同的基本系统结构来安装传感器吊舱, 系统结构如图 10.16 所示。传感器吊舱提供了基本摄像机安装支架升级的解决方法, 减

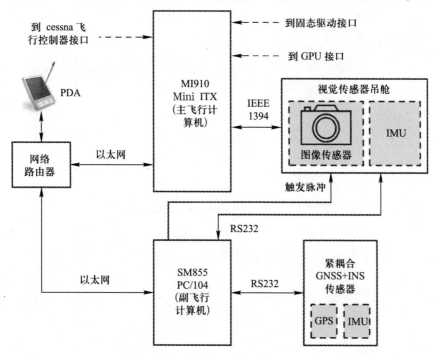

图 10.16 传感器吊舱系统结构

轻了为了图像稳定 IMU 与视觉传感器的协同定位难度。

10.7.3 传感器吊舱

为最大限度地减小抖动影响和提高基于状态的图像稳定特性, 制造了具有防风雨功能的密闭传感器吊舱, 该传感器吊舱具有改进机械震动特性的特点, 可为连同视觉传感器一起独立的 IMU 提供安装空间。

通过丙烯腈丁二烯苯乙烯 (ABS) 塑料的基本材料熔化沉淀模化 (FDM) 制作方法, 利用快速原型设计 3D 打印机 (文献 [60] 给出的规格是 SST 786) 建造核心吊舱结构组件。为了承受飞行压力, 用玻璃织物、碳和带有环氧树脂 (环氧树脂粘合剂 3600) 合成纤维材料的混合材料, 对如图 10.17 所示的这些核心组件进行加固。通过使用整流罩组件使加固结构的表面光滑, 然后对整流罩组件进行抛光并喷涂 2 层汽车漆, 最终生成精美的流线型。图 10.18(a) 为喷涂过的完全装配好的吊舱组件特写镜头。图 10.18(b) 是集成了摄像机和 IMU 传感器的吊舱安装到飞行中飞机上的外观图片。按照澳大利亚民用航空安全局的规程, 传感器吊舱获得了正式适航性认证。

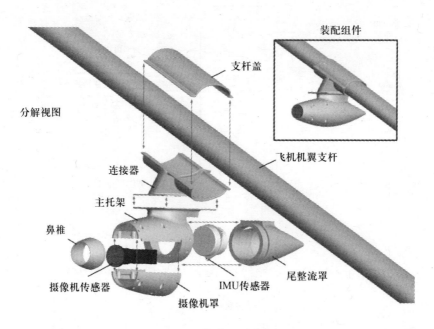

图 10.17　传感器吊舱组件

(a)　　　　　　　　　　　　　　　　(b)

图 10.18　传感器吊舱

(a) 装配图片 (b) 安装在飞机上的图片

10.7.4　实时图像处理

通过利用 GPU 和统一计算设备结构 (CUDA) 提供的并行计算来实现实时性能[61], 其中 CUDA 是一个 NVIDIA 应用编程接口 (API)。图像处理算法完成在主计算机 CPU 与 GPU 设备存储器之间传送数据的一些有序操作。这种实现使用的是特殊形式 C 函数的 CUDA 核心程序, 这些 C 函数被 N 个不同的 CUDA 进程以并行的方式执行 N 次。进程被划分为块, 利用快速存取 L1 高速缓冲存储器只与相同块中的其他进程进行通信。

因此, 块的大小和每块进程的数量是有限的, 可被优化以适合于: (1) 任务; (2) 所要求的高速缓冲存储器的数量; (3) 特殊的 GPU 设备。GPU 执行性能与如下内容紧密相关: (1) 很少使用的翘曲的数量; (2) 多处理器的数量和针对特殊 GPU 设备的每个多处理器的块数; (3) 每块进程的数量 (理想情况下总是 32 的倍数)。受 GPU 计算能力[61] 和可用寄存器的显著限制, 应尽最大可能选择后者。

已进行了一些实验室实验, 对各种 GPU 硬件图像处理解决方案的可扩展性和性能进行评估。图 10.19 说明了各种能够执行探测算法的 COTS NVIDIA GPU 卡的速度 (换句话说就是每秒处理的帧数)。

研究发现微处理器数量与原始图像处理速度 (不包括数据传输和磁盘读/写所消耗的) 之间存在近似的线性关系。使用 NVIDIA GeForce GTX 280, 实现了实际处理速率高达 150Hz 或每秒 150 帧 (1024×768 像素图像; 每个像素位长为 8 位), 但是这种卡的高能耗 (236W) 阻碍了其在 UAV 平

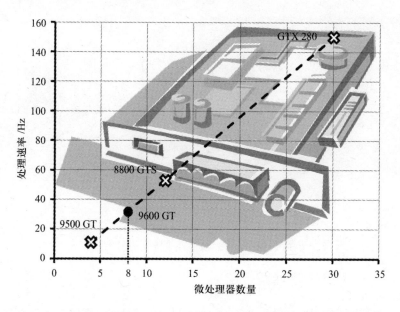

图 10.19　探测算法的帧处理速率与备用 GPU 卡中微处理器的数量对比

台中的实际应用。作为替代, 对 NVIDIA GeForce 9600 GT GPU(低功耗版本) 进行了测试, 认为其在处理速度与功耗的权衡上是最佳的。它有 8 个微处理器而功耗仅为 59 W。这种卡被用于飞行准备硬件结构中, 可实现高达每秒 30 帧的原始处理速率, 这对实时目标探测来说已经足够了。

10.8　飞行测试

飞行测试负责收集碰撞进程图像数据, 并且在真实操作条件下随着复杂性与自治性逐渐增加, 对提出的感知与规避系统性能进行评估。表 10.4 中的飞行测试计划反映出这种测试的理念。前三个测试阶段已经完成, 最

表 10.4　飞行测试计划

测试阶段	飞行平台	数据处理	规避控制
阶段 I	Boomerang 和 "火烈鸟" UAV	离线后处理	无
阶段 II	Cessna 182 和 Cessna 172 轻型飞机	实时机载处理	自动驾驶仪命令产生
阶段 III	Cessna 182 和 Cessna 172 轻型飞机	实时机载处理	全闭环
阶段 IV	Boomerang 和 "火烈鸟" UAV	实时机载处理	自动驾驶仪命令产生
阶段 V	Boomerang 和 "火烈鸟" UAV	实时机载处理	全闭环

终的目标是拥有证明闭环感知与规避能力 (第 V 阶段) 的全自主 UAV。

10.8.1 测试阶段结果

第 I 测试阶段包括对于使用 51° × 40° 视场 (FOV) 镜头的感知与规避系统, 建立其基本的探测范围性能。为此目的, 使用了 UAV 平台并且再现了各种 "迎面" 碰撞情形, 以便为离线后台处理收集相关的图像数据。随后, 利用 HMM 探测方法得到了 400 ~ 900 m 范围内的探测距离。以 "最坏情形" 和 UAV 接近速度约 50 m/s 为例, 这表示基本感知与规避系统可实现大约 8 s 的碰撞之前的警告时间。文献 [62] 指出, 这个时间接近于人工飞行员为安全地规避碰撞所需的 12.5 s 的响应时间 (在探测威胁后)。

在第 II 测试阶段, 选用窄 FOV 镜头 (大约是 17° × 13°) 来提高探测范围, 并且系统首次飞行中在飞行器上进行了所有处理工作, 该系统证实了在 3 ~ 5 km 范围内探测目标的能力。甚至用增加的轻型飞行器平台的接近速度 (约为 100 m/s), 探测距离及时提供碰撞前的警告, 该警告超过了对人类驾驶员所推荐的最小响应时间。

最后, 在第 III 测试阶段系统最终证实了 Rill 闭环感知与规避功能。未来的测试阶段将朝着在 UAV 平台上重现当前闭环能力的方向开展工作。

10.9 未来工作

用现有技术实际实现基于计算机视觉的感知与规避系统的主要障碍之一, 是可引起不必要规避响应的虚警发生率。因此, 改善能最大程度减小虚警事件的现有算法 (或寻求新的算法) 是极其重要的。例如, 或许有传统形态学滤波前端的可选择方法, 其叮提供必要的改进。适于即将发生应用的形态学处理自适应性是值得进一步研究的另外一个途径。自然应性也可证实在 HMM 滤波领域内的有用性。例如, 必要时可以产生额外的在线滤波分支, 不需要时可以将其丢弃。这一附加的灵活性可以减少计算量, 进一步提高探测性能。

在感知与规避系统图像处理和控制部分的实现方法上, 还有改进的空间。通过执行利用 OpenCL 编程结构或语言的处理算法, 可使性能得到提高。这样也可使其他的 GPU 编码更为方便, 因为用于所提出的感知与规避系统实现的基于 CUDA 的设计, 只能为 NVIDIA 的硬件所支持。

最后, 指出不能安装大型、重型或高功耗的有效载荷是 UAV 的主要限制, 这是非常重要的。因此未来工作具有发展前途的领域是闭环感知与规避系统的整体小型化, 这样可以在相对较小的 UAV 内部安装该系统。

10.10　总结

本章概括了在可见光范围内基于计算机视觉实现感知与规避系统的许多主要优点。基于光学摄像机感知系统相对于可替代的诸如雷达和 TCAS, 其成本低、体积小、能耗低和重量轻。基于视觉的系统也不必依赖于 (可能是不存在的) 与其他飞行器的合作。

尽管光学感知与规避系统具有许多优点, 它们也带来了一系列的挑战。由于飞行器通常飞行在相对高的速度上, 当它们距离很远和仅占有图像帧的一个微小部分时, 就必须探测目标。在这种挑战性情况下, 精确和及时探测目标是相当困难的, 即使没有包括动态的和不可预测的空中环境因素。用大量的干扰因素来表征这种环境, 诸如云团和其他取决于气象的现象, 这些现象凑在一起掩盖了真实的目标, 并且引入类似目标的人为干扰。不能处理这些因素的系统或许证明是不可接受的、高虚警发生率的系统。最后, 光学感知与规避系统也依赖于复杂的图像处理方法, 通常这些方法的计算量是巨大的。

本章表明在克服与利用计算机视觉的感知与规避相关的挑战上, 目前已取得重大进步。包括形态学滤波和隐性马尔科夫模型滤波器库在内的优良的新型处理技术特别具有发展前途。利用实际可行的碰撞进程图像数据的测试表明, 如果云团和背景杂波不是过多的话, 这些技术在感知空中目标上是很有效的。此外, 飞行测试证明可以实现实时处理, 并且闭环感知与规避功能是可行的。然而, 现有技术遭受适度数量虚警的痛苦, 其可引发不必要的规避动作。相信如果能够消除与众多人工干扰相关的虚警事件, 那么对于常规自动化感知与规避的目的来说, 这样的系统性能是可接受的。

致谢

本章受到了澳大利亚研究委员会的 Linkage 项目基金计划 (项目号是 LP 100100302) 资助, 并且智能天空工程受到了昆士兰州政府 Smart State

基金计划的部分资助。

参考文献

[1] M. DeGarmo, 'Issues concerning integration of unmanned aerial vehicles in civil airspace', 2004.

[2] US Army UAS Center of Excellence, "Eyes of the Army" U.S. Army Roadmap for Unmanned Aircraft Systems 2010–2035,2010.

[3] W. Graham and R. H. Orr, 'Separation of air traffic by visual means: an estimate of the effectiveness of the see–and–avoid doctrine', Proceedings of the IEEE, pp. 337–361, March 1970.

[4] P. Zarchan, Tactical and Strategic Missile Guidance, 4th edn. American Institute of Aeronautics and Astronautics, Reston, VA, 2002.

[5] N. Shneydor, Missile Guidance and Pursuit: Kinematics, Dynamics and Control, Horwood Publishing, Chichester, 1998.

[6] Australian Transport Safety Bureau, 'Limitations of the See–and–Avoid Principle', 1991.

[7] T. Williamson and N. Spencer, 'Development and operation of the Traffic Alert and Collision Avoidance System (TCAS)', Proceedings of the IEEE, 77(11): 1735–1744, 1989.

[8] International Civil Aviation Organization, 'Annex 6 to the Convention on International Civil Aviation – Operation of Aircraft – Part I – International Commercial Air Transport – Aeroplanes', in Annexes to the Convention on International Civil Aviation, pp. 6–10, 2001.

[9] Forecast International [Online], www.forecastinternational.com/Archive/es/es 0077.doc, January 2007.

[10] Office of the Secretary of Defense, 'Airspace Integration Plan for Unmanned Aviation', 2004.

[11] J. Lai, L. Mejias, and J. J. Ford, 'Airborne vision–based collision-detection system', Journal of Field Robotics, 28(2), 137–157, 2011 .

[12] C. Geyer, S. Singh, and L. Chamberlain, 'Avoiding Collisions Between Aircraft: State of the Art and Requirements for UAVs operating in Civilian Airspace', Robotics Institute, 2008.

[13] G. Fasano et al., 'Multi–sensor–based fully autonomous non–cooperative collision avoidance system for unmanned air vehicles', Journal of Aerospace Computing, Information, and Communication, 5, 338–360, 2008.

[14] Y. Bar–Shalom, H. M. Shertukde, and K. R. Pattipati, 'Use of measurements from an imaging sensor for precision target tracking', IEEE Transactions on Aerospace and Electronic Systems, 25(6), 863–872, 1989.

[15] J. Lai and J. J. Ford, 'Relative entropy rate based multiple hidden Markov model approximation', IEEE Transactions on Signal Processing, 58(1), 165–174, 2010.

[16] J. Keller, Military and Aerospace Electronics [Online], http://www. militaryaerospace.com/index/display/mae-defense_executive_article–display/ 0220059175/articles/military-aerospace-electronics/executive-watch–2/2010/ 10/sierra-nevada_corp.html, October 2010.

[17] B. Karhoff, J. Limb, S. Oravsky, and A. Shephard, 'Eyes in the domestic sky: an assessment of sense and avoid technology for the army's "Warrior" un-manned aerial vehicle', in Proceedings of the IEEE Systems and Information Engineering Design Symposium, Charlottesville, VA , pp. 36–42, 2006.

[18] D. Maroney, R. Bolling, M. Heffron, and G. Flathers, 'Experimental platforms for evaluating sensor technology for UAS collision avoidance', in Proceedings of the IEEE/AIAA Digital Avionics Systems Conference, Dallas, TX, pp. sci–i–sci–9, 2007.

[19] W. Rosenkrans, 'Detect, sense and avoid', AeroSafety World, pp. 34–39, July 2008.

[20] J. Arnold, S. Shaw, and H. Pasternack, 'Efficient target tracking using dy-namic programming', IEEE Transactions on Aerospace and Electronic Sys-tems, 29(1), pp. 44–56, 1993.

[21] Y. Barniv, 'Dynamic programming solution for detecting dim moving targets', IEEE Transactions on Aerospace and Electronic Systems, AES–21 (1), 144–156, 1985.

[22] T. Gandhi et a/., 'Detection of obstacles in the flight path of an aircraft', IEEE Transactions on Aerospace and Electronic Systems, AES–39(1), 176–191, 2003.

[23] T. Gandhi et al., 'Performance characterization of the dynamic programming obstacle detection algorithm', IEEE Transactions on Image Processing, 15(5), 1202–1214, 2006.

[24] S. D. Deshpande, M. H. Er, R. Venkateswarlu, and P. Chan, 'Max–mean and max–median filters for detection of small targets', in Proceedings of the Signal and Data Processing of Small Targets, Denver, CO, pp. 74–83, 1999.

[25] E. R. Dougherty and R. A. Lotufo, Hands–on Morphological Image Process-ing, SPIE Optical Engineering Press, Bellingham, MA, 2003.

[26] L. JiCheng, S. ZhengKang, and L. Tao, 'Detection of spot target in infrared cluster with morphological filter', in Proceedings of the IEEE National Aerospace and Electronics Conference, Dayton, OH, pp. 168–172, 1996.

[27] Z. Zhu, Z. Li, H. Liang, B. Song, and A. Pan, 'Grayscale morphological filter for small target detection', in Proceedings of the SPIE International Symposium on Optical Science and Technology: Infrared Technology and Applications, San Diego, CA, pp. 28–34, 2000.

[28] M. Zeng, J. Li, and Z. Peng, 'The design of top-hat morphological filter and application to infrared target detection', Infrared Physics & Technology, 48(1), 67–76, 2006.

[29] N. Yu, H. Wu, C. Wu, and Y. Li, 'Automatic target detection by optimal morphological filters', Journal of Computer Science and Technology, 18(1), 29–40, 2003.

[30] R. Carnie, R. Walker, and P. Corke, 'Image processing algorithms for UAV 66Sense and Avoid" ' in Proceedings of the IEEE International Conference on Robotics and Automation, Orlando, FL, pp. 2848–2853, 2006.

[31] S. J. Davey, M. G. Rutten, and B. Cheung, 'A comparison of detection performance for several track-before-detect algorithms', EURASIP Journal on Advances in Signal Processing, 2008, 1–10, 2008.

[32] S. M. Tonissen and R. J. Evans, 'Performance of dynamic programming techniques for track– before-detect', IEEE Transactions on Aerospace and Electronic Systems, 32(4), 1440–1451, 1996.

[33] M. G. S. Bruno, 'Bayesian methods for multiaspect target tracking in image sequences', IEEE Transactions on Image Processing, 52(7), 1848–1861, 2004.

[34] M. G. S. Bruno and J. M. F. Moura, 'Multiframe detector/tracker: optimal performance', IEEE Transactions on Aerospace and Electronic Systems, 37(3), 925–945, 2001.

[35] M. G. S. Bruno and J. M. F. Moura, 'The optimal 2D multiframe detector/tracker', International Journal of Electronics and Communications, 53(6), 1–17, 1999.

[36] G. D. Fomey Jr., 'The Viterbi algorithm', Proceedings of the IEEE, 61(3), 268–278, 1973.

[37] L. Mejias, S. McNamara, and J. Lai, 'Vision–based detection and tracking of aerial targets for UAV collision avoidance', in Proceedings of the IEEE/RSJ International Conference on Intelligent Robots and Systems, Taipei, 2010.

[38] R. Hartley and A. Zisserman, Multiple View Geometry in Computer Vision, 2nd edn, Cambridge University Press, New York, 2004.

[39] . Y. Ma, S. Soatto, J. Kosecka, and S. S. Sastry, An Invitation t0 3–D Vision: From Images to Geometric Models, Springer-Verlag, New York, 2004.

[40] J.-Y. Chang, W.-F. Hu, M.-H. Cheng, and B.-S. Chang, 'Digital image translational and rotational motion stabilization using optical flow technique', IEEE Transactions on Consumer Electronics, 108–115, 2002.

[41] A. Censi, A. Fusiello, and V. Roberto, 'Image stabilization by features tracking', in Proceedings of the International Conference on Image Analysis and Processing, Venice, pp. 665–667, 1999.

[42] V.-N. Dang, A.-R. Mansouri, and J. Konrad, 'Motion estimation for region-based video coding', in Proceedings of the Intemational Conference on Image Processing, Washington, DC, pp. 189–192, 1995.

[43] S. Erturk and T. J. Dennis, 'Image sequence stabilization based on DFT filtering', IEE Proceedings on Vision, Image and Signal Processing, 147 (2), 95–102, 2000.

[44] B. K. P. Horn and B. G. Schunck, 'Determining optical flow', Artificial Intelligence, 17(1–3), 185–203, 1981.

[45] G. Ren, P. Li, and G. Wang, 'A novel hybrid coarse-to-fine digital image stabilization algorithm', Information Technology Journal, 9(7), 1390–1396, 2010.

[46] S. B. Balakirsky and R. Chellappa, 'Performance characterization of image stabilization algorithms', Real–Time Imaging, 2(5), 297–313, 1996.

[47] J.-P. Serra, Image Analysis and Mathematical Morphology, Academic Press, New York, 1982.

[48] R. C. Gonzalez, R. E. Woods, and S. L. Eddins, 'Morphological image processing', in Digital Image Processing Using MATLAB, Pearson-Prentice Hall, Upper Saddle River, NJ, pp. 334–377, 2004.

[49] D. Casasent and A. Ye, 'Detection filters and algorithm fusion for ATR', IEEE Transactions on age Processing, 6(1), 114–125, 1997.

[50] C. Geyer, D. Dey, and S. Singh, 'Prototype Sense–and–Avoid System for UAVs', Robotics Institute, 2009.

[51] P. Soille, 'Opening and closing', in Morphological Image Analysis: Principles and Applications, Springer, Berlin, pp. 105–137, 2003.

[52] R. J. Elliott, L. Aggoun, and J. B. Moore, in B. Rozovskii and G. Grimmett (eds), Hidden Markov Models: Estimation and Control, Springer, Berlin, 1995.

[53] Y Bar–Shalom, X.-R. Li, and T. Kirubarajan, Estimation with Applications to Tracking and Navigation: Theory, Algorithms and Software, John Wiley

& Sons, New York, 2001.

[54] Y. Bar-Shalom and T. E. Fortmann, Tracking and Data Association, Academic Press, Boston, 1988.

[55] A. C. Sanderson and L. E. Weiss, 'Adaptive visual servo control of robots', in A. Pugh (ed.), Robot Vision, IFS Publications, pp. 107–116, 1983.

[56] M. W. Spong, S. Hutchinson, and M. Vidyasagar, Robot Modeling and Control, John Wiley & Sons, Hoboken, NJ, 2006.

[57] F. Chaumette and S. Hutchinson, 'Visual servoing and visual tracking', in B. Siciliano and O. Khatib (eds), Handbook of Robotics, Springer, Berlin, pp. 563–582, 2008.

[58] B. Young, Silvertone UAV [Online], http://www.silvertoneuav.com, March 2011.

[59] D. Greer, R. Mudford, D. Dusha, and R. Walker, fAirborne systems laboratory for automation research', in Proceedings of the International Congress of the Aeronautical Sciences, Nice, pp. 1–9, 2010.

[60] Stratasys, 'Dimension BST 768/SST 768 User Guide', 2006.

[61] NVIDIA, 'NVIDIA CUDA C Programming Guide Version 3.2', 2010.

[62] Federal Aviation Administration, 'FAA Advisory Circular: Pilots' role in collision avoidance', 1983.

第 11 章
低成本移动雷达系统在小型 UAS 感知与规避中的应用

Michael Wilson

Boeing Research & Technology-Australia

11.1 引言

无人飞行器系统 (UAS)①团体的首要目标是将 UAS 常规地、符合规定地并安全地集成到国家空域系统 (NAS) 中。然而, 较小地理区域的空域使用往往受限, 而且获得该空域使用认可通常需要数月时间。因此, 对时间紧要的应用来说, 如林区火灾监测, 目前的状况不令人满意。

UAS 已证明它们的飞行、导航和执行有用任务的能力。面临的挑战是, 为 UAS 提供复制人类功能的能力: 发现与规避能力, 不能满足这一挑战, 正在阻碍着将 UAS 集成到 NAS 中。

为了实现 UAS 的商业和民用利益, 有必要实现其在 NAS 中更大程度的操作自由。然而, 为获得这个自由, 首要的要求是 UAS 具备至少与有人航空一样好的安全等级。因此, 在 UAS 的感知与规避 (SAA) 能力达到等同于发现与规避能力的水准之前, UAS 在 NAS 内的操作将继续受到限制。

本章重点是低成本移动雷达系统在小型 UAS 感知与规避上的应用。相比于空中交通管制雷达或军用雷达系统, 这些系统的成本相当低, 其目标之一是支持 UAS 在任何需要地点的操作; 因此, 这些系统必须是可移动的。

之所以强调小型无人飞行器 (UA) 是因为它们在承载额外传感器和系统上的局限性。目前还没有小型 UA 的标准定义。一种建议是小型 UA 的起飞重量小于 25 kg[1], 另一个定义限定小型 UA 的起飞重量小于 150 kg[2]。

---

①国际民用航空组织 (ICAO) 已采用 UAS 替代无人空中飞行器 (UAV), 参见文献 [59]。

很多在该重量范围内的 UA 已证明了它们的价值。例如 "鹰眼" 无人机，在 2011 年 6 月完成飞行 500000 小时。然而，由于可用空间、重量和动力 (SWAP) 的限制，小型 UA 机载感知与规避解决方法是难以实现的。一种替代解决方法是使用场外传感器和系统来完成感知与规避功能。

移动飞行器跟踪系统 (MATS) 是一种移动的、可网络化的空中交通监测系统。MATS 的目的是支持 UAS 在非隔离民用空域中操作。MATS 凭借陆基一次监视雷达 (PSR) 探测其他空域用户来实现此目的。配备有广播式自动相关监视 (ADS—B) 的飞行器也可被协同定位的 ADS—B 接收机独立探测。

MATS 的主要功能是为 UAS 驾驶员提供信息，使处于控制回路中的驾驶员具备陆基感知与规避 (GBSAA) 能力。在该情形中，MATS 提供 "感知" 功能，而 UAS 驾驶员通过操控 UA 提供 "规避" 功能。MATS 也使 UAS 操作具备自动感知与规避能力。既然如此，MATS 起着飞行器传感器的作用，是大规模飞行器跟踪和控制网络的组成部分。

MATS 系统经历了最初的证明和特性描述试验[3]，该实验是智能天空工程的组成部分。智能天空工程探索了支撑有人和无人飞行器更大地利用 NAS 技术的发展。智能天空飞行实验的一个重要特征是，使用一架飞行器精确地记录其实验期间的位置和姿态。这架飞机也是 MATS 一个有重要价值的校准目标。

本章首先概述 UAS 使用环境、回顾感知与规避和 GBSAA 系统以及智能天空工程。智能天空提供了对大量基于雷达的感知与规避情形进行飞行测试的机会，并给出了此测试的结果。在计算机视觉感知与规避实验期间，还包括模拟空中碰撞的两架飞行器的跟踪，也展示了雷达跟踪各种各样有人和无人飞行器的实例。天气对于航空总是很重要的，也给出了提供关于暴风雨的位置和移动信息的 MATS 实例。

UAS 操作的最终目标是 "提交申请和飞行"：提交同一天内的飞行计划并进行全部的飞行。GBSAA 系统提供了 UAS 在 NAS 中操作的途径，而且现在这些系统都是可获得的。

11.2 UAS 操作环境

11.2.1 为什么使用 UAS？

通常认为 UAS 非常适于完成 "单调、肮脏或者危险的" 任务[4]。已证实 UAS 可完成各种各样的国土安全任务、国内政府应用、科学研究任务和商业应用[5]。

无人飞行器在隔离空域的军事应用已有很长的历史。将 UA 从无法预测的空中交通中隔离或脱离出来,大大简化了发现与规避问题。当然,隔离空域不能提供许多民用和商业 UAS 应用所要求的自由飞行。

11.2.2 空域和无线电传输

许多国家采用了国际民用航空组织 (ICAO) 的空域类别[6],其次每个国家选择适合于他们需要的空域类别。空域类别或是管制类的或非管制类的。

在管制空域中提供了空中交通管制 (ATC) 服务。例如, A 类空域通常是高性能喷气式飞机和涡轮螺旋桨飞机使用的高级航线上飞行空域。ATC 提供隔离服务并且不存在速度限制。在 A 类空域中不允许目视飞行规则 (VFR) 飞行。

在非管制空域中,仪表飞行规则 (IFR) 飞行和 VFR 飞行都是允许的。在平均海平面 (AMSL)② 以上 10000 英尺之下,速度通常限制在 250 节。只有 IFR 飞行需要具备与 ATC 的持续双向通信。

在澳大利亚,使用没有被指定为管制空域类的 G 类空域。就其本身而论,澳大利亚大多数空域是 G 类空域, G 类空域常常包含从地球表面到覆盖管制空域层底部的区域。只有在平均海平面 5000 英尺以上的 VFR 飞行要求有无线电传输,在机场也要求有无线电的传输和使用。

在 G 类空域使用 UAS 的主要问题在于其他空域用户的位置和意图是未知的。传统上, G 类空域最终防御空中碰撞的措施是发现与规避,在发现与规避过程中,每架飞行器的机组人员保持警惕,以便发现和随后规避其他飞行器。

11.2.3 发现与规避

在可视气象条件下飞行时,航空规程要求飞行员发现并规避飞行器以及其他物体。虽然发现与规避阻止了许多碰撞,但其原理是非常不可靠的。包括人类视觉系统、驾驶室任务要求和各种不同物理及环境条件在内的众多限制,综合在一起使发现与规避成为一种不确定的交通隔离方法[7,8]。

飞行员发现其他飞行器的能力有多强呢? 文献 [9] 给出了一系列已实

---

② 速度限制不适用于军用飞行器。

施的飞行测试, 这些测试是为了测试飞行员对非灵敏视觉搜索的空对空视觉探测性能。视觉探测仅发现了所遭遇的 56% 的目标, 平均探测距离为0.99 海里 (NM)。

另一个实验也记录了飞行员首次能够探测逼近的飞行器的时间[10]。即使飞行员被警告有威胁, 而且他们知道去哪寻找即将到来的飞行器, 但是在距离达到 1 ~ 1.5 海里范围之前, 他们通常无法发现飞行器。某些情形的高接近速度, 意味着飞行员认为他们将面临规避碰撞的严重挑战。

文献 [11] 还研究了没有经验的飞行员对未被警告的空中飞行器探测的范围, 每个参与实验的飞行员面对两个飞行器冲突。建立的第一个冲突是目标飞行器以 90° 角穿越测试飞行器的飞行路径, 得到的平均探测范围是 1.3 海里; 第二个冲突是目标飞行器从正前方接近测试飞行器, 该情形的平均探测距离是 0.9 海里。正面冲突被认为是飞行器探测中最困难的情形, 这是因为目标飞行器被误认为是静止不动的。该问题是由空间近视所组成的, 在该空间由于缺乏视觉线索, 眼睛只能聚焦在大约 0.5 m 的静止距离上[7]。

一篇资讯通告指出飞行员对可能的碰撞威胁识别并做出反应需要12.5 s。对于 200 节的接近速度, 它是 G 类空域中可能速度的底线, 这代表0.7[12] 海里的距离, 仅略小于飞行员的平均探测范围。

另一项研究调查了飞行员所用的视觉观测模式[13]。不幸的是, 这些模式不像是规定的系统观测模式。同时还发现, 参与研究的飞行员观察驾驶室内部比观察外部花费了更多的时间, 参与者的平均观测性能将使他们变得极为脆弱, 而不能足够快地探测飞行器冲突来避免碰撞。这项研究的一个重要结论是, 在一般航空中空中碰撞率相对较低, 如同 "大天空" 的空中碰撞率, 因为它具有有效的视觉观测。

11.2.4　空中碰撞

有人飞行器之间空中碰撞的位置和原因是值得了解的。操作无人飞行器的一个主要担心是与有人飞行器的碰撞, 这种担忧推动了无人飞行器应具有感知与规避能力的要求, 而且该能力至少和飞行员执行发现与规避功能一样得好。

涉及到大型商务飞行器的空中碰撞现在是极为罕见的, 这归功于机载交通警告和碰撞规避系统 (TCAS)[14], 以及在繁忙空域中要求飞行器应配备询问机[15]。

通用航空 (GA) 是指一系列的民用航空活动和业务, 主要使用较小的飞行器和二级机场。术语 "通用航空" 有时用于描述所有的民用航空活动, 而非那些涉及预定公共航空运输服务的活动。

从 1983 年到 2000 年 8 月, 美国一直在研究 GA 空中碰撞特性[15]。发现平均空中碰撞风险为每 800000 飞行小时一起。事故报告显示, 在空中碰撞中, 大约 88% 的飞行员没有及时发现其他飞行器并启动规避机动。另外重要的一点是, 没能发现和规避其他飞行器与接近速度的关系不是很大。大多数空中碰撞的接近速度都相对较低, 因为一架飞行器通常从后面、上面或以直角撞上另一架飞行器。

交通密度也是为人们所熟知的空中碰撞的主要因素。典型的空中碰撞发生在进近和着陆时的低空, 起飞和爬升过程中较少发生。因此, 大多数空中碰撞发生在机场附近, 尤其是无塔台的机场。

文献 [16] 对澳大利亚 1961 年与 2003 年之间涉及 GA 飞行器的空中碰撞进行了回顾。空中碰撞约占涉及到通用航空飞行器重大事故的 3%, 与通用航空飞行器有关的事故占总事故数的 0.4%。

该研究发现,78% 的空中碰撞发生在巡回航线 (交通模式) 上或在其附近, 这反映了在该区域交通密度较大。在最终的进近或最后的转弯处发生空中碰撞的比例高。大多数的空中碰撞是一架飞行器从后面撞上另一架飞行器, 或两架飞行器从相同的方向向一点聚集。

研究还发现, 一般来说, 在澳大利亚空中碰撞的特征和起作用的因素, 似乎类似于在其他国家所观察到的结果, 如美国、法国和加拿大。

2005 年的一篇评论指出, 发现与规避的故障、视觉监视的不足, 或保持视觉和物理间距的失败, 约占空中碰撞原因的 94%[8]。

最近的一项研究强调, 空中碰撞源于接近风险和发现与规避失败的综合[17]。该研究得出的结论是, 想要像人类飞行员一样很好的执行能力和遵守法规, 感知与规避系统只需要具有每飞行小时 1×10^{-2} 到 1×10^{-3} 的故障率。因此, 感知与规避系统不必成为飞行关键系统, 而是要求其故障率小于每飞行小时 1×10^{-7}。所要求的故障率将对任何感知与规避系统的最终成本产生直接影响。

11.2.5 总结

最初的 UAS 操作可能是在远离人口稠密的区域。这意味着, 典型环境可能是 G 类空域中无塔台的机场。操作环境也包括执行各种各样操作的多种飞行器, 飞行器的操作包括训练、通用飞行和娱乐性飞行。

操作 UAS 意味着什么? 环境包含各种各样的飞行器, 而只有部分飞行器装载有询问机或提供 VHF 无线电报告。在无塔台的飞机场飞行时, 空中碰撞的风险可能会更高。因为空中碰撞往往不是迎面碰撞的, 需对任何一个感知与规避系统的视场进行仔细考虑。

许多研究表明了飞行员执行发现和规避的局限性。好的消息是, 为无人飞行器开发的感知与规避技术也可使有人航空团体受益。

11.3 感知与规避和碰撞规避

11.3.1 规避碰撞的分层方法

文献 [18] 提出一种用于规避民用空域飞行器之间碰撞的分层方法, 其想法是发生在多层的故障引起了导致碰撞的系统故障。在战略层面上包括空域结构、规程和管理空域的设备等。

在更多的战术层面上, 隔离管理是由空中交通管制、VHF 无线电定位和意图报告来提供的。这个层面的目的是至少以规定的最小间距保持飞行器隔离, 一般而言, 是为了避免危险情形。该层面的目标可陈述为 "别吓唬别人"[19]。目的是通过与期望飞行计划的小偏差来管理空域, 保持与其他飞行器的 "适当间隙" 是 SAA 自隔离功能的主要目标[20]。

当自隔离失败时则激活碰撞规避层, 该层的目的是脱离危险情形。这可能涉及到预期飞行计划最终和可能的大改变, 这一层的目标可陈述为 "不要擦伤油漆"[19]。感知与规避的这种碰撞规避功能包括最后时刻规避碰撞的机动[20]。

需及时探测侵入飞行器, 以执行感知与规避子功能: 探测、跟踪、评估、优先权排序、声明威胁、确定行动、命令和执行[20,21]。由于规避机动的急剧性, 应折中考虑传感器的探测范围。隔离管理需要在更大的范围内探测侵入飞行器, 以利用更为平缓的逃避机动实现其目标。对于以快速有力的逃避机动为代价的碰撞规避, 可在较小的范围内对侵入飞行器进行探测。

就探测技术交换空间而言, 应考虑各种不同的感知与规避选择[22]。该交换空间可分为主动或被动感知与规避系统, 也可分为合作式或非合作式侵入飞行器。

主动系统发送一个接收其他飞行器信息的信号。被动系统不发送信号, 但利用传感器测量值来探测其他飞行器。合作式飞行器具有机载识别功能的电子设备 (例如询问机)[23]。因此, 要求合作式飞行器搭载特定的航空电子设备并保持该设备正常工作。如果每架飞行器都配备了这种技术, 则合作式感知与规避解决方法是非常理想的, 尽管目前还并非如此。非合作式飞行器没有机载电子识别设备, 或由于故障或蓄意行为所要求的设备而不能工作[23]。

最近一篇评论建议美国联邦航空管理局 (FAA) 授权, 要求当前所有非合作式飞行器都安装和使用近程、低功耗、重量轻的电子识别设备[24]。另一项研究根据 2007 年的估计指出, 为剩余的美国机群装备 ADS—B OUT (仅发射) 将花费大约 5800 万美元。

11.3.2　感知与规避技术

有报告综述了 USA 的合作式和非合作式感知与规避技术[26]。该综述报告总结了各种不同的技术, 但得出的结论是: 某种单一的方法或许不足以满足 UAS 的感知与规避需要。

另一篇评论也得出结论, 没有一种单一的机载传感器足以满足所有 UAS 的所有感知与规避需求[24]。一个建议是要授权目前所有的非合作式飞行器都应安装和使用近程、低功耗、重量轻的电子识别设备; 也就是所有飞行器都应成为合作式的。该报告指出, 继续开发探测非合作式飞行器的机载传感器, 可能需要花费 20 亿美元, 而且需要十多年时间才能得以解决。

就将 UAS 常规地集成到 NAS 而言, 感知与规避其他飞行器机载能力的需求被认为是最使人畏惧的挑战之一[25]。这项研究总结了感知与规避的替代方案, 以及预期的时间范围估计: 小型 UAS 视距视觉规程 (2 年以上), GBSAA 专用传感器 (1～2 年),GBSAA 多用途传感器 (2～3 年), 机载合作式感知与规避 (ABSAA) (10 多年), 非合作 ABSAA (12 年以上)。

后续章节将对为 UAS 提供感知与规避能力的技术进行了概述。

11.3.2.1　ABSAA 系统

许多感知与规避问题的机载技术解决方法正处于探索之中, 包括常见的雷达系统[10],[27,28], 多输入多输出 (MIMO) 雷达系统[29,30] 以及被动式视觉系统[11],[31,32]。

ABSAA 系统有以下优点和缺点。

优点

(1) 为 UA 提供全任务期间的监视;

(2) 为全自主 UA 提供路径;

(3) 可能比有人飞行器的飞行员具有更好的执行能力。

缺点

(1) 仍处于开发之中;

(2) 受可获得的机载空间、重量和功率的限制;

(3) 将降低 UA 有效载荷承载能力;

(4) 等同于机体的成本。

尽管还没有达成国际上的一致认可,ASTM 标准 F2411 提供了空中感知与规避系统要求的实例[33]。该要求包括方位 ±110°、俯仰 ±15° 的观测区域。然而,有人空中碰撞的特征表明可能需要 360° 的方位覆盖范围。

一项研究使用系统工程的方法对大量用于特定 UAS 的机载感知与规避技术进行了评价[34]。一般而言,最适当的技术将取决于机体、任务和操作区域。

11.3.2.2　GBSAA 系统

在 NAS 中处理非合作式飞行器的传统方法是利用 PSR,PSR 基于目标散射的雷达信号探测目标的存在。传统上,PSR 倾向于安装在较繁忙的机场。然而,繁忙的机场并不是开始将 UAS 集成到 NAS 的理想环境。但是,移动的 PSR 可以支持 UAS 在任何期望的位置上操作。

GBSAA 系统有以下优点和缺点。

优点

(1) 完美支持小型 UA 操作;

(2) 该技术目前是可用的;

(3) 不要求修改 UA;

(4) 主要成本在于位置 (或系统),而非机体。

缺点

(1) 提供可能小于 UA 最大操作范围的静态监视空间;

(2) 当地地形可能会降低覆盖范围;

(3) 可能探测到虚假目标,如地面车辆、恶劣天气和鸟群等;

(4) 与感知与规避相关的机动依靠数据链来控制 UA。

一项目前在空中交通管制系统中使用的监视技术研究, 列出了一次和二次雷达、ADS—B、多个现代系统和 ADS—C 的优缺点[35]。一次雷达仍是空中交通管制系统中唯一一项可探测非合作式飞行器的技术。

11.3.2.3　陆基感知与规避系统实例

表 11.1 概括了三种陆基雷达系统。感知与规避显示系统 (SAVDS) 使用 "哨兵" AN/MPQ—64 防空雷达来支持 UAS 操作[③]。"星 2000" 是一种现代的空中交通管制雷达[④]。

表 11.1　三种陆基雷达系统综览

性能	雷达		
	MATS	AN/MPQ—64 "哨兵" (SAVDS)	Thales "星 2000"
频带/GHZ	9.41 X 波段	9.37~9.99 X 波段	2.7~2.9 S 波段
峰值功率/kw	25	23	28
作用距离/海里	54	40	100
距离分辨率/m	180	150	230
俯仰信息	否 (二维)	是 (三维)	否 (二维)
俯仰波束宽度/(°)	20	2 (覆盖范围为 20)	30
方位波束宽度/(°)	0.95	1.8	1.4
旋转速率/(转/mm)	24	30	15
更新速率/s	2.5	2	4
便携性	是	是	否

该表给出了每种雷达系统的作用距离。理想情况下, 探测距离应表示为目标的标准雷达截面积 (RCS), 但这将需要有关每个系统的详细信息, 超出了本研究的范畴[36]。RCS 是雷达探测目标能力的量度。一般来说, 目标的 RCS 是目标结构与构成材料、雷达频率、雷达配置 (单基站或收发分置的) 和目标关于雷达扫描角的复杂函数。一些雷达制造商提供对于标准 RCS 目标理论上的雷达探测范围信息。一般来说,RCS 大的目标比 RCS 小的目标能在更远的距离上被探测到。

目前大多数 ATC 雷达都是二维系统, 它只提供距离与方位信息, 而不提供俯仰信息, 因此也不提供高度信息[35]。MATS 仍是一个二维系统, 虽

---

③ www.thalesraytheon.com

④ www.thalesatm.com

然三维测高系统正在研制之中[37]。表 11.1 所列的一些军用雷达系统提供俯仰和高度信息。

高度信息是航空所固有的部分,那么三维雷达是必需的吗?要考虑的因素包括 UA 操作的频率和性质,空域复杂性和在操作区域中空中交通的密度。在交通密度低的边远地区,二维雷达也许是足够了的,特别是当合作式系统能够提供准确的高度信息来弥补雷达数据的时候。

ATC 雷达系统是为高级可用性而设计的,就其本身而论,往往价格昂贵。终端机动区域 (TMA) 雷达的指导成本价是 800 万澳元。众所周知,高科技军事系统也是价格昂贵的。MATS 提供了支持 UAS 操作相对低成本的解决方法[35]。由于与有人飞行器解决方法的竞争,对于商务 UAS 应用来说低成本是特别重要的。McGeer 提出了关于 UAS 经济性的发人深省的观点,并指出 "在价格上,机器人飞行器还有很长的路要走"[38]。

11.3.3 UA 操作空间

对于每个 GBSAA 系统可定义大量的空域空间,如图 11.1 所示。这与定义机载 SAA 的空间有许多相似之处[20]。

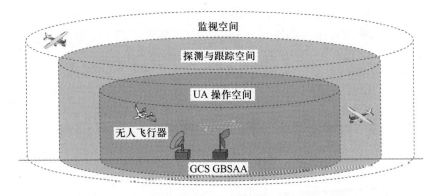

图 11.1 与使用 GBSAA 系统相关的空域空间, GBSAA 系统可能与地面控制站 (GCS) 分开部署

监视空间描述监视系统的有效范围。RCS 小的飞行器,尤其是小型飞行器,位于监视空间和探测与跟踪空间之间时可能不被探测到。然而,在此区域 RCS 大的飞行器可能会被探测与跟踪。

探测和跟踪空间的目标是为具有指定最小 RCS 的飞行器,提供最低等级的探测和跟踪性能。边界指标的一个例子是,系统以 80% 的探测概率

和 1×10^{-6} 的虚警率探测一个 2 m^2 的斯威林 (Swerling) I 型目标[36]。

UA 操作空间是 UA 执行操作的空域空间。为了在任何侵入飞行器和操作的 UA 之间提供一个时间和空间的缓冲区, 这个空间小于探测与跟踪空间。进入监视空间的飞行器被定义为侵入者[20]。

雷达系统的特性将决定每个空域空间的大小。需要考虑的一个重要变量是侵入飞行器的速度范围。飞行器的速度和与 UA 的距离决定了感知与规避时间轴的警告时间[20]。因此, 包含高速飞行器的操作环境将需要更大的雷达跟踪范围。

11.3.4 环境感知

最广泛使用的环境感知的正式定义之一是 "……时间和空间体积内环境要素的感知, 它们含义的理解和不久将来它们状态的推测"[39]。换句话说, 意思是 "…… 意识到你周围正在发生着什么, 理解这些信息对你的现在和未来意味着什么"[40]。这些定义强调一个人不能被给予环境感知。GBSAA 系统以向 UAS 飞行员提供信息为目的, 从而增强飞行员的环境感知。

保持高水平的环境感知对有效制定决策是非常重要的。有效制定决策是感知与规避的重要组成部分, 特别是当 UAS 飞行员仍然处于对 UA 直接控制时。

11.3.5 总结

众多的感知与规避技术已得到开发, 每种技术都有自身的优点和缺点。UAS 尺寸和任务的多样性意味着 "一种尺寸适合所有" 的解决方法是不大可能的。

特别是, 小型 UAS 携带额外感知与规避电子设备的能力有限。建议可视视距观察者提供碰撞规避能力[23]。凭借观察者的操作使用是有相当限制的, 观察者将被确定于距离 UA 侧面不大于 1 海里、垂直不大于 3000 英尺的位置。另一个选择是使用 GBSAA 系统, 这在目前是可用的。

用一种分层的方法避免 NAS 中的碰撞。GBSAA 系统能够提供一个额外的监视层, 该层有助于将 UAV 集成到 NAS。

GBSAA 系统构成军队获得 NAS 使用权的战略的一部分[41]。GBSAA 系统还为 UAV 民事和商业应用提供了途径。

11.4 案例研究: 智能天空工程

11.4.1 引言

UAS 联盟的目标之一是将 UAS 常规地、符合规定地和安全地集成到 NAS。为实现这一目标, 有必要对可减轻将 UAS 集成到 NAS 困难的技术进行研究、开发和飞行测试。达到此目标, 启动了一项合作研究工程: 智能天空工程。

智能天空工程的目标是开发促进有人和无人飞行器更进一步利用国家空域系统的技术[3]。这些技术包括:

(1) 自动隔离管理系统具有在复杂空域中提供隔离保证的能力;

(2) 感知与规避系统具有对动态和静态的障碍物进行碰撞规避的能力;

(3) 利用成本效益好的一次雷达和合作式监视系统的MATS。

智能天空的一个重要目标是通过一系列八个综合飞行测试活动, 对这些技术的性能进行综合、演示和验证。这些飞行测试的目的是描述所开发的技术在实际操作条件下的性能。

下面来概述包括 MATS 的智能天空工程。

11.4.2 智能天空结构

智能天空系统结构如图11.2所示。该系统包括有人和无人飞行器、虚拟飞行器、公共移动数据与铱星通信链路、自主动态空域控制器 (ADAC) 和 MATS。

这种结构能够进行不同范围的实验, 从单独技术的测试和描述扩展到面向系统的自动化感知与规避实验。

关于该结构应注意的重要一点是, 有人和无人飞行器的飞行测试发生在澳大利亚 Kingaroy 附近, 但感知与规避控制系统, 即 ADAC 则位于美国加利福尼亚州。

智能天空结构中所有的系统通过铱星卫星通信网络和第三代 (3G) 公共移动数据网络连接到互联网。铱星卫星通信系统提供全球覆盖范围、低带宽的通信[42,43]。3G 公共移动数据网络提供更高带宽的链接, 但其地理覆盖范围相对有限[44]。智能天空结构可不受限使用这两种通信链路。其目的是说明利用数据链的、各种各样的智能天空的概念, 其中的数据链具有不同的覆盖范围和带宽容量。

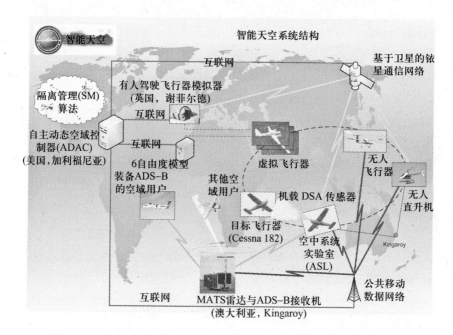

图 11.2 智能天空系统结构

智能天空结构实现了集中式和分散式自动隔离管理的混合。在集中操作模式中, ADAC 向飞行器提供隔离保证。在分散操作模式中, 飞行器可利用来自本地传感器和机载系统的信息来保持与其他飞行器的适当间隙。

图 11.2 展示了模拟飞行器的两种方法: (1) 六自由度 (6DOF) 模型; (2) 谢菲尔德工程模拟器[45]。使用这些模型可模拟多种飞行器。这些虚拟的飞行器对于测试智能天空结构是非常重要的, 而且还提供了一种工具, 该工具可将飞行器加载到智能天空结构中。

下面概述 MATS、ADAC、空中系统实验室 (ASL) 和 "火烈鸟" UAS。智能天空综述文献提供了关于自主无人直升机和该系统其他方面的更多信息[3]。

11.4.3 移动飞行器跟踪系统

11.4.3.1 任务

MATS 的主要任务是探测和跟踪可能侵入到 UAS 操作区域的飞行器。由于地面控制站 (GCS) 经常通过遥测链路跟踪无人飞行器, 探测操作的 UAS 则是次要的。

然而, MATS 可跟踪多架无人飞行器。MATS 能够提供关于无人飞行器位置的独立信息源, 虽然这不是其主要任务。这种独立性意味着 MATS 可以用作二次导航系统。如果 UAS 导航系统故障或如果由于某种原因使用全球定位系统 (GPS) 的 UAS 导航系统故障, 这种能力可能是非常有用的。

MATS 的主要功能是向位于 GCS 的 UAS 驾驶员提供信息。由于每一系统不同的操作要求, MATS 可以位于距 GCS 的不同位置上, 如图 11.1 所示。在这种配置中, MATS 通过网络链路提供关于本地空域用户的信息。

11.4.3.2 结构

图 11.3 显示了 MATS 的现今的结构, 包含如下子系统:

(1) 一次监视雷达系统;

(2) ADS—B 接收机;

(3) VHF 语音收发器;

(4) 执行数据融合和通信管理的服务器。

UAS 飞行机组可位于 MATS 内或距离遥远的 GCS 中。

图 11.3 还显示了到两个外部系统的接口。这两个接口提供了外部系统使用 MATS 数据的手段。这些接口也提供了利用感知与规避 MATS 的两种不同的方法。

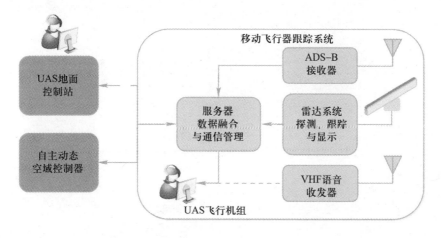

图 11.3 MATS 结构, 同时显示了到两个外部系统、UAS 地面控制站和 ADAC 的接口

一个接口使 MATS 能够向 UAS 驾驶员提供信息。雷达的 TCP/IP 数

据联网能力, 允许将路径和计划发送到可能位于 GCS 中的遥远的跟踪观测站 (TVW)[46]。在这种情形中, 雷达和 UAS 驾驶员组成了飞行员在回路的感知与规避系统一部分, 其中 MATS 提供 "感知" 功能, 而 UAS 驾驶员则通过操控 UA 提供 "规避" 功能。

第二个接口用于 MATS 向外部系统提供关于合作式与非合作式飞行器的信息, 如 ADAC[47]。在该情形中, 感知与规避系统可能是自动的, 其中 MATS 提供 "感知" 功能, 但 "规避" 功能是自动的。自动化包括 ADAC 评估空域情况, 随后向合作式飞行器提供更新的飞行计划, 以便规避任何冲突。

11.4.3.3 MATS 雷达系统

MATS 安装在拖车上, 其构成了由 Insitu 太平洋有限公司 (LPL) 操作的 UAS 飞行验证系统的其中一部分, 如图 11.4 所示。

图 11.4 MATS 安装在一辆拖车上, 其构成了 Insitu Pacific 的 UAS 飞行验证系统
航海雷达如图所示安装在桅杆上, "猛禽" 探测和跟踪系统位于拖车内部

MATS 的一个关键部分是一次监视雷达系统, 雷达由商用现成的海事雷达 "前端" 和执行探测、跟踪和显示功能的 "后端" 组成。

雷达 "前端" 是一种非相干的海事雷达: Furuno FAR—2127—BB。表 11.2 总结了 Furuno 雷达的主要特性。该雷达使用 8 英尺长开有沟槽的波导阵列天线。这个标准 Furuno 天线产生垂直扇形天线方向图, 因此, 不能获得高程信息。

表 11.2　　Furuno FAR-2127 雷达的主要特性

频率/GHZ	9.410 (X 波段)
输出功率/kw	25
脉冲宽度/µs, 距离分辨率/m, PRF/HZ, R_{max}/海里	(1) 0.07, 10.5, 3000, 27 (2) 0.3, 45, 1500, 54 (3) 1.2, 180, 600, 135
天线转速/转 · min^{-1}	24
波束宽度 (水平)/(°)	0.95
波束宽度 (垂直)/(°)	20 (±10)
注: PRF — 脉冲重复频率 　　R_{max} — 最大作用距离	

三种可选择的雷达脉冲宽度提供了三种不同的距离分辨率选项。一般来说, 窄脉冲宽度选项用于近程, 可提供 10.5 m 的距离分辨率。宽脉冲宽度选项提供 180 m 的距离分辨率, 通常用于远程, 如侵入者的探测与跟踪。中等脉冲宽度提供了折中选项。

"猛禽" 探测与跟踪系统构成了 MATS 雷达的 "后端" 或者 "大脑"。用功能强大的、软件可定义的雷达处理器和跟踪器取代标准航海雷达处理部分, 雷达性能得到了增强[48]。

"猛禽" 多目标跟踪器的设计用来管理众多动态和机动目标。该系统使用一种多重假设检验 (MHT) 多交互模型 (IMM) 的跟踪器, 该跟踪器使系统能够探测与跟踪雷达截面积小的机动目标。

雷达操作员能够设置探测与跟踪算法的参数, 并允许操作员针对特定监视情形优化雷达的设置。

MATS 提供了多种显示选项。可以显示来自每部雷达扫描的探测结果, 这些被称为平面图。通常显示具有估计速度和航向的确定路径, 可选择显示背景杂波等级。所有这些雷达信息与背景地图一同显示以提供地理环境。

11.4.3.4　MATS ADS—B 接收机

MATS 当前使用的 ADS—B 接收机是 Kinetic 航空电子设备产品有限公司⑤生产的 SBS—1。SBS—1 是一种便携式、低成本的 1090MHz 的

---

⑤ www.kinetic-avionics.co.uk

ADS—B 接收机[49]。SBS—1 提供跟踪和记录配备了 ADS—B 的飞行器信息的能力。这些信息包括纬度、经度、高度、速度、航向和识别。

ADS—B 的优点之一是将飞行器信息传送给接收机,信息精准性不受接收机的影响。这必须与飞行器信息被测量的雷达系统进行对比,因此,这些测量结果的精度取决于作用距离。

AirServices Australia 概述了 ADS—B 和澳大利亚 ADS—B 网络⑥。

11.4.4　空中系统实验室

图 11.5 显示了 ASL,这是一架 Cessna 172R 型飞机。ASL 配备有集成了 GPS—INS 导航系统的 Novatel SPAN,其提供实时飞行器状态的 "真实" 数据。这些数据包括飞行器的三维位置、速度和姿态[50]。

图 11.5　ASL 为一架 Cessna 172R 飞机

在 ASL 上安装了经过认证的滚转操控转换器,其提供与现有的霍尼韦尔 (Honeywell) KAP140 自动驾驶仪的数字接口。该接口允许飞行器的飞行管理系统直接控制飞行器的自动驾驶仪。这种功能使得在巡航飞行阶段自主执行飞行计划。

---

⑥ http://www.airservicesaustralia.com/projecs/ads-b/

ASL 还配备有铱星卫星收发器和 3G 公共移动数据网络调制解调器, 这两个通信系统提供了到智能天空网络的主通信链路。

ASL 配备有 1090MHz 扩展断续振荡器 (ES) ADS—B 传输系统, 该系统提供了一种飞行试验期间独立监控 ASL 的良好手段。

从 MATS 的观点来看, ASL 的重要特征是其遵循预定飞行计划的能力, 以及提供飞行器位置和姿态精确信息的能力。

ASL 是一个典型的 GA 飞行器, 是雷达特性研究的理想飞行器, ASL 还作为典型的 "侵入者" 飞行器。因此, ASL 非常适于验证 MATS 是如何支持 UAS 在 G 类空域中操作的。

11.4.5 "火烈鸟" UAS

智能天空飞行试验所用的主要固定翼 UAS 是以 "火烈鸟" 无线电控制机体为基础的[3], 如图 11.6 所示。"火烈鸟" 系统被开发成一个可以超视距飞行的自主无人驾驶飞行器。"火烈鸟" 的最大起飞重量约 20 kg, 翼展 4 m, 续航时间约 1 h。

图 11.6 "火烈鸟" 固定翼 UAS

"火烈鸟" 的航空电子设备有效载荷包括 MicroPilot MP2128g 自动驾驶仪、Microhard 无线调制解调器、惯性测量单元 (IMU) 和定制的 PC104 任务计算机。在智能天空工程中, "火烈鸟" 自主飞行超过了 70 小时。

"火烈鸟" 还充当了基于视觉的碰撞探测试验的图像采集平台[32]。

11.4.6 自动动态空域控制器

自动动态空域控制器 (ADAC) 提供了自动空中交通管制能力[47]。ADAC 使用现有的通信基础设施, 即目前的铱星和 3G 公共移动数据网络, 控制有人和无人飞行器。

ADAC 与具有数据链的 "预测性的" 视觉管理系统 (pFMS) 交互用户信息, 其装载于每架有人和无人智能天空飞行器[47]。这些合作式飞行器定期地向 ADAC 发送它们当前和未来的状态信息, 如时间、位置、速度和姿态。每架飞行器也向 ADAC 发送包含有其期望飞行计划的信息。pFMS 预测组件的目的是考虑通信和其他延迟, 以便 ADAC 可制定延迟补偿决策。

ADAC 利用飞行器数据估计当前和未来空域状况。如果 ADAC 识别到飞行器之间可能发生冲突, 它能够以短期飞行计划的形式向每架飞行器发送建议的轨迹修正, 以使所有飞行器之间保持充分隔离。在完成规避机动后, 飞行器返回到其原来的飞行计划。

ADAC 允许在能够使用互联网的全球范围内的任何位置, 对合作式有人和无人平台进行控制。在智能天空飞行试验中, 这意味着飞行在澳大利亚的飞行器可受到来自美国的控制[47],[51,52]。ADAC 最近添加的一项功能是利用 MATS 提供的有关非合作式飞行器的信息。

11.4.7 总结

本节概述了智能天空结构的要素, 该结构提供了用于测试多种有人和无人技术与概念的全面灵活的系统。

MATS 在各种各样的陆基感知与规避试验中, 使用了智能天空基础结构。这将在以下部分进行讨论。

11.5 案例研究: 飞行测试结果

智能天空工程提供了对作为陆基感知与规避系统的 MATS 进行测试的机会。以下讨论 MATS 的性能特征, 其在感知与规避试验中的应用以及雷达探测各种各样飞行器的能力。

11.5.1 雷达特性试验

11.5.1.1 引言

最初一系列飞行试验的目的是描述利用 ASL 的 MATS 的性能特征。针对这些测试，为 ASL 提供了各种各样的飞行计划来测试雷达各种不同的特性。

在测试雷达系统探测性能时，存在很多变量。目标的最大探测距离是关键指标之一，探测距离取决于目标的 RCS，这是雷达可探测到一个什么样目标的目标量度。目标的 RCS 是随雷达对目标的"视线"而变化的复杂函数。例如，直接飞向雷达的飞行器与直接飞离雷达的飞行器将呈现出不同的 RCS。因此，目标呈现给雷达的 RCS 直接影响目标可被探测到的最大距离。ASL 是一种典型的 GA 飞行器，由于 ASL 具有侵入飞行器的典型 RCS，这使得 ASL 非常适合用来测试雷达的探测性能。

雷达的性能还受当地环境的影响。地形和大楼等建筑物可能会影响探测性能，因为目标是从本地环境的相关杂波中检测出来的。在这些情况下目标探测取决于信杂比，而非单纯的信噪比。

一些最初的飞行试验是以了解 MATS 一次雷达的性能为目的的，包括背景杂波对探测性能的影响。了解雷达的性能，对于后续的感知与规避实验是非常重要的。

11.5.1.2 操作环境 —— 瓦特桥

许多 MATS 特性飞行实验是在澳大利亚昆士兰的瓦特桥纪念碑机场 (南纬 27° 05′ 54″，东经 152° 27′ 36″) 进行的。机场有三条草地跑道：两条平行跑道和一条十字交叉的简易跑道。布里斯班山 (Brisbane, 高度 2244 英尺) 位于该机场东面约 4 海里处，机场西北部 5 海里处经常有密集的跳伞运动。

Insitu 太平洋有限公司目前使用该机场进行"扫描鹰" UAS 的飞行训练[7]。因此，该机场可作为测试 MATS 的真实环境。

许多不同类型的飞行器使用瓦特桥机场，这些飞行器为测试 MATS 雷达提供"适当时机目标"。雷达跟踪两个适当时机目标的例子如图 11.7 所示。图 11.7 显示了一架正以 94 节速度飞离瓦特桥机场的飞行器和一架正以 114 节速度接近瓦特桥机场的飞行器。

适当时机目标可用于测试 MATS 跟踪各种飞行器的能力。可以对飞

---

[7] www.insitu.com/scaneagle

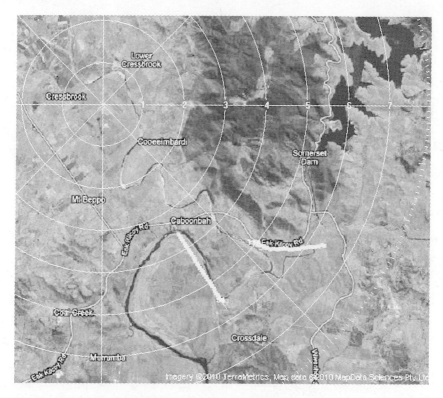

图 11.7　两部 MATS 雷达跟踪瓦特桥纪念碑机场附近的适当时机目标,还显示了距
离瓦特桥以 1 海里为距离增量的距离圈,飞行器速度以节为单位显示在每条航迹上

行器进场、离场和在机场附近环形飞行进行跟踪,尽管适当时机目标的高
度和姿态是未知的,并且这些飞行器也趋向于遵循自己的飞行计划。因此,
由于涉及到大量的未知变量,难以仅从适当时机目标获得有意义的定量结
果。然而,ASL 却是雷达特性试验的理想飞行器,它代表典型的 GA 飞行
器,并且具有精准的机载位置和姿态监视系统。

11.5.1.3　圆形飞行路径

　　针对这些实验,为 ASL 提供了距离瓦特桥机场不同距离的许多圆形
飞行路径。这些圆形飞行路径意味着 ASL 在距雷达固定的距离上飞行,并
且呈现出恒定的雷达 RCS。因此,本地环境的主要变量是背景杂波。

　　图 11.8 显示了利用雷达宽脉冲 (1.2 μs) 时的雷达跟踪轨迹。该图显
示了半径为 2.7 海里 (5 km)、3.2 海里 (6 km)、4.3 海里 (8 km)、6 海里、10
海里和 14 海里的圆形飞行路径的跟踪轨迹。这些是 2010 年 5 月 6 日和

2010 年 7 月 13 日的飞行实验结果。

图 11.8 ASL 在瓦特桥机场附近沿圆形飞行路径飞行时的 MATS 雷达跟踪轨迹, 飞行路径半径为 2.7 海里、3.2 海里、4.3 海里、6 海里、10 海里和 14 海里, 灰色阴影区域表示海拔 3500 英尺的无线电波阴影

需要指出的是, 已提取出构成圆形路径的特殊跟踪轨迹并绘制在谷歌地球上[⑧]。不包括其他飞行器和短暂的跟踪轨迹。圆形路径上的缺口表示 ASL 未被跟踪的区域。

图 11.8 中也显示了海拔 3500 英尺的无线电波阴影区域。这张地图是利用 Global Mapper 的 Viewshed 功能生成的[⑨]。美国宇航局的航天飞机雷达地形任务 (SRTM) 数字高程数据, 其能够提供 90m 的分辨率, 被用于 Viewshed 分析。瓦特桥东部的大片阴影区域是由布里斯班山脉引起的。空域限制阻止了 ASL 在此阴影区上方飞行和停留在 MATS 无线电视距之内。因此, ASL 在此区域内没有被跟踪到。

图 11.9 显示了雷达利用其宽脉冲 (1.2μs) 时瓦特桥的背景杂波环境。该图显示了距布里斯班山 2~4 海里范围内, 由东北到东南区域产生的大量的背景杂波。该图还显示了在其他位置由地形产生的高背景杂波 (例如雷达以北 5 海里)。

---

⑧ http://earth.google.com/
⑨ www.globalmapper.com

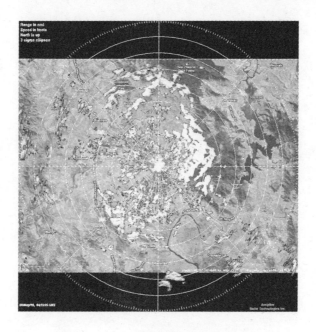

图 11.9 MATS 雷达观测到的杂波环境

利用灰度等级显示杂波信号强度,白色指的是最强的杂波。还显示了增量为 1 海里的
距离圈

图 11.10 显示了雷达可探测到的当地地形图,该图提供了地面杂波可能影响一次雷达目标探测的简单模型。这张地图是利用 Global Mapper 的 Viewshed 功能生成的。该功能突出了对发射机无视距遮挡的所有区域。所做的选择仅显示至少有 60% 第一菲涅耳区域间距的区域。

应该指出的是,这是一个简单的模型,没有考虑植被或人工建筑。在此阶段,也没有试图预测任意位置上反向散射的强度。

图 11.8 显示了 ASL 在不同距离的圆形飞行路径上飞行时的雷达跟踪轨迹。该图表明一些更远距离的圆几乎是连续的时候,许多较近距离圈的大部分跟踪轨迹被丢失了。图 11.9 中显示的背景杂波环境给出了解释,显示的高杂波区域产生较低的信杂比,这妨碍了飞行器的探测与跟踪。

尽管模型简单,图 11.10 证实了强背景杂波区域是由位于雷达无线电视距内的地形所产生的。

通过修正或替换 COTS 海事雷达天线或许可减弱高背景杂波强度。然而,布里斯班山的存在强调了杂波可以减小到最小却不能彻底根除。

图 11.8 表明在朝向布里斯班山方向 4.3 海里和 6 海里处的跟踪轨迹

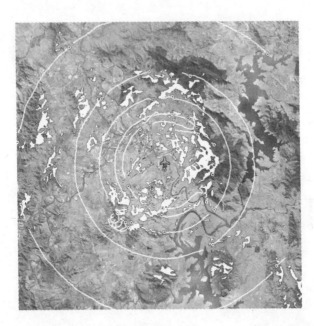

图 11.10 雷达可视区域内的当地地形图 (高亮区域)。该地图提供了雷达将经历高背
景杂波区域的简单预测方法,外部圆表示图 11.8 中 10 海里的跟踪轨迹

是连续的。这是因为 ASL 处于雷达无线电视距内,这些地区位于低杂波区
域,这也增强了飞行器的探测。

图 11.8 也突出了试图对雷达指定单一探测距离的问题。ASL 在地形
阴影区之外、10 海里处的跟踪几乎是连续的,但在 14 海里处的跟踪则更
为断断续续的。

通常 RCS 大的飞行器,如喷气式客机,可在更远的距离被探测与跟
踪,而 RCS 较小的飞行器,包括小型 UAS,仅可在较近的距离被跟踪。

飞行试验结果表明,杂波环境导致了距离和角度对探测性能的依赖性。
建模结果表明即使采用简单的模型,不理想的探测区域也是可预测的。

最后,不能期望飞行器总是飞行在圆形路径上。然而,圆形飞行路径
是使很多与探测相关的变量保持不变的手段,因此提供了一种检验本地环
境对雷达性能影响的方法。

11.5.1.4 菱形飞行路径

在以下飞行测试中,MATS 位于澳大利亚昆士兰 Burrandowan 的一
个农场 (南纬 26° 27′ 36.78″,东经 151° 24′ 15.66″)。飞行测试在 2010 年
11 月和 12 月之间进行。

在接下来的试验中采用菱形飞行计划来测试雷达。在这些例子中，范围和雷达目标几何形状随时间而变化。几何形状变化意味着目标对雷达呈现出的 RCS 也是变化的。

图 11.11 显示了 ASL 按菱形飞行计划飞行时的雷达跟踪轨迹。菱形的每一条边表示目标穿越雷达附近区域的一条飞行路径。菱形飞行路径提供了一种便利的、可重现的采样方法，该方法用于对许多可能的飞行路径进行采样。

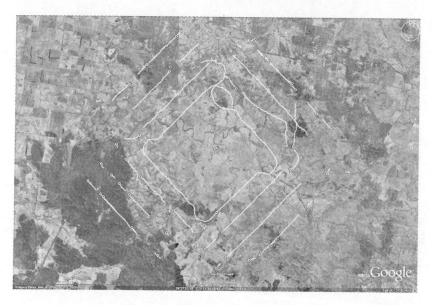

图 11.11　ASL 对大量菱形飞行计划的跟踪轨迹。菱形飞行计划的顶点距当地草场跑道的距离分别为 4.3 海里、6 海里、8 海里和 10 海里。星形符号表示 MATS 的位置

菱形飞行计划的顶点距当地草场跑道的距离分别为 4.3 海里、6 海里、8 海里和 10 海里，该跑道位于 MATS 西南约 0.6 海里处。

当 MATS 操控飞行器飞行时，对于菱形飞行计划的每一条边，从 MATS 到 ASL 的距离首先减小，然后增加。ASL 呈现给雷达的 RCS 沿此路径也变化，同时背景杂波也变化。因此，尽管飞行计划相当地简单，却存在同时影响雷达探测性能的众多因素。

菱形飞行计划生成的跟踪集合，还显示了增加与 MATS 的距离所产生的影响。在较远的距离上，菱形拐角附近的跟踪总是会被连续地丢失。在此区域飞行器转弯和呈现给雷达的 RCS 变化最大 —— 飞行器从后斜视变为正前斜视。

在 Burrandowan 测量的地面杂波图没有显示出很强的方位角依赖性，这与在瓦特桥的测量不同。这意味着跟踪与方位角更一致。因此，在该位置上，影响跟踪性能的主要变量是距离和 RCS —— 如同预期的一样。

11.5.1.5　总结

本节给出了使用 ASL 测试 MATS 的结果。由于飞行器位置和状态信息是独立测得的，ASL 和其 "真实" 系统提供了一种量化 MATS 性能的方法。ASL 还可自主遵循预定飞行路径飞行，因此，它还具有收集可重现结果的能力。

在瓦特桥利用圆形飞行路径来评定环境对探测与跟踪性能的影响。结果表明，高杂波区域可导致一些区域内短暂的跟踪丢失。

高杂波区域是可预测的，而且许多这样的区域可用 Viewshed 分析来重现。飞行计划可适于改善雷达的天线系统，其目的是减小地面杂波的影响。

在不同位置使用菱形飞行路径的测试表明了预期的距离和 RCS 的相依性。

飞行实验结果表明，对于 ASL 大小的飞行器，最初的跟踪可能发生在约 14 海里的距离范围内。连续跟踪可能发生在较近的距离上，大约 6 ~ 10 海里。这些距离大于视觉观察者所期望的跟踪距离，视觉观察者是当前支持 UAS 操作所必需的。

实验结果还表明，UA 的操作空间可能会被限制在 6 ~ 10 海里的距离范围内，如图 11.1 所示。其目的是在侵入者可被探测到的区域与 UA 操作区域之间提供一个空间缓冲区域。侵入者的速度和与 UA 的距离可以转化成警告时间，该时间可用来操纵 UA 与侵入者保持适当间隙。

图 11.8 还表明，在导致无线电波阴影的任何当地地形特征附近，可能需要缓冲区。阴影区域减小了侵入飞行器的探测范围，因此也减小了警告时间。这意味着 UA 的操作空间可能不是匀称的，实际上 UA 的操作空间如图 11.1 所示。

要是需要更远距离的雷达覆盖范围，又会怎么办呢? 有两种常用的选择，第一种选择是使用提供所期望探测范围的一次雷达，第二种选择是使用低成本雷达网络[46]，该选择的后勤保障与成本可以对照于单部雷达选择的后勤保障与成本进行考虑。

11.5.2 感知与规避实验

11.5.2.1 引言

MATS 的目的是支持 UAS 操作。操作 UAS 的典型地方是 G 类空域中小型无塔台机场。这种类型机场通常有各种各样的进场和起飞的飞行器。如果这些飞行器搭载 VHF 无线电, 则轻而易举就可获得它们的位置和意图。一般来说, 这种基于无线电的协调工作状况良好。

但是, 相当比例的飞行器并不携带 VHF 无线电。因此, 协调 UAS 与这些飞行器在一起的活动是不可能的。结果是 MATS 的一次雷达是跟踪这些飞行器的唯一方法。对于有人和无人飞行器而言, 不携带 VHF 无线电的非合作式飞行器代表最具挑战性的空域用户类型。这也是一次监视雷达发挥作用的情形。

有一个需要回答的重要问题: 如果雷达探测到非合作式侵入飞行器, 那么 UAV 驾驶员应该采取什么措施来规避与侵入飞行器的冲突? 如果侵入飞行器穿过 UA 操作空间, 则可能需要采取一些行动, 如图 11.1 所示。

本节的目的是探索环境中包含侵入飞行器的非隔离空域中的 UAS 操作。

11.5.2.2 侵入者情形

要考虑的一般情形是:

(1) 小型 UA 正飞行在无塔台的飞机场附近;

(2) 一次雷达支持 UA 操作, 一次雷达的作用是探测位于在机场的任何观测者视觉范围之外的飞行器;

(3) 侵入飞行器是非合作式的, 且不携带 VHF 无线电;

(4) 侵入飞行器可在任何时间从任一方向到达。

侵入飞行器的意图可能是未知的, 侵入者的一个选择是飞越机场, 进入环路 (起落航线) 并着陆。另一个选择是侵入者将飞过该区域, 侵入者可能也有难以预测的飞行路径, 如一般的观光飞行。就这一点而言, UA 可能需要移动到一个新的位置或改变高度以减轻碰撞的风险。

11.5.2.3 速度和距离

侵入的 GA 飞行器比小型 UA 具有速度优势是很正常的。这意味着 UA 一般不能够超过侵入者。

侵入者的速度优势限制了 UA 的隔离选择。如果侵入者在 6 海里处被探测到, 而且正在以 100 节的速度飞行, 那么它将在 216 s 后到达飞机场 (36 s/海里)。以 50 节速度飞行的 UAS 在此时间内仅能飞行 3 海里 (72 s/海里)。如果 UA 距离机场超过 3 海里, 那么在侵入者到达机场前, 它将不会到达环路区域。

11.5.2.4 飞行器最低高度

在任何城市、城镇或人口密集区域附近飞行的飞行器, 飞行高度通常不应低于地平面以上 (AGL) 1000 英尺。在其他区域, 飞行器不应在低于 AGL 500 英尺的高度上飞行。因此, 当侵入飞行器接近 UAS 操作区域时, 地面与 AGL 500 英尺之间的区域可能会为 UA 等待飞行提供一个安全的地方。

按照惯例, 机场附近飞行的环路 (起落航线) 高度如下[53]:

(1) 150 节以上的高性能飞行器: AGL 1500 英尺;

(2) 55 节和 150 节之间的中等性能飞行器: AGL 1000 英尺;

(3) 最大 55 节的低性能飞行器: AGL 500 英尺。

此结构提供了对具有不同特性的飞行器进行隔离的隔离程序实例。这种结构也表明不期望飞行器飞行在 500 英尺以下。

11.5.2.5 无人飞行器位置和行动

通常 UA 可能位于四种地理区域。按照为 UA 推荐的行动进程, 这些区域定义如下。

(1) 危险 —— UA 位于侵入者与机场之间, 但在环路区域之外。这种结构限制了 UAS 采取行动的时间;

(2) 飞越 —— UA 位于环路区域之外, 但在侵入者可能飞越的区域内;

(3) 保持 —— UA 位于环路区域之外, 并位于侵入者当前飞行路径的一侧;

(4) 环路 —— UA 位于在侵入者之前可到达环路 (起落航线) 区域的边界之内。

图 11.12 显示了关于 UA 可能所处位置的四个地理区域的布局。该想法是旋转此图以使危险区域朝向侵入飞行器。

图 11.12 显示了半径为 3 海里的 "火烈鸟" 环路区域。一般来说, 该半径是由 UA 的速度性能所确定的。显示的 6 海里的圆是用于参考的。目的是根据该距离阈值和侵入者速度可计算飞行器到达机场的时间。

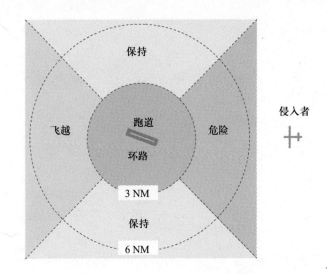

图 11.12 UAS 行动图。此图显示了关于 UA 可能所处位置的四个地理区域的布局
旋转此图以使危险区域朝向侵入飞行器

当 UA 位于每一区域时, UAS 的行动如下:

区域	UA 指令
危险	下降到 AGL 400 英尺以下, 然后环绕轨道飞行
飞越	跟踪到保持区域, 然后环绕轨道飞行
保持	环绕轨迹飞行或保持速度和航向, 无论其更为安全与否
环路	跟踪到环形区域 "死" 边上, 高度小于 AGL 400 英尺, 然后环绕轨道飞行

可供 UA 考虑的其他选择是降落或爬升。UA 降落的通常问题是, 降落过程中是否会发生意外, 如果是, 在其降落过程中 UA 将成为侵入飞行器的一个危险。控制 UA 爬升的通常问题是, 小型 UA 的爬升速率往往很低, 以致不能作为规避机动所用。

还考虑了命令 UA 加入环路。由于在交通密度相对较高的区域中, 可能存在与有人飞行器混合在一起的很小的难以发现的飞行器 (小型 UA), 因此此想法被放弃。

文献 [20] 提出了零冲突空域的方法, 用来管理 UAS 对其他空中交通做出反应的操作。图 11.12 和相关的 UA 行动的目的是为管理操作提供一个更灵活的概念。

11.5.2.6 结果

智能天空工程提供了当一个侵入飞行器接近操作区域时, 检验 UAS

操作的机会。在这些实验中 ASL 充当侵入者的角色。

这些实验中, 只允许 "火烈鸟" 无人飞行器运行在本地机场 2 海里半径的区域内, 且距地面 AMSL 2700 英尺高。这限制了后续实验中被测 UA 的选择。

图 11.13 为一个侵入者实验的例子, 这是在 2010 年 8 月 5 日进行的。该图也显示了 ASL 的雷达轨迹和基于 GPS 的 "真实" 轨迹。

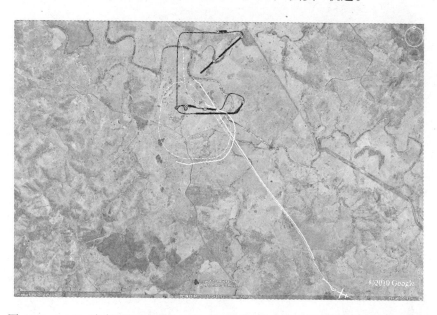

图 11.13　ASL (白色) 和 "火烈鸟" UA 的 (黑色) 雷达跟踪轨迹。粗线表示雷达跟踪轨迹, 细线表示基于 GPS 的 "真实" 跟踪轨迹。星标表示 MATS 位置。此试验在 2010 年 8 月 5 日进行

"火烈鸟" UAS 由位于机场的 GCS 操控, 图中还显示了 "火烈鸟" 的雷达和 GPS 跟踪轨迹。

MATS 位于 "火烈鸟" 的 GCS 西南大约 0.38 海里处。这意味着利用 VHF 语音无线电话将来自 MATS 的位置报告提供给 UAS 操控员。

图 11.14 显示了侵入者实验的第二个例子。MATS 被移到了另一个不同的位置, 即位于机场东北大约 0.6 海里处。在这种情况下, MATS 最初跟踪从机场飞向东北方向的飞行器。然后飞行器转向机场飞行。

利用 VHF 语音无线电话, 再次将来自 MATS 的位置报告提供给 UAS 操控员。

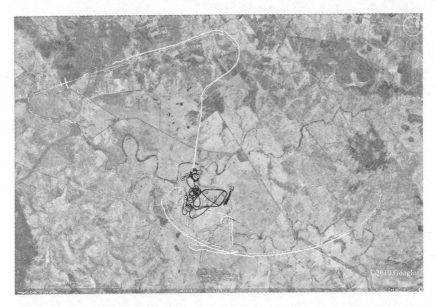

图 11.14 ASL (白色) 和 "火烈鸟" UA 的 (黑色) 雷达跟踪轨迹。粗线表示雷达跟踪轨迹, 细线表示基于 GPS 的 "真实" 跟踪轨迹。星标表示 MATS 位置。此试验在 2010 年 12 月 10 日进行

11.5.2.7 讨论

图 11.13 和图 11.14 提供了 ASL 作为侵入者的例子。MATS 跟踪侵入者, 利用 VHF 语音无线电话, 将基于雷达的侵入者位置报告提供给 "火烈鸟" UAS 操控员。

位于 GCS 的 UAS 操控员负责操控 UAS, UAS 操控员还负责按照 MATS 操作员提供的位置、速度和航向报告行动。

实验证实, 根据无线电报告控制 UAS 并跟踪侵入者的位置是很困难的。接收并领会来自雷达的报告延长了感知与规避的时间[20,21]。当 UAS 操控员正在解读一个报告时, 另一个无线电广播可能就开始了。培训和练习有助于减轻工作负担。然而, 仍存在的疑问是, 如果附近飞行器的数量增加, 那么 UAS 操控员将可能再次被压垮。

常用的方法是由 GCS 内部的两个人操作 UAS: 一个操作 UAS 而另一个管理与空域相关的问题。在这种配置下, MATS 的目的是向空域管理者提供信息。该方法已成功地用于其他飞行试验。

接下来的技术措施是在 GCS 内部雷达显示实时空域图像。雷达的远程显示, 即 TVW, 提供了这一能力[46]。TVW 还有助于多个侵入者情形下

UAS 机动的优先权排序, 一些使用 TVW 的最初的试验也已成功完成。

11.5.2.8 总结

本节的目的是考虑与在无塔台机场附近操作 UAS 相关的实际问题。提出了一种 MATS 探测到侵入飞行器时的机动 UAS 的策略, 这个策略特别适用于有 GBSAA 系统支持操作的小型 UAS。

该示例证实了 MATS 探测与跟踪侵入飞行器的能力。在这些情形中, 雷达和 UAS 操控员构成飞行员在回路的感知与规避系统: MATS 提供 "感知" 功能, 而 UAS 操控员通过操纵 UA 提供 "规避" 功能。

MATS 提供的空域图像是频繁更新的。空域图像必须与仅由配备无线电的飞行器提供间断的位置和意图报告的当前情形进行对比。

GBSAA 系统能够比视觉观察员在更大的范围内探测与跟踪飞行器。该更大的范围可以转化为更多的操作自由和更多的时间, 来操纵 UA 与任何侵入飞行器保持适当空隙。

11.5.3 自动感知与规避

智能天空飞行测试计划的亮点之一是自动感知与规避实验。这些实验使用 MATS 一次雷达向 ADAC 提供关于非合作式飞行器的信息。ADAC 的作用是控制合作式飞行器。

如果识别到潜在的冲突, 非合作式飞行器则不能由 ADAC 所控制。反而, 涉及冲突的合作式飞行器被分配给更新的飞行计划, 来保持所有飞行器彼此隔离。

智能天空结构如图 11.2 所示。自动感知与规避实验以集成的方式使用此结构。在这些实验中, MATS 和飞行器位于澳大利亚, 而 ADAC 则坐落在美国。MATS 使用 3G 公共移动数据网络, 为 ADAC 提供关于非合作式飞行器的信息。

在这些实验中, ASL 作为非合作式飞行器, 被 MATS 的一次雷达所跟踪。实验中所用的合作式飞行器是虚拟的, 但这对 ADAC 来说没什么区别, 因为它们的行为就像真实的合作式飞行器一样: 它们产生周期性的位置报告, 并可接收来自 ADAC 的更新的飞行计划。

图 11.15 显示了自动感知与规避试验结果的一个实例。起初, 非合作式 ASL(AID5) 和合作式虚拟飞行器 (AID1) 正在遵循各自的飞行计划飞行。然后 ADAC 将更新的飞行计划分配给合作式飞行器 (AID1) 来规避 MATS 探测到的非合作式飞行器 (AID5)。遭遇之后, 合作式飞行器返回到

其原来的飞行计划。

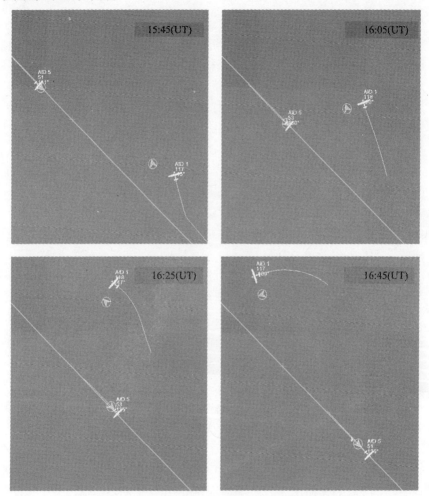

图 11.15 自动感知与规避试验结果的一组显示。直线表示每架飞行器的原始飞行计划。合作飞行器 (AID1) 被 ADAC 分配给更新的飞行计划，来规避由 MATS 探测的非合作飞行器 (AID5)。在突然遭遇后合作飞行器返回到其原来的飞行计划

对于合作式飞行器，自动感知与规避实例是早期智能天空飞行实验的重点[47],[51,52]。这些实验证明了使用互联网的飞行器远程自动控制。

非合作式飞行器是当今航空环境的组成部分。MATS 提供了探测与跟踪这些飞行器的能力。智能天空结构也提供了将自动感知与规避扩展到含有非合作式飞行器的机会。尽管在此仅提供了一个实例，智能天空飞行测试计划采用了菱形和圆形飞行计划来测试自动感知与规避。

TCAS 和 ADS—B 提供了现在所使用的合作式技术的实例。智能天空网络可被视为这些合作式技术的扩展，在网络中通过数据链可以发送和接收额外的信息。ADAC 与在每架有人和无人飞行器上安装的数据链式 pFMS 交互用户信息[47]。这些信息包括飞行器的期望飞行计划和当识别到冲突时由 ADAC 所分配的命令式飞行计划。

现今，小型 UAS 正操作在含有合作式和非合作式飞行器的环境之中。本节证实了智能天空结构自动管理来自遥远地方的各种各样飞行器的能力，该地方目前是非管制类空域。

11.5.4　动态感知与规避实验

智能天空工程开发了许多感知与规避技术[3]。计算机视觉系统是这些技术之一，该系统旨在提供至少同飞行员一样好的机载自动感知与规避功能。

动态感知与规避 (DSA) 实验是智能天空飞行实验计划的一部分。实验涉及许多与目标飞行器正面和背后追击碰撞的 ASL 飞行。实验期间，飞行器总是在至少 500 英尺高度上进行隔离。ASL 被用作搭载计算机视觉设备的测试平台，目标飞行器是一架 Cessna 182P。

MATS 用于这些实验被动地观察。图 11.16 显示了实验的一组屏幕截图。最初，ASL 位于 MATS 以北 5 海里处。目标飞行器位于 MATS 东南部以东 6 海里处。该图显示了这两个飞行器接近，然后离开遭遇点的过程。

DSA 实验提供了监控虚拟空中碰撞的机会，实验也验证了雷达跟踪两架飞行器，并提供位于当前是非管制空域内的本地空域用户信息的能力。

飞行员耗费 12.5 s 时间来识别和应对可能的碰撞，并且能够探测约 1 海里范围内可能的正面碰撞[12]。相比之下，MATS 能够监控整个碰撞过程中的每架飞行器。本地空域用户的实时观测还证实了 MATS 在支持 UAS 操作方面的价值。

MATS 的联网功能还允许远程观测雷达跟踪信息。因此，目前在无塔台的飞机场，MATS 通常可以用来提供低成本的监视。

11.5.5　跟踪多种飞行器

11.5.5.1　引言

ASL 提供了测试 MATS 的理想平台。ASL 代表典型的 GA 飞行器，也代表来自雷达观测点的典型侵入飞行器。ASL 还配备有 GPS—INS 导

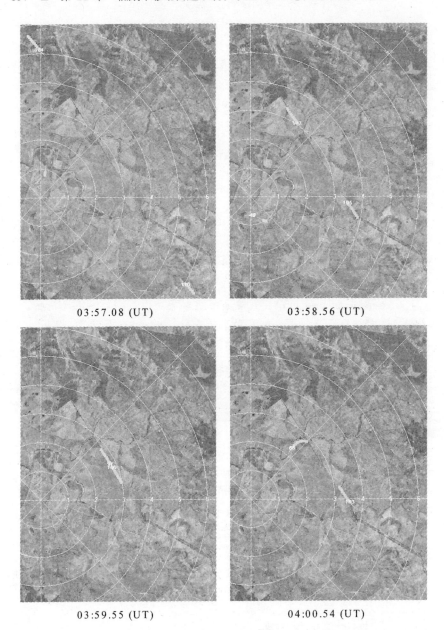

图 11.16 一组 2010 年 12 月 7 日进行的正面感知与规避实验的 MATS 显示。图像时间间隔约为 1 min。ASL 最初位于 MATS 北部。目标飞行器位于 MATS 的东南部以东。每条轨迹上显示了以节为单位的飞行器的速度

航系统，该系统提供与飞行器状态有关的实时且独立的"真实"数据。

对于任何 GBSAA 系统，有必要证明其跟踪多种飞行器的能力。例如，FAA 为 UAS 飞行操作提供一些临时的操作许可指导[23]，文献 [23] 指出：

当利用特殊类型的雷达或其他传感器来减轻风险时，申请人必须提供可证实如下情形的支持数据：

(1) 所有合作式与非合作式飞行器，包括低雷达反射率目标，比如滑翔机、热气球，可在所有操作高度和距离上被持续地识别；

(2) 所提供的系统可有效地解决潜在碰撞冲突。

本节给出的结果提供了支持数据的实例，这些支持数据包含在 UAS 使用更大空域操作的应用中。

11.5.5.2　皇家飞行医生

MATS 操作在昆士兰 Kingaroy 机场 (南纬 26° 34′ 48″，东经 151° 50′ 30″)。这为跟踪皇家飞行医生服务飞行器提供了机会，该飞行器是一架双引擎霍克比奇 (Hawker Beechcraft) B200 "国王" 型飞机。图 11.17 显示了抵达和随后离开 Kingaroy 机场的雷达和 ADS—B 跟踪轨迹。

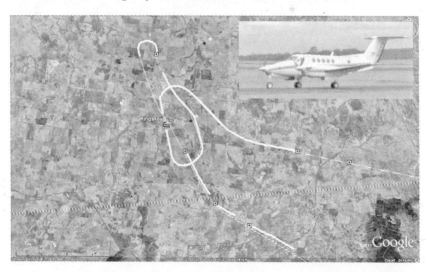

图 11.17　2010 年 9 月 28 日抵达随后离开昆士兰 Kingaroy 机场的皇家飞行医生服务飞机的雷达跟踪轨迹 (粗线) 和 ADS—B 跟踪轨迹 (细线)。插图为国王飞行器照片

图中显示了从东南方向接近的飞行器。雷达跟踪起始于距机场约 10 海里的地方。飞行器随后离开机场向正东方向飞行，在距 MATS 11 海里之前，飞行器始终被雷达所跟踪。ADS—B 接收机能够对从距机场 38 海

里处飞向机场飞行器的接近过程进行跟踪。飞行器离开后，一直被跟踪到距机场 42 海里处。

在其他地方曾经报道过雷达跟踪和 ADS—B 跟踪之间的一致性[54]。这些在预先确定的飞行路径上的跟踪具有独特的 "识别特征"。在某一实例中，接收到的 ADS—B 信息使飞行器被识别为正在降落到布里斯班国际机场的波音 777—2D7ER。在最近的点上，飞行器距 MATS 16 海里。大量各种各样的飞行器后来同时被雷达和 ADS—B 系统所跟踪。

MATS 的 ADS—B 接收机的目标是：(1) 提供也被雷达探测的飞行器的详细信息；(2) 提供雷达作用距离之外的训练飞行器的信息。

ADS—B 的优点之一是还提供飞行器的身份、高度和速度。因此，装备了 ADS—B 的飞行器可用作一次雷达的替代校准源。

11.5.5.3　机动滑翔飞翼

许多种 GA 飞行器使用瓦特桥机场。图 11.18 显示了机动滑翔飞翼的 MATS 雷达跟踪轨迹。如图所示，机动滑翔飞翼最初向东南方向飞行，然后绕布里斯班山飞行，飞越萨默塞特水库，最后返回到瓦特桥机场。该图表明，对于大多数飞行，飞行器是位于 MATS 无线电视距范围之内的。

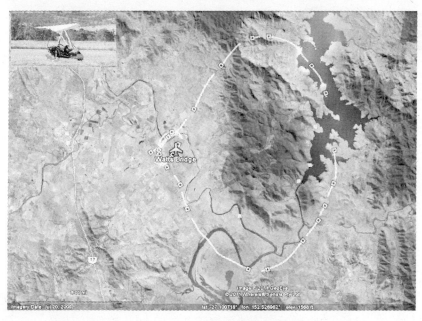

图 11.18　2010 年 7 月 13 日机动滑翔飞翼的雷达跟踪轨迹。
插图为机动滑翔飞翼照片

这个实例的目的之一是验证 MATS 对扩展飞行的小型飞行器的跟踪能力。该飞行器的结构也是非常有趣的, 因为它没有传统的铝质蒙皮机身。

飞行器结构对其 RCS 有着直接影响。获得飞行器的 RCS 理论模型是一个复杂的过程。然而, 外场测量为了解雷达探测此类飞行器的能力提供了一种实用的方法。

11.5.5.4 跟踪无人飞行器

第 11.4.3.1 小节指出跟踪操作的 UAS 不是 MATS 的主要任务, 因为 UA 的位置通常是已知的。GCS 通常接收在其控制下的 UA 的实时信息。

文献 [54] 给出了使用 MATS 跟踪 "鹰眼" 无人飞行器的实例。"鹰眼" 翼展 3.11 m、长 1.37 m。小型 UA 的 RCS 通常小于 GA 飞行器。这意味着小型 UA 的探测和跟踪将发生在比 GA 飞行器近的距离范围内。

智能天空飞行测试计划提供了跟踪 "火烈鸟" 无人飞行器的机会。第 11.4.5 节给出了 "火烈鸟" 的详细资料。图 11.13 和图 11.14 给出了 MATS 跟踪 "火烈鸟" 的实例。图 11.19 给出了更长飞行时间的实例。该图显示了雷达跟踪轨迹和基于 GPS 的 "真实" 跟踪轨迹。

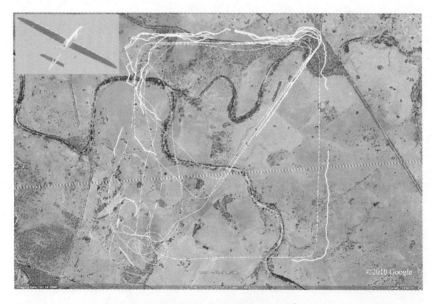

图 11.19 2010 年 12 月 10 日智能天空飞行实验中 "火烈鸟" 无人飞行器的 MATS 雷达跟踪轨迹。粗线表示雷达跟踪轨迹, 细线表示基于 GPS 的 "真实" 跟踪轨迹。星标表示 MATS 的位置。插图为 "火烈鸟" 照片

该图表明, 在雷达附近往往不发生跟踪。在近距离范围内, 飞行器关于雷达的位置是非常重要的。例如, 如果 UA 的高度太高, 那么它可能不在雷达的视场内。如果完整跟踪 UA 的飞行是非常重要的话, 也许可以考虑在不同位置上操作雷达。

在图 11.19 中可观察到 UA 跟踪和雷达跟踪之间小的系统偏差。显示的数据与记录的一样, 但在必要时可脱离系统进行此偏差校准。系统偏差是很小的, 大约是一个宽脉冲的距离分辨单元。

图 11.19 证明了 MATS 跟踪位于雷达视场内的低 RCS 飞行器的能力。为什么要跟踪无人飞行器? 一种选择是使用 UAS 测试和校准其他系统, 如 MATS。很多 UAS 已经将记录位置、速度和其他信息作为其操作的一部分。如同本节所证明的, 这个独立的 "真实" 信息对于 GBSAA 系统是很有价值的。

11.5.5.5　总结

MATS 已经证实了其跟踪大量的各种飞行器的能力, 从大型客机到小型无人飞行器。跟踪非合作式和合作式目标的能力已得到证实。实例也表明了雷达和 ADS—B 跟踪之间的精确的一致性。机动滑翔飞翼和无人飞行器证实了 MATS 跟踪低 RCS 目标的能力。

机会目标对于验证雷达跟踪多种飞行器的能力是有价值的。有限的跟踪机会和其他未知因素, 如高度, 可能会使来自这些飞行器的雷达性能信息难以推广。

机载 GPS 记录和 ADS—B 系统可提供关于飞行器的独立信息, 这些信息可用于校准和测试 GBSAA 系统。

机会目标也证实了 MATS 为 UAS 操控员提供本地空域用户信息的能力。这些飞行器提供了不明飞行器在不可预知的时间和方向上接近和离开机场的实例。其他研究也表明了雷达改善 UAS 操作员环境感知的能力[55]。

11.5.6　气象监视

气象信息对航空一直是很重要的。随着科技的进步, 可获得更为精准的信息用来评估当前的气象条件并做出预测。

现在许多国家都有专门的气象雷达网络。通常部署专用雷达来提供对主要人口中心的覆盖。从 UAS 角度来看, 这些雷达不会总能提供所要求操作区域的覆盖。本节表明, UAS 操控员可使用 MATS 来感知和规避气象。

　　图 11.20 显示了一组间隔为 30 min 的 MATS 雷达的四幅杂波地图。每幅图之间 5 海里内的杂波是相对稳定的，因为这是本地地形的地面杂波。

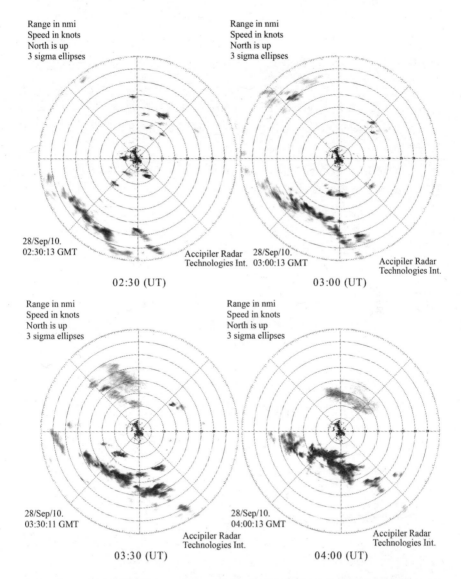

图 11.20　雷达杂波图显示 2010 年 12 月 28 日临近的暴风雨。采用灰度等级显示地面杂波信号强度。黑色指的是最强的地面杂波。每幅图之间的时间间隔为 30 min。距离圈的增量为 5 海里

最大的特征之一是暴风雨, 其最初位于 MATS 的西南部。图像表明在接下来的一个半小时该暴风雨向雷达方向移动。

图像还显示出其他有雨的区域。最初观测到小雨区域朝 MATS 西北方向移动, 随后看到雨向东南方向移动, 直到在最后的一幅图中它位于雷达的东北部。

可以看到其他更小的降雨区域在每幅图像之间的移动。通过利用可得到的时间分辨率更高的数据 —— 雷达的更新速率为 2.5 s, 对这些其他的区域进行跟踪。

该实例验证了 MATS 提供雷达探测范围内降水量信息的能力。这种近似实时的气象信息是很有用的, 因为它提供可能影响 UAS 操作的气象条件状况。

已研究了 X 波段海事雷达的校准和使用[56], 该雷达作为成本效益好的气象雷达。每套装置的成本估计不到最先进的 X 波段气象雷达系统的六分之一。也研究了低成本简单结构的 X 波段气象雷达的使用[57]。该研究将 X 波段雷达的结果与 S 波段气象雷达的结果进行比较, 并给出了 "出色的" 结论。因此, MATS 能够提供可支持 UAS 操作的、有价值的气象信息。

11.5.7　未来

MATS 发展的下一个阶段可能是标准天线系统的升级。目的是降低地面杂波的影响并增大雷达的垂直探测范围。

来自 MATS 传感器的数据目前并没有实时融合。为 UAS 操控员提供融合的通用操作状况 (COP) 的工作正在进行之中, 其类似向空中交通管制员所提供的内容[58]。这种融合状况将使识别非合作式飞行器变得更为容易, 这是在 NAS 中操作的一个重要方面。

11.6　结论

为了获得在 NAS 内更大的操作自由, 无人飞行器要求具备感知与规避能力。许多针对这个问题的解决方法正在开发中。本章我们验证了支持 UAS 操作的低成本移动雷达系统和 ADS—B 接收机的能力。

GBSAA 系统尤其适用于小型无人飞行器, 因为它们搭载额外传感器或系统的能力常常是极为有限的。当然 GBSAA 系统可以支持大量的各种各样的无人飞行器。GBSAA 系统的优点之一, 是它们具备无需对无人飞行器进行任何修改即可支持 UAS 操作的能力。

利用遵循预定飞行计划飞行的特殊装备的飞行器和其他不同形状与大小的飞行器, 对作为智能天空工程一部分的 MATS 进行了测试。飞行实验结果表明, MATS 能够支持 UAS 在 NAS 内非隔离空域的操作。

飞行实验结果表明, 本地地形可对 GBSAA 系统的性能产生影响。因此, 必须考虑实现预期监视覆盖的系统的定位问题。操作环境的另一个方面就是气象。飞行实验结果也验证了雷达监测降雨的能力, 这是对于 UAS 操作的非常有用的信息。

军方也对在 NAS 中飞行的 UAS 感兴趣, 包括培训、研究、开发和测试。美国国防部已经制定了起始于视距操作的增加 NAS 使用权战略[41]。下一步将使用 GBSAA 系统来支持终端区域操作。后续阶段都涉及到使用 GBSAA 系统来支持 UA 飞越空域。因此, GBSAA 系统可能是将 UAS 融入于 NAS 中的分层方法的关键部分。

GBSAA 系统可有助于提出 "提交申请和飞行" UAS 操作的充分理由。这些惯例和符合规定的操作将为在 NAS 中操作 UAS 提供重要的经验, 这是实施利用无人飞行器的民用和商业操作的重要组成部分。

致谢

感谢智能天空团队在项目研究期间做出的所有努力。特别感谢 Duncan Greer、Rhys Mudford、Scott NcNamara、Ryan Fechney、Chris Turner 和 Rod Walker 教授, 他们作为 ASL 的飞行员和机组人员, 为 MATS 做出了重大的贡献。非常感激所有评论家的建设性评论。还要感谢 Insitu 太平洋有限公司, 感谢他们制作了智能天空项目中所用的 MATS。

还要特别感谢 Peter Rogers 先生专业性的建议。

该项研究是智能天空工程的一个组成部分, 并受到了 "昆士兰州政府智能州基金计划" 的部分支持。

参考文献

[1] 'Comprehensive set of recommendations for sUAS regulatory development', Small Unmanned Aircraft System Aviation Rulemaking Committee, April 2009.

[2] 'Civil aviation safety regulations 1998 (CASR) part 101, unmanned aircraft and rocket operations', Civil Aviation Safety Authority (CASA), 2010.

[3] R. Clothier, R. Walker, R. Baumeister, M. Brünig, J. Roberts, A. Duggan, and M. Wilson, 'The Smart Skies Project', IEEE Aerospace and Electronic Systems Magazine, 26, 14-23, 2011.

[4] 'Unmanned aerial vehicles roadmap: 2000-2025', Office of the Secretary of Defense, April 2001.

[5] M. DeGarmo, 'Issues concerning integration of unmanned aerial vehicles in civil airspace', Tech. Rep. MP 04W0000323, The MITRE Corporation, 2004.

[6] 'Annex 11 to the convention on civil aviation: Air traffic services', International Civil Aviation Organization (ICAO), 2001.

[7] 'Limitations of the see-and-avoid principle', Research Report ISBN 0642160899, Australian Transport Safety Bureau (ATSB), 1991.

[8] C. Morris, 'Midair collisions: Limitations of the see-and-avoid concept in civil aviation', Aviation, Space, and Environmental Medicine, 76(4), 357-365, 2005.

[9] J. W. Andrews, 'Unalerted air-to-air visual acquisition', Lincoln Laboratory, Massachusetts Institute of Technology, November 1991.

[10] R. Wolfe, 'NASA ERAST Non-Cooperative DSA Flight Test', AUVSI Conference Proceedings, pp. 1-15, July 2003.

[11] R. J. Kephart and M. S. Braasch, 'Comparison of see-and-avoid performance in manned and remotely piloted aircraft', Digital Avionics Systems Conference, vol. 25, pp. 4.D.2-1-4.D.2-8, May 2008.

[12] 'Pilots' role in collision avoidance', Advisory Circular 90-48C, Federal Aviation Administration, 1983.

[13] K. Colvin, R. Dodhia, and R. Dismukes, 'Is pilots' visual scanning adequate to avoid mid-air collisions?', Proceedings of the 13th International Symposium on Aviation Psychology, pp. 104-109, 2005.

[14] 'Introduction to TCAS Version 7', Federal Aviation Administration, November 2000.

[15] R. C. Matthews, 'Characteristics of U.S. midairs', FAA Aviation News, 40, 1-3, 2001.

[16] Review of midair collisions involving general aviation aircraft in Australia between 1961 and 2003', Research Report B2004/0114, Australian Transport Safety Bureau (ATSB), May 2004.

[17] J. N. Simon and M. S. Braasch, 'Deriving sensible requirements for UAV sense-and-avoid systems', Digital Avionics Systems Conference, DASC, pp.

6.C.4-1-6.C.4-12, October 2009.

[18] A. Lacher, D. Maroney, and A. Zeitlin, 'Unmanned aircraft collision avoidance – technology assessment and evaluation methods', The 7th Air Traffic Management Research & Development Seminar, pp. 1-10, 2007.

[19] D. Seagle, 'NATO developments in UAS airworthiness and sense & avoid functional requirements', International Council of the Aeronautical Sciences (ICAS), pp. 1-22, 2007.

[20] 'Sense and avoid (SAA) for unmanned aircraft systems (UAS)', Federal Aviation Administration, October 2009.

[21] A. Zeitlin, 'Issues and tradeoffs in sense & avoid for unmanned aircraft', IEEE Systems Conference, pp. 61-65, April 2010.

[22] 'Airspace integration plan for unmanned aviation', Office of the Secretary of Defense, November 2004.

[23] 'Interim Operational Approval Guidance, 08-01, Unmanned Aircraft Systems Operations in the U.S. National Airspace System', Federal Aviation Administration, AIR-160, 2008.

[24] M. Contarino, 'All weather sense and avoid system for UASs'. Report to the Office of Naval Research for R3 Engineering, 2009.

[25] A. Lacher, A. Zeitlin, D. Maroney, K. Markin, D. Ludwig, and J. Boyd, 'Airspace integration alternatives for unmanned aircraft', AUVSI's Unmanned Systems Asia-Pacific, pp. 1-19, February 2010.

[26] S. Hottman, K. Hansen, and M. Berry, 'Literature review on detect, sense, and avoid technology for unmanned aircraft systems', Tech. Rep. DOT/FAA/AR-08/41, Federal Aviation Administration, 2009.

[27] Y. K. Kwag and C. H. Chung, 'UAV based collision avoidance radar sensor', International Geo-science and Remote Sensing Symposium, IGARSS, pp. 639-642, 2007.

[28] B. Korn and C. Edinger, 'UAS in civil airspace: Demonstrating "sense and avoid" capabilities in flight trials', Digital Avionics Systems Conference, DASC, pp. 4.D.1-l-4.D.1-7, October 2008.

[29] D. Longstaff, M. AbuShaaban, and S. Lehmann, 'Design studies for an airborne collision avoidance radar', Proceedings of the 5th EMRS DTC Technical Conference, pp. 1-9, 2008.

[30] S. Kemkemian, M. Nouvel-Fiani, P. Comic, and P. Garrec, 'MIMO radar for sense and avoid for UAV', Phased Array Systems and Technology (ARRAY), 2010 IEEE International Symposium, pp. 573-580, October 2010.

[31] R. Carnie, R. Walker, and P. Corke, 'Image processing algorithms for UAV

"sense and avoid"', Proceedings of the 2006 IEEE International Conference on Robotics and Automation, pp. 2848-2853, 2006.

[32] J. Lai, L. Mejias, and J. Ford, 'Airborne vision-based collision-detection system', Journal of Field Robotics, 28(2), 137-157, 2011.

[33] 'Standard Specification for Design and Performance of an Airborne Sense-and-Avoid System', F2411-07, ASTM International, 2007.

[34] B. Karhoff, J. Limb, S. Oravsky, and A. Shephard, 'Eyes in the domestic sky: An assessment of sense and avoid technology for the army's "Warrior" unmanned aerial vehicle', Proceedings of the 2006 Systems and Information Engineering Design Symposium, pp. 36-42, April 2006.

[35] 'Guidance Material on Comparison of Surveillance Technologies (GMST)', Tech. Rep. Edition 1.0, International Civil Aviation Organization (ICAO) – Asia and Pacific, September 2007.

[36] P. Howland and M. R. Walbridge, '"What is the range of your radar?" and other questions not to ask the radar engineer', IEE Colloquium on Specifying and Measuring Performance of Modern Radar Systems, pp. 3/1-3/9, March 1998.

[37] P. Weber and T. Nohara, 'Device and method for 3D height-finding avian radar', US Patent 7,864,103 B2, 2011.

[38] T. McGeer, 'Safety, economy, reliability, and regulatory policy for unmanned aircraft', Aerovel Corporation, pp. 1-9, March 2007.

[39] M. R. Endsley, 'Toward a theory of situation awareness in dynamic systems', Human Factors, 37(1), 32-64, 1995.

[40] M. R. Endsley, B. Bolte, and D. G. Jones, Designing for Situation Awareness: An approach to human-centered design. Taylor & Francis, London, 2003.

[41] 'Final Report to Congress on Access to National Airspace for UAS', US Department of Defense, 2010.

[42] C. E. Fossa, R. A. R. A. Raines, G. H. Gunsch, and M. A. Temple, 'An overview of the IRIDIUM low Earth orbit (LEO) satellite system', IEEE National Aerospace and Electronics Conference, pp. 152-159, 1998.

[43] S. Pratt, R. Raines, C. Fossa, and M.A Temple, 'An operational and performance overview of the IRIDIUM low earth orbit satellite system', IEEE Communications Surveys & Tutorials, 2(2), 2-10, 1999.

[44] F. Gonzalez, R. Walker, N. Rutherford, and C. Turner, 'Assessment of the suitability of public mobile data networks for aircraft telemetry and control purposes', Progress in Aerospace Sciences, 47(3), 240-248, 2011.

[45] G. Spence and D. Allerton, 'Simulation of an automated separation manage-

ment communication architecture for uncontrolled airspace', AIAA Modeling and simulation Technologies Conference, pp.1-8, 2009.

[46] T. Nohara, P. Weber, G. Jones, A. Ukrainec, and A. Premji, 'Affordable high performance radar networks for homeland security applications', IEEE Radar Conference, pp. 1-6, 2008.

[47] R. Baumeister, R. Estkowski, and G. Spence, 'Automated aircraft tracking and control in Class G airspace', International Council of the Aeronautical sciences, pp. 1-13, 2010.

[48] P. Weber, A. Premji, T. Nohara, and C. Krasnor, 'Low-cost radar surveillance of inland waterways for homeland security applications', IEEE Radar Conference, pp.134-139, 2004.

[49] 'Minimum operational performance standards for 1090 MHz extended squitter Automatic Dependent Surveillance - Broadcast (ADS-B) and Traffic Information Services - Broadcast (TIS-B)', December 2009.

[50] D. Greer, R. Mudford, D. Dusha and R. Walker, 'Airborne systems laboratory for automation research', International Council of the Aeronautical Sciences', pp. 1-9, 2010.

[51] R. Baumeister, R. Estkowski, G. Spence, and R. Clothier, 'Evaluation of separation management algorithms in Class G airspace', AIAA Modeling and Simulation Technologies Conference, no. AIAA-2009-6126, pp. 1-14, 2009.

[52] R. Baumeister, R. Estkowski, G. Spence, and R. Clothier, 'Test architecture for prototyping automated dynamic airspace control', Council of European Aerospace Societies (CEAS), European Air and Space Conference, pp. 1-14, 2009.

[53] 'Operations in the vicinity of non-towered (non-controlled) aerodromes', CAAP 166-2, Civil Aviation Safety Authority (CASA), 2010.

[54] M. Wilson, 'A mobile aircraft tracking system in support of unmanned aircraft operations', International Council ot the Aeronautical Sciences, pp. 1-11, 2010.

[55] J. Denford, J. Steele, R. Roy, and E. Kalantzis, 'Measurement of air traffic control situational awareness enhancement through radar support toward operating envelope expansion of an unmanned aerial vehicle', Proceedings of the 2004 Winter Simulation Conference, pp. 1017-1025, 2004.

[56] R. Rollenbeck and J. Bendix, 'Experimental calibration of a cost-effective X-band weather radar for climate ecological studies in southern Ecuador', Atmospheric Research, 79, 296-316, 2006.

[57] G. A. Pablos-Vega, J. G. Colom-Ustáriz, S. Cruz-Pol, J. M. Trabal, V. Chan-

drasekar, J. George, and F. Junyent, 'Development of an off-the-grid X-band radar for weather applications', IEEE International Geoscience and Remote Sensing Symposium (IGARSS), pp. 1077-1080, July 2010.

[58] 'Guidance Material on Issues to be Considered in ATC Multi-Sensor Fusion Processing Including the Integration of ADS-B Data', International Civil Aviation Organization (ICAO), 2008.

[59] 'Unmanned Aircraft Systems (UAS). ICAO Circular 328', International Civil Aviation Organization (ICAO), 2011.

后记

　　本书呈现给读者的是无人飞行器系统 (UAS) 特别是感知与规避 (SAA) 领域中专家们的共同成果。本书的编者是该团队的领导者和组织者, 他本人有机会并特别荣幸地参加了英国与欧洲本领域中的一系列大规模 (数百万) 项目。他还是自主学习和动态进化/自适应智能系统的主要专家和开拓者之一。其他撰稿人包括:

　　(1) George Limnaios、Nikos Tsourveloudis 和 Kimon Valavanis (希腊克里特岛科技大学和美国哥伦比亚丹佛大学) 是第一章的作者, 本章介绍了无人航空飞行器及其发展历史。

　　(2) Andrew Zeitlin(美国麻省理工学院研究会) 是第二章的作者, 本章重点介绍了性能平衡和标准的发展。

　　(3) Pablo Royo、Eduard Santamaria、Juan Manuel Lema、Enric Pastor 和 Cristina Barrado (西班牙加泰罗尼亚科技大学) 是第三章的作者, 本章描述了感知与规避能力向民用 UAS 分布式结构的集成; 本章的价值极高, 因为它提供了系统的观点并将感知与规避置于 UAS 的背景中, 从整体上来看 UAS 不是本书的主题。

　　(4) Xavier Prats、Jorge Ramirez、Luis Delgado 和 Pablo Royo (西班牙加泰罗尼亚科技大学) 编写了第四章, 本章是关于管理与要求的。本章也是非常有趣的, 因为它开创了人为因素、管理与要求等主题, 这些主题 (多少有些自相矛盾) 是 UAS 实现中重要的 (经常妨碍性的) 要素, 特别是在非隔离空域和更多的常规情形中。

　　(5) Marie Cahhilane、Chris Baber 和 Caroline Morin (英国克兰菲尔

德大学和伯明翰大学) 是第五章的作者, 本章对人为因素及其在 UAS 中的作用提出了全面与专业的分析。

(6) Stepan Kopriva、David Sislak 和 Michal Pechoucek (捷克共和国布拉格捷克科技大学) 是关于感知与规避概念的第六章的作者。这一章开始了本书所涉及的飞行器到飞行器感知与规避问题方法更多的技术部分。

(7) Hyo-Sang Shin、Antonios Tsourdos 和 Brian White (英国克兰菲尔德大学) 是第七章的作者, 他们代表着最大的欧洲防务学会, 并在本章所提及的领域中具有广泛的研究、开发和教育经验。本章从微分几何的观点对 UAS 冲突探测和解决问题进行了全面检验。

(8) Richard Baumeister (美国波音公司) 和 Graham Spencer (英国航空软件有限公司) 编写了第八章。这一章重点讨论了采用一般信息网络感知与规避的飞行器隔离管理, 这种方法将感知与规避和 UAS 置于网络中心战概念的环境中, 网络中心战概念被认为是未来的方法。

(9) David Sislak、Premysl Volf、Stepan Kopriva 和 Michal Pechoucek (捷克共和国布拉格捷克科技大学) 是第九章 AgentFly 的作者。

(10) John Lai、Jason Ford、Luis Mejias、Peter O'Shea 和 Rodney Walker (澳大利亚航空航天自动化研究中心和昆士兰科技大学) 是第十章的作者, 他们提供了基于视觉的感知与规避解决方案的详细报告, 这种解决方案对于电光和被动式方法是至关重要的。很不幸, Rod Walker 于 2011年 10 月去世了, 也正值撰写本书之时。本书献给他以表纪念。

(11) Michael Wilson (波音公司澳大利亚研究和科技中心) 是最后第十一章的作者, 这一章是关于低成本移动雷达系统在小型 UAS 感知与规避中的使用, 针对基于主动的 (雷达) 但可移动且廉价的系统的问题, 提供了另外一种有趣的方法。

感知与规避主题对于 UAS 的生存能力是极为关键的, UAS 自身是未来防御能力的核心, 并且在对社会、经济和环境具有重大影响的民事应用中具有巨大的潜力。该问题或许看似无关紧要, 因为天空不像我们的道路和高速公路那样拥挤, 但是根据本书各章节可以清楚看出, 为达到管理机构的要求或安全地使用军用 UAS, 应获得相当于 (或不低于) 有人驾驶交通工具所达到的安全等级。这并非是毫无意义的工作, 特别是当唯一可利用的信息来自于被动式传感器时。然而, 技术、科学和科技的发展指明了 UAS 的未来方向, 因此, 本书具有非常重要的开创性的作用, 且必将为其他人所关注。